研芝士
YANZHISHI

U0802918

计算机考研精深解读系列
www.yanzhishi.cn

计算机网络
精深解读

研芝士计算机考研命题研究中心◎编著

航空工业出版社
北京

内 容 提 要

本书严格根据最新的全国硕士研究生招生考试计算机学科专业基础综合考试大纲《计算机网络》部分编写，针对计算机网络体系结构、物理层、数据链路层、网络层、传输层及应用层等大纲要求的知识点进行解读，力求内容精练深入，重点和难点突出。本书既包括历年全国联考的全部真题，也精选了多所非联考名校考研真题。另外，书中还重点组织编写了部分习题和模拟预测题，并对所有题目进行了解析，力求使考生能够深入把握考点、明确解题思路并熟练掌握解题技巧，有效提高复习效果。考生在使用本书的过程中遇到的问题可以通过扫描封底下方二维码进行互动答疑。

本书可作为考生参加计算机专业全国硕士研究生入学考试的辅导用书，也可作为计算机及相关专业跨学科跨院校报考的考生和在职考生复习备考《计算机网络》的参考书。

图书在版编目（CIP）数据

计算机网络精深解读 / 研芝士计算机考研命题研究中心编著. -- 北京：航空工业出版社，2021.4
ISBN 978-7-5165-2507-4

Ⅰ. ①计… Ⅱ. ①研… Ⅲ. ①计算机网络－研究生－入学考试－自学参考资料 Ⅳ. ①TP393

中国版本图书馆 CIP 数据核字（2021）第 053357 号

计算机网络精深解读
Jisuanji Wangluo Jingshen Jiedu

航空工业出版社
（北京市朝阳区京顺路 5 号曙光大厦 C 座四层 100028）
发行部电话：010-85672688 010-85672689

北京市兴怀印刷厂印刷　　全国各地新华书店经售
2021 年 4 月第 1 版　　2022 年 1 月第 2 次印刷
开本：850×1168 1/16　　字数：586 千字
印张：20.5　　定价：52.00 元

丛书编委会成员名单

序

信息技术的高速发展对现代社会产生着极大的影响。以云计算、大数据、物联网和人工智能等为代表的计算机技术深刻地改造着人类社会，数字城市、智慧地球正在成为现实。随着社会需求高速发展，各种新技术快速进步，计算机学科知识每时每刻都在不断更新、不断累积，因此，系统掌握前沿计算机知识和研究方法的高端专业人才必将越来越受欢迎。

为满足有志于在计算机方向进一步深造的考生的需求，研芝士组织撰写了“计算机考研精深解读系列丛书”，包括《数据结构精深解读》《计算机操作系统精深解读》《计算机网络精深解读》和《计算机组成原理精深解读》。本系列丛书依据最新版的《全国硕士研究生招生考试计算机科学与技术学科联考计算机学科专业基础综合考试大纲》编写而成，编者团队由本硕博均就读于计算机专业且长期在高校从事计算机专业教学的一线教师组成。基于对计算机专业的课程特点和研考命题规律的深入研究，编者们对大纲所列考点进行了精深解读，内容翔实严谨，重点难点突出。总体来说，丛书从以下几个方面为备考的考生提供系统化的、有针对性的辅导。

首先，丛书以考点导图的形式对每章的知识体系进行梳理，力图使考生能够在宏观层面对每章的内容形成整体把握，并且通过对最近10年联考考点题型及分值的统计分析，明确各部分的考查要求和复习目标。

其次，丛书严格按照考试大纲对每章的知识点进行深入解读、细化剖析，让考生明确并有效地掌握理论重点。

再次，书中每一节的最后都收录了历年计算机专业全国联考和40多所非联考名校部分真题，在满足408考试要求的同时，也能够满足大多数非联考名校考研要求。编者团队通过对真题内容的详细剖析、对各类题型的统计分析以及对命题规律的深入研究，重点编写了部分习题，进一步充实了题库。丛书对所有题目均进行了详细解析，力求使考生通过学练结合达到举一反三的效果，开拓解题思路、熟练解题技巧、提高得分能力，进而全方位掌握学科核心要求。

最后，丛书进一步挖掘高频核心重难点并单独列出进行答疑。在深入研究命题规律的基础上，该丛书把握命题趋势，精心组编了每章的模拟预测试题并进行详尽剖析，再现章节中的重要知识点以及本年度研考可能性最大的命题方向和重点。考生可以以此对每章内容的掌握程度进行自测，依据测评结果调整备考节奏，以有效地提高复习的质量和效率。

在系列丛书的编写过程中，来自北京大学、清华大学、北京航空航天大学和郑州大学的一些研究生和本科生作为“天使客户”也参与了广泛而深入的讨论，并且给出了宝贵的反馈意见，从而使得系列丛书能够实现理论与实践的进一步有效结合，切实帮助考生提高实战能力。

回想起我当年准备研究生考试时，没有相关系统的专业课复习材料，我不得不自己从浩如烟海的讲义和参考书中归纳相关知识，真是事倍功半。相信这一丛书出版后，能够为计算机专业同学的考研之路提供极大帮助；同时，该丛书对于从事计算机领域研究或开发工作的人员亦有一定的参考价值。

北京大学 郝一龙教授

前言

“计算机考研精深解读系列丛书”是由研芝士计算机考研命题研究中心根据最新《全国硕士研究生招生考试计算机科学与技术学科联考计算机学科专业基础综合考试大纲》（以下简称《考试大纲》）编写的考研辅导丛书，包括《数据结构精深解读》《计算机操作系统精深解读》《计算机网络精深解读》和《计算机组成原理精深解读》。《考试大纲》确定的学科专业基础综合内容比较多，计算机专业考生的复习时间要比其他专业考生紧张许多。使考生在短时间内系统高效地掌握《考试大纲》所规定的知识点，最终在考试中取得理想的成绩是编写本丛书的根本目的。为了达到这个目的，我们组织了一批长期在高校从事计算机专业教学的一线教师作为骨干力量进行丛书的编写，他们本硕博均为计算机专业，对于课程的特点和命题规律都有深入的研究。另外，在本丛书的编写过程中，北京大学、清华大学、北京航空航天大学和郑州大学的一些研究生作为“天使用户”也参与了广泛深入的讨论并积极给予反馈，他们极具价值的意见和建议让本丛书增色许多。

计算机学科专业基础综合是计算机考研的必考科目之一。一般而言，综合性院校多选择全国统考，专业性院校自命题的较多。全国统考和院校自命题考试的侧重点有所不同，主要体现在考试大纲和历年真题上。在考研实践中，我们发现考生常常为找不到相关真题或者费力找到真题后又没有详细的答案和解析而烦恼。因此，从考生的需求出发，我们在对《考试大纲》中的知识点进行精深解读的基础上，在习题部分不仅整理了历年全国联考408真题，而且搜集了50多所名校的许多真题，此外，还针对性地补充编写了部分习题和模拟预测题，并对书中所有习题进行深入剖析，希望帮助考生提高复习质量和效率并最终取得理想成绩。“宝剑锋从磨砺出，梅花香自苦寒来。”想要深入掌握计算机专业基础综合科目的知识点和考点，没有捷径可走，只有通过大量练习高质量的习题才能够深入掌握并灵活运用，这才是得高分的关键。对此，考生不应抱有任何侥幸心理。

由于时间和精力有限，我们的工作肯定也有一些疏漏和不足，在此，希望读者通过扫描封底下方二维码进行反馈，多提宝贵意见，以促使我们不断完善，更好地为大家服务。

考研并不简单，实现自己的梦想也不容易，只有那些乐观自信、专注高效、坚韧不拔的考生才最有可能进入理想的院校。人生能有几回搏，此时不搏何时搏？衷心祝愿各位考生梦想成真！

编者

1 上岸者说

我本科就读于河南省内的一所“双非”院校，它甚至都算不上是省内重点院校，故而可想而知其日常的学习氛围、各方面的设施、环境等方面都会有所欠缺。当有考研这个想法的时候，我的内心还是比较慌张的，因为我深知自己几斤几两，所以我就要比别人提早准备。相信有一部分人跟我的经历是相似的，那我就借助研芝士这个平台分享一下我的专业课备考经历，希望可以给大家提供一些帮助。

我的专业课只有《数据结构》这一门课，虽然我本科是计算机科学与技术专业，但鉴于日常上课的“不作为”，致使我翻开这本书的时候，那扑面而来的陌生感使得我手足无措。既然要考研了，必定不能以应付期末考试的心态去面对这门课了。所以面对全新的知识，要想在这场考试中取得成功，必须有完整的备战体系。故而我把专业课复习大体上分为两个大的阶段——自己复习和跟老师复习。自己复习就是，对于全新的知识先硬着头皮过一遍，书里的内容先大致有个印象，做一遍详细的笔记（当时也不知道所谓重点之类的，觉着重要的就整理，一步一步地学会画小的知识框架，其实这一点对后期记忆概念和简答题还是非常有帮助的），当然课后题也是一定要过一遍的。第二个阶段就是研芝士的老师们带着我复习，并且这其中辅以他们整理的参考资料（真的是很良心的参考资料）。老师先是带着我把课本过了一遍，每个角落都带着进行了全面复习，我则根据老师的讲解补充了一下上一遍的笔记。然后我又自己再大致过了一遍，把自己理解不透彻的知识点记下来。紧接着老师又把重点带着过了一遍，这一遍就是串讲知识点了，可以帮助我在脑海里形成完整的学科体系。最后就是答疑课，我有哪些遗忘的或者是做题时所遇到的问题时都在答疑课上得到了解答。

我的专业课复习阶段无论是资料还是老师全部都是研芝士全程在负责，这为我节省了不少时间。讲真的，这里的老师讲解得非常细致，也很负责，全程一直在问我会不会，这个理不理解，那个懂不懂。并且他们都是已经上岸的学长学姐，他们的备考经验很有指导性的意义。不同于大学里一本正经的老师，他们跟我走过同样的路，理解我所遇到的一切问题，所以无论是在学习上还是心理上，都给了我莫大的帮助，在此我深表感谢。

在考研这条人潮拥挤的道路上，无处不充满着竞争，和时间争，和同学争，和自己争，争到自己麻木，争到自己都心疼自己，却还是要面对一个不确定的结局。那么在这之中，你还是要拼尽全力，为自己搏一把，结局大概率是好的，至少这样，自己不后悔。

李 梦

上岸者说

2

作为一名“双非”高校的计算机专业考生，我深知自己的基础并不好，所以我的考研备考时间从大三下学期一开学就开始了。这为期一年的“考研”磨炼，给我的学习以及生活带来很多启迪，我借助研芝士这个平台和大家从学习方法以及心路历程方面做一个分享。

整个专业课的复习分三轮。第一轮我将课本和精深解读系列仔仔细细地通读了一遍，这一轮一定每个角落都不能遗漏，因为第一遍读书的时候还很“懵懂”，自己很难一下子就抓到考点和重点，那最好的办法就是地毯式搜索，绝不放过每一个角落。虽然这会花费很多的时间，但是不要怕，一定要稳住！第一轮如果基础不打牢，第二遍、第三遍也很难有明显的进步。第一遍最重要的就是自己理清楚计算机专业课知识点有哪些。第二轮就需要梳理清楚知识点之间的逻辑，并标出自己薄弱的点，这个薄弱点一定要找得很细。举个例子：我发现我在看《数据结构》线性表链表的操作时，不清楚指针怎么使用。不可以这样标：《数据结构》第二章我不会。如果给自己的范围过大，那第三轮进行查漏补缺时就会发现视野范围内都是知识盲点，无从下手。等到第三轮就开始针对性复习了，要将第二轮发现的硬骨头给啃下来。经过三轮复习后，在最后的时间内，严格按照（14：00~17：00）的考试时间进行真题以及模拟题的练习，这个过程前期可能会发现自己仍然存在很多问题，一定稳住心态，按照刚才说的办法，继续找自己的薄弱点，一一攻克。

另外，掌握答题技巧也是取得高分的关键。在答题时，一定要有很强的时间观念。考试时间只有三个小时，而计算机专业考研题的题量一般都很大。把分握在手里才是稳稳的幸福，所以，做题一定要先把自己铁定能拿到分的题目全部做完，做完这些题目之后，开始做那些觉得自己不是很擅长的题目，切记，一定不可以只写个“解”！其实计算机考研试题很多都是没有标准答案的，只要你使用了正确的知识点进行答题，都能拿到相应的分数。而想要做到这一点，就需要在练习的过程中经常总结，坚持一段时间之后，你就会发现，其实很多题目都是一个套路走出来的。掌握这一点，拿下计算机考研专业课不在话下。

漫漫考研征途，我身边不乏聪明的、有天赋的、有基础的同学，但真正蟾宫折桂的是那些风雨无阻来教室学习的。其实大家的专业课基础都差不多，因此，在这个时间段内，谁付出的多，谁就得到的多，而且效果明显，性价比高。只要你坚持不懈，你的每一点点的努力都能真实地反映到试卷上。最后，我想和备考的大家说，计算机考研不是靠所谓的天赋，而是100%的汗水。考研路上哪有什么捷径，哪有什么运气爆棚，全部都是天道酬勤。多少年之后，希望你回想起这一年，可以风轻云淡地说：“人这一辈子总要为自己的理想、为自己认定的事，不留余地地拼一把，而我做到了。”

徐泽汐

最近408考试大纲与近10年考情统计①

2022年全国硕士研究生招生考试计算机科学与技术学科联考计算机学科专业基础综合（408）计算机网络考试大纲

Ⅰ 考试性质

计算机学科专业基础综合考试是为高等院校和科研院所招收计算机科学与技术学科的硕士研究生而设置的具有选拔性质的联考科目。其目的是科学、公平、有效地测试考生掌握计算机科学与技术学科大学本科阶段专业知识、基本理论、基本方法的水平和分析问题、解决问题的能力，评价的标准是高等院校计算机科学与技术学科优秀本科毕业生所能达到的及格或及格以上水平，以利于各高等院校和科研院所择优选拔，确保硕士研究生的招生质量。

Ⅱ 考查目标

计算机学科专业基础综合考试涵盖数据结构、计算机组成原理、操作系统和计算机网络等学科专业基础课程。要求考生系统地掌握上述专业基础课程的基本概念、基本原理和基本方法，能够综合运用所学的基本原理和基本方法分析、判断和解决有关理论问题和实际问题。

Ⅲ 考试形式和试卷结构

一、试卷满分及考试时间

本试卷满分为150分，考试时间为180分钟。

二、答题方式

答题方式为闭卷、笔试。

三、试卷内容结构

数据结构	45分
计算机组成原理	45分
操作系统	35分
计算机网络	25分

四、试卷题型结构

单项选择题	80分（40小题，每小题2分）
综合应用题	70分

① 当年《考试大纲》一般在考前3~5个月发布，这是最近年度的《考试大纲》。通常《考试大纲》每年变动很小或没有变化，如计算机网络部分近5年都没有变化。408即全国硕士招生计算机学科专业基础综合的初试科目代码。

IV 考查内容

计算机网络[①]

[考查目标]

1. 掌握计算机网络的基本概念、基本原理和基本方法。

2. 掌握计算机网络的体系结构和典型网络协议，了解典型网络设备的组成和特点，理解典型网络设备的工作原理。

3. 能够运用计算机网络的基本概念、基本原理和基本方法进行网络系统的分析、设计和应用。

一、计算机网络体系结构

（一）计算机网络概述

1. 计算机网络的概念、组成与功能

2. 计算机网络的分类

3. 计算机网络主要性能指标

（二）计算机网络体系结构与参考模型

1. 计算机网络分层结构

2. 计算机网络协议、接口、服务等概念

3. ISO/OSI参考模型和TCP/IP模型

二、物理层

（一）通信基础

1. 信道、信号、宽带、码元、波特、速率、信源与信宿等基本概念

2. 奈奎斯特定理与香农定理

3. 编码与调制

4. 电路交换、报文交换与分组交换

5. 数据报与虚电路

（二）传输介质

1. 双绞线、同轴电缆、光纤与无线传输介质

2. 物理层接口的特性

（三）物理层设备

1. 中继器

2. 集线器

三、数据链路层

（一）数据链路层的功能

（二）组帧

① 计算机网络全国联考中通常是：单项选择题8小题（试卷中是33~40小题，每小题2分），计16分；综合应用题1题（通常是最后一题），计9分，合计25分。特殊情况下分值略有变动（如2018年共计23分）。

（三）差错控制

1. 检错编码

2. 纠错编码

（四）流量控制与可靠传输机制

1. 流量控制、可靠传输与滑轮窗口机制

2. 停止-等待协议

3. 后退N帧协议（GBN）

4. 选择重传协议(SR)

（五）介质访问控制

1. 信道划分

频分多路复用、时分多路复用、波分多路复用、码分多路复用的概念和基本原理。

2. 随即访问

ALOHA协议；CSMA协议；CSMA/CD协议；CSMA/CA协议。

3. 轮询访问

令牌传递协议。

（六）局域网

1. 局域网的基本概念与体系结构

2. 以太网与IEEE 802.3

3. IEEE 802.11

4. VLAN基本概念与基本原理

（七）广域网

1. 广域网的基本概念

2. PPP协议

（八）数据链路层设备

以太网交换机及其工作原理

四、网络层

（一）网络层的功能

1. 异构网络互联

2. 路由与转发

3. SDN基本概念

4. 拥塞控制

（二）路由算法

1. 静态路由与动态路由

2. 距离-向量路由算法

3. 链路状态路由算法

4. 层次路由

（三）IPv4

1. IPv4分组

2. IPv4地址与NAT

3. 子网划分与子网掩码、CIDR

4. ARP协议、DHCP协议与ICMP协议

（四）IPv6

1. IPv6的主要特点

2. IPv6地址

（五）路由协议

1. 自治系统

2. 域内路由与域间路由

3. RIP路由协议

4. OSPF路由协议

5. BGP路由协议

（六）IP组播

1. 组播的概念

2. IP组播地址

（七）移动IP

1. 移动IP的概念

2. 移动IP的通信过程

（八）网络层设备

1. 路由器的组成和功能

2. 路由表与路由转发

五、传输层

（一）传输层提供的服务

1. 传输层的功能

2. 传输层寻址与端口

3. 无连接服务与面向连接服务

（二）UDP协议

1. UDP数据报

2. UDP校验

（三）TCP协议

1. TCP段

2. TCP连接管理

3. TCP可靠传输

4. TCP流量控制与拥塞控制

六、应用层

（一）网络应用模型

1. 客户/服务器模型

2. P2P模型

（二）DNS系统

1. 层次域名空间

2. 域名服务器

3. 域名解析过程

（三）FTP

1. FTP协议的工作原理

2. 控制连接与数据连接

（四）电子邮件

1. 电子邮件系统的组成结构

2. 电子邮件格式与MIME

3. SMTP 协议与POP3协议

（五）WWW

1. WWW的概念与组成结构

2. HTTP协议

Ⅴ 计算机网络近两年大纲对比统计表（见表1）

表1 《全国硕士研究生招生考试计算机科学与技术学科联考计算机学科专业基础综合考试大纲》近两年对比统计（计算机网络）

序号	2021大纲	2022大纲	变化情况
1	令牌环网的基本原理	/	删除
2	/	VLAN的基本概念与基本原理	新增
3	HDLC协议	/	删除
4	/	SDN的基本概念	新增
5	网桥的概念与基本原理	/	删除

Ⅵ 计算机网络近10年全国联考真题考点统计表（见表2）

表2 计算机网络近10年全国联考真题考点统计

联考考点		年份									
章节	考点	13	14	15	16	17	18	19	20	21	22
1.3	计算机网络体系结构								√		
1.3.3	ISO/OSI参考模型和TCP/IP模型	√	√		√	√		√		√	√

表2（续）

联考考点		年份									
章节	考点	13	14	15	16	17	18	19	20	21	22
2.2.2	奈奎斯特定理与香农定理		√		√	√					√
2.2.3	编码与调制	√		√						√	
2.2.4	分组交换	√									
2.3.1	双绞线、同轴电缆、光纤和无线传输介质							√			
2.3.2	物理层接口的特性						√				
3.5.1	滑动窗口机制			√				√			
3.5.2	停止-等待协议						√		√		
3.5.3	后退N帧（GBN）协议		√	√		√					
3.5.4	选择重传（SR）协议										
3.6.1	信道划分介质访问机制		√								
3.6.2	随机访问介质访问机制	√						√	√		
3.7.2	以太网与IEEE 802.3				√						
3.7.3	IEEE 802.11					√	√				√
3.8.2	HDLC协议	√									
3.9.2	局域网交换机及其工作原理	√	√	√	√			**√**			
4.4.1	IPv4分组						**√**				
4.4.2	IPv4地址与NAT					√		**√**	**√**		√
4.4.3	子网划分、子网掩码路由聚集与CIDR	**√**	√	**√**	√	√	√			√	
4.4.4	ARP协议、DHCP协议与ICMP协议			√							
4.6.3	RIP路由协议				√	√					**√**
4.6.4	OSPF路由协议					√					
4.6.5	BGP路由协议	√				√					
4.9.1	路由器的组成与原理							**√**			
4.9.2	路由表与路由转发	**√**	**√**	√	√		√			**√**	
5.3	UDP协议		√								
5.3.1	UDP数据报						√			√	
5.4.1	TCP段								√		
5.4.2	TCP连接管理				√	√		√		√	
5.4.3	TCP可靠传输	√									
5.4.4	TCP流量控制和拥塞控制		√	√	√			√	√		√
6.2	网络应用模型							√			
6.3	域名系统DNS						√				
6.3.3	域名解析过程				√						
6.4	FTP协议					√					
6.5.3	SMTP协议和POP3协议	√	√	√			√				
6.6.2	HTTP协议			√					√		√

★ 注：无阴影标记的√标记的为单项选择题；有阴影的√标记的考点涉及综合应用题（可能只占题目的部分分值）。

Ⅵ 计算机网络近10年全国联考真题各章分值分布统计（见表3）

表3　计算机网络近10年全国联考真题各章分值分布统计

年份（年）	分值分布（分）						
	第一章 计算机网络体系结构	第二章 物理层	第三章 数据链路层	第四章 网络层	第五章 传输层	第六章 应用层	合计
2013	2	4	6	9	2	2	25
2014	2	2	6	9	4	2	25
2015	0	2	6	11	2	4	25
2016	2	2	4	6	9	2	25
2017	2	2	11	6	2	2	25
2018	0	2	4	11	2	4	23
2019	2	2	6	9	4	2	25
2020	4	2	4	9	4	2	25
2021	2	2	9	8	4	0	25
2022	2	2	9	6	4	2	25

目 录

第 1 章

计算机网络体系结构

第1章　计算机网络体系结构

1.1 考点解读

本章考点如图1–1所示，内容包括计算机网络概述和网络体系结构与参考模型两大部分，考试大纲没有明确指出对这些知识点的具体考核要求，通过对最近10年全国联考与本章有关考点的统计与分析（表1–1），结合网络课程知识体系的结构特点来看，关于本章考生应重点理解记忆ISO/OSI参考模型和TCP/IP模型以及分层结构中各层的功能；理解记忆网络体系结构、协议、接口和服务等抽象的基本概念；了解计算机网络的概念、组成、功能、分类和主要的性能指标[①]。

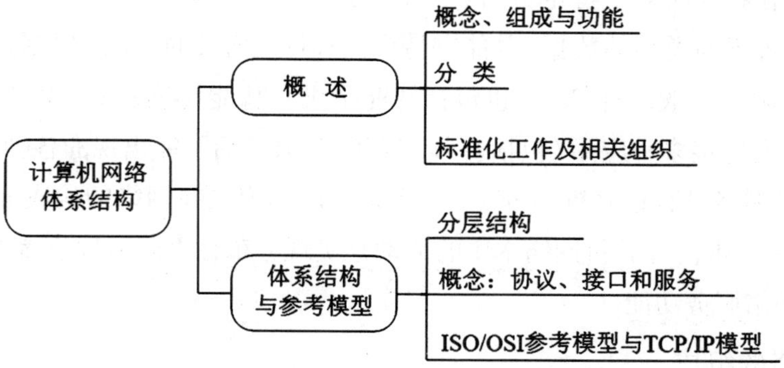

图1–1 计算机网络体系结构考点导图

表1–1　本章最近10年联考考点题型分值统计

年份（年）	题型（题）		分值（分）			联考考点
	单项选择题	综合应用题	单项选择题	综合应用题	合计	
2013	1	0	2	0	2	OSI参考模型
2014	1	0	2	0	2	OSI参考模型
2015	0	0	0	0	0	
2016	1	0	2	0	2	OSI参考模型
2017	1	0	2	0	2	OSI参考模型
2018	0	0	0	0	0	
2019	1	0	2	0	2	OSI参考模型
2020	1	0	2	0	2	OSI参考模型
2021	1	0	2	0	2	OSI参考模型
2022	1	0	2	0	2	OSI参考模型

① 对于要求是了解或理解的知识点，不是必考内容（如2012年和2018年没有考查本章），考查时以单项选择题形式出现；要求是掌握或熟练掌握的知识点是必考内容，通常以单选题或综合应用题出现；要求是运用或应用的知识点也是必考内容，考查时常以综合应用题形式出现。考生在复习各章内容时都要尤其注意这个特点。

1.2 计算机网络概述

1.2.1 计算机网络的概念

计算机网络是现代通信技术和计算机技术紧密结合的产物，它的精确定义尚未统一。在计算机网络发展的不同阶段中，人们从不同角度对计算机网络提出了不同的定义①。不同的定义反映着当时网络技术发展的水平、人们对网络的认识程度以及研究着眼点的不同。计算机网络比较通用的定义是：利用通信线路将地理上分散的、具有独立功能的计算机系统和通信设备按不同的形式连接起来，以功能完善的网络软件及协议实现资源共享和信息传递的系统。定义中的网络软件主要包括网络操作系统和网络应用软件等，协议主要指网络协议和和通信协议。简而言之，计算机网络就是利用通信线路和通信设备将地理位置分散的、具有独立功能的多台计算机连接起来，按照某种协议进行数据通信，实现资源共享的信息系统。

计算机网络最简单的定义是：一些互相连接的、自治的计算机的集合。这里的“自治”意味着计算机拥有自己的硬件和软件，可以单独运行使用。

目前，关于计算机网络较好的定义是：计算机网络主要是由一些通用的、可编程的硬件互连而成的，而这些硬件并非专门用来实现某一特定目的（例如，传送数据或视频信号）。这些可编程的硬件（包含CPU）能够用来传送多种不同类型的数据，并能支持广泛和日益增长的应用。根据这个定义：① 计算机网络所连接的硬件，并不限于一般的计算机，也包括智能手机和智能传感器等。② 计算机网络并非专门用来传送数据，而是能够支持很多种应用（包括音频、视频，以及今后可能出现的各种应用）。

总之，尽管计算机网络没有精确统一的定义，但是不同的定义在网络的构成元素和基本特征方面是一致的，只是侧重点有所不同。计算机网络本质的活动是实现分布在不同地理位置主机之间的进程通信，以实现应用层的各种网络服务功能。

1.2.2 计算机网络的组成

根据不同的出发点，计算机网络的组成大体上可以分为下面几类。

（1）从主要构件上看，计算机网络主要由硬件、软件和协议三大部分组成②。硬件主要由主机、通信链路（有线和无线线路）和交换设备（如路由器和交换机等）等组成；软件主要包括网络操作系统、网络管理软件、实现资源共享的软件和方便用户使用网络的各种应用软件；协议是网络通信必须遵循的规则。

（2）从功能组成上看，计算机网络可分为通信子网和资源子网两部分③。通信子网是计算机网络中负责节点间数据通信任务的部分，由各种传输介质、通信设备和相应的网络协议组成，它使网络具有数据传输、交换和控制能力，实现联网计算机之间的数据通信。资源子网由主机、终端以及各种软件资源、信息资源组成，负责全网的数据处理业务，向网络用户提供各种网络资源与服务。

（3）从工作方式上看，计算机网络从单个网络（如ARPANET④）发展到多级多层次结构的网络（如

① 关于计算机网络的定义、组成和分类等知识点仅要求了解和理解，这是因为关于计算机网络的定义不统一，组成和分类等划分标准也不统一，如果命题（大概率是单项选择题），要么结果显而易见没有区分度，要么容易引起争议，这在没有明确指定参考教材的选拔性考试中是不合适的。另外，在本章知识点一般只出一道单项选择题的情况下，其他知识点相对更重要也更适合命题。从历年全国联考的命题情况来看也是如此，对于类似小概率命题的知识点了解即可，有关内容不做展开详解。

② 从组成上看，也可以认为计算机网络由软件和硬件两大部分组成，此时网络协议属于软件的一部分。

③ 通信子网包括OSI参考模型的物理层、数据链路层和网络层，其中网络层是通信子网的最高层。

④ ARPANET是美国国防部高级研究计划署 ARPA（Advanced Research Projects Agency）1969年开始建立的一个网络，该网络1990年关闭。ARPANET是计算机网络技术发展的一个重要里程碑，它采用的核心交换技术为分组交换，是世界上第一个投入运行的分组交换网。1983年，TCP/IP协议成为ARPANET上的标准协议。人们把这一年作为Internet的诞生时间。

Internet）时，可划分为两大部分：边缘部分和核心部分。边缘部分由所有连接在互联网上的主机组成。这部分是用户直接使用的，用来进行通信（传送数据、音频或视频）和资源共享。核心部分由大量网络和连接这些网络的路由器组成。这部分是为边缘部分提供服务的（主要提供连通性和交换）。

1.2.3 计算机网络的功能

计算机网络向用户提供的两个最重要的功能是数据通信和资源共享。除此之外，主要还有负载均衡、分布式处理和提高系统可靠性等功能。

（1）数据通信

数据通信是计算机网络最基本的功能，包括连接控制、传输控制、差错控制、流量控制、路由选择以及多路复用等子功能，它能够实现网络的连通性，使得网络用户之间可以交换信息，也可将分散在不同地区的单位或部门用计算机网络联系起来，进行统一的调配、控制和管理。

（2）资源共享

资源共享是计算机网络最主要的功能，资源主要包括硬件资源、软件资源和数据资源。资源共享可以提高硬件设备的利用率和充分利用软件和数据等信息资源，也是计算机网络的主要目的。

（3）负载均衡与分布式处理

负荷均衡是指将网络中的工作负载均衡地分配给网络中的各台计算机。在计算机网络环境下，可将复杂的任务分成许多部分由网络内各计算机协作并行完成，当某个主机或系统的负载过重时，通过应用程序的控制和管理，根据分布处理的需求可将作业分配给其他主机或系统进行处理，以提高整个系统的处理能力和效率。

（4）提高可靠性

系统的可靠性在应用中特别重要，在计算机网络中可以通过冗余构件提高可靠性，比如，网络中的各台主机可以通过网络互为替代机，某条通信线路出现故障可以用另一条线路取代。

除以上主要功能外，计算机网络还具有其他一些功能，如信息综合服务、远程诊断、购物娱乐等。

1.2.4 计算机网络的分类

由于计算机网络应用广泛，对网络的分类方法也有很多，从不同的角度观察划分网络，有利于全面了解网络的各种特性。根据不同的分类标准，可以对计算机网络进行不同的分类。

（1）按网络的作用范围分类

1）局域网LAN（Local Area Network）

局域网（包括有线局域网和无线局域网）覆盖的地理范围有限[①]，一般为一个单位所建，由单位或部门内部进行控制管理和使用，能够为用户提供高数据传输率和低误码率的高质量数据传输环境。

2）广域网WAN（Wide Area Network）

广域网是互联网的核心，它的作用范围很大，通常为几十到几千千米，能够跨越一个地区、国家或者一个大陆。连接广域网各节点交换机的链路一般都是高速链路，具有较大的通信容量。通常在广域网中，主机（应用方面）和子网（通信方面）由不同的单位拥有和经营。

3）城域网MAN（Metropolitan Area Network）

城域网的作用范围介于局域网和广域网之间，一般是一个城市，可跨越几个街区甚至整个城市，其作用距离约为5~50 km。城域网的主要技术是以太网技术和WiMAX（Worldwide Interoperability for Microwave

---

① 局域网的特点之一是具有较小的地域范围，但其范围没有严格定义，一般认为距离在0.1 km~25 km范围内。

Access）技术。

4）个域网PAN（Personal Area Network）

个域网允许设备围绕着一个人进行通信，其作用范围在10 m左右，使用到的技术主要有蓝牙技术和RFID技术。

（2）按拓扑结构分类

用拓扑学的方法把计算机网络中的主机和通信设备抽象为点，把通信介质抽象为线，由点和线组成的几何图形就是网络的拓扑结构。网络的拓扑结构反映出网络中各个实体的结构关系，简单说就是指网络的物理连通性。

1）总线型网络

在总线型拓扑结构中，所有计算机都串接在一条传输线路上。总线型网络的优点是结构简单、易安装、易扩充；缺点是总线利用率不高，容错性不强，故障后果严重且诊断困难。总线型结构主要应用在局域网中。

2）星型网络

星型网络中每个主机或终端都连接到一个中心节点（交换机或路由器），其优点是便于集中控制和管理，故障易于诊断和隔离；缺点是对中心节点和布线费用要求高，中心节点容易成为系统瓶颈且对故障敏感。星形结构主要应用在局域网中。

3）环型网络

环形结构的特点是网络中所有主机都连接到一个封闭的环路上。其优点是传输速率高、距离近，资源共享性好；缺点是容错性差，扩展不便。环形结构典型的应用是令牌环局域网。

4）网状网络

一般情况下，每个节点至少有两条路径与其他节点相连，多用在广域网中。网状网络的优点是具有较高的可靠性，某一线路或节点有故障时，不会影响整个网络的工作；缺点是结构复杂，路由选择复杂，硬件成本较高，不易管理和维护。

以上基本的网络拓扑结构可以互连为混合型网络，如星型–总线型网络和星型–环型网络。

（3）按交换技术分类

1）电路交换网络

电路交换必须是面向连接的，即必须经过“建立连接→数据传输→释放连接”的连接方式，在数据传输阶段的主要特点是整个报文的比特流连续地从源点直达终点，好像在一个管道中传送。电路交换网的主要优点是通信时延小，控制简单，既适用于传输模拟信号，也适用于传输数字信号；缺点是线路利用率低，难以在通信过程中进行差错控制。电话网络就是典型的电路交换网。若要传送的数据量很大，且其传送时间远大于呼叫时间，则采用电路交换较为合适。

2）报文交换网络

以报文为数据交换的单位，报文携带有目的地址、源地址等信息，在交换节点采用存储转发的传输方式。报文交换网络的主要优点是不需要通信双方预先建立专用通信线路，线路利用率和传输可靠性高；缺点是报文交换的实时性差，只适用于数字信号。当端到端的通路有很多段的链路组成时，采用分组交换传送数据较为合适。

3）分组交换网络

将一个长报文首先分割为若干个较短的分组，然后把这些分组（携带源、目的地址和编号信息）以存储-转发方式传输。除具有报文交换的优点外，分组交换网络简化了存储管理、减少了出错几率和重发数据量，更适用于采用优先级的策略；缺点是控制复杂，对节点交换机要求较高。

(4)按传输技术分类

1)点到点网络

网络中每两台主机或节点交换机之间以及主机与节点交换机之间都存在一条物理信道。源节点到目的节点的分组通过存储转发的方式完成。广域网大都采用点到点信道，几乎不存在介质访问控制问题。

2)广播式网络

网络中所有连网计算机都共享一个公共通信信道，当一台计算机利用共享通信信道发送报文分组(带有目的地址与源地址)时，所有其他计算机都会接收并处理这个分组(若目的地址与本机地址相同则接受该分组，否则丢弃)。在广播式网络中，若分组是发送给网络中的某些计算机，则称为多播或组播；若分组只发送给网络中的某一台计算机，则称为单播。采用分组存储转发和路由选择机制是点到点网络与广播式网络的重要区别之一。

(5)按传输介质分类

1)有线网络

指网络各节点之间通过电话线、同轴电缆、双绞线和光缆等有线传输介质连接的网络。

2)无线网络

指网络各节点之间通过红外线、微波、射频(无线电)等无线传输介质进行连接的网络。

(6)按使用者分类

1)公用网(Public Network)

指电信公司出资建造的大型网络。"公用"的意思是所有愿意按电信公司的规定交纳费用的人都可以使用。因此公用网也可称为公众网。

2)专用网(Private Network)

指某个部门为本单位的特殊业务工作的需要而建造的网络。这种网络不对外人提供服务，例如，军队、铁路、电力等系统均有本系统的专用网。

除了以上几种常见的分类方法外，还有其他一些分类方法，如按通信速率划分、按所使用的通信协议划分、按通信性能划分和按网络控制方式分类等。

1.2.5 计算机网络的标准化工作及相关组织

计算机网络的标准化工作对互联网的发展起到了非常重要的作用。所有的标准可分为两大类：事实标准和法定标准，事实标准往往演变成为法定标准(如HTTP)。互联网体系机构委员会IAB(Internet Architecture Board)负责管理互联网有关协议的开发。互联网的所有标准都是以RFC(Request For Comments)的形式在网上发表的，但并非所有的RFC文档都是互联网标准。

制定互联网的正式标准要经过以下三个阶段①：

(1)互联网草案(Internet Draft)——互联网草案的有效期只有六个月。在这个阶段还不能算是RFC文档。

(2)建议标准(Proposed Standard)——这个阶段开始就成为RFC文档。

① 由于"草案标准"容易和"互联网草案"混淆，从2011年10月起取消了"草案标准"这个阶段[RFC 6410]。这样，要成为互联网标准，原先必须经过三个阶段(即建议标准→草案标准→互联网标准)，变为两个阶段(即建议标准→互联网标准)。除了建议标准和互联网标准这两种RFC文档外，还有三种RFC文档，即历史的、实验的和提供信息的RFC文档。

（3）互联网标准（Internet Standard）——达到正式标准后，每个标准就分配到一个编号STDxx，一个标准可以和多个RFC文档关联。

在计算机网络标准的领域中，每一类都有一些组织，著名的有国际标准化组织ISO、国际电信联盟ITU、电气和电子工程师协会IEEE。ISO为大量学科制定标准，制定的主要网络标准有OSI参考模型和HDLC；ITU-T是ITU的电信标准化部门，主要关注电话和数据通信；IEEE的802委员会制定的802.3和802.11局域网标准影响巨大。

1.2.6 计算机网络的性能指标

计算机网络的性能可以用性能指标从不同方面来度量。常用的性能指标主要有以下几种。

（1）速　率

也称数据率或比特率，指的是连接在计算机网络上的主机在数字信道上传送数据的速率，单位是b/s（比特/秒）（或bit/s，有时也写为bps，即bit per second）。当数据率较高时，可以用kb/s（$k=10^3$=千）、Mb/s（$M=10^6$=兆）、Gb/s（$G=10^9$=吉）或Tb/s（$T=10^{12}$=太）等表示。注意，当提到网络的速率时，往往指的是额定速率或标称速率，并非网络实际上运行的速率。

（2）带宽（Bandwidth）

在模拟信号系统中又叫频宽，指信道中传输的信号在不失真的情况下所占用的频率范围，单位是赫兹Hz（或千赫、兆赫、吉赫等）。信道带宽是由信道的物理特性所决定的。在计算机网络中，带宽用来表示通信线路传送数据的能力，因此网络带宽（也称信道容量①）表示在单位时间内从网络中的某一点到另一点所能通过的“最高数据率”，即数据在信道上的发送速率，单位是比特/秒（b/s）。信道带宽常称为数据在信道上的传输速率。

（3）时延（Delay或Latency）

指数据（一个报文或分组，甚至比特）从网络（或链路）的一端传送到另一端所需的时间。时延是个很重要的性能指标，有时也称为延迟或迟延。注意，网络时延包括发送时延、传播时延、处理时延和排队时延四个部分。

1）发送时延：指主机或路由器发送数据帧所需要的时间。即数据帧从节点进入到传输媒体所需要的时间，也就是从发送数据帧的第一个比特算起，直到该帧的最后一个比特发送完毕所需的时间。因此发送时延也叫做传输时延。计算公式如下：

发送时延=数据帧长度（b）/发送速率（b/s）

由此可知，发送时延取决于数据块的长度和数据在信道上的发送速率。对于一定的网络，发送时延并非固定不变，而是与发送的帧长（单位是比特）成正比，与发送速率成反比。

2）传播时延：指电磁波在信道中需要传播一定的距离而花费的时间。计算公式如下：

传播时延=信道长度（s）/电磁波在信道上的传播速率（m/s）

由此可知，传输时延取决于电磁波在信道上的传输速率以及所传播的距离。

注意，信号发送速率和信号在信道上的传播速率是完全不同的概念。信号在信道上传播速率是一定的，一般情况下，是由信道的介质和信号的频率决定的。

3）处理时延：指交换节点（如主机或路由器）为存储转发而对收到的数据进行一些必要的处理所花费的时间。对分组的常见处理操作包括分析分组的首部、从分组中提取数据部分、进行差错检验或查找

① 信道容量是衡量一个信道传输数字信号的重要参数。信道容量是指单位时间内信道上所能传输的最大比特数，用比特每秒（bit/s）表示。

适当的路由等。

4）排队时延：指节点缓存队列中分组排队所经历的时延。分组在进入路由器后要先在输入队列中排队等待处理。在路由器确定了转发接口后，还要在输出队列中排队等待转发，这就产生了排队时延。排队时延的长短往往取决于网络当时的通信量。

由上可知，数据在网络中的总时延的公式如下：

总时延=发送时延+传播时延+处理时延 +排队时延

一般说来，低时延的网络要优于高时延的网络。需要指出，在总时延中，哪一种时延占主导地位，必须具体分析。注意，高速链路提高的是数据发送速率而不是比特在链路上的传播速率，目的是减少数据的发送时延。

（4）时延带宽积

传播时延（s）和带宽（b/s）的乘积为传播时延带宽积，即，时延带宽积=传播时延×带宽。链路的时延带宽积也称为以比特为单位的链路长度。例如，若某段电路的传播时延是5 ms，带宽为20 Mbps，则该段链路的时延带宽积为5 ms×20 Mbps=10^5 b。

（5）往返时间RTT（Round-Trip Time）

表示从发送方发送数据开始，到发送方收到来自接收方的确认（接收方收到数据后便立即发送确认）总共经历的时间。有时，往返时间还包括各中间节点的处理时延、排队时延以及转发数据时的发送时延。往返时间与所发送的分组长度有关。

（6）吞吐量（Throughput）

表示在单位时间内通过某个网络（或信道、接口）的数据量。吞吐量受网络的带宽或网络的额定速率的限制。

（7）利用率

利用率分信道利用率和网络利用率两种。信道利用率指出某信道有百分之几的时间是被利用的（有数据通过）。完全空闲的信道的利用率是零。信道利用率并非越高越好。网络利用率则是全网络的信道利用率的加权平均值。

1.2.7 真题与习题精编

● 单项选择题

1. 计算机网络最基本的功能的是（　）。【沈阳工业大学2016年】

Ⅰ. 差错控制　　Ⅱ. 路由选择　　Ⅲ. 分布式处理　　Ⅳ. 传输控制

A. Ⅰ、Ⅱ、Ⅳ　　B. Ⅰ、Ⅲ、Ⅳ　　C. Ⅰ、Ⅳ　　D. Ⅲ、Ⅳ

2. 目前的100 M/1000 M以太网是最常见的网络，它采用的拓扑结构是（　）。【南京大学2016年】

A. 树形拓扑　　B. 星形拓扑　　C. 总线拓扑　　D. 环形拓扑

3. 两个站点之间的距离是20000 km，信号在媒体上的传播速率为1×10^8 m/s，线路的带宽是10 kbps，现在发送一个3KB的数据包，那么需要（　）使得接收方收到数据。

A. 2.6s　　B. 2.4s　　C. 3.6s　　D. 3.4s

4. 长度为180字节的应用层数据交给传输层传送，需加上20字节的TCP首部。再交给网络层传送，需加上20字节的IP首部。最后交给数据链路层的以太网传送，加上首部和尾部共20字节，则数据的传输效率约为（　）。

A. 70%　　B. 80%　　C. 85%　　D. 75%

5. 比特的传播时延与链路的带宽之间有何关系（　　）。

A. 没有关系　　B. 反比　　C. 正比　　D. 无法确定

6. 设某段电路的传播时延是10 ms，带宽为5 Mbps，则该段电路的时延带宽积为（　　）。

A. 2×10^4bit　　B. 4×10^4bit　　C. 5×10^4bit　　D. 8×10^4bit

7. 对于一个最大距离为3 km的局域网，传播速率为3×10^8m/s，当带宽等于（　　）时，传播时延等于200 B分组的发送延时。

A. 80 Mb/s　　B. 160 Mb/s　　C. 240 Mb/s　　D. 320 Mb/s

8. 根据（　　）进行分类，可以把网络分为电路交换网、报文交换网、分组交换网。

A. 连接距离　　B. 服务对象　　C. 拓扑结构　　D. 数据交换方式

9. 假设信号在媒体上的传播速度为2×10^8m/s，媒体的长度为200 km，则当数据率为10 Mb/s时在该媒体中正在传播的比特数为（　　）。

A. 1000　　B. 2000　　C. 10000　　D. 5000

1.2.8 答案精解

● 单项选择题

1.【答案】A

【精解】计算机网络最基本的功能是数据通信，包括连接控制、传输控制、差错控制、流量控制、路由选择和多路复用等子功能。选项Ⅰ、Ⅱ、Ⅳ都属于数据通信最基本的功能。选项Ⅲ是计算机网络的功能之一，但不是最基本的功能，所以A为正确答案。

2.【答案】B

【精解】计算机网络从逻辑功能上可分为通信子网和资源子网两部分。其中通信子网的结构决定了网络的拓扑结构。早期的以太网采用总线结构，这是由当时的历史条件（技术和经济）决定的。现在，大规模集成电路以及专用芯片的发展使得星形结构的集中式网络可以做得既便宜又可靠，另外加上高可靠性且受干扰小的光纤在通信子网中的普遍使用，使得星形结构的集中式网络又成了100 M/1000 M以太网的首选拓扑。所以选项B为正确答案。

3.【答案】A

【精解】数据发送的延时分为发送延时和传输延时。其中，发送时延=数据帧长度（b）/发送速率（b/s），传播时延=信道长度（s）/电磁波在信道上的传播速率（m/s）。

在题目中数据帧长度为3 KB即3000×8 bit，线路的带宽是10 kbps，即数据发送速率为10×1000 b/s，信道长度即两站点之间的距离为20000 km（即20000×1000 m），信号在媒体上的传播速率为1×10^8m/s。将这些数据代入计算公式，发送延时为$3000\times8/10000=2.4$ s。传播延时为20000000/100000000=0.2 s，所以总共需要2.4 s+0.2 s=2.6 s来传输该数据包。所以选项A为正确答案。

4.【答案】D

【精解】数据的传输效率是指发送的应用层数据除以所发送的总数据（即应用数据加上各种首部和尾部的额外开销）。由题可知，发送的应用层数据为180 B，发送的总数据为（180+20+20+20）B，所以数据的传输效率=180 B/（180+20+20+20）B即75%，所以选项D为正确答案。

5.【答案】A

【精解】考点为计算机网络的性能指标。传播时延=信道长度/电磁波在信道上的传播速率，而链路带宽仅能衡量发送时延，所以说比特的传播时延与链路的带宽之间没有关系，所以选项A为正确答案。详细了解请参见1.4节有关内容。

6.【答案】C

【精解】时延带宽积是传播时延（s）和带宽（b/s）的乘积，即，时延带宽积=传播时延×带宽。链路的时延带宽积又称为以比特为单位的链路长度。将题中有关参数代入公式可知，时延带宽积=传播时延×信道带宽=$10\times10^{-3}\times5\times10^{6}$ bit=5×10^{4}bit，注意这里的单位换算。所以选项C为正确答案。

7.【答案】B

【精解】传播时延=信道长度/电磁波在信道上的传播速率；发送时延=数据帧长度（b）/发送速率（b/s）由已知可得，传播时延=3×10^{3}m/（3×10^{8}m/s）=10^{-5}s，分组大小为200 B，假设带宽大小为x，要使得传播时延等于发送时延，因为，在计算机网络中，网络带宽表示在单位时间内从网络中的某一点到另一点所能通过的“最高数据率”，单位是比特/秒（b/s）。所以，由上公式可得：带宽x=200 B/10^{-5}s=20 MB/s=160 Mb/s，所以选项B为正确答案。

8.【答案】D

【精解】本题考查计算机网络的分类。根据不同的标准可以对网络进行不同的分类，按照数据交换方式进行分类，网络可分为电路交换网、报文交换网和分组交换网。其中分组交换网是网络核心部分最重要的功能。选项A按连接距离分类网络可分为局域网、城域网、广域网；选项B按服务对象分类网络可分为公用网和专用网；选项C按拓扑结构分类网络可分为星形网、总线型网络和环形网络等。综上，选项D为正确答案。

9.【答案】C

【精解】媒体中正在传播的数据等于传播时延和数据率之积。传播时延等于媒体长度除以信号在媒体上的传播速率；将题中有关数据代入可知，传播时延=200 km/（2×10^{8}m/s）=10^{-3}s，媒体中正在传播的比特=10^{-3}s×10 Mb/s=10000 bit。所以选项C为正确答案。

1.3 计算机网络体系结构与参考模型

1.3.1 计算机网络分层结构

对于庞大而复杂问题的处理，采用分而治之的方式往往能取得较好的效果。计算机网络是一个大而杂的系统，早在ARPANET设计之初就提出了分层的方法，分层可将庞大而复杂的问题转化为若干较小的易于研究和处理的局部问题。

计算机网络体系结构通常都采用分层的结构。分层结构的好处主要有以下几点：① 独立性强。各层功能明确且相互独立，上层不需要知道下层的具体实现，仅需知道该层通过层间接口所提供的服务，这样降低了整个问题的复杂度；② 适应性强，灵活性好。某层发生变化，只要保持层间接口不变，则该层的上下层均不受影响，而且，对某层提供的服务还可以进行修改或删除；③ 易于实现和维护。系统分层后，整个复杂系统被分解成若干相对独立的子系统，每个层次只实现与自己相关的功能，不仅使系统的结构清晰，而且使复杂网络系统的实现和调试变得简单和容易。④ 结构上可分割开，各层都可以采用最合适的技术来实现；⑤ 能促进标准化工作。注意，层数多少要适当，不能太少，也不能太多。太少则会把不同的功能混杂在同一层次中，太多则会给系统的描述和集成带来困难。

计算机网络的体系结构（architecture）是计算机网络的各层及其协议的集合。换句话说，计算机网络的体系结构就是这个计算机网络及其构件所应完成的功能的精确定义。需要强调的是：这些功能的实现（implementation）就是在遵循这种体系结构的前提下用何种硬件或软件完成这些功能的问题。体系结构是抽象的，而实现则是具体的，是真正在运行的计算机硬件和软件。

一般地，在计算机网络的分层结构中，从低层到高层依次称为第1层、第2层……第n层。第n层中的活动元素通常称为n层实体。具体地，实体指任何可发送或接收信息的硬件或软件进程，通常是一个特定的软件模块。最低层是整个分层结构的基础，只提供服务；最高层面向用户提供服务；中间层的实体不仅要使用相邻下一层的服务来实现自身定义的功能，还要向相邻上一层提供本层的服务，该服务是中间层及其下面各层提供的服务综合。需要注意的是，上一层只能通过相邻层间接口使用下一层的服务，而不能调用其它层的服务；下一层所提供的服务的实现细节对上一层透明。不同机器上的同一层称为对等层，同一层的实体称为对等实体。

1.3.2 计算机网络协议、接口和服务等概念

（1）协　议

通信双方为进行网络中的数据交换而建立的规则、标准或约定被称为网络协议（network protocol）。网络协议也可简称为协议。协议是控制两个对等实体进行通信的规则的集合。在协议的控制下，两个对等实体间的通信使得本层能够向上一层提供服务，逻辑上表现为不经过下层就把信息水平地传送到对方，即协议是水平的。

更进一步讲，网络协议主要由以下三个要素组成①。

1）语法，即数据与控制信息的结构或格式。语法可以理解为对所表达的内容的数据结构形式的一种规定（对更低层次则表现为编码格式和信号水平）。

2）语义，即需要发出何种控制信息，完成何种动作以及做出何种应答；语义包含对构成协议的协议元素含义的解释，特定的符号或数值等。

3）同步，即事件实现顺序的详细说明。同步也可称为“时序”，时序规定了某个通信事件及其由它而触发的一系列后续事件的执行顺序。

可以形象地把这三个要素描述为：语义表示要做什么，语法表示要怎么做，时序表示做的顺序。可以看出，网络协议实质上是实体间通信时所使用的一种语言。

注意，在分层结构中，每一层通常有多个协议，分别用于实现本层中的不同功能。另外，某一层的协议仅规定本层的实体在执行某一功能时的通信行为，不能作用于其他层次。

（2）接　口

在每一对相邻层次之间的是接口（interface）。接口定义了下层向上层提供哪些原语操作和服务。也可以说，接口是同一节点内相邻两层交换信息的连接点；低层向高层通过接口提供服务，不能跨层定义接口；只要接口条件不变、低层功能不变，低层功能的具体实现方法与技术的变化不会影响整个系统的工作。每一层的接口告诉它上面的进程如何访问本层，它规定了有哪些参数，以及结果是什么，但它没有说明本层内部是如何工作的。在计算机网络体系结构中，在同一系统中相邻两层的实体进行交互（即交换信息）的地方（即接口），通常称为服务访问点SAP（Service Access Point）。SAP是一个抽象的概念，它实际

① 有关网络协议三要素的一些习题，需要考生对其深入理解，请参阅本章重难点答疑部分有关内容。

上就是一个层间逻辑接口，它和两个设备之间的硬件接口（并行的或串行的）并不一样。OSI把层与层之间交换的数据的单位称为服务数据单元SDU（Service Data Unit），它可以与协议数据单元PDU（Protocol Data Unit）不一样。例如，可以是多个SDU合成为一个PDU，也可以是一个SDU划分为几个PDU。

（3）服　务

服务指由下层向相邻上层通过层间接口提供的功能调用，它是垂直的。在对等实体协议的控制下，使得本层能够向上一层提供服务，而要实现本层协议，还需要使用下面一层提供的服务。上层使用下层所提供的服务必须通过与下层交换一些命令来实现，这些命令在OSI中称为服务原语。

需要注意协议和服务的区别和关系。首先，协议的实现保证了能够向上一层提供服务。使用本层服务的实体只能看见服务而无法看见下面的协议，下面的协议对上面的实体是透明的。其次，协议是“水平的”，即协议是控制对等实体之间通信的规则。但服务是“垂直的”，即服务是由下层向上层通过层间接口提供的（并非在一个层内完成的全部功能都称为服务，只有那些能够被高一层实体“看得见”的功能才能称之为“服务”）。协议与服务的关系是，在协议的控制下，上层对下层进行调用，下层对上层进行服务，上下层间用交换原语交换信息。

计算机网络提供的服务可以分为以下三类。

1）面向连接的服务和无连接服务

面向连接的服务指当通信双方进行通信时，必须事先建立连接，通信结束后释放连接。面向连接的意思实际上就是基于连接，传统的电路交换是面向连接的。面向连接的服务可以分为建立连接、数据传输和释放连接三个阶段。TCP就是一种面向连接服务的协议。

无连接服务是指通信双方在通信前不需要建立连接，而是直接把每个带有目的地址的包（报文分组）传送到线路上，由系统选定路线进行传输。这是一种“尽最大努力交付”（Best-Effort-Delivery）但不可靠的服务。IP、UDP就是一种无连接服务的协议。

2）有应答服务和无应答服务

有应答服务指接收方在收到数据后向发送方给出相应的应答。应答可以是肯定的也可以是否定的，当接收到的数据有错误时发送否定应答。文件传送服务就是一种有应答服务。

无应答服务指接收方收到数据后不自动给出应答。如，WWW服务中客户端收到服务器发送的页面文件后就不给出应答。

3）可靠服务与不可靠服务

可靠服务指网络具有检错、纠错、应答机制，能保证数据正确、可靠地传送到目的地。不可靠服务是网络不保证数据正确、可靠地传送到目的地，只是尽量正确、可靠地传送，是一种尽力而为的服务。对于提供不可靠服务的网络，数据的正确性和可靠性由应用或用户来保障。

1.3.3 ISO/OSI参考模型和TCP/IP模型

（1）ISO/OSI参考模型

开放系统互连参考模型OSI/RM（Open Systems Interconnection Reference Model）是国际标准化组织ISO提出的为实现开放系统互连所建立的通信功能分层模型，简称为OSI或OSI参考模型①。这里所说的开放系统，实质上指的是遵循OSI参考模型和相关协议能够实现互连的具有各种应用目的的计算机系统。在OSI中，采用了三级抽象，即体系结构、服务定义（service definition）和协议规定说明（protocol

① 历年408全国联考中统一简称为OSI参考模型。

specification)。OSI参考模型定义了开放系统的层次结构、层次之间的相互关系及各层所包含的可能的服务，即体系结构。体系结构是作为一个框架来协调和组织各层协议的制定，也是对网络内部结构最精练的概括与描述。服务定义详细说明了各层所提供的服务。OSI标准中的各种协议精确定义了应当发送什么样的控制信息，以及应当用什么样的过程来解释这个控制信息。协议的规程说明具有最严格的约束。

OSI参考模型共分7层，自下向上依次为物理层、数据链路层、网络层、传输层、会话层、表示层和应用层。每一层封装成的PDU都有自己的名字，除最上面3层名字相同，称为报文(message)外，其他4层自上向下依次为段(segment)或数据报(datagram)、分组或包(packet)、帧(frame)、比特(bit)。注意，这里的封装是一个在发送端自上而下对数据逐层附加上必要的协议信息的过程；相应地，解封装是一个在接收端自下而上逐层去掉协议控制信息的过程。另外，7层结构中最下面3层为通信子网，是依赖网络的，涉及将两台通信计算机连接在一起所使用的数据通信网的相关协议；上面3层为资源子网，是面向应用的，涉及允许两个终端用户进程交互作用的协议；传输层处于中间层，为面向应用的上面3层屏蔽了跟网络有关的下面3层的详细操作。传输层本质上建立在由下面3层提供的服务上，为面向应用的高层提供网络无关的信息交换服务。OSI/RM的层次结构如图1-2所示。

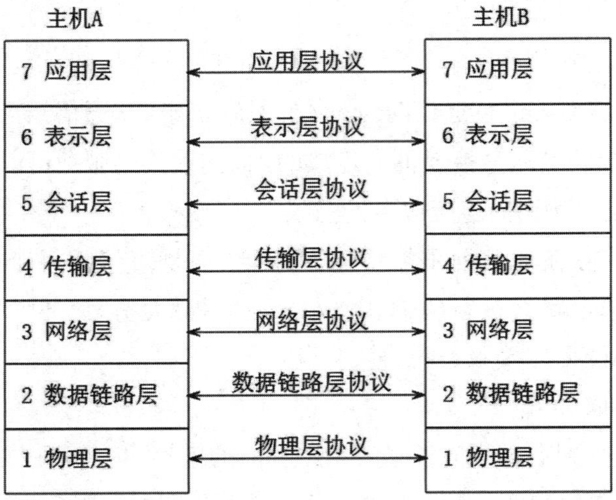

图1-2　OSI/RM的7层结构

OSI/RM各层的功能如下：

1)物理层

物理层(Physical Layer)确定如何在一条通信信道上传输原始比特，功能是在物理媒体上为数据端设备透明地传输原始比特流。物理层的设计问题主要涉及机械、电子和时序接口、物理层之下的物理传输介质的规程、位传输的编码和定时规则等。

2)数据链路层

数据链路层(Data Link Layer)的主要任务是加强物理层的传输功能，建立一条无差错的传输链路；数据链路层的传输单位是帧，其功能是在相邻节点之间可靠地传送数据帧，包括将物理层传输的比特组合成帧，确定帧界及速率，差错检测和流量控制等。

3)网络层

网络层①(Network Layer)的主要功能是控制通信子网的运行，在通信子网中进行路由选择和通信流控制，用于解决如何将源端发出的分组经过各种途径送到目的端。网络层的关键问题是对分组进行路由

① 历年408全国联考中称为网络层。在有的高校考研真题中称为互联网层或网际层，如北京邮电大学和桂林电子科技大学。

搜索和选择，并实现流量控制和拥塞控制，为传输层提供服务。

4）传输层

传输层（Transport Layer）也称运输层[①]，其基本功能是接收来自上一层的数据，在必要的时候把这些数据分割成较小的单元，然后把这些数据单元传递给网络层，并且确保这些数据单元正确地到达另一端[②]，即提供端到端的数据传输控制功能。而且，所有这些工作都必须高效率同时以一种上下隔离的方式完成。传输层是真正的端到端的层，它自始至终将数据从源端携带到目的端。

5）会话层

会话层[③]（Session Layer）也称为对话层，主要是对会话过程的控制，所提供的会话服务主要分为两大部分，即会话连接管理与会话数据交换。会话层提供了数据交换的定界和同步功能，允许不同机器上的用户建立会话。会话通常提供的服务包括会话控制（如记录该由谁来传递数据）、令牌管理（如禁止双方同时执行同一个关键操作），以及同步功能（如如在一个长传输过程中设置一些断点，以便在系统崩溃之后还能恢复到崩溃前的状态继续运行）。

6）表示层

表示层（Presentation Layer）关注的是所传递信息的语法和语义，提供统一的网络数据表示。为了使内部数据表示方式不同的计算机能够进行通信，表示层以抽象的方式定义它们所交换的数据结构和使用的标准编码方法。表示层管理这些抽象的数据结构，并允许定义和交换更高层的数据结构。数据的压缩、解压、加密、解密都在该层完成。

7）应用层

应用层（Application Layer）为网络用户提供分布式应用环境和编程环境，提供面向用户的界面，即实用程序，使得用户可以利用这些程序完成实际的工作。应用层解决的问题涉及到网络服务、服务公告及服务使用方式等。应用层包含了用户通常需要的各种各样的协议。典型的协议有万维网WWW（World Wide Web）基础的超文本传输协议HTTP（Hyper Text Transfer Protocol），文件传输协议FTP（File Transfer Protocol）和电子邮件协议SMTP（Simple Network Transfer Protocol）与POP（Post Office Protocol）等。

OSI参考模型各层功能简要总结如表1-2所列。

表1-2　OSI参考模型各层主要功能

层次	主要功能
7. 应用层	允许访问OSI环境的手段，提供面向用户的界面（实用程序）
6. 表示层	对数据进行翻译，转换数据格式，加密、解密和压缩
5. 会话层	建立、管理和终止会话，通信同步错误恢复和事务操作
4. 传输层	提供端到端的可靠报文传递和错误恢复
3. 网络层	负责数据包从源到宿的传递（路由选择）和网际互连
2. 数据链路层	将比特组装成帧和点到点的传递，错误检测和校正
1. 物理层	通过传输介质，透明地传输原始比特流

① 在历年408全国联考中统称为传输层。
② OSI参考模型的传输层提供端到端的可靠报文传递和错误恢复，仅支持面向连接通信。
③ 在历年408全国联考中统称为会话层。

（2）TCP/IP模型

TCP/IP模型选择了数据包交换网络，它以一个可运行在不同网络之上的无连接网络层为基础。TCP/IP的思路是形成IP数据报后，只要交给下面的网络去发送就行了，不必再考虑得太多。TCP/IP的体系结构比较简单，一般认为它只有四层，从低到高依次为网络接口层、网际层、传输层和应用层，最核心的是上面的三层。其中网络接口层对应OSI/RM中的物理层和数据链路层、应用层对应OSI/RM中的会话层、表示层和应用层。OSI/RM和TCP/IP的层次结构对比如图1-3所示。TCP/IP模型中各层功能如下。

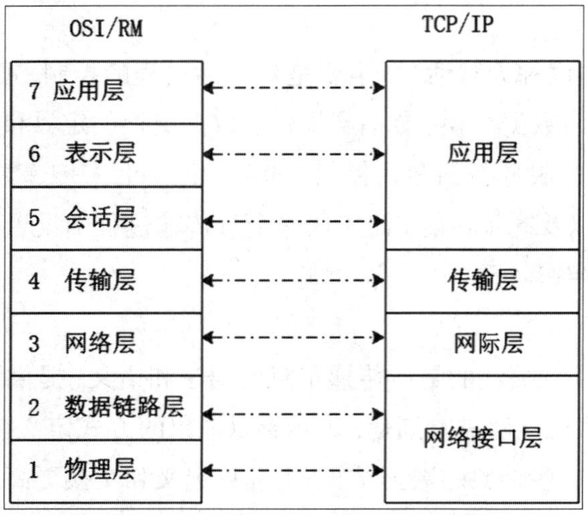

图1-3　TCP/IP模型与OSI参考模型的层次对比

1）网络接口层

严格来说，TCP/IP本来没有为网络层以下的层次制定什么标准[①]，所以网络接口层并不是真正意义上的一个层，而是主机与传输线路之间的一个接口，它的功能类似于OSI模型的物理层和数据链路层（也可以沿用相应标准），负责把IP分组发送到传输介质上以及从传输介质上接收IP分组。

2）网际层

网际层是将整个TCP/IP体系结构贯穿在一起的关键层，它大致对应于OSI的网络层。该层的任务是允许主机不需要先建立连接就可以将数据分组直接注入到任何网络，并且让这些分组通过合适的路由独立地到达接收方（接收方可能在不同的网络上），但它不保证分组按序到达，如果需要按序递交分组，则由高层来负责完成。也就是说，网络层所提供的是无连接不可靠的服务。

网际层定义了官方的数据包格式和协议，即因特网协议IP（Internet Protocol），包括IPv4和IPv6。因特网控制报文协议ICMP（Internet Control Message Protocol）是TCP/IP协议族的一个子协议，主要用于在主机与路由器之间传递控制信息，包括报告错误、交换受限控制和状态信息等。网际层的主要任务是将IP分组投递到它们该去的地方。显然，数据包的路由是网际层最主要的问题，同时该层还要考虑拥塞控制问题。

3）传输层

传输层的功能和OSI的传输层类似，其设计目标是允许源主机和目标主机上的对等实体进行对话，定义了两个端到端的传输协议，即传输控制协议TCP（Transport Control Protocol）和用户数据报协议UDP（User Datagram Protocol）。TCP是一个可靠的、面向连接的协议，允许从一台机器发出的字节流正确无误

① 实际上，TCP/IP标准并没有为网络接口层定义任何协议，它仅定义了与不同的网络进行连接的接口，旨在提供灵活性以适应各种网络类型，所以这一层被称为网络接口层。一般情况下，各物理网络可以使用自己的数据链路层协议和物理层协议，不需要在数据链路层上设置专门的TCP/IP协议。

地交付到互联网上的另一台机器。它把输入的字节流分割成离散的报文，并把每个报文传递给网络层。在目标机器，接收TCP进程把收到的报文重新装配到输出流中。TCP还负责处理流量控制，以便确保一个快速的发送方不会因发送太多的报文而淹没掉一个处理能力跟不上的慢速接收方。UDP是一个不可靠的、无连接协议，适用于那些不想要TCP的有序性或流量控制功能，而宁可自己提供这些功能的应用程序。UDP被广泛应用于那些一次性的基于客户/服务器类型的“请求–应答”查询应用，以及那些及时交付比精确交付更加重要的应用，比如传输语音或者视频。

4）应用层

应用层在传输层之上，它包含了所有的高层协议①。如早期的虚拟终端协议TELNET、文件传输协议FTP和电子邮件协议SMTP以及后来的域名系统DNS（Domain Name System）、用于获取万维网页面的HTTP和用于传送音视频的实时媒体的RTP等。

需要指出的是，学习计算机网络原理时往往采取折中的办法，即综合OSI和TCP/IP的优点，采用一种只有五层协议的体系结构，这样既简洁又能将概念阐述清楚。在这种五层结构中自上而下各层依次为应用层、传输层、网络层、数据链路层和物理层。各层的主要任务如下：应用层提供系统与用户的接口；传输层负责主机中两个进程之间的通信；网络层将传输层传下来的报文段封装成分组，选择适当的路由，使传输层传下来的分组能够交付到主机；数据链路层将网络层传下来的IP数据报组装成帧；物理层透明地传输比特流。

（3）OSI参考模型和TCP/IP模型的比较

OSI参考模型和TCP/IP模型有很多共同点。两者都以协议栈概念为基础，并且协议栈中的协议彼此相互独立。除此之外，两个模型中各个层的功能也大致相似。而且，在这两个模型中，传输层之上的各层都是传输服务的用户，并且是面向应用的。

OSI参考模型和TCP/IP模型的主要区别如表1–3所列。

表1–3 OSI参考模型和TCP/IP模型的主要区别

OSI参考模型	TCP/IP模型
① 明确区分服务、接口和协议三个概念	① 没有明确区分服务、接口、协议的概念
② 先有模型，后有协议	② 先有协议，后有模型
③ 7层结构	③ 4层结构
④ 网络层同时支持面向连接和无连接通信	④ 网际层仅支持无连接通信
⑤ 传输层仅支持面向连接通信	⑤ 传输层同时支持面向连接和无连接通信

1.3.4 真题与习题精编

● 单项选择题

1. 在OSI参考模型中，自下而上第一个提供端到端服务的层次是（　）。【全国联考2009年】

A. 数据链路层　B. 传输层　C. 会话层　D. 应用层

2. 下列选项中，不属于网络体系结构所描述的内容是（　）。【全国联考2010年】

A. 网络的层次　B. 每一层使用的协议　C. 协议的内部实现细节　D. 每一层必须完成的功能

① 实际上，TCP/IP模型的应用层的功能相当于OSI参考模型的会话层、表示层和应用层3层的功能。

3. 下图描述的协议要素是(   )。 【全国联考2020年】

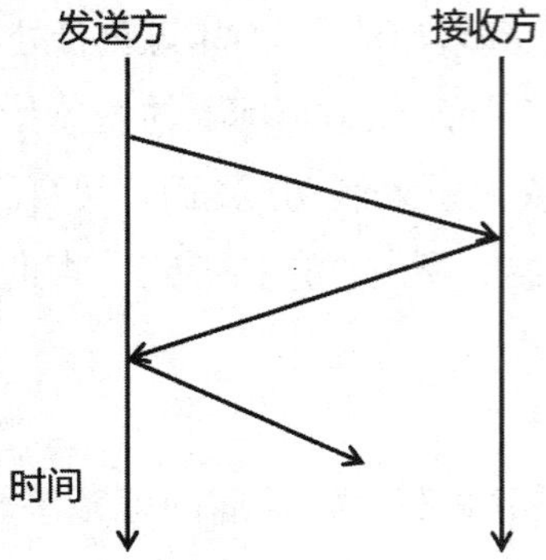

Ⅰ. 语法　　Ⅱ. 语义　　Ⅲ. 时序

A. 仅Ⅰ　　B. 仅Ⅱ　　C. 仅Ⅲ　　D. Ⅰ、Ⅱ和Ⅲ

4. 在OSI参考模型中，下列功能需由应用层的相邻层实现的是(   )。 【全国联考2013年】

A. 对话管理　　B. 数据格式转换　　C. 路由选择　　D. 可靠数据传输

5. 在OSI参考模型中，直接为会话层提供服务的是(   )。 【全国联考2014年】

A. 应用层　　B. 表示层　　C. 传输层　　D. 网络层

6. 如下图所示网络，在OSI参考模型中，R1、Switch、Hub实现的最高功能层分别是(   )。 【全国联考2016年】

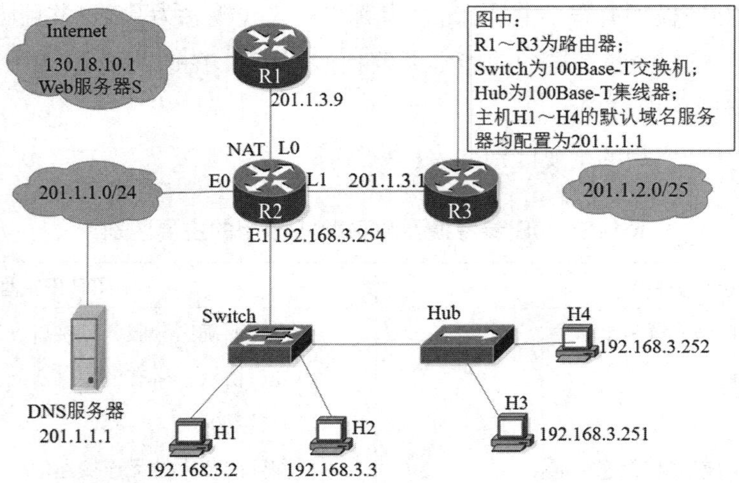

A. 2、2、1　　B. 2、2、2　　C. 3、2、1　　D. 3、2、2

7. 假设OSI参考模型的应用层欲发送400B的数据(无拆分)，除物理层和应用层外其他各层在封装PDU时均引入20B的额外开销，则应用层的数据传输效率约为(   )。 【全国联考2017年】

A. 80%　　B. 83%　　C. 87%　　D. 91%

8. OSI参考模型的第5层(自下而上)完成的主要功能是(   ) 【全国联考2019年】

A. 差错控制　　B. 路由选择　　C. 会话管理　　D. 数据表示转换

9. 下列关于网络体系结的描述中正确的是(   )。 【杭州电子科技大学2017年】

A. 网络协议中的语法涉及的是用于协调与差错处理有关的控制信息

B. 在网络分层体系结构中，n层是$n+1$层的用户，又是$n-1$层的服务提供者

C. OSI参考模型包括了体系结构、服务定义和协议规范三级抽象

D. OSI和TCP/IP模型的网络层同时支持面向连接的通信和无连接通信

10. 计算机网络可分为通信子网和资源子网，通信子网不包括（ ）。 【沈阳工业大学2016年】

A. 物理层　　B. 数据链路层　　C. 网络层　　D. 运输层

11. 网络协议的主要要素为（ ）。 【桂林电子科技大学2016年】

A. 数据格式、编码、信号电平　　B. 数据格式、控制信息、时序

C. 语法、语义、时序　　D. 编码、控制信息、数据格式

12. UDP协议属于七层参考模型中的（ ）。 【北京邮电大学2016年】

A. 会话层　　B. 传输层　　C. 数据链路层　　D. 互联网层

13. 在OSI七层协议体系中，路由交换主要是下列哪一层的功能（ ）。 【南京大学2017年】

A. 网络层　　B. 会话层　　C. 传输层　　D. 链路层

14. 下列关于TCP/IP参考模型的说法中，不正确的是（ ）。

A. TCP/IP参考模型是事实上的标准

B. TCP/IP的网络接口层沿用了OSI参考模型的相应标准

C. TCP/IP参考模型的4个层次都对其协议和功能进行了描述

D. TCP/IP参考模型可以实现异构网络之间的数据通信

15. 在OSI参考模型中，进行数据加密、解密是由（ ）协议来完成。

A. 传输层　　B. 应用层　　C. 表示层　　D. 会话层

16. 当数据由一台主机传送至另一台主机时，不参与数据封装工作的是（ ）。

A. 表示层　　B. 传输层　　C. 数据链路层　　D. 物理层

1.3.5 答案精解

● 单项选择题

1.【答案】B

【精解】考点为OSI参考模型及其各层的主要功能。在OSI参考模型中，传输层的目的是在源端与目的端之间建立可靠的端到端服务。端到端的通信是指运行在不同主机内的两个进程之间的通信，一个进程由一个端口号标识，所以称为端到端的逻辑通信。所以选项B正确。在OSI参考模型中，下一层向上一层提供服务，且所提供的服务的实现细节对上一层透明。选项A数据链路层将有差错的物理线路变为无差错的数据链路，主要负责传输线路上相邻节点之间的通信（即点到点通信），这里的节点包括了交换机和路由器等数据通信设备，这些设备不能称为端系统，所以A错；会话层利用下层传输层提供的端到端的服务，向相邻上层表示层提供它的增值服务。这种服务主要为表示层实体或用户进程建立并在连接上有序地传输数据，即会话（也称建立同步），会话层负责管理主机间的会话进程，所以选项C错。应用层作为OSI参考模型的最高层只面向用户提供服务，提供系统与用户的接口，所以选项D错。综上，选项B为正确答案。

2.【答案】C

【精解】考点为计算机网络体系结构。计算机网络的体系结构是计算机网络的各层及其协议的集合，体系结构就是这个计算机网络及其构件所应完成的功能的精确定义，体系结构是抽象的，而实现则是具体的，是真正在运行的计算机硬件和软件。每一层的接口告诉它上面的进程如何访问本层，它规定了有哪

些参数，以及结果是什么，但它没有说明本层内部是如何工作，内部的实现细节由具体的硬件设备厂家和软件开发人员确定。注意，仅在相邻层间有接口，且所提供服务的具体实现细节对上一层完全屏蔽。由上可知选项C为正确答案。

3.【答案】C

【精解】网络协议主要由语义、语法和时序（一般教材定义为同步）三部分组成，即协议三要素。语义：规定通信双方彼此“讲什么”，规定所要完成的功能，如规定通信双方要发出什么控制信息，执行的动作和返回的应答。语法：规定通信双方彼此“如何讲”，即规定传输数据的格式，如数据和控制信息的格式。时序：或称同步，规定了信息交流的次序。由图可知发送方与接收方依次交换信息，体现了协议三要素中的时序要素。

4.【答案】B

【精解】考点为OSI参考模型及其各层的主要功能，有关知识点要能够在理解的基础上记忆。在OSI参考模型中，应用层处于最上层（即OSI7层协议的第7层），它的相邻层是表示层（即OSI7层协议的第6层）。表示层以下的各层最关注的是如何传递数据位，而表示层关注的是所传递信息的语法和语义。表示层的功能是管理抽象的数据结构，表示出用户看得懂的数据格式，实现与数据表示有关的功能。主要完成数据字符集的转换、数据格式转换及文本压缩、数据加密和解密等工作。因此选项B正确。会话层允许不同机器上的用户建立会话。会话通常提供各种服务，包括会话控制管理、令牌管理和同步功能，所以会话管理是会话层的功能，选项A错误。路由选择是网络层的功能；可靠数据传输是传输层的功能，所以选项C和D错误。

5.【答案】C

【精解】考点为OSI参考模型及其各层的主要功能，要求在理解的基础上记忆。服务指由下层向相邻上层通过层间接口提供的功能调用，它是垂直的。会话层的下一层是传输层，直接为会话层提供服务。所以选项C为正确答案。

6.【答案】C

【精解】OSI参考模型共分7层，自下向上依次为物理层、数据链路层、网络层、传输层、会话层、表示层和应用层，物理层是第1层，应用层是第7层。集线器Hub是一个多端口的中继器，工作在物理层。交换机Switch是一个多端口的网桥，工作在数据链路层。路由器Router是网络层设备，它实现了网络模型的下3层（即物理层、数据链路层和网络层）。题中路由器R1、交换机Switch和集线器Hub实现的最高层功能分别是网络层（即第3层）、数据链路层（即第2层）和物理层（即第1层）。所以选项C为正确答案。

7.【答案】A

【精解】考点为OSI参考模型。OSI参考模型共分7层，除物理层和应用层外，还剩5层。它们会向PDU引入20 B×5=100 B的额外开销。应用层是最顶层，因此其数据传输效率为400 B/（400+100）B=80 %，所以选项A为正确答案。

8.【答案】C

【精解】OSI参考模型自下而上的第5层是会话层，会话层完成的主要功能是会话管理。所以选项C是正确答案。

9.【答案】C

【精解】本题考查计算机网络体系结构与参考模型。网络协议三要素（语法、语义和时序）中的语法即数据与控制信息的结构或格式，包括数据格式、编码和信号电平等；语义则涉及需要发出何种控制信息，完成何种动作和做出何种响应。选项A混淆了语法和语义涉及的内容，所以错误。因为在网络分层结构中，中间层的实体不仅要使用相邻下一层的服务来实现自身定义的功能，还要向相邻上一层提供本层的服务，即下层向相邻上层提供服务，即n层是$n-1$层的用户，又是$n+1$层的服务提供者，所以选项B错误。对于OSI参考模型，网络层支持面向连接和无连接通信，而TCP/IP模型中的网络层仅支持无连接通信，所以选项D错误。在OSI中，采用了三级抽象，即体系结构、服务定义和协议规范说明，所以选项C为正确答案。

10.【答案】D

【精解】考点为计算机网络的组成与分层结构。从功能组成上看，计算机网络可分为通信子网和资源子网两部分。通信子网包括OSI参考模型的最下面3层，即物理层、数据链路层和网络层。传输层向它上面的应用层提供通信服务，它属于面向通信部分的最高层，同时也是用户功能中的最低层。传输层向高层用户屏蔽了下面通信子网的细节（如网络拓扑、路由协议等），它使应用进程看见的就是好像在两个传输层实体之间存在的一条端到端的逻辑通信信道，因此在通信子网上没有传输层，传输层只存在通信子网以外的主机中。所以选项D为正确答案。

11.【答案】C

【精解】考点为计算机网络协议。网络协议的三要素为语法、语义和同步（也称时序），所以选项C正确。选项A中数据格式、编码和信号电平是协议语法的内容；选项B中数据格式和控制信息，是语法和语义内容的一部分；选项D编码属于语法的一部分，控制信息属于语义。选项A、B和D都是协议三要素的一部分内容，不全面，所以错误。

12.【答案】B

【精解】UDP协议和TCP协议是传输层的两个重要协议，分别提供无连接服务和面向连接的服务。所以选项B为正确答案。

13.【答案】A

【精解】网络层的主要功能是异构网络互连和路由选择与分组转发（路由器的分组转发部分包括交换结构和一组输入和输出端口）。所以选项A为正确答案。

14.【答案】C

【精解】TCP/IP的体系结构是事实上的标准，可以实现异构网络的连通性，它只有4层，从低到高依次为网络接口层 、网际层、传输层和应用层。4层中最核心的是上面的3层，均定义了相应的协议和功能；网络接口层对应OSI/RM中的物理层和数据链路层，沿用了相应标准，但并没有定义其功能、协议和实现方式。所以选项A、B、D表述正确，选项C说法错误。所以选项C为正确答案。

15.【答案】C

【精解】考点为OSI参考模型及其各层的主要功能。表示层是OSI参考模型的第6层，通俗地讲，表示层如同应用程序和网络之间的翻译官，主要解决用户信息的语法表示问题，即提供格式化的表示和转换数据服务。数据的压缩、解压、加密、解密都在该层完成。所以选项C为正确答案。

16.【答案】D

【精解】数据从上层往下层传输时需要加上首部进行封装，网络层增加了如源和目的主机地址等网络层首部信息，传输层增加了首部信息等。需要注意的是数据链路层不仅加首部，而且也加尾部。由于物理层处于最低层（不存在下一层）直接传输比特流，所以数据链路层提交的数据传输到物理层时，仅仅是把帧变成比特流的形式传输，不需要封装。所以D为正确选项。

1.4 重难点答疑

1. 在数据链路层和传输层应根据什么原则来确定应当使用面向连接服务还是无连接服务？

【答疑】对于数据链路层，在设计硬件时就能够确定。例如，若采用电路交换（如PSTN拨号电路），则数据链路层使用面向连接服务。但若使用分组交换（如以太网Ethernet），则数据链路层使用的是无连接服务。

对于传输层，使用哪种连接服务根据上层应用程序的性质来确定。例如，为了保证数据的可靠传输，HTTP使用了面向连接的TCP作为传输层协议。但是若应用程序的目的是为了保证信息传输的实时性（如语音或视频点播等应用），在传输层就必须使用无连接的UDP协议。

2. 在计算机网络中如何理解带宽、传输速率和传播速率、传输时延和传播时延、重发时延？

【答疑】在计算机网络中，带宽表示在单位时间内从网络中的某一点到另一点所能通过的"最高数据率"，单位是比特/秒（b/s），用来表示网络通信线路传送数据的能力。

传输速率是主机每秒向所连接的介质或网络注入（即发送）多少个比特，单位是比特/秒（b/s）。传输速率提高意味着主机在单位时间内能够发送更多的比特。注意，这里的"速率"指的是"比特/秒（b/s）"而不是"米/秒（m/s）"。注意到，带宽和传输速率单位相同。

传播速率：是电磁波在单位时间内能够在传输媒体上走的距离，单位是"米/秒"（m/s），用来表示信号比特在传输介质上的传播速度。如，电磁波在真空中的传播速度是3×10^8m/s，意味着电磁波在真空中1秒可传播3×10^8米的距离。

比如说"网络/宽带提速"，是指网络的传输速率（更多的"比特/秒"）提高了，而不是指信号在线路上传输得更快了（更多的"米/秒"）。

由此可见，当使用速率的单位为"比特/秒"时，就应该理解为主机向链路或网络发送比特的速率（即比特进入链路或网络的速率），而不是比特在链路上或在网络上传播的速率。

同理，传播时延和传输时延的意思也完全不同。传播时延是指电磁波在信道中传输所需要的时间，它取决于电磁波在信道上的传输速率以及所传播的距离。发送时延是发送数据所需要的时间。它取决于数据块的长度和数据在信道上的发送速率。由于传输时延容易和传播时延搞混，因此最好用发送时延来代替传输时延。请注意：

发送时延=传输时延≠传播时延。

重发时延是因为数据在传输中出了差错就需要重新传送，因而增加了总的数据传输时间。

3. 如何深入理解计算机网络协议三要素？

【答疑】网络协议是计算机网络不可缺少的部分。谢希仁教授所编著的《计算机网络》中关于网络协议及其三要素的表述很简洁，但是考生在做一些习题的过程中，仍感觉无从下手，所以有必要进行深入的理解，尤其是关于语法和语义的区别这方面。

协议是为计算机网络中进行数据交换而建立的规则、标准或约定的集合。可理解为实体间通信时所使用的一种公用语言。协议三要素是语法、语义和同步（也称时序）。语义是对数据符号的解释，而语法则是对于这些符号之间的组织规则和结构关系的定义。语法和语义确定的内容和定义对象不同。

（1）语法，确定通信双方“如何讲”，即确定协议元素的格式，如数据和控制信息的格式。即如何发出控制信息、完成动作、做出响应；定义了数据格式、编码、信号电平和数据出现的顺序等。例如传输层报文的格式、IP层分组的格式等。

（2）语义，确定通信双方“讲什么”，指出需要发出何种控制信息、完成何种动作以及做出何种响应。定义了用于协调同步和差错处理等控制信息，解释控制信息每个部分的意义。例如传输数据是什么时候接收，什么情况下丢弃，什么情况需要重发等。

（3）同步，也称时序，是事件实现顺序的详细说明，确定通信双方“讲话的次序”（可理解为通信双方相互应答的次序），定义了速度匹配和排序等，规定了某个通信事件及其由它而触发的一系列后续事件的执行顺序等，如TCP三次握手。

1.5 命题研究与模拟预测

1.5.1 命题研究

网络体系结构是计算机网络分层结构中各层及其协议的集合，换句话说，计算机网络体系结构就是这个计算机网络及其构件所应完成的功能的精确定义。计算机网络知识体系就是围绕网络分层结构以及相应的协议栈展开的，所以本章是历年全国联考常考内容之一。

通过对考试大纲的解读和历年全国联考的统计与分析，可以发现本章知识点的命题一般规律和特点如下：① 从内容上看，考点都集中在ISO/OSI参考模型和TCP/IP模型，且以ISO/OSI参考模型为主。② 从题型上看，均是单项选择题。③ 从题量和分值上看，除2015年和2018年本章没有考查试题外，其余年份都是1道选择题，占2分。④ 从试题难度上看，总体难度较小，比较容易得分。总的来说，历年考核的内容都在大纲要求的范围之内，符合考试大纲中考查目标的要求。

注意，计算机网络的概念、组成和分类等内容以及有关计算机网络标准化的知识点在全国联考中没有出现过，这是因为关于计算机网络定义不统一，组成和分类等划分标准也不统一，网络的标准化工作及相关组织是为了整个知识体系的完整性而需要了解的一些基本知识而已，命题要么答案显见，没有区分度，要么容易引起争议，要么仅仅是考查记忆的内容，这类命题在研究生选拔性考试中出现并不适合。另外本章中考点计算机网络的性能指标在历年真题中也没有涉及过，这是因为对于这些指标的考查完全可以和其他章节内容结合考查，不必要单独为此命题，事实也是如此。而且在本章知识点的命题一般只有一个选择题的情况下，其他考点相对更重要也更适合命题。从历年全国联考命题情况看也是如此，对于类似小概率命题的知识点了解即可。当然，即便考核这些内容，由于学习后续章节内容时会更深入理解这些内容，做对题目也是大概率的事情。

总的来说，联考近10年真题对本章知识点的考查都在大纲范围之内，试题占分较少，总体难度较易，对知识点的考查比较详细，要注重在记忆基础上的深刻理解。在备考安排上，应该分配较少的时间和精力，抓住ISO/OSI参考模型和TCP/IP模型这个重点，提高复习效率。

1.5.2 模拟预测

● 单项选择题①

1. IPv6数据报首部字段定义了前4位字段值为6，指明了该协议的版本为第6版本，则该定义属于协议

① 自2009年计算机专业基础综合全国联考以来，本章知识点的考查均以单选题出现。从历年联考命题规律来看，本章在联考中出综合应用题的概率很小，因此这里仅预测选择题。如果是自主命题院校真题，本章可能有简答题、计算题和综合应用题等其他题型。

规范的（　）。

A. 语义　　B. 语法　　C. 同步　　D. 编码

2. 长度为200 B的应用层数据通过传输层传送时加上20 B的TCP报头，通过网络层传送时加上20 B的IP分组头，通过数据链路层的以太网传送时加上18 B的帧头和帧尾，则数据的传输效率为（　）。

A. 75%　　B. 76.5%　　C. 77.5%　　D. 80%

3. 安全套接层（SSL）是为网络通信提供安全及数据完整性而设计的，在TCP/IP模型中，SSL所处的位置是（　）。

A. IP和TCP之间　　B. UDP和TCP之间　　C. IP层和物理层之间　　D. 传输层和应用层之间

4. 下列选项中，关于网络体系结构的描述中正确的是（　）。

A. 网络协议中的语法涉及到需要发出何种控制信息，完成何种动作和做出何种响应

B. 在网络分层体系结构中，服务是水平的，n层是n+1层的服务提供者

C. OSI参考模型包括了体系结构、服务定义和协议规范三级抽象

D. OSI和TCP/IP模型的传输层都同时支持面向连接的通信和无连接通信

5. 主机甲通过1个路由器（存储转发方式）与主机乙互联，两段链路的数据传输速率均为5 Mbps，主机甲分别采用报文交换和分组大小为5 kb的分组交换向主机乙发送1个大小为6 Mb（$1M=10^6$）的报文。若忽略链路传播延迟、分组头开销和分组拆装时间，则两种交换方式完成该报文传输所需的总时间分别为（　）。

A. 1200 ms、1201 ms　　B. 2400 ms、1201 ms　　C. 1201 ms、1200 ms　　D. 2400 ms、1200 ms

6. 使用浏览器访问WWW服务器上某公司的主页地址时，在该服务器上对数据进行封装和转换的步骤是（　）。

A. 比特流、IP分组、报文、帧、数据　　B. 报文、数据、帧、IP分组、比特流

C. 数据、IP分组、报文、帧、比特流　　D. 数据、报文、IP分组、帧、比特流

7. 在OSI参考模型中，第N层提供的服务是（　）与对等层实体交换信息来实现的。

A. 利用第N层提供的服务以及按第N层协议

B. 利用第N–1层提供的服务以及按第N层协议

C. 利用第N+1层提供的服务以及按第N–1层协议

D. 利用第N层提供的服务以及按第N–1层协议

1.5.3 答案精解

● 单项选择题

1.【答案】B

【精解】考点为计算机网络协议。网络协议的三要素是语法、语义和时序，语法用来规定信息格式，以及数据和控制信息的格式、编码、信号电平等。语义用来说明通信双方应当怎么做，用于协调与差错处理的控制信息。时序详细说明事件的先后顺序，进行速度匹配和排序等。题目中对IPv6数据报首部字段的定义，是数据结构形式的一种格式规定（而不是编码），属于协议规范的语法。所以选项B为正确答案。

2.【答案】C

【精解】数据的传输效率是指发送的应用层数据除以所发送的总数据（即应用数据加上各种首部和尾部的额外开销）。由题可知，发送的应用层数据为200 B，发送的总数据为（200+20+20+18）B，所以数据的传输效率=200 B/（200+20+20+18）B即77.5%，所以选项C正确。

3.【答案】D

【精解】SSL由Netscape研发，用以保障在Internet上数据传输的安全，它位于TCP/IP协议模型的传输层和应用层之间，使用TCP来提供一种可靠的端到端的安全服务。所以选项D为正确答案。

4.【答案】C

【精解】网络协议主要由语法、语义和同步三个要素组成，语法即数据与控制信息的结构或格式，语义即需要发出何种控制信息、完成何种动作以及做出何种响应。选项A混淆了语法和语义的内容，为错误选项；在网络分层体系结构中，协议是水平的，服务是垂直的，n层是$n-1$层的用户，也是$n+1$层的服务提供者，所以选项B错误；在OSI参考模型中，采用了三级抽象，即体系结构、服务定义和协议规范，所以选项C正确；在OSI参考模型中传输层仅支持面向连接通信，而在TCP/IP模型中，传输层同时支持面向连接和无连接通信，所以选项D错误。综上，选项C为正确答案。

5.【答案】B

【精解】题目忽略链路传播延迟、分组头开销和分组拆装时间，由题设可知，采用报文交换（不进行分组）时，由公式发送时延=数据帧长度（b）/发送速率（b/s）可知，主机甲发送一个报文的时延是6 Mb/5 Mbps=1200 ms，路由器转发此报文的时延也是1200 ms，完成报文传输共计2400 ms。当采用分组交换（进行分组）时，发送一个报文的时延是5 kb/5 Mbps=1 ms，接收一个报文的时延也是1 ms，但是在发送第二个报文时，第一个报文已经开始接收。共计有1200（6 Mb/5 kb）个分组，所以，总时间为发送报文的时间加上最后一个报文的接收时间，即1200+1=1201 ms。所以选项B为正确答案。

6.【答案】D

【精解】考点为计算机网络分层结构及封装的概念。在网络分层结构中，应用层处于最高层，对应的是用户的数据，传输层首部+数据=报文；网络层首部+报文=IP分组；数据链路层的首部与尾部+IP分组=帧；帧到了物理层转换成比特。所以选项D为正确答案。注意，数据封装在数据链路层不仅要加首部还要加尾部，物理层处于最低层，不参与封装，以0、1比特流的形式透明地传输数据链路层递交的帧。

7.【答案】B

【精解】在OSI分层结构中：① 不同节点的对等层具有相同的功能，同一节点内相邻层之间通过接口通信；② 每一层使用相邻下层提供的服务，并向相邻上层提供服务；③ 不同节点的同等层按照协议实现对等层之间的通信。换句话说，第N层提供的服务，是利用第$N-1$层提供的服务，以及第N层协议与对等层实体交换信息来实现的。所以选项B是正确答案。

第 2 章

物理层

第2章　物理层

2.1 考点解读

物理层考点如图2-1所示，内容包括通信基础、传输介质和物理层设备三大部分。考点主要涉及了一些通信学科的内容，在考试大纲中没有明确指出对这些考点的具体考核要求，通过对最近10年全国联考与本章有关考点的统计与分析（表2-1），结合网络课程知识体系的结构特点来看，关于本章考生应重点理解奈奎斯特定理和香农定理并掌握有关计算方法；掌握编码与调制技术；理解电路交换、报文交换与分组交换的工作方式和特点；理解通信基础的基本概念和物理层接口的特性；了解物理层典型设备（中继器和集线器）的功能及特点（并注意与其他典型网络设备的辨析）；了解主要的有线和无线传输介质的特点。

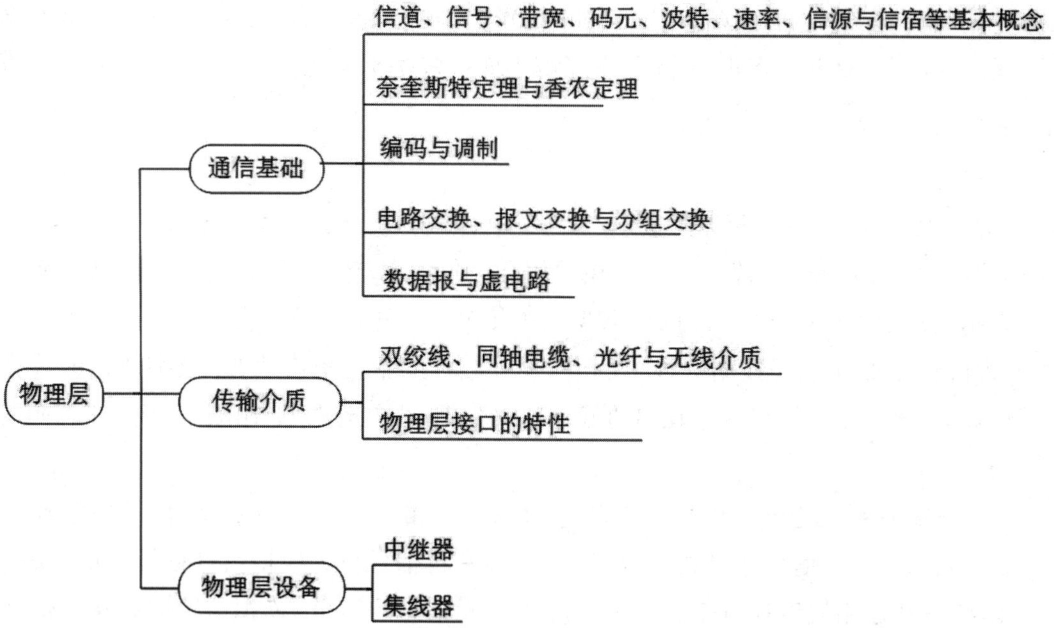

图2-1　物理层考点导图

表2-1　本章最近10年联考考点题型分值统计

年份（年）	题型（题）		分值（分）			联考考点
	单项选择题	综合应用题	单项选择题	综合应用题	合计	
2013	2	0	4	0	4	编码与调制分组交换
2014	1	0	2	0	2	香农定理
2015	1	0	2	0	2	编码与调制
2016	1	0	2	0	2	香农定理

表2-1（续）

年份（年）	题型（题）		分值（分）			联考考点
	单项选择题	综合应用题	单项选择题	综合应用题	合计	
2017	1	0	2	0	2	奈奎斯特定理香农定理
2018	1	0	2	0	2	接口特性
2019	1	0	2	0	2	传输介质
2020	0	0	0	0	0	
2021	1	0	2	0	2	差分曼彻斯特编码
2022	1	0	2	0	2	最大传输速率的计算

2.2 通信基础

计算机网络中首先要解决的就是计算机之间的通信问题。掌握并使用计算机网络应当对数据通信相关的理论和基础知识有一定的了解。需要强调指出，物理层考虑的是怎样才能在连接各种计算机的传输介质上传输数据比特流，而不是指具体的传输介质（传输介质本身并不属于物理层的范围）①。物理层的作用正是要尽可能地屏蔽掉不同传输介质和通信手段的差异，使物理层上面的数据链路层感觉不到这些差异，这样就可使数据链路层只需要考虑如何完成本层的协议和服务，而不必考虑网络具体的传输介质和通信手段是什么。奈奎斯特定理（Nyquist's Theorem）与香农定理（Shannon's Theorem）是数据通信中的两个基本定理，而要清楚这两个定理，则需要先了解下面一些基本概念。

2.2.1 基本概念

（1）信号与码元

通信的目的是传送信息，信息可以是数字、文字、语音、视频、图形和图像等各种形式。数据（data）是运送信息的实体，通常是有意义的符号序列。在数据通信技术中，编码后的信息就是数据，而编码是用二进制代码来表示信息中的每一个字符，因此数据指被传输的二进制代码。在采用电信号表达数据的系统中，数据可分为模拟数据和数字数据两种。模拟数据即数据的变化是连续的；数字数据即数据的变化是不连续的（离散的）。例如，计算机键盘输出的就是数字数据，但在经过调制解调器后，就转换成为模拟信号（连续信号）了。

信号（signal）是数据的电气或电磁的表现，是运载信息的工具，换句话说，信号是数据在传输过程中的电磁波表示形式。根据信号中参数的取值方式，通常将信号分为模拟信号和数字信号两种形式，如图2-2所示。模拟信号是用幅度连续变化的电磁波来表示信息的信号。模拟传输就是在通信介质上传递模拟信号。根据模拟信号的不同频率，可在有线介质和无线介质上传输。数字信号是一种不连续（离散）的信号。通常是一串电压脉冲序列序号。如某一电压值代表二进制数“1”，另一脉冲电压值代表二进制数“0”。在通信介质上传输数字信号称数字传输。

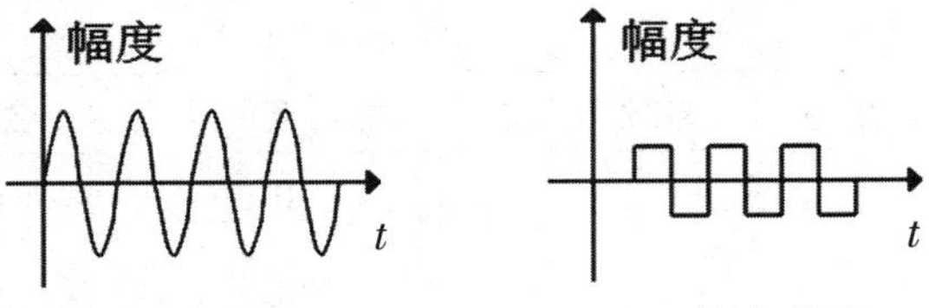

(a) 模拟信号　　(b) 数字信号

图2-2　模拟信号与数字信号

① 传输介质在有的参考书中称为传输媒体，《考试大纲》中统称为传输介质。

码元是承载信息量的基本单元，从文字编码的意义讲，指参与文字编码的键位符号，包括字代码、字母代码、笔画代码、形符代码等。在数字通信中常用时间间隔相同的符号来表示一个二进制数字，这样的时间间隔内的信号称为（二进制）码元。而这个间隔被称为码元长度。值得注意的是，当码元的离散状态大于2个时（如M大于2）时，此时码元为M进制码元。这里的码（code）是信号元素和字符之间事先约定好的转换。例如，A的ASCII码的表示就是1000001，而这里的每一个二进制数字（1或0）都可称为码元（code element）。码元实际上就是码所包含的元素。上面的例子说明了A的ASCII码包含有7个码元。在采用最简单的二进制编码时，一个码元就是一个比特。但在比较复杂的编码（多进制编码）中，一个码元可以包含多个比特。

（2）信源、信道与信宿

一个数据通信系统可分为三大部分，即信源、信道和信宿。

在通信系统中，信源是信息的源头，一般是产生数据的设备或计算机，也称为源站；信宿是信息的归宿，一般是接收数据的终点，也称为目的站。信道是传输信号的通道，可分为物理信道和逻辑信道。信道与电路并不等同。信道一般都是用来表示向某一个方向传送信息的媒体。一条通信电路往往包含一条发送信道和一条接收信道。

图2-3是一个简化的通信系统模型，其中信源和变换器称为源系统（或发送端、发送方），信宿和反变换器称为目的系统（或接收端、接收方）。通常，信源产生的信息（以数字比特流形式存在）需要经过变换器转换成适合于在信道上传输的信号之后才能发送到信道上，而通过信道传输到接收端的信号先由反变换器转换还原出发送端产生的数字比特流，然后再发送给信宿。在计算机网络中信道分为物理信道和逻辑信道。物理信道指用于传输数据信号的物理通路，它由传输介质与有关通信设备组成；逻辑信道指在物理信道的基础上，发送与接收数据信号的双方通过中间节点所实现的逻辑通路，由此为传输数据信号形成的逻辑通路。逻辑信道可以是有连接的，也可以是无连接的。物理信道还可根据传输介质的不同而分为有线信道和无线信道，也可按传输数据类型的不同分为数字信道和模拟信道。噪声指一切不规则的信号，主要对信道产生干扰或影响。

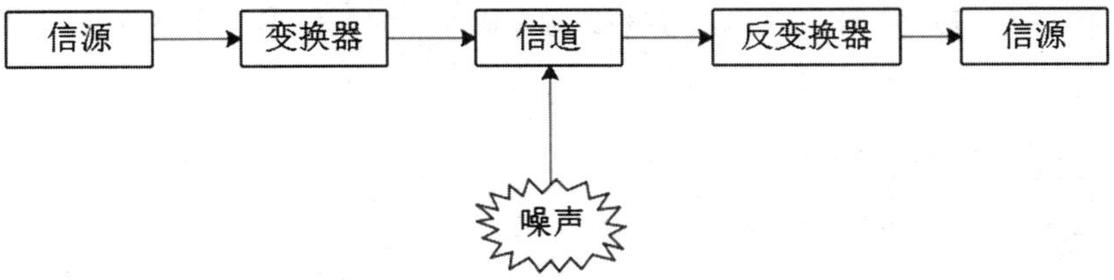

图2-3 通信系统模型

在信道上传输的信号根据是否经过调制可分为两种：基带信号和宽带信号。基带信号即来自于信源的信号，也就是基本频带信号，将数字信号1或0直接用两种不同的电压来表示，然后送到线路上去传输。基带信号所占的频带称为基带。频带信号是将基带信号进行调制后形成的频分复用模拟信号，这种信号仅在一段频率范围内（即频带）能够通过信道。频带信号也称带通信号。

在数字通信信道上，直接传送基带信号的方式称为基带传输。在远程通信线路中，不能直接传送基带信号，需要利用频带传输。频带传输是信号经调制后传输到终端后经再解调的传输方式，是利用模拟通信信道传输数字信号的方法。选用基带传输或带通传输，与信道的适用频带有关。

数据的传输方式可分为串行传输和并行传输。串行传输是指数据在传输时是逐个比特按照时间顺序依次传输。并行传输是指数据在传输时采用了n个并行的信道。在每一个信道上，数据仍然是串行传输的，即逐个比特按照时间顺序依次传输。但把这n个信道一起观察时，就可看出，数据的传输是每次n个比特。

从通信双方信息交互的方式来看，可以有以下三种基本方式：

1）单工通信（单向通信），即只能有一个方向的通信且没有反方向的交互。无线电/有线电广播、电视广播和遥测属于单工通信。

2）半双工通信（双向交替通信），即通信的双方都可以发送信息，但不能双方同时发送（当然也就不能同时接收）。这种通信方式是一方发送另一方接收，过一段时间后可以再反过来。对讲机和收发报机属于半双工通信。

3）全双工通信（双向同时通信），即通信的双方可以同时发送和接收信息。这种方式适用于普通电话、手机和计算机之间高速数据通信。

单工通信只需要一条信道，而半双工通信或全双工通信则都需要两条信道（发送和接收每个方向各一条）。显然，全双工通信的传输效率最高。

（3）带宽、速率与波特率

带宽在1.2.6中已经介绍过，这里需要强调的是，在计算机网络中带宽表示在单位时间内从网络中的某一点到另一点所能通过的"最高数据率"，单位是比特/秒（b/s）。

速率（数据率），即数据的传输速率，是指信道每秒所能传输的二进制比特数，记作bps（b/s）。速率与信道带宽是紧密相连的，即信道带宽越宽，数据传输速率越高。速率有两种表示形式：波特率和比特率。

1）波特率，也称码元速率（码元传输速率）、调制速率或波形速率，是指单位时间内信号波形的变换次数，即通过信道传输的码元个数，单位是波特（Baud）。1波特即指每秒传输1个码元（通过不同的调制方式，可以在一个码元上负载多个bit位信息）。注意，单位"波特"本身就已经是代表每秒的调制数，以"波特每秒"（Baud per second）为单位是一种常见的错误。另外，波特率与数据传输速率成正比关系。

2）比特率，也称信号速率，是指每秒传输二进制码元的个数（即比特数），单位是比特/秒（b/s）。

如果采用二进制码元，即每个码元只能携带1bit的信息，那么，波特率和比特率在数值上就相等了。若采用M（$M>2$）进制码元，则有，比特率=波特率×$\log_2 M$。波特率和比特率的关系也可表示为：链路的波特率=比特率/每码元所含比特数。

2.2.2 奈奎斯特定理与香农定理

（1）奈奎斯特定理

早在1924年，AT&T的工程师奈奎斯特（Nyquist）就认识到即使一条理想的信道，其传输能力也是有限的。随后他提出了著名的奈奎斯特定理，也称奈氏准则，推导出在理想低通信道（无噪声、带宽有限）下的最高码元传输速率的公式[①]：

理想低通信道下的最高码元传输速率$C=2W\log_2 M$（bit/s）

其中，W是理想低通信道的带宽，单位是Hz；M表示每个码元可取的离散电平的数目。

根据奈奎斯特定理可以推断出以下结论：

1）给定了信道的带宽，则该信道的极限波特率就确定了，不可能超过这个极限波特率传输码元，除非改善该信道的带宽；

2）要想增加信道的比特传送率有两条途径：一方面可以增加该信道的带宽，另一方面可以选择更高

① 奈奎斯特无噪声下的码元速率极限值B与信道带宽W的关系为$B=2W$（Baud）。

的编码方式，即采用多元制的编码方法。

（2）香农定理

奈奎斯特定理只考虑了无噪声的理想信道。如果存在随机噪声，情况就会急剧恶化。由于通信系统中分子的运动，随机热噪声总是存在的，这时信噪比就很重要。所谓信噪比就是信号的平均功率和噪声的平均功率之比，常记为S/N，并用分贝（dB）作为度量单位。即：

信噪比（dB）$=10\log_{10}(S/N)$（dB）

例如，当$S/N=100$时，信噪比为20 dB。

1948年，信息论的创始人香农（Shannon）在《通信的数学原理》一文中提出了著名的香农定理。香农定理指出，在噪声与信号独立的高斯白噪信道中，假设W为信道的带宽（以Hz为单位）；S为信道内所传信号的平均功率；N为信道内部的高斯噪声功率；则该信道的极限信息传输速率C是：

$C=W\log_2(1+S/N)$（bit/s）

这就是著名的香农公式，它指出了信息传输速率的上限，实际信道上能够达到的信息传输速率要比香农的极限传输速率低不少。香农公式表明，信道的带宽或信道中的信噪比越大，信道的极限传输速率就越高；若信道带宽W或信噪比S/N没有上限（当然实际信道不可能是这样的），则信道的极限信息传输速率C也就没有上限。香农公式的意义在于，只要信息传输速率低于信道的极限信息传输速率，就一定存在某种办法来实现无差错的传输。

由香农公式可得出以下结论：

1）提高信道的信噪比或增加信道的带宽都可以提高信道信息传输速率。

2）当信道中噪声功率N无穷趋于0时，C趋于无穷大，这就是说无干扰信道的信息传输速率可以为无穷大。

3）信噪比一定时，增加带宽W可以提高信道信息传输速率。但噪声为高斯白噪声①时（实际的通信系统背景噪声大多为高斯白噪），增加带宽同时会造成信噪比下降，因此无限增大带宽也只能对应有限信道信息传输速率。

注意，对于频带宽度已确定的信道，如果信噪比不能再提高了，并且码元传输速率也达到了上限值，那么还有办法提高信息的传输速率。这就是用编码的方法让每一个码元携带更多比特的信息量。

由上可知，奈奎斯特定理仅考虑了带宽与极限码元传输速率的关系，而香农定理不仅考虑了带宽，也考虑到了信噪比，这也可以表明，一个码元对应的二进制位数是有限的。

2.2.3 编码与调制

数据必须转换成信号才能在信道上传输，这就需要对数据进行编码和调制。编码是把数据转换为数字信号的过程，而调制是指把数据转换为模拟信号的过程。如图2-4所示，数据（模拟数据或数字数据）转换为信号（模拟信号或数字信号）共有四种情况，前两种属于编码，数据（模拟数据或数字数据）经转换得到的都是数字信号；后两种属于调制，数据（模拟数据或数字数据）经转换得到的都是模拟信号。也就是说，数字数据既可以转换为数字信号也可以转换为模拟信号，同样，模拟数据既可以转换为数字信号也可以转换为模拟信号。

① 高斯白噪声是指幅度分布服从高斯分布，功率谱密度服从均匀分布的噪声。

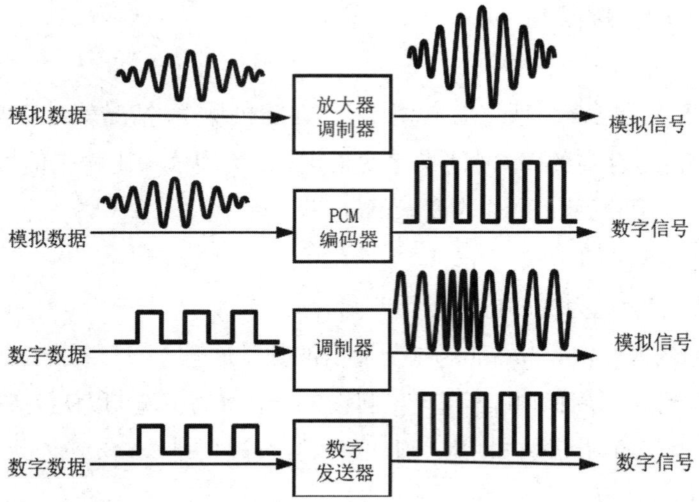

图2-4 编码与调制

（1）编　码

1）数字数据编码为数字信号

数字数据编码用于基带传输中，能够在基本不改变数字数据信号频率的情况下，直接传输数字数据。编码的规则有多种，常用的编码方式如图2-5所示。

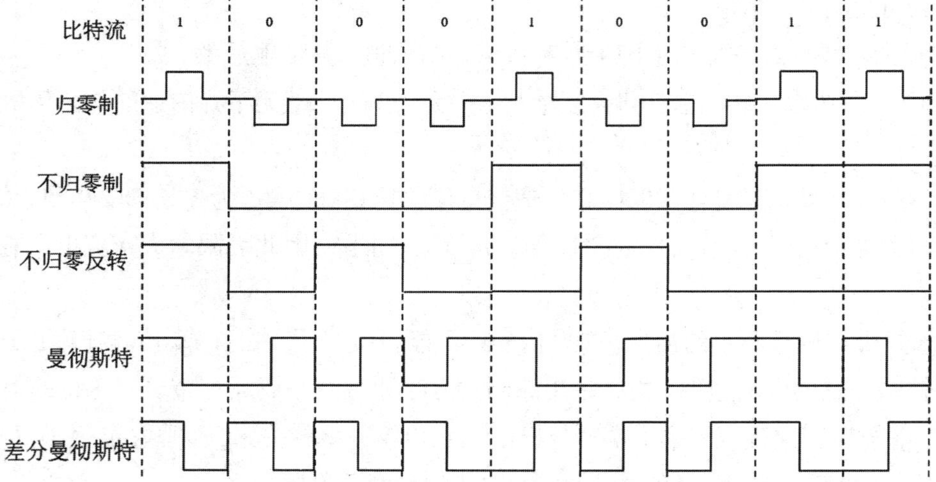

图2-5 数字信号常用的编码方式

● 归零制（RZ）：正脉冲代表1，负脉冲代表0，每位传输之后都要归零，所以接收方只要在信号归零后采样即可，这样就不再需要单独的时钟信号（用于同步）。RZ编码的缺点是大部分的数据带宽，都用来传输“归零”而被浪费掉了。

● 不归零制（NRZ）：用高电平代表1，低电平代表0，或者相反。这一电平信号要占满整个码元的宽度，中间不归零。NRZ编码的优点是容易实现，传输效率高；缺点是当出现多个连续的“0”或连续的“1”的时候，难以判断何处是上一位结束和下一位的开始，不能给接收端提供足够的定时信息，收发双方难以保持同步。

● 不归零反转（NRZI）：这种编码方式集成了前两种编码的优点，即既能传输时钟信号，又能尽量不损失系统带宽。发送方将当前信号的跳变或反转编码为1，将当前信号的保持编码为0（但也可反过来定义），解决了连续1的问题，但是未解决连续0的问题。

● 曼彻斯特编码(Manchester Encoding):位周期中心的向上跳变代表0,位周期中心的向下跳变代表1。但也可反过来定义[①]。注意,每一位的中间必有跳变。该编码的特点是位中间的跳变既作为时钟信号,又作为数据信号,但它所占的频带宽度是原始的基带宽度的两倍。因为该编码不存在长时间信号状态不变导致的时钟信号丢失的情况,所以这种编码方式在以太网通信中十分常用。

● 差分曼彻斯特:差分曼彻斯特编码是曼彻斯特编码的改进,在每一位的中心处始终都有跳变。传输的是“1”还是“0”,是依靠在每个时钟位的开始边界有无跳变来区分的。位开始边界有跳变代表0,而位开始边界没有跳变代表1。该编码比较复杂,但抗干扰性较好。

● 4B/5B编码:4B/5B编码的思想是在比特流中插入额外的比特以打破一连串的0或1。准确地讲,就是用5个比特来编码4个比特的数据,之后再传给接收方,因此称为4 B/5 B编码。5比特代码是由以下方式选定的:每个代码最多有1个前导0,并且末端最多有两个0。因此,当连续传送时,在传输过程中任何一对5比特代码连续的0最多有3个。然后,再将得到的5比特代码使用NRZI编码传输,这种方式说明了为什么仅需关心多个连续0的处理,因为NRZI已解决了多个连续1的问题。注意,4 B/5 B编码的效率为80 %。

注意,以上编码方案中,不归零制、曼彻斯特码和差分曼彻斯特码是二进制数据编码技术中的三种主要编码方案。

2)模拟数据编码为数字信号

若要使模拟信号在数字信道上传送,则首先要将模拟信号转换为数字信号,这个转换的过程就是模拟信号数字化的过程,该过程主要包括采样、量化和编码三个步骤。

① 采样是按一定的时间间隔抽取模拟信号在离散时间点上的振幅值,用这些离散时间点上的振幅值,即采样值序列来代表原始的模拟信号。采样是将模拟信号离散化。根据采样定理,当采样的频率大于或等于模拟数据的频带带宽(最高变化频率)的两倍时,所得的离散信号可以无失真地代表被采样的模拟数据。

② 量化是把幅度上仍连续(无穷多个取值)的采样信号进行幅度离散,变成有限个可能取值。经过量化就把连续的电平幅值转化为离散的数字量。注意,采样、量化后的信号还不是数字信号。

③ 编码则是把量化后的采样值(信号电平值)转换为数字编码脉冲的过程。最简单的编码方式是二进制编码。

常见的将模拟数据转换为数字信号的方法有:脉冲幅度调制PAM(Pulse Amplitude Modulation)、脉冲编码调制PCM(Pulse Code Modulation)和差分脉冲编码调制DPCM(Differential PCM)等。

(2)调　制

通常情况下,信源产生的原始信号不能直接在信道上传输,需要变换成适合信道传输的信号才能传输。所谓调制,就是将来自信源的基带信号(调制信号)加载到高频振荡信号上的过程,其实质是将基带信号搬移到高频载波[②]上去(即频谱搬移的过程),目的是把要传输的信号(模拟或数字信号)变换成适合信道传输的高频信号。

具体地说,信号调制就是用调制信号去控制载波信号,让后者的某一参数(幅值、频率、相位、脉冲宽度等)按前者的值变化。信号调制中常用一个高频正弦信号作为载波信号。载波信号可用$A\cos(\omega\tau+\phi)$表示,其中,A表示幅度、ω表示频率、ϕ表示初相位。按照调制信号的形式可将调制分为数字调制和模拟调制。

① 虽然可以反过来定义,但在习题中没有明确指出的话,默认按此规定即可。差分曼彻斯特编码也是如此。
② 被调制的高频载波或周期性的脉冲信号起着运载原始信号的作用,因此称为载波。调制后的信号称为已调信号。

1）数字调制

用数字信号控制载波信号的参量变化，即用数字信号调制称为数字调制。

数字调制就是要使上面载波信号$A\cos(\omega\tau+\phi)$中，A、ω或ϕ随数字基带信号的变化而变化。相应的调制方式分别为幅移键控ASK（Amplitude Shift Keying）、频移键控FSK（Freqency Shift Keying）和相移键控PSK（Phase Shift Keying），即数字调制的三种基本形式。这三种形式相结合可以实现高速调制，常见组合是ASK和PSK的结合，如正交幅度调制QAM（Quadrature Amplitude Modulation）。

● 幅移键控ASK：利用载波振幅的变化去携带数字数据，而频率和相位不变。这种调制方法实现比较容易，但抗干扰能力差。

● 频移键控FSK：利用载波的频率变化来携带数字数据，而载波的振幅和相位不变。这种调制方法容易实现，抗干扰能力强。

● 相移键控PSK：利用载波的相位变化去携带数字数据，而振幅和频率保持不变。

● 正交幅度调制QAM：是一种矢量调制，是幅度和相位联合调制的技术，它同时利用了载波的幅度和相位来传递信息比特，不同的幅度和相位代表不同的编码符号。因此在一定的条件下可实现更高的频带利用率，而且抗噪声能力强，实现技术简单。QAM在卫星通信和有线电视网络高速数据传输等领域应用广泛。

设波特率为B，采用m个相位，每个相位有n种振幅，则该QAM技术的数据传输率R为：$R=B\log_2(mn)$（单位：b/s）。

用数字数据调制模拟信号的数字调制具有抗干扰能力强、便于计算机对数字信息进行处理、易于加密保密性强和便于集成化等优点；其缺点是需要较宽的频带，进行数/模转换时有量化误差且要求的技术和设备复杂。

2）模拟调制

用模拟信号控制载波信号的参量变化，即用模拟信号调制称为模拟调制。模拟调制就是要使载波信号$A\cos(\omega\tau+\phi)$中，A、ω或ϕ随模拟基带信号的变化而变化。常见的模拟调制方式有调幅AM（Amplitude Modulation）、调频FM（Frequency Modulation）和调相PM（Phase Modulation）三种。

① 调幅AM：高频载波的幅度随原始模拟数据的幅度变化而变化，但载波的频率保持不变。调幅在有线电或无线电通信和广播中应用广泛。

② 调频FM：高频载波的频率按调制信号的变化而变化，但振幅不变的调制方式。用调频波传送信号可避免幅度干扰的影响而提高通信质量。广泛应用在通信、调频立体声广播和电视中。

③ 调相PM：高频载波的相位随原始数据的幅度变化而变化。调相和调频关系密切。调相/调频时，同时有调频/调相伴随发生，但变化规律不同。调相在实际中很少应用，它主要是用来作为得到调频的一种方法。

模拟调制可将模拟信号调制到高频载波信号上以便于远距离传输，这种方式的优点是直观且容易实现；缺点是保密性和抗干扰能力差。

2.2.4 电路交换、报文交换与分组交换

数据在通信双方之间进行传输，最简单的方式是直接互联。但在大型网络中，让所有设备都两两相连是不实际的，取而代之的是通过通信子网中的中间节点进行数据传输。通常将数据在通信子网中各节点间的数据传输过程称为数据交换。所谓交换技术是采用交换机（或节点机）等交换系统，通过路由选择技

术在进行通信的双方之间建立物理的/逻辑的连接，形成一条通信电路，实现通信双方的信息传输和交换的一种技术。目前，实现数据交换的技术主要有三种，即电路交换、报文交换和分组交换。

（1）电路交换

电路交换是以电路连接为目的，实时的交换方式，通信之前要在通信双方之间建立一条被双方独占的物理通道，该通道由通信双方之间的交换设备和通信链路逐段连接而成并一直维持到通信结束。电路交换技术分为三个阶段：电路建立阶段、数据传输阶段和电路释放/拆除阶段（也称为释放连接阶段）。传统的电话网采用的就是电路交换技术。

电路交换的主要优点如下：

1）通信时延小：通信线路为通信双方专用，数据直达，传输数据的时延非常小。

2）实时性强：通信双方之间的物理通路一旦建立，就可以随时通信。

3）有序传输：通信双方按发送顺序传送数据，不存在失序问题。

4）适用范围广：既适用于传输模拟信号，也适用于传输数字信号。

5）控制简单：交换设备（交换机等）及控制均比较简单。

6）避免冲突：不同的通信双方拥有不同的信道，不会出现争用物理信道的问题。

7）透明传输：在交换节点处不存储信息，连续传送。

电路交换的主要缺点如下：

1）电路的接续时间较长：建立及释放电路连接时要占用一定的时间。

2）信道利用率低：电路交换连接建立后，物理通路被通信双方独占，即使通信线路空闲，也不能供其他用户使用，因而信道利用率低。

3）缺乏统一标准：电路交换时，数据直达，不同类型、不同规格、不同速率的终端很难相互进行通信，也难以在通信过程中进行差错控制。

4）灵活性差：只要在通信双方建立的通路中的任何一点出了故障，就必须重新拨号建立新的连接，这对特殊情况的通信（如军事上的紧急/突发通信）是十分不利的。

（2）报文交换

报文交换是以报文为数据交换的单位，报文携带有目的地址、源地址等信息，在交换节点采用存储转发的传输方式。这里的报文是指用户拟发送的完整数据。在报文交换中，报文始终以一个整体的结构形式在交换节点处存储，然后根据目的地转发。报文交换适合于电报类数据信息的传输，用于公众电报和电子信箱等业务。

报文交换的主要优点如下：

1）无须建立连接：报文交换不需要为通信双方预先建立一条专用的通信线路，不存在建立连接时延，用户可以随时发送报文，通信双方无须同时工作。

2）线路利用率高：通信双方不是固定占有一条通信线路，而是在不同的时间一段一段地部分占有这条物理通道，因而大大提高了通信线路的利用率。

3）动态分配线路：当发送方把报文交给交换设备时，交换设备先存储整个报文，然后选择一条合适的空闲线路，将报文发送出去。

4）提高线路可靠性：如果某条传输路径发生故障，那么可重新选择另一条路径传输数据，因此提高了传输的可靠性。

5）提供多目标服务：可同时向多个目的站（或目的地址）发送统一报文，这在电路交换中是很难实现的。

6）可建立报文优先级别：在报文交换中，以其重要性确定优先级别。

报文交换的主要缺点如下：

1）非实时性：转发时延大（包括接收报文、检验正确性、排队、发送时间等）且变化也大，不利于实时通信和交互式通信。

2）设备要求高：报文交换对报文的大小没有限制，这就要求网络节点（如交换机）需要有高速处理能力和较大的缓存空间，设备费用高。

（3）分组交换

针对军事通信要求提出的分组交换是对报文交换的一种改进，它采用了报文交换的“存储-转发”方式，但它改变了报文交换以报文为单位的交换方法，把报文分成许多比较短的并被规格化的分组（携带源地址、目的地址和编号信息等）进行交换和传输。分组交换的原理是信息以分组为单位进行存储转发。源节点把报文分为若干个分组，在中间节点存储转发，目的节点再按发送端顺序把分组合成报文。计算机网络采用的就是分组交换技术。

分组交换的主要优点如下：

1）加速了数据在网络中的传输：因为分组是逐个传输，可以使后一个分组的存储操作与前一个分组的转发操作并行，这种流水线式传输方式减少了传输时间。

2）简化了存储管理：分组长度固定，相应的缓冲区的大小也固定，所以交换节点中对存储器的管理被简化为对缓冲区的管理，相对比较容易。

3）减少了出错概率和重发数据量：分组较短，出错概率减少，每次重发的数据量也减少，不仅提高了可靠性，也减少了时延。

分组交换的主要缺点如下：

1）存在传输时延：尽管分组交换比报文交换的传输时延少，但相对于电路交换仍存在存储转发时延，而且其节点交换机必须具有更强的处理能力。

2）当分组交换采用数据报服务时，可能会出现失序、丢失或重复分组，分组到达目的节点时，要对分组按编号进行排序等工作，因此很麻烦。若采用虚电路服务，虽无失序问题，但有呼叫建立、数据传输和虚电路释放三个过程。

三种数据交换方式的比较如图2-6所示。图中的A和D分别是源点和终点，而B和C是在A和D之间的中间节点，P_1~P_4表示4个分组。从图2-6可以看出，若要传送的数据量很大且其传送时间远大于连接建立时间时，采用电路交换较为合适。端到端的通路由多段链路组成时，采用分组交换传送数据较为合适。从提高整个网络的信道利用率上看，报文交换和分组交换优于电路交换，其中分组交换比报文交换的时延小，尤其适合于计算机之间的突发式数据通信。

2.2.5 数据报与虚电路

分组交换根据实现方式可分为数据报（无连接）方式和虚电路（面向连接）。在数据报方式中，分组是独立的实体，各分组可以经由不同的路径到达终点。数据报的可靠通信由用户主机保证。在虚电路方式中，必须先建立一条虚电路，然后各分组沿着同一路径到达终点。虚电路的可靠通信由网络保证。数据报服务和虚电路服务都属于由网络层向主机的传输层提供的服务，也是分组交换网提供的两个主要服务。

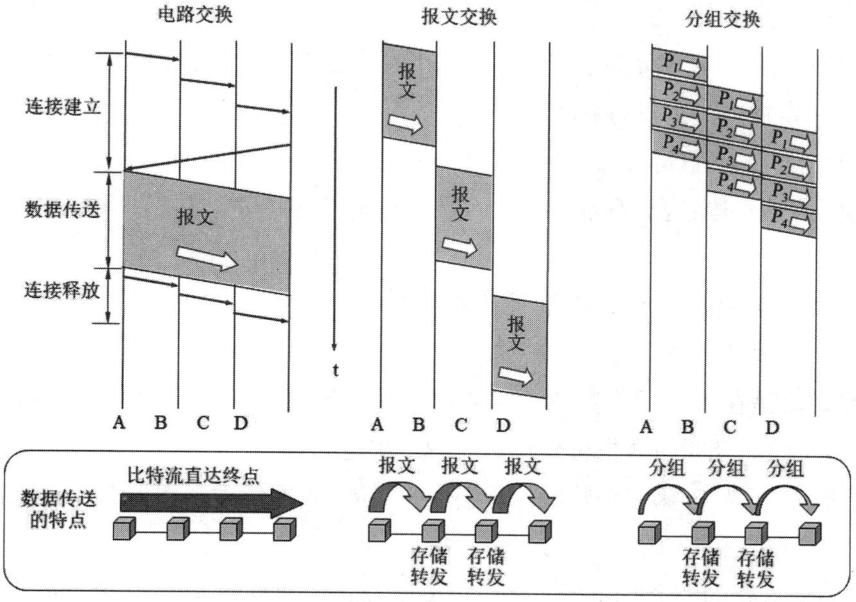

图2-6　三种数据交换方式的比较

（1）数据报

在数据报方式中，每个分组独立地进行处理，与报文交换方式中对每个报文独立处理一样。但是，由于网络的中间交换机对每个分组可能选择不同的路由，因此各分组到达目的终端时可能不是按发送的顺序到达，这就要求目的终端必须设法把它们按顺序重新排列。在这种技术中，独立处理的每个分组称为“数据报”。由于此种方式不需要事先建立一个连接线路，因此数据报方式属于无连接服务方式。

如图2-7所示，假设主机A给主机B发送一个报文时，高层协议先把报文拆成若干带有序号的分组，然后在网络层加上目的地址等控制信息后形成分组，交换机根据转发表转发分组。数据报服务的原理如下：

1）主机A先将分组逐个发往与它直接相连的节点，该节点将主机A发来的分组进行缓存。

2）然后查找自己的转发表，因为不同时刻转发表的内容可能不完全相同，所以分组转发的路径不同。如图中的分组P1与P3沿两条不同路径转发给相邻节点，而分组P2沿另一条路径转发给下一个邻节点。

3）依此类推，直到分组最终到达主机B。

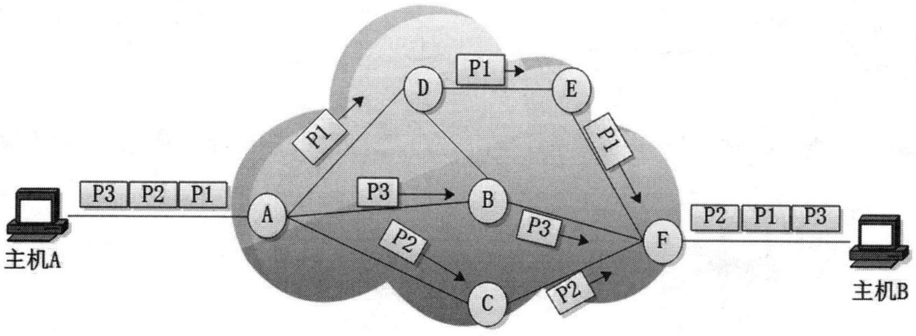

图2-7　数据报方式转发分组

当分组正在某一链路上传送时，分组并不占用网络的其他部分的资源。由于采用存储转发方式，资源是共享的，所以主机A在发送分组时，主机B也可同时发送分组。

通过上面的分析可知数据报服务具有以下特点。

1）发送分组前不需要建立连接。

2）网络尽最大努力交付，传输不保证可靠性，分组可能丢失；每个分组独立选择路由，转发的路径可能不同，所以分组不一定按序到达目的节点。

3）采用存储转发技术，不仅可以减少延迟的延时，而且能够提高网络的吞吐量。

4）当某一交换节点或一段链路出现故障时，可相应地更新转发表，寻找另一条路径转发分组，对故障的适应能力强。

5）收发双方不独占某一链路，所以资源利用率较高。

（2）虚电路

所谓虚电路方式就是在传送用户数据前先要通过发送呼叫请求分组建立端到端之间的虚电路；一旦虚电路建立后，属于同一呼叫的数据分组均沿着这一虚电路传送。最后通过呼叫清除分组来拆除虚电路。即虚电路方式的通信过程分为三个阶段，即虚电路建立、数据传输和虚电路释放，如图2–8、图2–9和图2–10所示，虚电路方式的工作原理如下。

1）主机A发出一个特殊的“呼叫请求”分组，该分组通过中间节点送往主机X，如果主机X同意连接，则发送“呼叫应答”分组进行确认，这样主机A与主机X之间就建立起了一条虚电路（图2–8）。

2）虚电路建立后，主机A就可以向主机X发送分组了（图2–9）。

3）分组传送结束后，主机A通过发送“释放请求”分组来拆除虚电路，断开整个连接（图2–10）。

通过上面的分析可知虚电路服务具有以下特点：

1）虚电路建立后，分组的传输路径就确定了，各节点不需要为分组作路径选择判定。

2）虚电路提供了可靠的通信功能，能保证每个分组按序到达目的节点。

3）分组首部不包含目的地址，而是包含虚电路标识符，相对数据报方式开销小。

4）当网络中的某个节点或某条链路出现故障而彻底失效时，所有经过该节点或该链路的虚电路将遭到破坏。

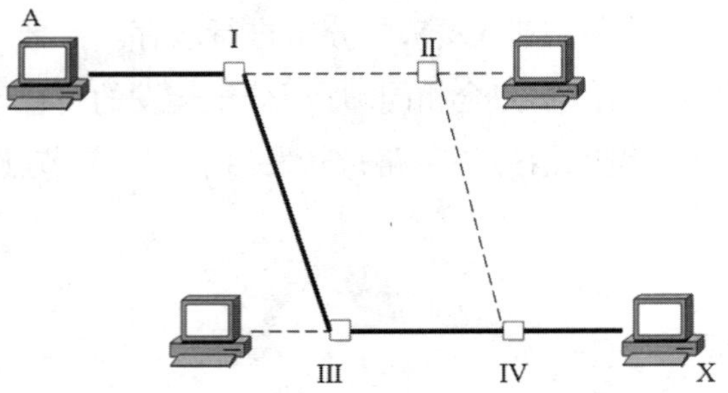

图2–8　虚电路方式（虚电路建立）

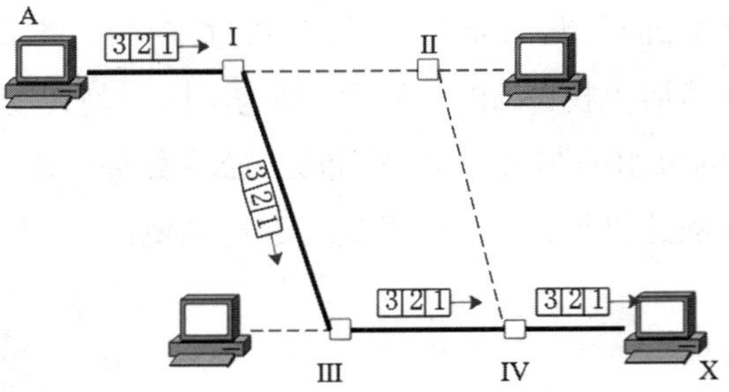

图2–9　虚电路方式（数据传输）

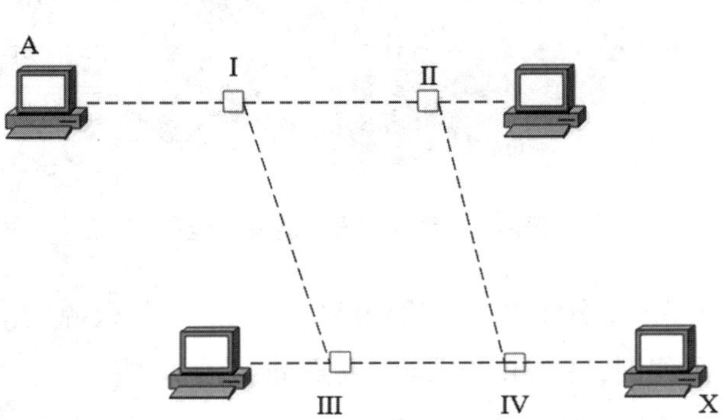

图2–10　虚电路方式（释放虚电路）

数据报服务和虚电路服务的特性比较见表2-2。

表2-2 数据报服务与虚电路服务的对比

对比的方面	数据报服务	虚电路服务
思路	可靠通信应当由用户主机来保证	可靠通信应当由网络来保证
连接的建立	不需要	必须有
终点地址	每个分组都有终点的完整地址	仅在连接建立阶段使用，每个分组使用短的虚电路号
分组的转发	每个分组独立选择路由进行转发	属于同一条虚电路的分组均按照同一路由进行转发
当节点出现故障时	出故障的节点可能会丢失分组，一些路由可能会发生变化	所有通过故障的节点的虚电路均不能工作
分组的顺序	到达终点时不一定按发送顺序	总是按发送顺序到达终点
端到端的差错处理和流量控制	由用户主机负责	可以由网络负责，也可以由用户主机负责

2.2.6 真题与习题精编

● 单项选择题

1. 在无噪声的情况下，若某通信链路的带宽为3 kHz，采用4个相位，每个相位有4种振幅的QAM调制技术，则该通信链路的最大数据传输率是（　）。【全国联考2009年】

A. 12 kb/s　B. 24 kb/s　C. 48 kb/s　D. 96 kb/s

2. 在下图所示的采用“存储-转发”方式的分组交换网络中，所有链路的数据传输速度为100 Mbps，分组大小为1000 B，其中分组头大小20 B，若主机H1向主机H2发送一个大小为980000 B的文件，则在不考虑分组拆装时间和传播延迟的情况下，从H1发送开始到H2接收完为止，需要的时间至少是（　）。【全国联考2010年】

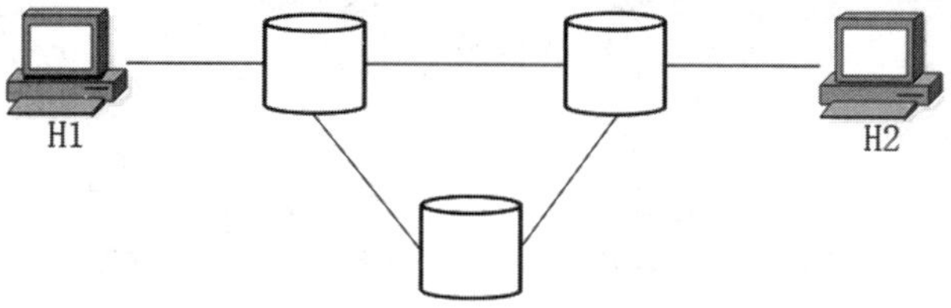

A. 80 ms　B. 80.08 ms　C. 80.16 ms　D. 80.24 ms

3. 若某通信链路的数据传输率为2400 b/s，采用4相位调制，则该链路的波特率是（　）。【全国联考2011年】

A. 600 Baud　B. 1200 Baud　C. 4800 Baud　D. 9600 Baud

4. 若下图为10 BaseT网卡接收到的信号波形，则该网卡收到的比特串是（　）。【全国联考2013年】

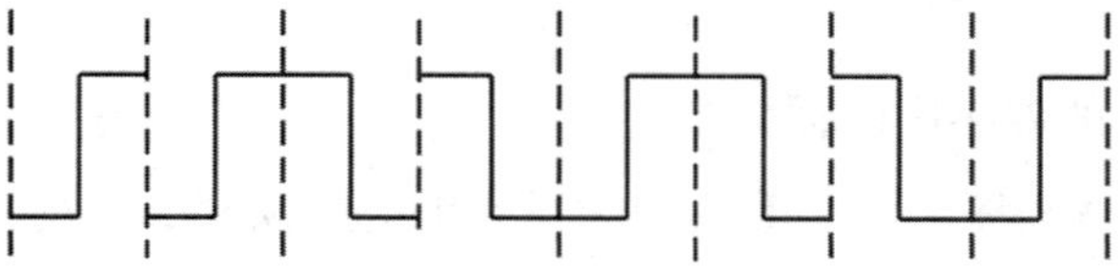

A. 00110110　B. 10101101　C. 01010010　D. 11000101

5. 主机甲通过1个路由器（存储转发方式）与主机乙互联，两段链路的数据传输率均为10 Mb/s，主机甲分别采用报文交换和分组大小为10 kb的分组交换向主机乙发送一个大小为8 Mb（1 M=10^6）的报文。若忽略链路传播延迟、分组头开销和分组拆装时间，则两种交换方式完成该报文传输所需的总时间分别为（　）。【全国联考2013年】

A. 800 ms、1600 ms　B. 801 ms、1600 ms　C. 1600 ms、800 ms　D. 1600 ms、801 ms

6. 下列因素中，不会影响信道数据传输率的是（　）。【全国联考2014年】

A. 信噪比　B. 频率宽带　C. 调制速率　D. 信号传播速度

7. 使用两种编码方案对比特流01100111进行编码的结果如下图所示，编码1和编码2分别是（　）。

【全国联考2015年】

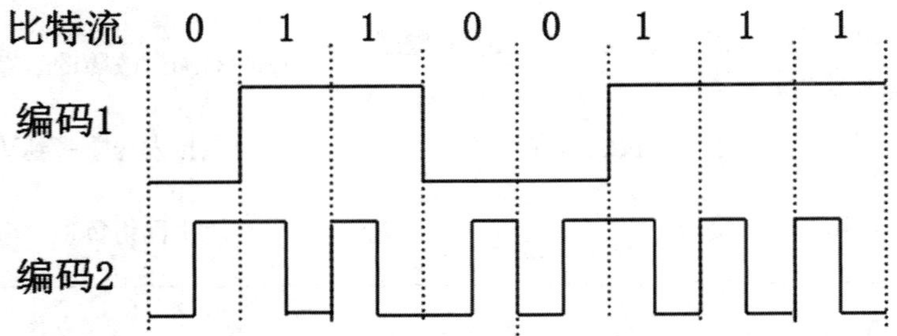

A. NRZ和曼彻斯特编码　B. NRZ和差分曼彻斯特编码

C. NRZI和曼彻斯特编码　D. NRZI和差分曼彻新特编码

8. 如下图所示，如果连接R2和R3链路的频率带宽为8 kHz，信噪比为30 dB，该链路实际数据传输率约为理论最大数据传输率的50%，那么该链路的实际数据传输率约为（　）。【全国联考2016年】

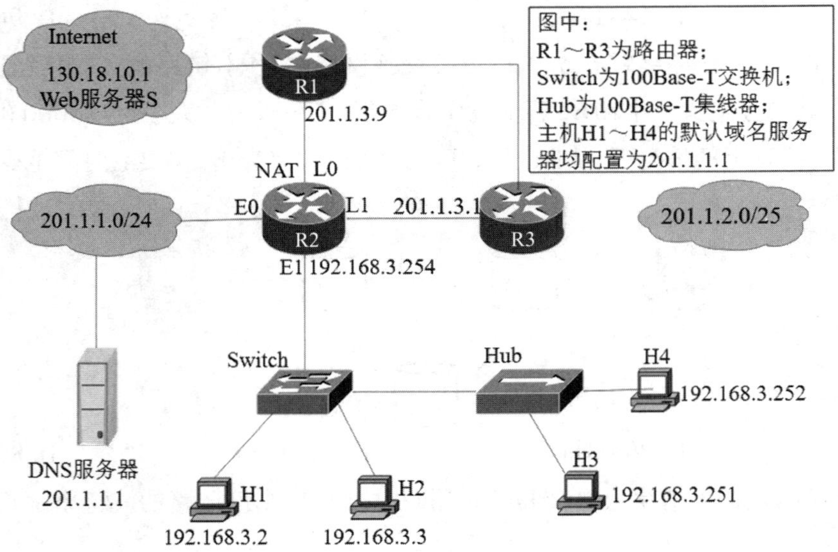

A. 8 kb/s　B. 20 kb/s　C. 40 kb/s　D. 80 kb/s

9. 若信道在无噪声情况下的极限数据传输率不小于信噪比为30 dB条件下的极限数据传输率，则信号状态数是（　）。【全国联考2017年】

A. 4　B. 8　C. 16　D. 32

10. 下列关于虚电路网络的叙述中错误的是（　）。【全国联考2020年】

A. 可以确保数据分组传输顺序　B. 需要为每条虚电路预分配带宽

C. 建立虚电路时需要进行路由选择　D. 依据虚电路号进行数据分组转发

11. 将模拟数据进行数字信号编码实际上是将模拟数据转换成数字数据，或称为数字化过程。模拟数据的数字信号编码最典型的例子是PCM编码。PCM编码过程为（　　）。【桂林电子科技大学2016年】

A. 量化→采样→编码　　B. 采样→量化→编码

C. 编码→采样→量化　　D. 采样→编码→量化

12. 关于虚电路和数据报的比较，以下哪种是错误的（　　）。【重庆大学2014年】

A. 虚电路需要建立传输连接　　B. 虚电路的包采用同一个路由

C. 虚电路更容易保证服务质量　　D. 虚电路每个包包含完整的源和目的地址

13. 在相隔2000 km的两地间通过电缆以4800 b/s的速率传送3000比特长的数据包，从开始发生到接收数据需要的时间是（　　）。【杭州电子科技大学2017年】

A. 480 ms　　B. 645 ms　　C. 630 ms　　D. 635 ms

14. 公用电话交换网（PSTN）采用了（　　）交换方式。【中国科学院大学2015年】

A. 分组　　B. 报文　　C. 信元　　D. 电路

15. 有关曼彻斯特编码的正确叙述是（　　）。【沈阳农业大学2015年】

A. 将时钟与数据取值都包含在信号中

B. 每个信号起始边界作为时钟信号有利于同步

C. 这种模拟信号的编码机制特别适合传输声音

D. 每位的中间不跳变时表示信号的取值为0

16. 下面4种编码方式中属于差分曼彻斯特编码的是（　　）。【杭州电子科技大学2017年】

A.
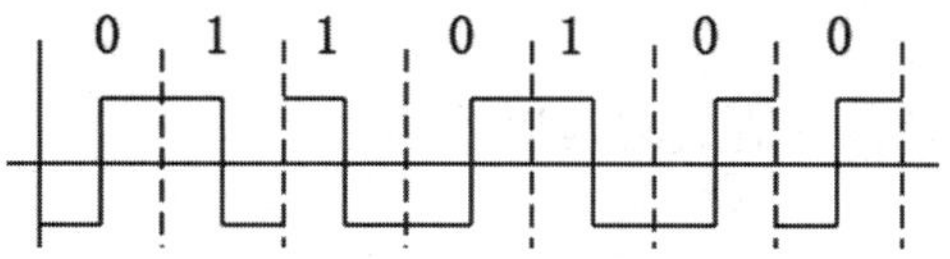

B.
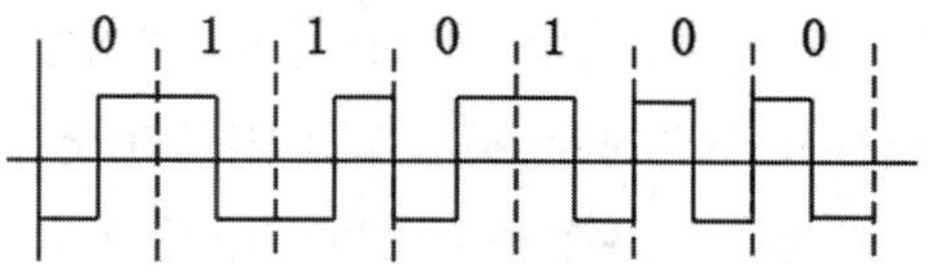

C.
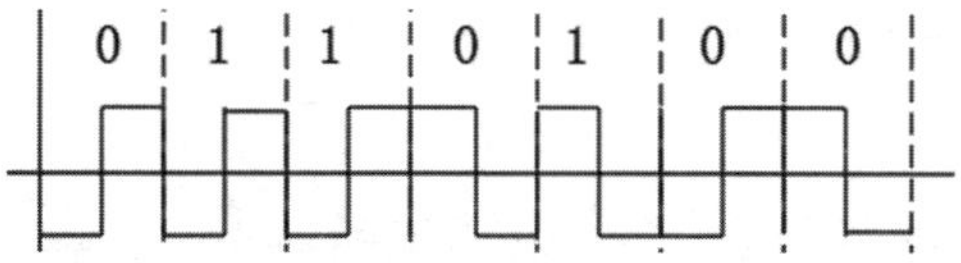

D.
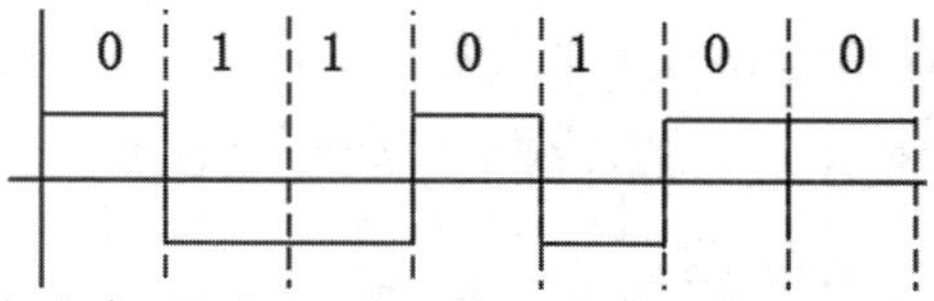

17. 某信道的信号传输速率为3000 Baud，若令其数据传输速率达到9 kb/s，则一个信号码元所能取的有效离散值个数应为（　　）。【沈阳农业大学2017年】

A. 4　　B. 8　　C. 16　　D. 32

18. 下图所示的曼彻斯特编码表示的比特串为（　　）。

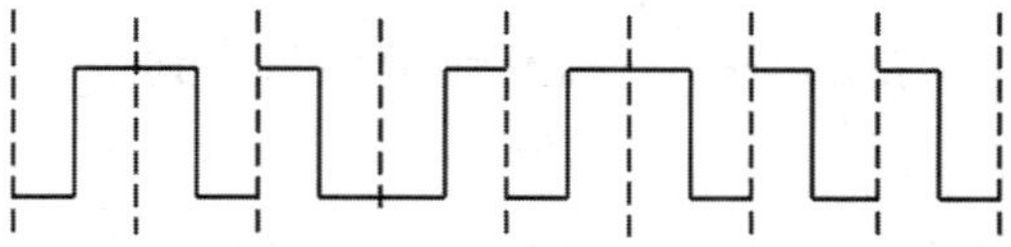

A. 01100111　　B. 01100110　　C. 10100001　　D. 11000101

19. 下列说法正确的是（　　）。

A. 在OSI参考模型中，物理层是指物理连接

B. 信道与通信电路类似，一条通信电路往往包含一个信道

C. 调制是把模拟数据转换为数字信号的过程

D. 信息传输速率是指通信信道上每秒传输的比特数

20. 在计算机网络中传输语音信号时必须先把语音信号数字化。下列可以把语音信号数字化的技术是（　　）。

A. 曼彻斯特编码　　B. 差分曼彻斯特编码　　C. QAM　　D. PCM

21. 利用模拟通信信道传输数字信号的方法称为（　　）。

A. 同步传输　　B. 异步传输　　C. 基带传输　　D. 频带传输

22. 以太网上的数据交换方式是（　　）。

A. 电路交换　　B. 报文交换　　C. 分组交换　　D. 虚电路交换

23. 数据经过网络的传输延迟长而且是不固定的，不能用于语音数据传输的是（ ）。

A. 电路交换　　B. 报文交换　　C. 分组交换　　D. 虚电路交换

24. 要求数据在网络中的传输时延最小，应首先选用的交换方式是（　　）。

A. 电路交换　　B. 报文交换　　C. 分组交换　　D. 信元交换

25. 分组交换对报文交换的主要改进是将报文划分为一个个具有最大固定长度的分组，以分组为单位进行传输，这种改进产生的直接结果是（　　）。

A. 降低了误码率　　B. 提高了数据传输率　　C. 减少传输时延　　D. 增加传输时延

26. 以下关于数据交换方式的描述中，错误的是（　　）。

A. 电路交换不提供差错控制功能

B. 分组交换的分组有最大长度的限制

C. 数据报方式是无连接的，它提供的是一种不可靠服务

D. 在出错率很高的传输系统中，选择虚电路方式比数据报方式更合适

27. 以下关于虚电路的说法中，错误的是（　　）。

A. 每个分组占用线路的开销比数据报方式小

B. 存在一定的延迟，主要原因是在交换机之间分组存储转发造成的延迟

C. 在通信的两个站点之间可以建立多条虚电路

D. 在虚电路上传送的同一个会话的数据分组走相同的路径

28. 下列可能导致失序的数据交换方式是（　　）。

A. 电路交换　　B. 报文交换　　C. 数据报交换　　D. 虚电路交换

29. 下列关于数据报服务和虚电路服务的叙述中，错误的是（　　）。

A. 数据报服务是无连接的，虚电路服务是面向连接的

B. 数据报服务中，每个分组独立选择路由进行转发

C. 虚电路服务中，所有通过故障的节点的虚电路均不能工作

D. 尽管虚电路服务是面向连接的，但它并不能保证分组按序到达

● 综合应用题

1. 设需在两台计算机之间经两个中间节点传送200 M字节的文件，假定：

（1）所有链路的数据传输率为4 kb/s；

（2）数据传输的差错可以忽略不计；

（3）中间节点存储转发时间可忽略不计；

（4）所有链路的传播时延均为20 ms。

试计算采用甲、乙两种方案传送此文件所需时间。其中：

（1）方案甲：将整个文件逐级存储转发；

（2）方案乙：将文件分为2000字节长的帧再进行逐级存储转发，假定帧头和帧尾的开销各为10字

节。假定分组之间连续发送且连续到达中间节点。

2. 设信号脉冲周期为0.004秒，脉冲信号有效值状态个数为16。请回答下列问题：

（1）用二进制代码表示上述信号，一个脉冲信号需用几位二进制代码表示。

（2）用二进制代码表示上述信号，其数据传输速度是多少。

3. 用香农公式计算，假定信道带宽为3100 Hz，最大信息传输速率为35 kb/s，那么若想使最大信息传输速率增加60%，问信噪比S/N应增大到多少倍？如果在刚才计算出的基础上将信噪比S/N再增大到10倍，问最大信息速率能否再增加20%？ 【山东师范大学2017年】

4. 试计算一个包括5段链路的运输连接的单程端到端时延。5段链路中有2段卫星链路，有3段是广域网链路。每条卫星链路又由上行链路和下行链路两部分组成。可以取这两部分的传播时延之和为250 ms。每一个广域网的范围为1500 km，其传播时延可按150000 km/s来计算（各数据链路速率为48 kb/s，帧长为960位）。 【山东师范大学2015年】

5. 收发两端之间的传输距离为1000 km，信号在媒体上的传播速度为2×10^8 m/s。试着计算以下两种情况的发送时延和传播时延。数据长度为10^7 bit，数据发送速率为100 kb/s；数据长度为10^3 bit，数据发送速率为1 Gb/s。通过以上计算可以得到何种结论？ 【沈阳农业大学2017年】

2.2.7 答案精解

● 单项选择题

1.【答案】B

【精解】考点为奈奎斯特定理和调制技术。本题题眼是“无噪声”情况，即理想信道，结合题目中其他条件，显然考查奈奎斯特定理，把已知条件或转化后的条件代入奈氏准则公式即可。采用4个相位，每个相位有4种幅度的正交振幅QAM调制方法，每个信号可以有4×4=16种变化，传输4比特的数据。根据奈奎斯特定理，理想低通信道下的最高码元传输速率=$2W\log_2 M$（bit/s），W是理想低通信道的带宽，单位是Hz；M表示每个码元可取的离散电平的数目。将题中给出的带宽3 kHz，M=16 代入公式即可得到，该通信链路的最大传输速率为$2W\log_2 M=2\times3\text{ k}\times4=24$ kb/s。所以选项B为正确答案。注意，本题即便不了解QAM具体方法，只要理解码元的含义，也不影响公式的计算。

2.【答案】C

【精解】根据题意可知，分组携带的数据长度为980 B，文件长度为980000 B，需拆分为1000个分组，加上头部后，每个分组大小为1000 B，总共需要传送的数据量大小为1000×1000 B=1 MB。由于所有链路的数据传输速度相同，因此文件传输经过最短路径时所需时间最少，如题中图示最短路径为经过两个分组交换机。当t=1 M×8/100 Mbps=80 ms时，H1发送完最后一个bit；注意这里1MB需要把字节换算为比特（1 B=8 b），即1 MB=1 M×8 b。由于传输延时，当H1发完所有数据后，其中最后一个分组需经过两个分组交换机的转发，在两次转发完成后，所有分组均到达目的主机。每次转发的时间为t_0=1 k×8 b/100 Mbps=0.08 ms，其中1 k×8 b为分组的大小。

所以，在不考虑分组拆装时间和等待延时的情况下，当t=80 ms+2t_0=80.16 ms时，H2接收完文件，即所需的时间至少为80.16 ms。故选项C为正确答案。

3.【答案】B

【精解】波特率B与数据传输率C的关系为$C=B\log_2 M$，其中M为一个码元所取的离散值个数。采用4种相位，即可以表示4种变化，故一个码元可携带$\log_2 4=2$比特信息。由题意可知，通信链路的数据传输率为2400 b/s即为公式中的比特率，由$C=B\log_2 M$，可知$B=C/\log_2 M$，将$C=2400$，$\log_2 M=2$代入，可得

B=2400/2=1200 Baud，故选项B为正确答案。

4.【答案】A

【精解】10 BaseT即10 Mb/s的以太网，采用曼彻斯特编码，每一位的中间必有跳变，位周期中心的向上跳变代表0，位周期中心的向下跳变代表1。但也可反过来定义。注意，每一位的中间必有跳变。若位周期中心的向上跳变代表0，位周期中心的向下跳变代表1，则对应图示的比特串是00110110；若位周期中心的向上跳变代表1，位周期中心的向下跳变代表0，则对应图示的比特串是11001001（所有选项中无此值），故选项A为正确答案。

5.【答案】D

【精解】根据题设可知，当采用报文交换时（不进行分组）时，只需计算两次发送时延，即一次在主机甲，另一次在路由器（因为采用了存储转发方式），发送一个报文的时延是8 Mb/10 Mb/s=800 ms，所以完成该报文传输时间是两次发送时延之和共计1600 ms。

当采用分组交换时，每个分组大小是10 kb，发送一个分组的时延是10 kb/10 Mb/s=1 ms，共计8 Mb/10 kb=800个分组。分组发送实际上采用了流水线的工作方式，当第N个分组在路由器转发时，第N+1个分组在主机甲发送（因为题设忽略了传播时延），所以除了第一个分组需要占用2个发送时延，以后每1个发送时延都会有1个分组到达主机乙。因此共计2 ms+（800−1）×1 ms=801 ms。

综上，选项D为正确答案。

需要强调的是，分组以流水线方式发送时，总的发送时延$T=t_1+(n-1)t$，其中t_1为第一个分组到达接收端的时间（也包括中间节点转发时延），n为分组个数，t为第二个分组等待第一个分组从第一个节点发送完毕的时间。

6.【答案】D

【精解】从香农公式$C=W\log_2(1+S/N)$（bit/s）可知，信噪比和带宽（单位为Hz，即频率带宽）都会影响信道数据传输率，所以选项A和B为错误选项。另外，信道的传输速率实际上就是信号的发送速率，调制速率会直接限制数据的传输速率，所以选项C不符合题意；信号的传播速度是信号在信道上传播的速度，与信道的发送速率无关。综上，选项A、B、C都会影响信道传输速率。选项D不会影响信道传输速率，故选项D为正确答案。

7.【答案】A

【精解】考点为通信基础（编码）。NRZ是最简单的串行编码技术，它用两个电压来代表两个二进制数，如高电平表示1，低电平表示0，题中编码1符合。曼彻斯特编码将一个码元分成两个相等的间隔，前一个间隔为低电平而后一个间隔为高电平表示1；0的表示方式正好相反，题中编码2符合。故选项A为正确答案。

需要注意的是，不归零反转NRZI（NonReturn to Zero Inverted），发送方将当前信号的跳变编码为1，将当前信号的保持编码为0。这样就解决了连续1的问题，但是显然未解决连续0的问题。差分曼彻斯特编码是曼彻斯特编码的改进，在每一位的中心处始终都有跳变。传输的是"1"还是"0"，是在每个时钟位的开始边界有无跳变来区分的。位开始边界有跳变代表0，而位开始边界没有跳变代表1。

8.【答案】C

【精解】香农定理给出了带宽受限且有高斯白噪声干扰的信道的极限数据传输率。香农公式$C=W\log_2(1+S/N)$（bit/s），其中，S/N为信噪比，即信号的平均功率和噪声的平均功率之比，信噪比$=10\log_{10}(S/N)$，单位dB，由题设可知 信噪比为30 dB，所以可求得S/N=1000。则该链路的极限数据传输率约为$W\log_2(1+S/N)=8\text{ k}\times\log_2(1+1000)\approx 80\text{ kb/s}$，再由题意可知该链路实际数据传输率约为理论最大数据传输率的50%，所以该链路的实际数据传输率约为80 kb/s×50%=40 kb/s。故选项C为正确答案。

9.【答案】D

【精解】考点为通信基础（奈奎斯特定理与香农定理）。由奈奎斯特定理可知无噪声情况下码元的最大传输速率为$2W\log_2 M$；由香农定理可知有噪声情况下信道的最大传输速率为$W\log_2(1+S/N)$；其中W是信道带宽，M是信号状态数，S/N是信噪比。根据题意可得，$2W\log_2 M\geqslant W\log_2(1+S/N)$。另，信噪比=$10\log_{10}(S/N)$，题中信噪比为30db，可解得$S/N=1000$，代入上式，可得$2\log_2 M\geqslant\log_2(1+1000)$，解之可得$N\geqslant 32$，所以选项D为正确答案。

10. 【答案】B

【精解】本题考查虚电路网络。虚电路服务需要建立连接过程，每个分组使用短的虚电路号在同一条线路的分组按照同一路由进行转发。分组到达终点的顺序与发送顺序相同，可以保证有序传输，不需要为每条虚电路预分配带宽。故本题选B。

11.【答案】B

【精解】若要使模拟信号在数字信道上传送，需要经过模拟信号数字化的过程，该过程主要包括采样、量化和编码三个步骤。

采样是将模拟信号离散化。量化是把幅度上仍连续（无穷多个取值）的抽样信号进行幅度离散，变成有限个可能取值。注意，抽样、量化后的信号还不是数字信号。编码则是把量化后的抽样值（信号电平值）转换为数字编码脉冲的过程。最简单的编码方式是二进制编码。故选项B为正确答案。

12.【答案】D

【精解】注意题目是对数据报和虚电路二者的比较。虚电路方式的通信过程分三个阶段：虚电路建立、数据传输和虚电路释放，虚电路建立后，数据包的传输路径就确定了，虚电路提供了可靠的通信功能，能保证每个包按序到达目的节点，比数据报更容易保证服务质量。所以选项A、B和C正确。虚电路方式中，包首部中不包含目的地址（仅在连接建立阶段使用），而是包含虚电路标识符。所以选项D错误。故选项D为正确答案。

13.【答案】D

【精解】电缆中信号的传播速度为200000 km/s。一个数据包在开始发送到结束数据的时间分为传输时间和传播时间两部分。传播时间为2000/200000 s=10 ms；传输时间为3000/4800 s=625 ms；二者共计635 ms。故选项D为正确答案。

14.【答案】D

【精解】考点为通信基础（三种交换方式）。PSTN采用的是电路交换，包括电路建立阶段、数据传输阶段和电路释放/拆除阶段（也称为释放连接阶段）。故选项D为正确答案。

15.【答案】A

【精解】曼彻斯特编码是一个同步时钟编码技术，每一位的中间必有跳变。该编码的特点是位中间的跳变既作为时钟信号，又作为数据信号，所以选项A为正确答案，选项B和D错误。曼彻斯特编码是将数字数据编码为数字信号的技术，常用于以太网中，所以选项C错误。

16.【答案】B

【精解】差分曼彻斯特编码在每一位的中心处始终都有跳变（所以选项D先排除）。传输的是“1”还是“0”，是在每个时钟位的开始边界有无跳变来区分的。位开始边界有跳变代表0，而位开始边界没有跳变代表1。所以快速识别曼彻斯特编码可以看两个相邻的波形，如果后一个波形和前一个波形相同（即有跳变），则后一个波形表示0，否则表示1。以此对照图形可知，选项B为正确答案。

17.【答案】B

【精解】波特率和比特率的关系为：比特率=波特率×$\log_2 M$。其中M为每码元所含比特数。将题目中给出的数据代入以上公式有9000=3000×$\log_2 M$，解得M=8。所以选项B为正确答案。

18.【答案】A

【精解】曼彻斯特编码将一个码元分成两个相等的间隔，前一个间隔为低电平而后一个间隔为高电平表示0；1的表示方式正好相反。或者按以上相反规定。该编码的特点是位中间必有跳变，且该跳变既作为时钟信号，又作为数据信号。对应图示可知，选项A为正确答案。

19.【答案】D

【精解】在OSI参考模型中，物理层是指物理信道，而不是具体的物理介质、物理设备或物理连接，物理层考虑的是怎样才能在连接各计算机的传输介质上传输数据比特流，即物理层指的是物理信道。所以选项A错误。信道不等于通信电路，一条可双向通信的电路往往包含两个信道：即一条发送信道，一条接收信道。另外，多个通信用户共用通信电路时，每个用户在该通信电路都会有一个信道，因此选项B错误。调制是把数据变换为模拟信号的过程，所以C错误。信息传输速率是指每秒发送的信息量，单位为b/s，所以选项D正确。综上，选项D为正确答案。

20.【答案】D

【精解】考点为通信基础（编码和调制）。将模拟数据或数字数据转换为模拟信号的过程称为调制；将模拟数据或数字数据转换为数字信号的过程称为编码。语音是模拟数据，为了在计算机网络中传输需要把它调制为数字信号。曼彻斯特编码和差分曼彻斯特编码的目的是把数字数据编码为数字信号，正交振幅调制QAM是把数字数据调制为模拟信号。只有脉码调制PCM可以把模拟数据编码为数字信号。综上，选项D为正确答案。

21.【答案】D

【精解】信道上传输的信号可分为基带信号和宽带信号。将基带信号（是没有调制过的原始电信号或将数字信号0和1直接用两种不同的电压表示）直接传送到数字信道上的传输方式称为基带传输。在近距离的局域网中通常使用基带传输技术。将宽带信号（是将基带信号进行调制后形成的模拟信号）传送到模拟信道上的传输方式称为频带传输。频带传输解决了数字信号可利用电话系统传输的问题。计算机网络的远距离通信通常采用的是频带传输。由上可以发现一个对应关系，即基带对应数字信号，宽带对应模拟信号。数据通信中常用的两种同步方式是：异步传输和同步传输。所谓同步，就是要求通信的收发双方在时间基准上保持一致。由上可知选项A、B与题设无关。综上，选项D为正确答案。

22.【答案】C

【精解】电路交换主要用于电话网；报文交换主要用于早期的电报网。因特网使用的是分组交换，具体包括数据报和虚电路两种方式。以太网中数据以帧的形式传输，源端用户的较长报文要被分为若干数据块，附加上相应的控制信息后到网络层以分组形式转发。以太网数据发送前不需要建立虚电路连接。综上可知，选项C为正确答案。

23.【答案】B

【精解】电路交换主要用于电话网；分组交换和虚电路交换也可用于语音通信；在报文交换中，交换的数据单元是报文，由于报文大小不固定，在交换节点中需要较大的存储空间。而且报文经过中间节点的存储转发时间较长而且也不固定，因此不能用于语音和视频实时通信。所以选项B为正确答案。

24.【答案】A

【精解】本题考查三种交换方式的性能，这里信元交换一种快速分组交换技术，它结合了电路交换技术延迟小和分组交换技术灵活的优点，主要应用在异步传输模式ATM（Asynchronous Transfer Mode）；分组交换比报文交换时延小，而电路交换虽然建立连接的时延较长，但在数据传输时独占链路，实时性更好，传输时延最小。所以选项A为正确答案。

25.【答案】C

【精解】本题考查分组交换和报文交换的区别。报文交换和分组交换都采取存储转发方式，因此传输时延较大。报文交换传送数据长度不固定且较长，而分组交换经题目中的主要改进后，采用流水线方式发送数据，导致的直接结果是传输时延较报文交换要小。所以选项C为正确答案。

26.【答案】D

【精解】本题考查数据交换方式的特点。电路交换不提供差错控制功能，选项A描述正确。选项B是分组交换对报文交换的改进，超过最大长度限制的分组都会被分割成长度较小的分组后再发送，所以选项B描述正确。分组交换在实际中分为数据报和虚电路两种方式。数据报方式是无连接的，提供不可靠服务，不保证分组不丢失。但由于每个分组可以独立选路，当某个节点发生故障时，后续分组可另选路径。虚电路方式是面向连接的，提供可靠服务，能保证数据的可靠性和有序性。但是由于所有分组按建立的虚电路转发，一旦虚电路中的某个节点出现故障，就必须重新建立虚电路，所以对于出错率很高的传输系统，采用数据报方式更合适。故选项D描述错误，为正确答案。

27.【答案】B

【精解】本题考查虚电路的特点。虚电路方式需要事先在通信双方之间建立逻辑链路，一旦逻辑链路建成，分组就沿虚电路迅速传输，每个分组占用线路的开销比数据报方式小，造成延迟的原因是虚电路的建立时间而不是交换机之间的存储转发过程。所以选项A说法正确，选项B说法错误。虚电路之所以是“虚”的，是因为这条电路不是专用的，每个节点到其他节点之间可能同时有若干虚电路通过；对于一个特定会话，其虚电路是事先建立好的，因此它的数据分组所走的路径是固定的。所以选项C和D说法正确。综上，选项B为正确答案。

28.【答案】C

【精解】本题考查数据交换方式的特点。在数据报分组交换中，一个报文被分成多个分组，每个分组可能由不同的传输路径通过通信子网到达目的地，因此可能出现失序。电路交换、报文交换和虚电路交换中，数据传输都沿相同的路径到达，不存在失序问题。所以选项C为正确答案。

29.【答案】D

【精解】考查数据报服务和虚电路服务的特点。虚电路服务需要经过建立连接、数据传输和释放链接三个阶段，是面向连接的，而且分组沿虚电路转发能够保证按序到达。所以选项D为正确答案。其他几个选项叙述正确，具体见表2–2数据报服务与虚电路服务的对比。

● 综合应用题

1.【答案精解】

（1）将整个文件逐级存储转发，属于报文交换，题设中在两台计算机之间经两个中间节点转发报文（共3段链路），不考虑数据传输差错与中间节点存储转发时间，那么总的时延就是整个报文的发送延迟与其在各段链路上的传播时延之和。每条链路上的发送延迟是200 MB/4 kb/s即（$200\times10^6\times8$）/4×10^3 s，传播时延为20 ms即0.02 s，综上可知：

总时延=3×（报文的发送时延+传播时延）

$=3\times(200\times10^6\times8/4\times10^3+0.02)$ s

=1200000.06 s

（2）将文件分为2000字节长的帧再进行逐级存储转发，假定帧头和帧尾的开销为10字节，属于分组交换，200 MB文件一共分为N=200 MB/2000 B=10^5个帧，每个帧长为帧长2000字节加上头尾各10个字节共计2020字节。节点发送一个帧的时间为：

2020×8/4×1000=4.04 s，传送一个帧的时间（共经3段链路）为（4.04 s+0.02 s）×3，其中0.02 s为题中所给的传播时延20 ms。

因为分组的发送采用流水线方式，所以：

总时延=3×（第一个分组的发送时间+传播时延）+后面的N−1个分组的发送时间

$=3\times(4.04\ \text{s}+0.02\ \text{s})+(10^5-1)\times4.04$ s

=404008.14 s

2.【答案精解】

（1）脉冲信号在平面坐标上表现为一条有无数断点的曲线。也就是说在周期性的一些地方点的极限不存在，每一个二进制位可以表示含0，1两种状态，则要表示16种状态的脉冲信号需要$\log_2 16=4$位的二进制代码。

（2）波特率=1/0.004=250 Baud；

数据传输速率（比特率）=波特率×$\log_2 16=250\times4=1000$ b/s。

3.【答案精解】

将题设数据代入香农公式$C=W\log_2(1+S/N)$可得：

$35000=3100\log_2(1+S/N)$

$\log_2(1+S/N)=35000/3100=350/31=\lg(1+S/N)/\lg2$

请注意：以10为底的对数通常就记为lg。

$\lg(1+S/N)=\lg2\times350/31$

$1+S/N=10^{\lg2\times350/31}$

$S/N=10^{\lg2\times350/31}-1=2505$

使最大信息传输速率增加60%时，设信噪比S/N应增大到x倍，则：

$35000\times1.6=3100\log_2(1+xS/N)$

$\log_2(1+xS/N)=35000\times1.6/3100=350\times1.6/31$

$\lg(1+xS/N)/\lg2=350\times1.6/31$

$1+xS/N=10^{\lg2\times350\times1.6/31}$

$xS/N=10^{\lg2\times350\times1.6/31}-1$

$x=(10^{\lg2\times350\times1.6/31}-1)/(10^{\lg2\times350/31}-1)\approx109.396$

所以，信噪比应增大到约100倍。

设在此基础上将信噪比S/N再增大到10倍，而最大信息传输速率可以再增大到y倍，则利用香农公式可得：

$35000 \times 1.6 \times y=3100 \log_2(1+2505 \times 109.396 \times 10)$

$y=3100 \log_2(1+2505 \times 109.396 \times 10)/35000 \times 1.6$

$=(3100 \lg 2740370.8/\lg 2)/35000 \times 1.6$

$=1.184$

即最大信息速率只能再增加18.4%左右。

4.【答案精解】

根据题意要求单程端到端时延，可设5段链路的端到端时延为T，5段链路的传输时延为T_1，5段链路的传播时延为T_2。则有$T=T_1+T_2$。

由题设可知，帧长为960位，各数据链路速率为48 kb/s，可得每段链路传输时延为960/(48×1000) s，又已知题设共5段链路，所以：

$T_1=5 \times 960/(48 \times 1000)\ s=100\ ms$

传播时延由2段卫星链路时延（题设为每条卫星链路传播时延为250 ms）和3段广域网链路传播时延（每段长1500 km，传播时延按150000 km/s计算）所以：

$T_2=2 \times 250\ ms+3 \times (1500/150000\ s)=500\ ms+30\ ms=530\ ms$

综上可得，5段链路的端到端时延$T=T_1+T_2=630\ ms$。

5.【答案精解】

总时延=传播时延+发送时延

发送时延=数据帧长度（b）/发送速率（b/s）

题中的两种情况的传播时延相同，都为信号的传输距离/传播速度，即：

$1000\ km/2 \times 10^8\ m/s=1000 \times 10^3\ m/2 \times 10^8\ m/s=5\ ms$

第一种情况的发送时延为$10^7/(100 \times 10^3)=100s$；

第二种情况的发送时延为$10^3/10^9=1\mu s$。

故，第一种情况的总时延为5 ms+100 s；第二种情况的总时延为5 ms+1μs。

以上两种结果可以看出，发送数据多，发送速率低，发送时延占主导（如第一种情况）；发送数据少，发送速率高，传播时延占主导（如第二种情况）。

2.3 传输介质

传输介质也称为传输媒体或传输媒介，它是数据传输系统中在发送器和接收器之间的物理通路。传输介质可分为两大类，即导向传输介质和非导向传输介质。在导向传输介质中，电磁波被导引沿着固体媒介（如铜线或光纤）传播；而非导向传输介质就是指自由空间，在非导向传输介质中电磁波的传输常称为无线传输。

2.3.1 双绞线、同轴电缆、光纤和无线传输介质

（1）双绞线

双绞线是最古老但又最常用的传输介质，常见于电话系统和以太网中。把两根互相绝缘的铜导线并排放在一起，然后用规则的方法绞合起来就构成了双绞线。绞合可减少对相邻导线的电磁干扰。为了提高双绞线抗电磁干扰的能力，可以在双绞线的外面再加上一层用金属丝编织成的屏蔽层。这就是屏蔽双绞

线，简称为STP（Shielded Twisted Pair）。它的价格比非屏蔽双绞线UTP（Unshielded Twisted Pair）[①]贵一些。图2-11是双绞线的示意图。

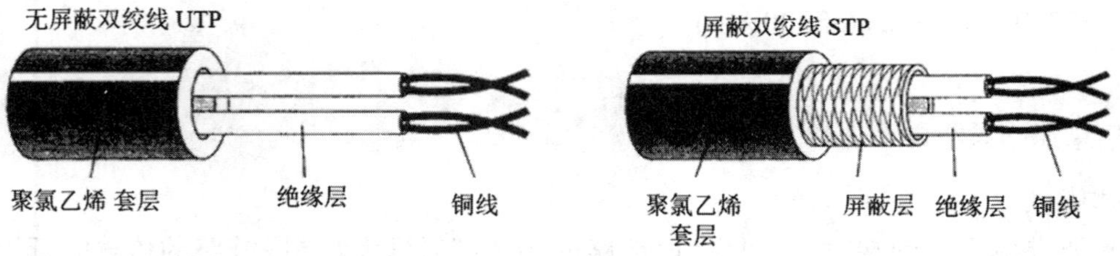

图2-11　双绞线的结构

双绞线按性能指标可以分为：1类、2类、3类、4类、5类、超5类、6类、超6类、7类等类型，其中3类和5类非屏蔽双绞线在以太网中比较常见。一般地，类型数字越大，版本越新、技术越先进、带宽也越宽，价格也越贵。无论哪种类别的双绞线，衰减都随频率的升高而增大。

模拟传输和数字传输都可以使用双绞线，其通信距离一般为几到十几公里。距离太远时就要加放大器以便将衰减了的信号放大到合适的数值（对于模拟传输），或者加上中继器以便对失真了的数字信号进行整形（对于数字传输）。

（2）同轴电缆

同轴电缆由绕同一轴线的两个导体组成，具体说是由内导体铜质芯线（单股实心线或多股绞合线）、绝缘层、网状编织的外导体屏蔽层（也可以是单股的）以及保护塑料外层所组成（图2-12）。由于外导体屏蔽层的作用，同轴电缆具有很好的抗干扰特性，被广泛用于传输较高速率的数据[②]。为保持同轴电缆正确的电气特性，电缆必须接地，同时两头要有端接器来削弱信号反射作用。

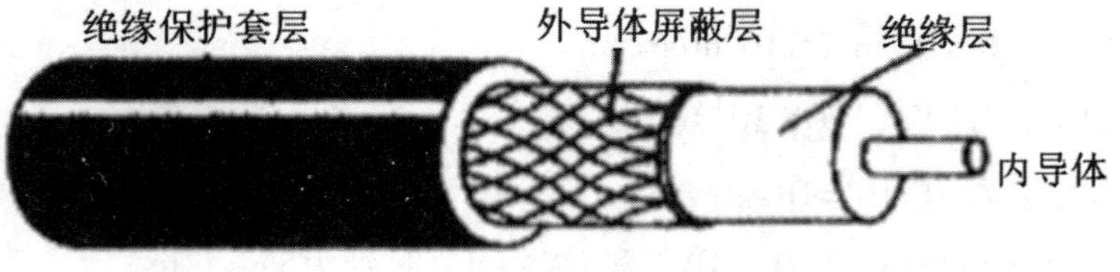

图2-12　同轴电缆的结构

同轴电缆可分为两种基本类型，基带同轴电缆和宽带同轴电缆。50Ω同轴电缆主要用于数字传输传送基带数字信号，广泛用于局域网中；75Ω同轴电缆主要用于模拟传输传送宽带信号，广泛用于有线电视系统。

（3）光　纤

光纤即光导纤维，通常由能传导光波的非常透明的石英玻璃拉成细丝外加保护层构成。光纤通信就是利用光纤传递光脉冲来进行通信。有光脉冲相当于1，而没有光脉冲相当于0。由于可见光的频率非常高，约为10^8MHz的量级，因此一个光纤通信系统的传输带宽远远大于目前其他各种传输介质的带宽。目前，光纤传输的实际速率主要受限于光电转换器的速率。

光纤的纤芯很细，其直径只有8~100μm（$1\mu m=10^{-6}m$）。光波正是通过纤芯进行传导的。包层较纤芯有较低的折射率。当光线从高折射率的媒体射向低折射率的媒体时，其折射角将大于入射角（图2-13）。因此，如果入射角足够大，就会出现全反射，即光线碰到包层时就会折射回纤芯。这个过程不断重复，光

① 在建筑物内，作为局域网传输介质被普遍使用的UTP电缆的最大长度一般限制在100 m之内。

② 同轴电缆的带宽取决于电缆长度，1km的电缆可以达到1~2Gb/s的数据传输速率。同轴电缆比双绞线的传输速度更快，得益于同轴电缆具有更高的屏蔽性，同时具有更好的抗噪声性。

也就沿着光纤传输下去。

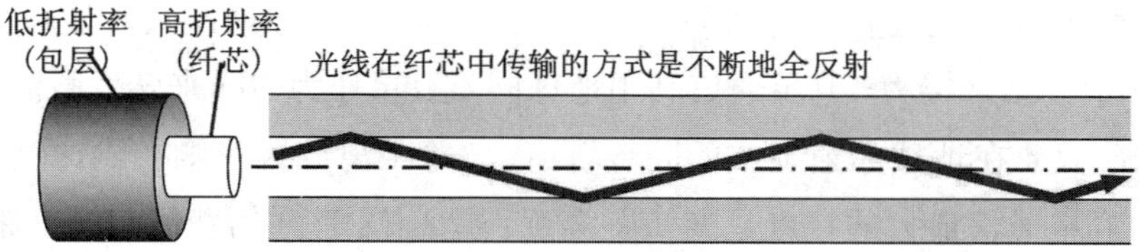

图2-13 光波在纤芯中的传播

根据使用的光源和传输模式，光纤可分为单模光纤和多模光纤（如图2-14所示），其中前者使用激光器作为光源，后者使用发光二极管LED。

单模光纤的纤芯很细，其直径只有一个光波的波长（只有几个微米，制造成本较高），光线在其中一直沿直线向前传播，不会发生多次反射。单模光纤的光源要使用昂贵的半导体激光器，而不能使用较便宜的发光二极管。因此单模光纤的衰耗较小，适合远距离传输（如，在100 Gbit/s的高速率下可传输100 km而不必采用中继器）。材料色散是由光纤材料自身特性造成的，是单模光纤对它所传输的光信号最高速率产生限制的主要原因。

多模光纤利用光的全反射特性，可以存在多条不同角度入射的光线在一条光纤中传输。多模光纤的光源一般为发光二极管。由于光脉冲在多模光纤中传输时会逐渐展宽，造成失真，所以多模光纤只适合于近距离传输。

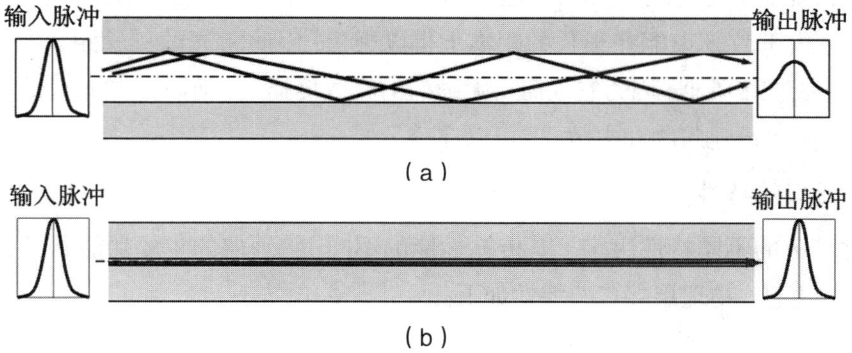

图2-14 （a）多模光纤和（b）单模光纤的比较

在计算机网络中，如果数据通信容量很大，并且要求很高的传输速率、抗电磁干扰能力、低误码率及通信保密性能，应该选择光纤作为传输介质，这也是充分利用了光纤的特点。

（4）无线传输介质

无线传输介质是指利用各种波长的电磁波充当传输媒体的传输介质。无线传输所使用的频段很广，目前高带宽的无线通信多采用无线电波、微波、红外线和激光等。

1）无线电波

无线电波是指在自由空间（包括空气和真空）传播的射频频段的电磁波。无线电波的传播方式有两种：即直线传播（沿地面向四周传播）和靠大气层中电离层的反射传播。无线电波具有较强的穿透能力，可以传输很长的距离，且无线电波使信号向所有方向散播，因此有效距离范围内的接收设备无须对准某个方向，就可与无线电波发射者进行通信，大大简化了通信连接，这也是无线电传输最重要的优点之一。

2）微波、红外线和激光

微波是指频率为300 MHz~300 GHz的电磁波。微波通信的频率较高，频段范围也很宽，主要使用的载波频率范围为2~40 GHz，因而通信信道的容量大。传统的微波通信主要有两种方式：地面微波接力通信和卫星通信。由于微波在空间是直线传播的，而地球表面是个曲面，因此其传播距离受到限制，为实现远距离通信就需要用中继站来接力。卫星通信利用地球同步卫星作为中继来转发微波信号，可以克服地面微波通信距离的限制。只要在地球赤道上空的同步轨道上，等距离放置三颗相隔120度的同步卫星就能基本上实现全球通信。卫星通信最大的特点是通信距离远，覆盖广，且通信费用与通信距离无关。卫星通信的另一特点就是具有较大的传播时延，从一个地球站经卫星到另一个地球站的传播时延在250~300 ms之间。

红外线是太阳光线中众多不可见光线中的一种。红外传输是以红外线作为传输载体的一种通信方式。它以红外二极管或红外激光管作为发射源，以光电二极管作为接收设备，红外线传输主要用于短距离通信。红外传输的通信数据传输速度较低，常应用于双机点对点连接方式，如台式机和笔记本之间的通信，红外遥控器与接收装置之间的通信等。红外线局域网采用小于1 μm波长的红外线作为传输介质，有较强的方向性，但受太阳光的干扰大，对非透明物体的透过性极差，这导致传输距离受限制。作为一种无线局域网的传输方式，红外线传输的最大优点是不受无线电波的干扰。如果在室内发射红外电波，室外就收不到，这可避免各个房间的红外电波的相互干扰，并可有效地进行数据的安全性保密控制。

激光是利用激光发生器激发半导体材料而产生的高频波，具有很好的聚光性和方向性，能提供很高的带宽而成本较低。激光可以用于在空中传输数据。和微波通信相似，至少要有两个激光站组成，每个站点都拥有发送信息和接受信息的能力。激光设备通常是安装在固定位置上，通常安装在高山上的铁塔上，并且天线相互对应。由于激光束能在很长的距离上得以聚焦，因此激光的传输距离很远，能传输几十公里。激光技术与红外线技术类似，因为它也需要无障碍的直线传播。任何阻挡激光束的人或物都会阻碍正常的传输。激光束不能穿过建筑物和山脉，但可以穿透云层。

2.3.2 物理层接口的特性

物理层的物理信道的不同特性决定了其传输性能的不同。物理层的主要功能其实就是确定与传输介质的接口有关的一些特性。物理层接口的特性如下：

（1）机械特性

定义了传输介质连接器、物理接口的形状和尺寸、引线数目和排列顺序，以及连接器与接口之间的固定和锁定装置。平时常见的各种规格的接插件都有严格的标准化的规定。

（2）电气特性

指明在接口电缆的各条线上出现的电压的范围（即何种信号表示0和1）。规定了在物理连接上传输二进制比特流时线路上信号电压的高低、阻抗匹配情况，以及传输速率和传输距离限制等参数属性。

（3）功能特性

指明传输介质中各条线上所出现的某一电平的含义，以及物理接口各条信号线（数据线、控制线、定时线和接地线等）的用途。包括：接口信号线的功能规定和功能分类。

（4）过程特性

指明利用接口传输比特流的整个流程，以及各项用于传输的事件发生的合法顺序，包括事件的执行顺序和数据传输方式，即在物理连接建立、维持和交换信息时，数据传输终端DTE/数据线路终端DCE双方在各自电路上的动作序列。每个物理层通信协议都有对应的规程特性规定。

另外，物理层还要完成传输方式（串行传输和并行传输）的转换。

2.3.3 真题与习题精编

● 单项选择题

1. 在物理层接口特性中，用于描述完成每种功能的事件发生顺序的是（ ）。 【全国联考2012年】

A. 机械特性 B. 功能特性 C. 过程特性 D. 电气特性

2. 下列选项中，不属于物理层接口规范定义范畴的是（ ）。 【全国联考2018年】

A. 接口形状 B. 引脚功能 C. 物理地址 D. 信号电平

3. 100 BaseT快速以太网使用的导向传输介质是（ ）。 【全国联考2019年】

A. 双绞线 B. 单模光纤 C. 多模光纤 D. 同轴电缆

4. 在常用的传输介质中，（ ）的带宽最宽，信号传输衰减最小，抗干扰能力最强。

【浙江工商大学2015年】

A. 双绞线 B. 同轴电缆 C. 光纤 D. 微波

5. 以下介质抗电磁干扰最好的是（ ）。 【重庆大学2014年】

A. 光纤 B. 微波传输 C. 双绞线 D. 同轴电缆

6. 如果某个物理层协议要求采用–25 V~–5 V这个范围的电压表示0，则这样的描述属于（ ）。

【重庆大学2015年】

A. 机械特性 B. 电气特性 C. 功能特性 D. 规程特性

7. 利用一根同轴电缆互联主机构成以太网，则主机间的通信方式为（ ）。

A. 单工 B. 半双工 C. 全双工 D. 不确定

8. 下列关于单模光纤的说法中，正确的是（ ）。

A. 光在单模光纤中通过内部反射来传播 B. 光在其中沿直线传播

C. 适合近距离传播 D. 光源是发光二极管或激光

9. 下列关于卫星通信的说法，错误的是（ ）。

A. 卫星通信的距离长，覆盖的范围广

B. 使用卫星通信易于实现广播通信和多址通信

C. 卫星通信的好处在于不受气候的影响，误码率很低

D. 通信费用高、延时较大是卫星通信的不足之处

2.3.4 答案精解

● 单项选择题

1.【答案】C

【精解】考点为物理层的接口特性。本题属于概念题，过程特性定义各条物理线路的工作过程和时序关系，指明利用接口传输比特流的整个流程，以及各项用于传输的事件发生的合法顺序，包括事件的执行顺序和数据传输方式。所以选项C为正确答案。其他几个选项涉及内容详见正文有关部分讲解。

2.【答案】C

【精解】物理层的接口特性主要有4种：即机械特性、电气特性、功能特性和过程特性。机械特性定义了传输介质连接器、物理接口的形状和尺寸、引线数目和排列顺序，以及连接器与接口之间的固定和锁定装置。所以选项A的接口形状属于机械特性。功能特性指明传输介质中各条线上所出现的某一电平的含义，以及物理接口各条信号线的用途。包括：接口信号线的功能规定，接口信号线的功能分类。如EIA-

232-E标准接口里“规定引脚的作用”就属于功能特性。选项B的引脚功能属于功能特性。电气特性指明在接口电缆的各条线上出现的电压的范围。规定了在物理连接上传输二进制比特流时线路上信号电压的高低、阻抗匹配情况，以及传输速率和传输距离限制等参数属性。选项D的信号电平属于电气特性。选项C中的物理地址是MAC地址，它属于数据链路层的范畴，与物理层接口规范定义无关。综上，选项C为正确答案。

3.【答案】A

【精解】100 BaseT中100代表数据率是100 Mbit/s，Base代表基带信号，T代表双绞线。所以选项A为正确答案。

4.【答案】C

【精解】光纤通信就是利用光纤传递光脉冲来进行通信。由于可见光的频率非常高，约为10^8 MHz的量级，因此，一个光纤通信系统的传输带宽远远大于目前其他各种传输介质的带宽。另外，光纤还具有传输损耗小，抗雷电和电磁干扰性能好，无串码干扰，体积小、重量轻等特点。结合题意同时具有题中所述优点的是光纤，故选项C为正确答案。

5.【答案】A

【精解】本题考查不同传输介质的特点。光纤即光导纤维，可作为光传导工具，传输原理是“光的全反射”，特点是带宽大，传输速度快、抗干扰能力强（由于光纤中传输的是光束，光束不会受外界电磁干扰影响），误码率低。双绞线、同轴电缆和无线电易受电磁干扰，误码率相对于光纤要高。所以选项A为正确答案。

6.【答案】B

【精解】物理层4种接口特性中，机械特性指明接口的形状、尺寸、引线数码和排列等；电气特性指明接口的各条线上的电压范围（即何种信号表示二进制0和1）；功能特性指明传输介质中各条线上所出现的某一电平的含义，以及物理接口各条信号线的用途。包括：接口信号线的功能规定和功能分类。规程特性指明对于不同功能的各种可能事件的出现顺序。结合题意可知，选项B为正确答案。

7.【答案】B

【精解】考点为物理层的传输介质和通信基础。以太网采用广播方式发送信息，同一时间只允许一台主机发送信息，所以主机间的通信方式是半双工。所以选项B为正确答案。

8.【答案】B

【精解】考点为物理层的传输介质，考查单模光纤的特点。单模光纤的纤芯很细，其直径只有一个光波的波长，光在其中不会发生反射，一直向前沿直线传播。单模光纤的光源使用昂贵的半导体激光器，而不能使用较便宜的发光二极管。因此，单模光纤的衰耗较小，适合远距离传输。综上，选项A、C、D说法错误。故选项B为正确答案。

9.【答案】C

【精解】考点为物理层的传输介质，考查基本概念的理解。卫星通信是微波通信的一种方式。卫星通信利用地球同步卫星作为中继来转发微波信号，可以克服地面微波通信距离的限制。卫星通信的优点是通信距离远，覆盖广，且通信费用与通信距离无关、通信容量大、易于实现广播通信和多址通信；缺点是费用高、传播时延大、对环境气候较敏感。综上选项A、B、D说法正确。选项C说法错误，为正确答案。

2.4 物理层设备

2.4.1 中继器

数字信号在传输时，由于衰减和噪声使有效数据信号变得越来越弱，逐渐衰减，衰减到一定程度时将造成信号失真，因此会导致接收错误，信号只能在有限的距离内传输。中继器就是为解决这个问题而设计的。中继器也称为转发器，它属于物理层的网络设备，能够接收并识别网络信号，然后再生信号并放大和转发（中继器不解释、不改变收到的数字信息，而只是将其整形放大后再转发出去），常用于两个网络节点之间物理信号的双向转发工作，并以此扩大通信距离。一个中继器只包含一个输入端口和一个输出端口，所以它只能接收和转发数据流。

中继器安装简单、使用方便、价格相对低廉，一般情况下，中继器的两端连接的是相同的媒体，但有的中继器也可以完成不同媒体（如10 Base5和10 Base2）的转接工作。使用中继器连接的几个网段仍然是一个局域网。中继器若出现故障，对相邻两个网段的工作都将产生影响。

从理论上讲中继器的使用是无限的，网络也因此可以无限延长。事实上这是不可能的，因为网络标准中都对信号的延迟范围作了具体的规定，中继器只能在此规定范围内进行有效的工作，否则会引起网络故障。如以太网的“5-4-3规则”。所谓“5-4-3规则”，是指在10 M以太网中，网络最多5个网段，最多串接4个中继器，且5个网段中只有3个网段可接网络设备（另两个网段只能用来延伸距离），最终构成一个共享式以太网。

2.4.2 集线器

集线器的英文名称为“Hub”。“Hub”是“中心”的意思，集线器的主要功能是对接收到的信号进行再生整形放大，以扩大网络的传输距离，同时把所有节点集中在以它为中心的节点上。集线器工作在物理层，在本质上是一个多端口的中继器，也称为多端口中继器，它采用总线型网络拓扑，通常连接属于一个工作组的多台计算机。一个中继器通常只有两个端口，而一个集线器通常有4至20个或更多的端口。集线器能够支持各种不同的传输介质和数据传输速率。

集线器是一种“共享”设备，数据包在以集线器为架构的网络上是以广播方式传输的，由每一台终端通过验证数据包头的地址信息来确定是否接收。如果一台集线器连接的机器数目较多，并且多台机器经常需要同时通信时，将导致集线器的工作效率很差，如发生信息堵塞、碰撞等。由于集线器采取的是“广播”传输信息的方式，因此集线器传送数据时只能工作在半双工状态下。在以太网中，集线器通常是支持总线型或混合拓扑结构的。在网络中，集线器也被称为多址访问单元MAU（Multistation Access Unit）。虽然这种以太网在物理结构上是星形结构，但在逻辑上仍然是总线型结构，在MAC层仍然采用CSMA/CD（即带冲突检测的载波监听多路访问技术）介质访问控制机制。

集线器不能分割冲突域，所有集线器的端口都属于一个冲突域。这里的冲突域是指连接在同一导线上的所有工作站的集合，或者说是同一物理网段上所有节点的集合或以太网上竞争同一带宽的节点集合。这个域代表了冲突在其中发生并传播的区域，这个区域可以被认为是共享段。

2.4.3 真题与习题精编

● 单项选择题

1. 以下属于物理层设备的是（　）。【沈阳农业大学2017年】

A. 中继器　　B. 网桥　　C. 路由器　　D. 网关

2. 在互联网设备中，工作在物理层的互联设备是（ ）。【沈阳工业大学2016年】

Ⅰ. 集线器　Ⅱ. 交换机　Ⅲ. 路由器　Ⅳ. 中继器

A. Ⅰ、Ⅱ　B. Ⅱ、Ⅳ　C. Ⅰ、Ⅳ　D. Ⅲ、Ⅳ

3. 无法隔离冲突域的网络互联设备是（ ）。【中国科学院大学2015年】

A. 路由器　B. 交换机　C. 集线器　D. 网桥

4. 为了远距离传输模拟信号，可以选用的设备是（ ）。

A. 路由器　B. 交换机　C. 中继器　D. 放大器

5. 以下关于中继器的描述中，错误的是（ ）。

A. 中继器作为局域网互联设备，负责在两个节点的物理层上按位传递信息

B. 中继器起到对同轴电缆中数据信号的接收、放大、整形与转发的作用

C. 在典型的粗缆以太网中，如果不使用中继器，最大粗缆长度不能超过500 m

D. 中继器具备检查错误和纠正错误的能力

6. 以下关于集线器特征的描述中，错误的是（ ）。

A. 集线器与所有节点通过非屏蔽双绞线与集线器相连

B. 集线器与连接的节点在物理结构上是总线型

C. 从节点到集线器的非屏蔽双绞线最大长度为100 m

D. 如果联网的节点数超过单一集线器的端口数时，可以采用多集线器级联的结构

7. 以下关于中继器的描述中，错误的是（ ）。

A. 使用中继器连接的几个网段仍然是一个局域网

B. 中继器两端的网段一定要使用相同的协议

C. 中继器不能连接两个速率不同的网段

D. 在粗缆以太网中可通过中继器扩充网段，中继器可以有无限个

8. 以下关于中继器和集线器的说法中，不正确的是（ ）。

A. 二者都属于物理层设备

B. 二者都可以对信号进行整形放大

C. 通过中继器和集线器互连的网段数量不受限制

D. 集线器实质上是一个多端口的中继器

9. 以下关于集线器的说法中，不正确的是（ ）。

A. 对于采用集线器连接的以太网，其网络逻辑拓扑结构为星形结构

B. 用集线器连接的工作站集合既属于一个冲突域也属于一个广播域

C. 当集线器的一个端口收到数据后，将其从除输入端口外的所有端口转发出去

D. 如果联网节点数超过单一集线器的端口数时，可以采用可堆叠式集线器

2.4.4 答案精解

● 单项选择题

1.【答案】A

【精解】中继器工作在物理层，用来扩大网络的传输距离。其他选项的物理设备都工作在物理层以上。故选项A为正确答案。

2.【答案】C

【精解】中继器和集线器工作在物理层，这种设备只是简单的转发比特。故选项C为正确答案。

3.【答案】C

【精解】集线器只是简单转发比特0和1，不能隔离冲突域。所有集线器的端口都属于一个冲突域。故选项C为正确答案。需要注意的是，在OSI参考模型中，冲突域被看作是物理层的概念，连接同一冲突域的设备有中继器和集线器或者其他进行简单复制信号的设备。也就是说，用中继器或集线器连接的所有节点可以被认为是在同一个冲突域内，它不会隔离冲突域。而第二层设备（网桥，交换机）和第三层设备（路由器）都可以划分冲突域，当然也可以连接不同的冲突域。

4.【答案】D

【精解】首先，要使模拟信号远距离传播，需要放大信号，而放大信号是物理层设备的功能。所以选项A、B中的路由器和交换机排除。其次，中继器放大数字信号，而放大器放大模拟信号，应注意两者的区别。根据题意是放大模拟信号，所以选项D为正确答案。

5.【答案】D

【精解】中继器属于物理层的网络设备，能够接收并识别网络信号，然后再生信号并放大和转发（中继器不解释、不改变收到的数字信息，而只是将其整形放大后再转发出去），常用于两个网络节点之间物理信号的双向转发工作，并以此扩大通信距离。在典型的粗缆以太网中，常用的是提供AUI接口的两端口拥有相同介质的中继器。如果不使用中继器，最大粗缆长度不能超过500 m；如果使用中继器，一个以太网最多只允许使用4个中继器，连接5条最大长度为500 m的粗缆缆段，那么用中继器连接后的粗缆缆段最大长度不能超过2500 m。综上可知选项A、B、C描述正确，故选项D为正确答案。

6.【答案】B

【精解】本题考查对集线器特征的深入理解，需要注意下面几点：① 集线器作为以太网的节点连接设备之一，是对总线型结构的一种改进。这种以太网在物理结构上是星形结构，但在逻辑上仍然是总线型结构，在MAC层仍然采用CSMA/CD介质访问控制方法。② 集线器作为以太网中的中心连接设备时，所有节点通过非屏蔽双绞线与集线器连接。③ 当集线器收到某个节点发送的帧时，它立即将数据帧以广播方式转发到其他端口。④ 普通的集线器提供两种类型的端口：一类是用于连接节点的RJ-45端口，另一类是用来级联RJ-45/AUI/BNC端口，这类端口通常称为向上连接端口。⑤ 从节点到集线器的非屏蔽双绞线最大长度为100 m，利用集线器向上连接端口级联可以扩大局域网的覆盖范围。单一的集线器适用于小型工作组规模的局域网。如果需要联网的节点数超过单一集线器的端口数，通常需要采用多集线器的级联结构，或是采用可堆叠式集线器。由上可知选项A、C、D描述正确，选项B描述错误。故选项B为正确答案。

7.【答案】D

【精解】本题考查对中继器扩充网段的深入理解。中继器能将信号整形并放大再转发出去，从而扩大网络传输的距离。由于中继器工作在物理层，因此它不能连接两个具有不同速率的局域网。中继器两端的网络部分是网段而不是子网。中继器没有存储转发功能，因此它不能连接两个速率不同的网段。从理论上讲，中继器使用的数目是无限的，网络可以无限延长，但事实上这不可能，因为网络标准中的信号的延迟范围做了具体的规定，中继器只能在此规定范围内进行有效的工作，否则会引起网络故障。如，粗缆以太网中的5-4-3规则。综上可知选项A、B、C描述正确，选项D描述错误，为正确答案。

8.【答案】C

【精解】中继器和集线器都工作在物理层，集线器本质上是一个多端口的中继器，它们都能够对信号进行整形和再生。因为中继器不仅传送有效信号，而且也传送噪声和冲突信号，因而互相串联的个数只能在规定范围内进行，否则将导致故障，如，粗缆以太网中5–4–3规则。综上，可知选项A、B、D说法正确。选项C说法错误，为正确答案。

9.【答案】A

【精解】集线器连接的网络在物理拓扑结构上属于以集线器为中心的星形结构，但在逻辑上仍属于总线型结构，所以选项A说法错误。集线器在物理层上扩大了网络的覆盖范围，但无法解决冲突域（二层交换机可解决）和广播域（三层交换机可解决），而且增大了冲突的概率。所以选项B说法正确。集线器没有寻址功能，从一个端口收到数据后，从其他的所有端口转发出去，所以选项C说法正确。如果联网节点数超过单一集线器的端口数时，可以采用多集线器的级联结构或采用可堆叠式集线器，所以选项D说法正确。综上，选项A为正确答案。

2.5 重难点答疑

1. 物理层和传输介质的主要区别是什么？

【答疑】传输介质也称为传输媒体或传输媒介，首先需要强调的是传输介质并不是物理层，传输介质在物理层的下面。由于物理层是OSI参考模型的第1层，因此有时称传输介质为0层。在传输介质中传输的是信号，但传输介质并不知道所传信号代表什么意思。也就是说，传输介质不知道所传输信号何时是1，何时是0。但物理层由于规定了电气特性（指明了在物理连接上传输二进制比特流时线路上信号电压的高低、阻抗匹配情况，以及传输速率和传输距离限制等参数属性），因此能够识别所传送的比特流。

2. 奈奎斯特定理和香农定理的主要区别是什么？这两个定理对数据通信的意义是什么？

【答疑】奈奎斯特定理也称奈氏准则，推导出了理想低通信道下的最高码元传输速率的公式，即$C=2W\log_2 M$ bit/s，它指出了码元传输的速率是受限的，不能任意提高，否则在接收端就无法正确判定码元是1还是0（因为有码间干扰）。根据奈奎斯特定理可知，在实际条件下，要想增加信道的比特传送率有两条途径，一是增加该信道的带宽，另一个是选择更高的编码方式，即采用更好的多元制编码方法。

香农定理，即信道的极限信息传输速率$C=W\log_2(1+S/N)$ b/s，指出了信息传输速率的极限，即对于一定的传输带宽（以赫兹为单位）和一定的信噪比，信息传输速率的上限是确定的。这个极限是不能够突破的。要想提高信息的传输速率，或者必须设法提高传输线路的带宽，或者必须设法提高所传信号的信噪比，此外没有其他任何办法。

根据香农定理可知，若要得到无限大的信息传输速率，只有两种方法：或者使用无限大的传输带宽（这显然不可能），或者使信号的信噪比为无限大，即采用没有噪声的传输信道或使用无限大的发送功率（显然这些也都不可能）。

3. 当信噪比以分贝形式表示时，应用香农公式时需要怎样的变换，为什么？

【答疑】所谓信噪比（Signal/Noise）就是信号的平均功率和噪声的平均功率之比，通常以S/N表示，单位为分贝（dB），计算公式为：

信噪比（dB）$=10\log_{10}(S/N)$（dB）

例如，当$S/N=1000$时，信噪比为30 dB。

香农公式，即信道的极限信息传输速率$C=W\log_2(1+S/N)$ b/s，其中W为信道的带宽（以Hz为单位），S/N含义同上，但是请注意，这里S/N是以数字形式表示的（即一般数值，如噪声功率为1，信号功率为1000，信噪比$S/N=1000$）。所以，如果信噪比以分贝为单位的形式表示时需要转换为数字形式表示，然后再代入香农公式进行计算。另外需注意，由香农公式可推导出信噪比$S/N=2^{C/W}-1$。

综上可知，信噪比既可以用数字形式表示（即一般数值，无单位）也可以用分贝为单位的形式表示。当信噪比以分贝为单位表示时，代入到香农公式时需要转换为具体数值，即把以分贝表示的信噪比转化为数字形式表示。

例如，在带宽为4 kHz的信道上，如果有4种不同的物理状态来表示数据，若信噪比S/N为30 dB，按香农公式，最大限制的数据速率是多少？解答该问题时，需要明确香农公式中的信道的极限信息传输速率C只与带宽和信噪比有关。根据题意有$10\log_{10}(S/N)=30$，可解得$S/N=1000$，然后和带宽为4 kHz代入香农公式即可得到最大数据速率$=4000\log_2(1+1000)\approx 4000\times 10=40$（kb/s）。

2.6 命题研究与模拟预测

2.6.1 命题研究

物理层位于网络体系结构的最底层，考查内容主要涉及通信基础、传输介质和物理层设备有关的基本概念和方法计算。从表2-1近10年联考考点题型分值统计表可以发现下面的一些命题规律和特点：① 从内容上看，香农定理和奈奎斯特定理、编码与调制、分组交换、物理层接口特性属于常考内容，传输介质仅2019年考查一次。② 从题型上看，都是单项选择题。③ 从题量和分值上看，除了2013年考2题占4分外，其他年份都是1题2分。④ 从试题难度上看，除了涉及香农定理和奈奎斯特定理的试题需要计算稍难外，其他的都比较容易。总的来说，历年考核的内容都在大纲要求的范围之内，符合考试大纲中考查目标的要求。

本章自2009年联考以来每年必考，考核内容涉及通信基础的较多，如奈奎斯特定理和香农定理（考查方法与计算）、编码和调制。另外也有关于物理层接口的特性（2012年和2018年）和分组交换中存储转发原理（2010年和2013年）有关的内容。需要说明的是，考点物理层设备虽然没有单独考查过，但是作为单选题中的干扰项却多次出现，属于间接考查。本章没有考查过的知识点仅有数据报和虚电路，需要格外留意。

从历年真题的命题规律来看，本章重要知识点（如奈奎斯特定理和香农定理、编码与调制、存储转发原理）会间隔重复考查（一般间隔2~3年），对其他知识点的考查也集中在通信基础部分（含物理层接口特性），所以这些内容以后仍是考核的重点，考生一定要掌握，但应根据近两三年涉及考点内容有所侧重，一般来说相同考点连续出现的概率很低。考生备考时，要注意从选择题角度出发，结合以上特点和注意事项，加深对基本概念和原理的理解，熟练掌握香农定理和奈奎斯特定理的应用，辨析3类交换方式的优缺点，理解并记忆传输介质和物理层接口特性等，如此有针对性地复习即可拿到相应的分数。

2.6.2 模拟预测

● 单项选择题

1. 某信道的信号传输速率为2000 Baud，若令其数据传输速率达到8 kb/s，则一个信号码元所能取的有效离散值个数应为（ ）。

A. 4　　B. 8　　C. 16　　D. 32

2. 二进制信噪比为511:1的5 kHz的信道上传输，最大的数据率可达（　　）。

A. 45000 b/s　　B. 20000 b/s　　C. 10000 b/s　　D. 无限大

3. 某网络在物理层规定，信号的电平用+5 V~+10 V表示二进制0，用−5 V~−10 V表示二进制1，传输速率为10 Mb/s，这体现了物理层接口的（　　）。

A. 机械特性　　B. 电气特性　　C. 功能特性　　D. 规程特性

4. 如下图示为某信号的差分曼彻斯特编码的波形，则其代表的二进制编码是（　　）。

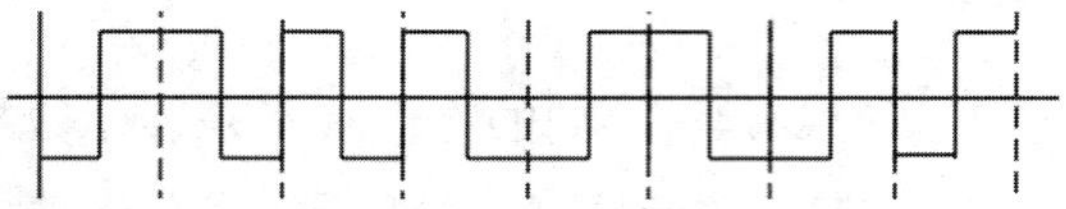

A. 01110001　　B. 01001011　　C. 01011110　　D. 01001110

5. 如下图所示，主机A和B都通过100 Mb/s链路连接到交换机S。若主机A把10个5000比特的分组一个紧接着另一个发送到主机B，则在不考虑分组拆装和传播延迟的情况下，从A发送开始到B接收完为止，所需要的总时间是（　　）。

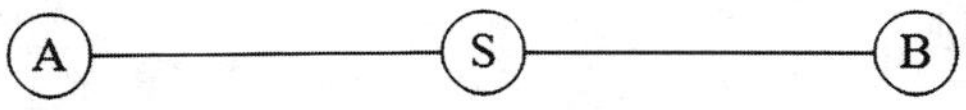

A. 550μs　　B. 600μs　　C. 850μs　　D. 950μs

6. 下列关于奈奎斯特定理和香农定理的说法中，错误的是（　　）

A. 奈奎斯特定理虽然是在理想条件下推导出的，但是给出了在实际条件下对信息传输率的限制

B. 香农定理给出了信息传输速率的极限，即对于一定的传输带宽和传输信噪比，信息传输速率的上限就确定了

C. 通过香农定理可知，若要得到无限大的信息传送速率，要么使用无限大的传输带宽，要么使信号的信噪比为无限大，即采用没有噪声的传输信道或使用无限大的发送功率

D. 由奈奎斯特定理可知，要想增加信道的比特传送率，要么增加该信道的带宽，要么选择更高的编码方式，即采用多元制的编码方法

7. 下列网络互联设备中，无法隔离冲突域的是（　　）。

Ⅰ. 集线器　　Ⅱ. 网桥　　Ⅲ. 路由器　　Ⅳ. 中继器

A. Ⅰ、Ⅱ　　B. Ⅱ、Ⅳ　　C. Ⅰ、Ⅳ　　D. Ⅲ、Ⅳ

8. 若采用调幅和调相结合的调制方式，载波有四种振幅变化和四种相位变化，调制速率是800波特，那么数据速率是（　　）。

A. 1600 bps　　B. 2400 bps　　C. 3200 bps　　D. 4000 bps

2.6.3 答案精解

● 单项选择题

1.【答案】C

【精解】波特率和比特率的关系为：比特率=波特率×$\log_2 M$。其中M为每码元所含比特数。将题目中给出的数据代入以上公式有8000=2000×$\log_2 M$，解得M=16。所以选项C为正确答案。

2.【答案】C

【精解】考点为通信基础（奈奎斯特定理和香农定理）。根据香农定理，最大数据率=$W\log_2(1+S/N)$=5000×$\log_2(1+511)$=45000 b/s，看来选项A为正确答案。但是，注意到题中“二进制信号”的限制，根据奈奎斯特定理，最大数据传输率=2 $H\log_2 M$=2×5000×$\log_2 2$=10000 b/s。因此，两个上限中应取最小值。故选项C为正确答案。

3.【答案】B

【精解】物理层接口的四个特性中电气特性指明在接口电缆的各条线上出现的电压的范围。规定了在物理连接上传输二进制比特流时线路上信号电压的高低、阻抗匹配情况，以及传输速率和传输距离限制等参数属性。故选项B为正确答案。

4.【答案】D

【精解】考点为物理层通信基础，考查差分曼彻斯特编码方式的特点。差分曼彻斯特编码是曼彻斯特编码的改进，在每一位的中心处始终都有跳变。传输的是“1”还是“0”，是在每个时钟位的开始边界有无跳变来区分的。位开始边界有跳变代表0，而位开始边界没有跳变代表1。由此可知，在看图时可比较后一个波形图和前一个的异同来判断代表的是0/1，若相同（即边界有跳变），则后一个波形代表0，不同则代表1。利用上述方法，可知图示代表的二进制编码是01001110，所以选项D为正确答案。

5.【答案】A

【精解】本题考查分组交换原理和有关方法计算。发送一个分组的时延是5000 b/100 Mb/s=50μs。分组发送采用了流水线的工作方式，当第N个分组在路由器转发时，第N+1个分组在主机A发送（因为题设忽略了传播时延和分组拆装时间），所以除了第一个分组需要占用2个发送时延，以后每1个发送时延都会有1个分组到达主机B。因此共计2×50μs+（10−1）×50μs=550μs。故选项A为正确答案。

6.【答案】A

【精解】考点为物理层通信基础（奈奎斯特定理和香农定理）。奈氏准则是在理想条件下推导出的。在实际条件下，最高码元传输速率要比理想条件下得出的数值还要小些。需要注意的是，奈氏准则并没有对信息传输速率（b/s）给出限制。要提高信息传输速率就必须使每一个传输的码元能够代表许多个比特的信息。这就需要有很好的编码技术。所以选项A说法错误，为本题的正确答案。其他选项详细分析请参考本章重难点答疑有关内容和2.2.2节中奈奎斯特定理和香农定理的推论。

7.【答案】C

【精解】考点为物理层设备。中继器和集线器（本质上是多端口中继器）工作在物理层，集线器的所有端口都属于一个冲突域。在OSI模型中，冲突域被看作是物理层的概念，连接同一冲突域的设备有中继器和集线器或者其他进行简单复制信号的设备。故选项C为正确答案。注意，第二层设备（网桥，交换机）和第三层设备（路由器）都是可以划分冲突域的，也可以连接不同的冲突域。

8.【答案】C

【精解】本题考查奈奎斯特定理的应用，题中载波有四种振幅变化和四种相位变化，也就是离散值为4×4=16，题中波特率已知为800波特，由奈奎斯特定理可得到传输速率是$800\times\log_2 16=3200$ bps，所以选项C是正确答案。

第 3 章

数据链路层

第3章　数据链路层

3.1 考点解读

数据链路层位于计算机网络体系结构的低层，是历年研究生考试的热点和重点。本章考点如图3-1所示，涉及的内容很多。考试大纲没有明确指出对这些考点的具体考核要求，通过对最近10年全国联考与本章有关考点的统计与分析（表3-1），结合网络课程知识体系的结构特点来看，关于本章考生应首先了解数据链路层的功能（如数据帧的拆分与拼接、差错控制、透明传输、流量控制、可靠传输机制、介质访问控制和向网络层提供的功能等），然后在此基础上理解并记忆4种组帧方法（如字符计数法、字节填充的首尾定界符法、比特填充的首尾标志法和物理编码违例法）；理解差错控制机制（包括检错编码和纠错编码），注意要深刻理解奇偶校验码、CRC码、海明码的基本原理，了解检错码和纠错码的优势和适用环境；熟练掌握流量控制与可靠传输机制及其应用（主要包括流量控制、可靠传输与滑动窗口机制，停止-等待协议、后退N帧协议、选择重传协议，注意三种不同ARQ协议之间的对比；发送方和接收方窗口大小的计算；窗口的滑动过程）；熟练掌握介质访问机制（主要包括信道划分介质访问控制、随机访问介质访问机制和轮询访问介质访问机制）和有关协议（即ALOHA协议、CSMA协议、CSMA/CD协议、CSMA/CA协议和令牌传递协议）；理解局域网的体系结构和以太网协议（含MAC帧格式与IEEE802.3），理解并掌握以太网最短与最大帧长及其相关的计算，理解MAC地址的作用，了解令牌环网的基本运行机制；另外，应理解以太网典型设备网桥和交换机的概念和原理，了解广播域和冲突域的概念，理解网桥和局域网交换机的功能和运行机制，掌握交换机帧转发过程和转发表的构建过程，注意交换机与中继器和集线器的比较；理解广域网的基本概念和有关协议（如PPP协议和HDLC协议）。本章的难点在于滑动窗口机制和3种可靠传输协议及其应用；CSMA/CD原理，特别是争用期和截断二进制指数退避算法；交换机对帧的转发过程和转发表的构建过程等。

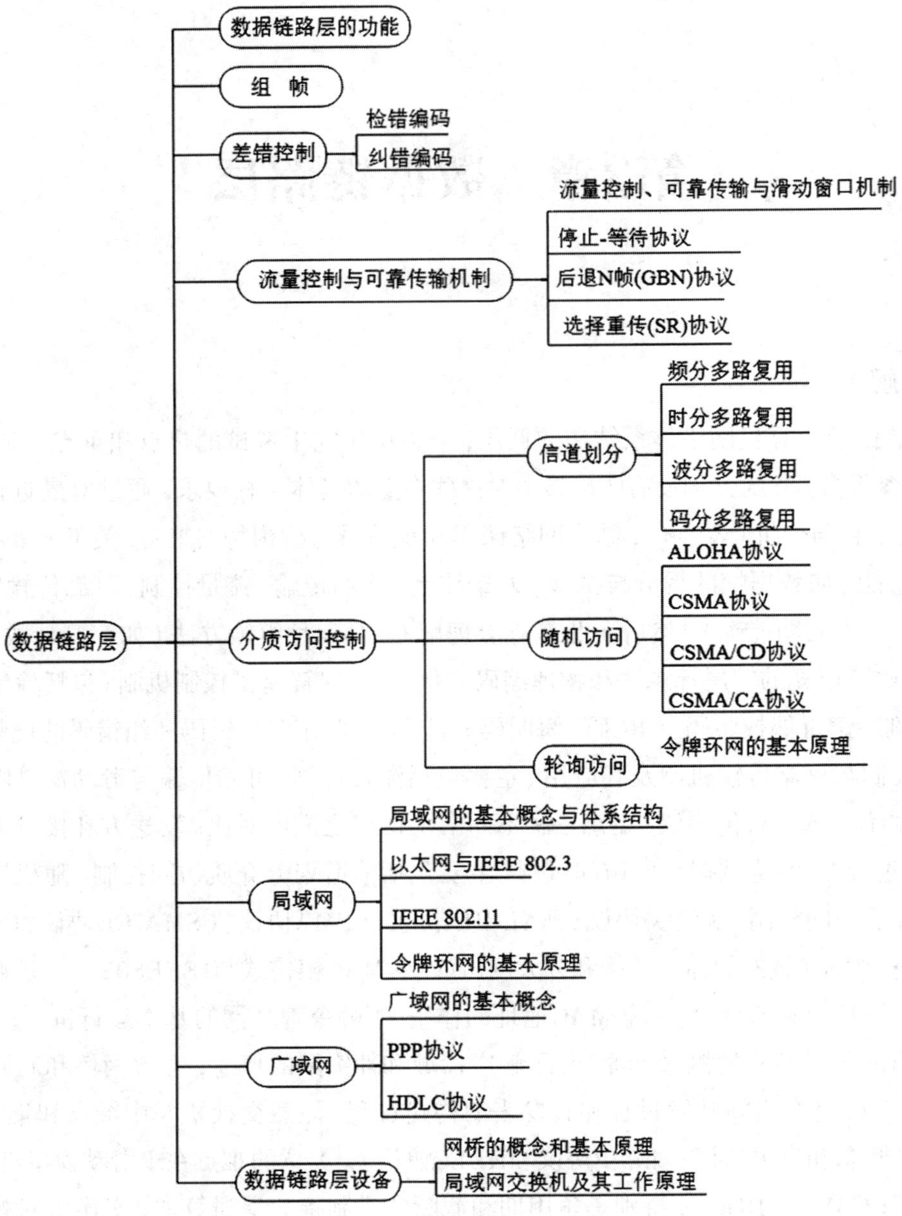

图3-1 数据链路层考点导图

表3-1 本章最近10年联考考点题型分值统计

年份（年）	题型（题）		分值（分）			联考考点
	单项选择题	综合应用题	单项选择题	综合应用题	合计	
2013	3	0	6	0	6	CSMA协议 HDLC协议 以太网交换机
2014	3	0	6	0	6	后退N帧协议 CDMA 以太网交换机
2015	3	0	6	0	6	滑动窗口协议 CSMA/CD协议 局域网交换机

表3-1（续）

年份（年）	题型（题）		分值（分）			联考考点
	单项选择题	综合应用题	单项选择题	综合应用题	合计	
2016	2	0	4	0	4	以太网与IEEE 802.3 局域网交换机
2017	1	1	2	9	11	IEEE 802.11 后退N帧协议
2018	2	0	4	0	4	停止–等待协议 IEEE 802.11
2019	2	1（1个考点）	4	2	6	滑动窗口协议 CSMA/CD协议 以太网交换机
2020	2	0	4	0	4	CSMA/CD协议 停止–等待协议
2021	0	0	0	0	0	
2022	0	1个考点	0	2	2	交换机

3.2 数据链路层的功能

数据链路层是位于物理层之上网络层之下的中间层。尽管物理层已经尽可能地屏蔽掉了不同传输介质和通信手段的差异，利用传输介质为数据链路层提供物理连接，实现了比特流的透明传输。但是，由于各种干扰的存在，通信线路仍然还会出错，而且，它们只有有限的数据传输率，并且在比特的发送时间和接收时间之间存在一个非零延迟。这些限制对数据传输的效率有着非常重要的影响。数据链路层的基本问题可以概括为封装成帧、透明传输和差错检测。数据链路层使用物理层提供的服务在通信信道上发送和接收比特，它要完成一些基本功能，包括：向网络层提供一个定义良好的服务接口；处理传输错误；调节数据流，确保慢速的接收方来得及接收快速的发送方发送的数据等。为了实现这些目标，数据链路层从网络层获得数据包，然后将这些数据包封装成帧以便传输，帧的管理构成了数据链路层工作的核心。总的来说，数据链路层有以下主要功能（有些数据链路层协议可以只包含其中的一些）。

3.2.1 链路管理

当网络中的两个节点要进行通信时，数据的发送方必须确认接收方是否已经处在准备接收的状态，为此，通信的双方必须先要交换一些必要的信息，建立一条数据链路。同样地，在传输数据时要维持数据链路，而在通信完毕时要释放数据链路。数据链路的建立、维持和释放就叫作链路管理。注意，链路管理主要是针对面向连接的服务。

3.2.2 组帧、帧同步与透明传输

在数据链路层，数据的传送单位是帧。当两个主机互相传送信息时，必须将网络层的分组封装成帧。在一段数据的前后分别添加首部和尾部构成一个帧的过程就是封装成帧。为了使接收方能正确地接收并检查所传输的帧，发送方必须依据一定的规则把网络层递交的分组封装成帧，称为组帧。帧定界即确定帧的界限，帧的开始和结束由帧的首部和尾部确定。帧同步是指接收方应当能从收到的比特流中准确地区分出一帧的开始和结束的位置。注意，帧同步主要是对接收方而言提取帧首部和尾部中界定帧起

始标识的过程。

所谓透明传输就是不管所传数据是什么样的比特组合，都应当能够在链路上传送。当所传数据中的比特组合恰巧出现了与某一个控制信息完全一样时，必须有可靠的措施，使接收方不会将这种比特组合的数据误认为是某种控制信息。也就是说，当数据和控制信息处于同一帧中时，一定有相应的措施使接收方能够将它们区分开来。只要能做到这点，数据链路层的传输就被称为是透明的。

3.2.3 差错控制

是在数字通信中利用编码的方法对传输中的错误加以控制，以提高消息传播的准确性。因为物理层存在噪声干扰（随机噪声和突发噪声），在传输中的比特位可能会产生差错：1可能会变成0而0也可能变成1，这是传输差错中最基本的比特差错；另一类传输差错是接收方收的帧并没有出现比特差错，但却出现了帧丢失、帧重复或帧失序。差错控制就是对传输差错进行检测并采取纠错措施以使接收方确定接收到的数据就是由发送方发送的数据的方法。对于比特差错，通常采用循环冗余检验CRC（Cyclic Redundancy Check）方式发现位错，通过自动重传请求ARQ（Automatic Repeat reQuest）方式来重传出错的帧。有关CRC的内容较多，详见3.4节。ARQ方式是指当接收方检测出差错时，就设法通知发送方重发，直到收到正确的数据为止。对于帧的丢失、重复或失序等传输差错，在数据链路层引入定时器和编号机制，保证每一帧最终都能正确地交付给目的节点。

3.2.4 流量控制

发送方发送数据的速率必须使接收方来得及接收。当接收方来不及接收时，就必须及时控制发送方发送数据的速率。这种功能称作流量控制（flow control）。流量控制常用的方法有两种。第一种方法是基于反馈的流量控制（feedback-based flow control），接收方给发送方返回信息，允许发送方根据接收方情况发送更多的数据，必要时及时控制发送方发送数据的速率。第二种方法是基于速率的流量控制（rate-based flow control），使用这种方法的协议有一种内置的机制，它能限制发送方传输数据的速率，而无须利用接收方的反馈信息。数据链路层主要讨论基于反馈的流量控制方案，因为基于速率的方案仅在传输层的一部分中可见，而基于反馈的方案则可同时出现在链路层和更高的层次。需要注意的是，流量控制不是数据链路层的特有功能，其他高层也提供流量控制功能，只不过控制对象不同。例如：数据链路层控制相邻两节点间数据链路上的流量；传输层控制的是从源到目标进程间的端对端的流量。

3.2.5 提供给网络层的服务

数据链路层为网络层提供服务，最主要的服务是将数据从源机器的网络层传输到目标机器的网络层。数据链路层可以设计成向上提供各种不同的服务。实际提供的服务因具体协议的不同而有所差异。一般情况下，数据链路层通常会提供以下三种可能的服务。

（1）无确认的无连接服务

无确认的无连接服务指源机器向目标机器发送独立的帧，目标机器并不对这些帧进行确认。以太网就是一个提供此类服务的数据链路层极好实例。采用这种服务，事先不需要建立逻辑连接，事后也不用释放逻辑连接。若由于线路的噪声而造成了某一帧的丢失，数据链路层并不试图去检测这样的丢帧情况，更不会去试图恢复丢失的帧。这类服务适合两种场合，第一种是信道比较可靠错误率很低的场合，此时差错恢复过程可以留给上层来完成；第二种是实时通信，比如语音传输，因为在实时通信中数据迟到比数据受损更糟糕。

（2）有确认的无连接服务

当向网络层提供这种服务时，数据链路层仍然没有使用逻辑连接，但其发送的每一帧都需要单独确认。这样，发送方可知道一个帧是否已经正确地到达目的地。如果一个帧在指定的时间间隔内还没有到达，则发送方将再次发送该帧。这类服务尤其适用于不可靠的信道，比如无线系统WiFi（即使用IEEE 802.11系列协议的无线局域网）就是此类服务的一个很好例子。

（3）有确认的有连接服务

采用这种服务，源机器和目标机器在传输任何数据之前要建立一个连接，数据帧传输完后释放连接。连接上发送的每一帧都被编号，数据链路层确保发出的每个帧都会真正被接收方收到。它还保证每个帧只被接收一次，并且所有的帧都将按正确的顺序被接收。因为目的机器对收到的每一帧都要给出确认，源机器收到确认后才能发送下一帧，所以面向连接的服务相当于为网络层进程提供了一个可靠的比特流。它适用于长距离且不可靠的链路，比如卫星信道或者长途电话电路。

需要强调的是，有连接就一定要有确认，因为目的机器必须确认才可建立连接。换句话说，无确认的有连接服务是不存在的。

3.2.6 真题与习题精编

● 单项选择题

1. 数据链路层有（　）功能。【清华大学2006年】

A. 纠正错误　B. 流量控制　C. 控制对共享信道的访问　D. 全部

2. 下面对因特网中数据链路层的特性描述中，错误的是（　）。【南京大学2017年】

A. 数据链路层有可能建立在网络层之上，例如提供隧道服务

B. 数据链路层提供可靠的通过物理介质传输数据的服务

C. 将数据分解成帧，按顺序传输帧，且使用固定滑动窗口机制

D. 以太网的数据链路层分为LLC和MAC子层，但一般不使用LLC子层

3. 数据链路层提供给网络层的三种基本服务不包括（　）。

A. 无确认的无连接服务　B. 有确认的无连接服务

C. 无确认的有连接服务　D. 有确认的有连接服务

4. 对于信道比较可靠并且对通信实时性要求较高的网络，数据链路层采用（　）比较合适。

A. 无确认的无连接服务　B. 有确认的无连接服务

C. 无确认的有连接服务　D. 有确认的有连接服务

5. 在OSI参考模型中，数据链路层有（　）功能。

Ⅰ. 帧定界　Ⅱ. 拥塞控制　Ⅲ. 介质访问控制　Ⅳ. 差错控制

A. Ⅰ、Ⅱ和Ⅲ　B. Ⅱ、Ⅲ和Ⅳ　C. Ⅰ、Ⅲ和Ⅳ　D. Ⅱ、Ⅲ和Ⅳ

6. 数据链路层的差错控制主要是（　）。

A. 产生和识别帧边界

B. 防止高速的发送方的数据把低速的接收方"淹没"

C. 处理如何控制对共享信道访问的问题

D. 解决由于帧的破坏、丢失和重复所出现的各种问题

7. 流量控制实际上是对（　）的控制。

A. 发送方的数据流量　B. 发送方、接收方的数据流量

C. 接收方的数据流量　D. 链路上任意两点间的数据流量

8. 假设物理信道的传输成功率是95%，而平均一个网络层分组需要10个数据链路层帧来发送。若数据链路层采用无确认的无连接服务，则发送网络层分组的成功率是（　）。

A. 40%　　B. 60%　　C. 80%　　D. 95%

9. 将一组数据装成帧在相邻两个节点间传输属于OSI/RM的（　）功能。

A. 物理层　　B. 数据链路层　　C. 网络层　　D. 传输层

3.2.7 答案精解

● 单项选择题

1.【答案】D

【精解】数据链路层的基本功能包括链路管理、帧定界、差错控制、流量控制、透明传输、寻址、给网络层提供的3种服务等主要功能。选项A属于差错控制，选项B是流量控制，选项C属于介质访问控制的内容也是数据链路层的功能，详见3.6节。根据题意可知选项D为正确答案。

2.【答案】A

【精解】根据网络体系结构，数据链路层始终在网络层之下，为网络层提供三种基本服务，所以选项A错误。设计数据链路层的目的就是为了使有差错的物理线路变为无差错的数据链路，选项B正确。封装成帧、帧同步、透明传输是数据链路层的功能，选项C正确；IEEE 802把以太网的数据链路层分为LLC和MAC子层，但由于因特网发展很快而TCP/IP体系经常使用的局域网是DIX Ethermet V2，因此IEEE 802制定的LLC子层的作用已经不大了，很多厂商生产的网卡上就仅装有MAC协议而没有LLC协议，详见3.7节。所以选项D正确。综上可知选项A为正确答案。

3.【答案】C

【精解】本题考查对数据链路层提供给网络层服务的理解。连接是建立在确认机制基础上的，即不存在无确认的有连接服务。故选项C为正确答案。一般情况下，数据链路层为网络层提供三种可能的服务，具体参考3.2.5小节。

4.【答案】A

【精解】无确认的无连接服务是指源机器向目标机器发送独立的帧，目标机器并不对这些帧进行确认。采用这种服务，事先不需要建立逻辑连接，事后也不用释放逻辑连接。若由于线路的噪声而造成了某一帧的丢失，数据链路层并不试图去检测这样的丢帧情况，更不会去试图恢复丢失的帧。当信道比较可靠时误码率很低，这类服务非常适合，因为这时很少的差错恢复可以留给上面的各层来完成。另外，这类服务也非常适合用于实时通信，因为在实时通信中数据迟到比数据受损更糟糕。根据题意可知选项A为正确答案。数据链路层提供给网络层的另外两种服务的适用场合参见3.2.5小节。

5.【答案】C

【精解】本题考查对数据链路层的功能的了解。参见本节习题1讲解可知，选项C是正确答案。但需要说明的是拥塞控制是传输层的功能。

6.【答案】D

【精解】本题考查对数据链路层的功能的了解。选项A是帧定界（帧同步）功能；选项B是流量控制功能，选项C是介质访问控制功能；选项D是差错控制的内容。所以选项D为正确答案。

7.【答案】A

【精解】本题考查对数据链路层流量控制功能的了解。流量控制是为了防止高速的发送方的数据把低速的接收方“淹没”而对发送方采取的数据流量的控制措施。所以选项A为正确答案。需要注意的是，流量控制不是数据链路层的特有功能，其他高层也提供流量控制功能，只不过控制对象不同。

8.【答案】B

【精解】根据题意，平均一个网络层分组需要10个数据链路层帧来发送，而物理信道的传输成功率是95%（即发送一个帧的成功率为95%），采用无确认的无连接服务，则成功发送10个数据链路层帧的成功率是$(0.95)^{10} \approx 0.598$，即大约60%的成功率。所以选项B为正确答案。这个结论说明了在不可靠信道上无确认的传输效率很低，为了提高可靠性应该引入有确认的服务。

9.【答案】B

【精解】本题考查数据链路层的功能以及OSI/RM中数据的封装。封装成帧就是在一段数据的前后部分添上首部和尾部，这样就构成了一个帧。数据链路层之所以要把比特组合成帧为单位传输，是为了在出错时只重发出错的帧而不必重发所有数据，从而提高效率。所以选项B为正确答案。

3.3 组　帧

当两个主机互相传送信息时，必须将网络层的分组封装成帧。封装成帧就是在一段数据的前后部分添上首部和尾部，这样就构成了一个帧。帧头和帧尾就是作为帧的起始和结束标记，也就是帧边界。组帧的关键问题是能够让接收端在接收到物理层上交的比特流后，就可以根据首部和尾部的标记，从收到的比特流中识别帧的开始和结束，这样在出错时就不必重发全部数据而只重发出错的帧即可。如果在数据链路层不进行封装成帧，那么数据链路层就无法知道对方传送的数据中哪些是数据信息，哪些是控制信息，也不知道数据中是否有差错。当然，数据链路层也不知道数据传送是否结束，因此也不知道应当在什么时候把收到的数据交给网络层。

为了使接收方能正确地接收并检查所传输的帧，发送方必须依据一定的规则把网络层递交的分组封装成帧（其中，分组作为帧的数据部分），称为组帧。常用的组帧方法（或帧同步方法）有四种，即字节计数法、字节填充的首尾定界符法、零比特填充法和违规编码法。

3.3.1 字符计数法

字符计数法利用头部中的一个字段来标识该帧中的字符数。当接收方的数据链路层看到字符计数值时，就知道后面跟着多少个字节，因此也就知道了该帧在哪里结束。如图3-2所示，其中4帧的大小分别为5、5、8和8个字节。注意，计数字段提供的字节数包含自身所占的1个字节。

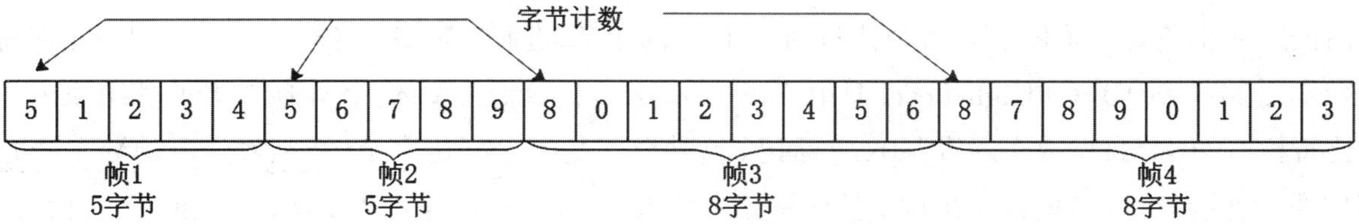

图3-2 字节计数法

字节计数法的问题在于计数值有可能因为一个传输错误而被弄混，则接收方就会失去同步，它再也不可能找到下一帧的正确起始位置。正是由于无法解决出错之后同步这个原因，字节计数方法本身很少被使用。

3.3.2 字节填充的首尾定界符法

该方法考虑到了出错之后的重新同步问题，让每个帧用一些特殊的字节作为开始和结束。这些特殊字节通常都相同，称为标志字节（flag byte），作为帧的起始和结束分界符，如图3-3（a）中的FLAG所示。两个连续的标志字节代表了一帧的结束和下一帧的开始。因此，如果接收方丢失了同步，它只需搜索两个标志字节就能找到当前帧的结束和下一帧的开始位置。这种方法能够避免上面字节计数法的头出错问题，但是也产生了新的问题，即当标志字节出现在数据中干扰帧的分界问题，解决办法是用字节填充技术。所谓字节填充技术，就是发送方的数据链路层在数据中出现的每个标志字节的前面插入一个特殊的转义字节（ESC）。因此，只要看它数据中标志字节的前面有没有转义字节，就可以把作为帧分界符的标志字节与数据中出现的标志字节区分开来。接收方的数据链路层在将数据传递给网络层之前必须删除转义字节。如果转义字节也出现在数据中，同样用字节填充技术，即用一个转义字节来填充。在接收方，第一个转义字节被删除，留下紧跟在它后面的数据字节（或许是另一个转义字节或者标志字节），如图3-3（b）所示。图3-3中描述的字节填充方案是PPP协议（Point-to-Point Protocol）使用的简化形式。注意，当PPP协议用在同步光纤网SONET/同步数字系列SDH链路时，是使用同步传输（一连串的比特连续发送）而不是异步传输（以字节为传输单位，面向字符的传输，即逐个字符地发送）。在这种情况下，PPP协议采用零比特填充方法来实现透明传输。字节填充的首尾定界符法的帧结构在处理时非常简单，但缺点是插入了许多转义字符，效率较低，而且数据长度必须以字节为单位。

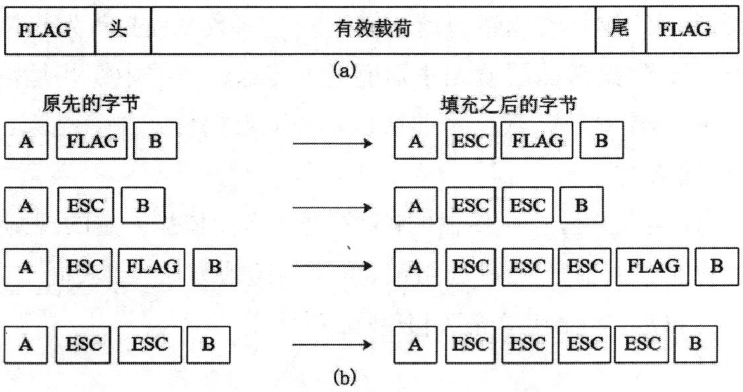

图3-3 字节填充的首尾定界符法

3.3.3 比特填充的首尾标志法

该方法考虑了字节填充的缺点，即只能使用8比特的字节。帧的划分可以在比特级完成，因而帧可以包含由任意大小单元（而不是只能以8比特为单元）组成的二进制比特数。这种方法是为曾经非常流行的高级数据链路控制HDLC（High-Level Data Link Control）协议而开发的。每个帧的开始和结束由一个特殊的比特模式，01111110或十六进制0x7E标记。这种模式是一个标志字节。每当发送方的数据链路层在数据中遇到连续5个1，它便自动在输出的比特流中填入一个比特0。当接收方收到5个连续1，并且后面紧跟一个0，它就自动删除这个0。比特填充和字节填充一样，对两台计算机上的网络层是完全透明的。如果用户数据中包含了标志模式01111110，这个标志传输出去的是011111010，但在接收方内存中存储还是01111110。图3-4给出了一个比特填充的例子，其中（a）是原始数据，（b）是出现在线路上的数据，（c）是接收方删除填充位后存储在其内存中的数据。

(a) 0 1 1 0 1 1 1 1 1 1 1 1 1 1 1 1 1 1 1 1 0 0 1 0

(b) 0 1 1 0 1 1 1 1 1 0 1 1 1 1 1 0 1 1 1 1 1 0 1 0 0 1 0

填充的比特

(c) 0 1 1 0 1 1 1 1 1 1 1 1 1 1 1 1 1 1 1 1 0 0 1 0

图3-4 比特填充法

3.3.4 物理编码违例法

物理编码违例法采用物理层的冗余编码技术（即编码违法）来区分帧的起始和结束。这种冗余意味着一些信号将不会出现在常规数据中，比如曼彻斯特编码中高-高电平对和低-低电平对是违法无效的，不会出现在常规数据中，将其用在令牌环网的帧中标志帧头和帧尾，接收方容易识别，帧中数据字段也不需另外设计透明传输法。再比如，在4B/5B线性编码模式下，4个数据位被映射成5个信号比特，通过这种方法确保线路上的信号有足够的跳变。这意味着32个可能的信号中有16个是不会被使用的，可以利用这些保留的信号来指示帧的开始和结束。这种方法的优点在于，因为这些用作分界符的信号是保留不用的，所以很容易通过它们找到帧的开始和结束，而且不再需要填充数据。

由于字节计数法无法解决计数字段出错导致的同步问题和字节填充法效率低且数据长度必须以字节为单位的限制，目前较常用的组帧方法是比特填充的首尾标志法和物理编码违例法。

3.3.5 真题与习题精编

● 单项选择题

1. HDLC协议对0111 1111 1000001组帧后对应的比特串输出为（　）。

A. 0111 1101 1100 0001　　B. 0101 1111 1100 0001

C. 011101011 1100 0001　　D. 0111 1110 1100 0001

2. PPP协议使用同步传输技术传送比特串0110 1111 1111 1100，则经过零比特填充后变成的比特串为（　）。

A. 0110 1111 1011 1110 00　　B. 0110 1111 1111 1110 00

C. 0110 1111 1011 1100 00　　D. 0110 1111 1011 1010 00

3. 在一个数据链路层协议中使用字符编码如下：

S 01010011　　T 01010100　　ESC 11100000　　FLAG 01111110

那么，若用FLAG作为首尾标志，ESC作为转义字符，则采用字节填充的首尾定界法传送3个字符S、T、 ESC所组织的帧而实际发送的比特串为（　）。

A. 01111110 01010011 01010100 01111110 11100000 01111110

B. 01111110 01010011 01010100 11100000 01111110 01111110

C. 01111110 01010011 01010100 01111110 01111110 01111110

D. 01111110 01010011 01010100 11100000 11100000 01111110

3.3.6 答案精解

● 单项选择题

1.【答案】A

【精解】本题考查比特填充法。HDLC在组帧时采用0比特填充法，即出现5个连续的1就填充一个0。据此可知选项A为正确答案。

2.【答案】A

【精解】本题考查比特填充法。PPP使用同步传输（一连串的比特连续传送）技术传送比特串，按题意采用的是零比特填充方法，即每5个1后面应该插入一个0，据此可知选项A为正确答案。

3.【答案】D

【精解】本题考查字节填充的首尾定界法。所谓字节填充技术就是发送方的数据链路层在数据中出现的每个标志字节FLAG的前面插入一个特殊的转义字节ESC。如果转义字节也出现在数据中，也用一个转义字节来填充。根据题意，用FLAG作为首尾标志，ESC作为转义字符，则采用字节填充的首尾定界法传送3个字符S、T、ESC，要在ESC前插入一个转义字符ESC，总的传送的字符编码组合为：FLAG、S、T、ESC、ESC、FLAG，据此可知选项D为正确答案。

3.4 差错控制

在通信系统中，不同的信道的错误率不同，如光纤的错误率很低，而无线链路和老化的本地回路错误率却很高，传输错误是常态。传输错误非常普遍，在应用中必须知道如何处理这些错误。数据链路层中差错控制的两种基本编码方法是检错码（error-detecting code）和纠错码（error-coreecting code）。使用纠错码的技术通常也称为前向纠错FEC（Forward Error Correction）。在高度可靠的信道上（比如光纤），使用检错码较为合算，当偶尔发生错误时只需重传整个数据块即可。然而，在错误发生很频繁的信道上（如无线链路），更好的做法是在每一个数据块中加入足够的冗余信息，以便接收方能够计算出原始的数据块。FEC被用在有噪声的信道上，因为重传的数据块本身也可能像第一次传输那样出错。需要指出的是，无论是纠错码还是检错码都无法处理所有可能的传输错误，因为提供保护措施的冗余比特很可能像数据比特一样出现错误（可危及它们的保护作用）。

3.4.1 检错编码

在通信系统中，由光纤或高品质铜线构成的信道错误率很低，偶尔会出现错误，对于这种情况，通常采用差错检测和自动重传请求ARQ的处理方式。检错编码采用冗余编码技术，其主要思想是发送方在传输数据前先附加若干冗余位，构成符合一定规则的码字后再发送。这里的码字是指由若干位代码组成的一个字。接收方收到码字后按原规则判断是否出错。常用的有3种检错码，即奇偶检验码、循环冗余检验CRC（Cyclic Redundancy Check）和校验和，其中，校验和将在传输层中重点讲解。这里仅重点讨论奇偶校验码和CRC。

（1）奇偶检验码

奇偶检验码是把单个奇偶校验位附加到数据中，奇偶位的选择原则是使得码字中比特1的数目是偶数（或奇数）。这样处理等同于对数据位进行模2加或异或操作来获得奇偶位。如果附加一个校验位后整个码字里面的1的个数是偶数，则称为偶校验；如果附加一个校验位后整个码字里面的1的个数是奇数，则称为奇校验。需要说明的是采用何种检验及奇偶位的位置必须事先规定好。因为任何1位错误都将使得码字的奇偶校验码出错，这意味着奇偶码可以检测出1位错误。奇偶检验码在实际使用中又分为垂直奇偶检验、水平奇偶检验和水平垂直奇偶检验。

（2）循环冗余检验码

循环冗余检验码也称为多项式编码，基本思想是将位串看成是系数为0或1的多项式。一个k位帧看作是一个k-1次多项式的系数列表，该多项式共有k项，从x^{k-1}到x^0。这样的多项式认为是k-1阶多项式。高次（最左边）位是x^{k-1}项的系数，相邻的是x^{k-2}项的系数，依次类推。例如，110011有6位，因此代表了一个有6项的多项式，其系数分别为1、1、0、0、1和1，即$1x^5+1x^4+0x^3+0x^2+1x^1+1x^0$。

多项式的算术运算以2为模来完成。加法没有进位，减法没有借位。加法和减法都等同于异或。乘除法与二进制中的乘除法运算类似，只不过减法按模2进行。

模2运算不考虑加法进位和减法借位，上商的原则是当部分余数首位是1时商取1，反之商取0。然后按模2相减原则求得最高位后面几位的余数。这样当被除数逐步除完时，最后的余数位数比除数少一位。这样得到的余数就是校验位。

使用多项式编码时，发送方和接收方必须预先商定一个生成多项式$G(x)$。生成多项式的最高位和最低位系数必须是1。假设一帧M有m位，它对应于多项式$M(x)$，为了计算它的CRC，该帧必须比生成多项式长。其基本思想是在帧的尾部附加一个校验和（也称为帧检验序列FCS），使得附加值后的帧所对应的多项式能够被$G(x)$除尽。当接收方收到了带校验和的帧之后，它试着用$G(x)$去除它。如果有余数的话，则表明传输过程中有错误。

计算CRC的步骤如下：

1）加0。假设$G(x)$的阶为n，在帧的低位端加上n个0位，使得帧M现在包含$m+n$位。这相当于用2^n乘M，即2^nM；

2）利用模2除法，用对应于$G(x)$的位串去除2^nM，得到的余数即为冗余码[①]。

按以上步骤计算得到冗余码后，就把该冗余码作为FCS添加到帧M的后面发送，即2^nM+FCS，共$m+n$位。这就是将被传输的带校验和的帧。

图3-5显示了采用生成多项式为$G(x)=x^4+x+1$，计算帧M=1101011111校验和的情形。

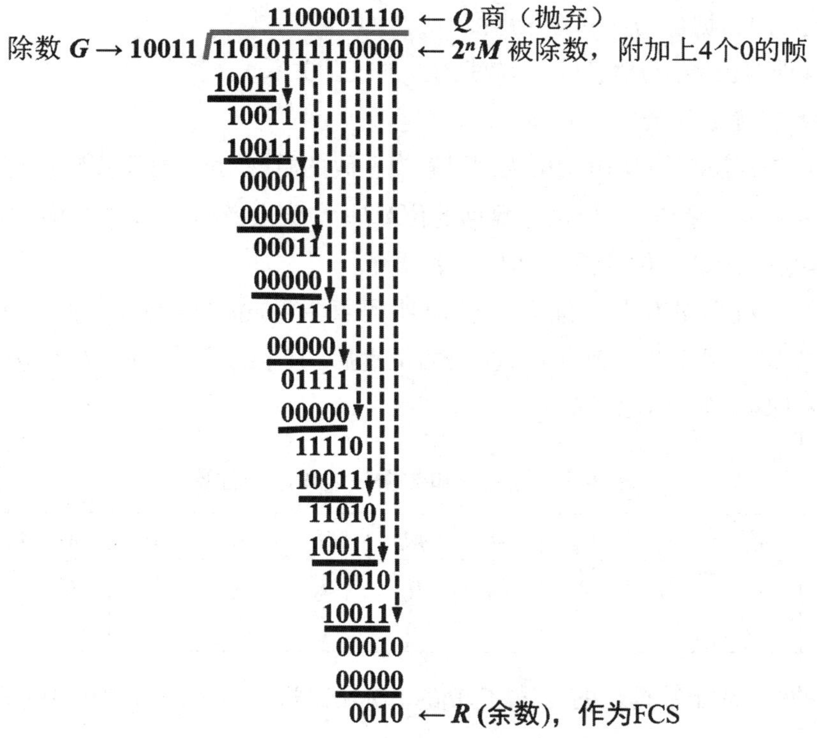

图3-5　CRC计算示例

需要强调的是，计算CRC时二进制模2除，即0±1=1，0±0=0 ，1±0=1，1±1=0，上商的规则是看部分余数的首位，如果为1，商上1；如果为0，商上0。当部分余数的位数小于除数的位数时，该余数即为最后余数（冗余码）。

① 冗余码共n位，前面的0不可省略。

3.4.2 纠错编码

纠错编码在接收端不但能检查错误，而且能纠正检查出来的错误。常用的纠错编码有海明码、二进制卷积码和里德所罗门码等，这些编码都将冗余信息加入到待放的信息中，属于线性码。根据大纲要求和网络知识体系的结构特点，这里仅重点讨论海明码。

海明码（也称为汉明码）是由R.Hamming在1950年首次提出的，它是一种可以纠正一位差错的编码（但可以发现双比特错），其基本思想是在k个信息位的基础上加上r个冗余位构成$n=k+r$位的码字，且r与k满足关系式：$2^r \geq k+r+1$，其中某个冗余位与某几个信息位构成偶校验的关系；接收端对这r个偶关系进行校验，即将每个冗余位和与它相关联的信息位进行异或运算，异或的结果称为校正因子；如果没有错，这r个校正因子都为0；如果有一个错则校正因子不会全为0，根据校正因子的不同取值，可以知道错误发生在码字的哪一个位置上。

海明码将码字内的位从左到右依次编号，第1位是1号，第2位是2号……第n位是n号，记为M_i（i=1,⋯,n）。其中，编号为2的幂的位（1号位、2号位、4号位、8号位等）是校验位，其余的位填入k位数据。为了知道编号为k的数据位对哪些校验位有影响，将编号k改写为2的幂的和，如10=2+8，31=1+2+4+8+16等。一个位只有扩展式中所示编号的位检测，如编号为10的位只有编号为2和8的校验位检测。

海明码的构造及检验方法如下：

1）根据关系式$2^r \geq k+r+1$计算冗余位（即检验码）的位数；

2）确定信息位与冗余位（即检验码）的位置关系，2^r（i=0,1,⋯,r）的位置上放冗余位（即检验码）P_i，其余位置上放信息位（即数据位）D_j（j=1,⋯,j）；

3）找出冗余位（即检验码）与信息位（即数据位）的校验关系；

4）根据校验关系来确定冗余位（即检验码）。

下面以数据码（或称信息码）D=101101为例讲解海明码的原理，可按如下步骤进行。

1）确定校验码（也称冗余码）的位数r。数据的位数k=6，代入$2^r \geq k+r+1$可解得r的最小整数值r=4，所以，海明码共$n=k+r$=10位，其中4位校验码，6位原数据码。

2）确定检验码和数据的位置。编码后的海明码共有10位，设为M_1、M_2、⋯、M_{10}。检验码P_i（i=1,2,3,4）在编码中的位置为2^{i-1}；确定了校验码的位置后，其余的是数据的位置，按照D_1、D_2、⋯、D_6从左到右依次填充进去即可。如表3–2所示。

表3–2　检验码和数据在编码中的位置

	M_1	M_2	M_3	M_4	M_5	M_6	M_7	M_8	M_9	M_{10}
	P_1	P_2	D_1	P_3	D_2	D_3	D_4	P_4	D_5	D_6
			1		0	1	1		0	1

3）求出校验位的值。对于数据位的编号，把M_i的下标用二进制表示，有1=$(0001)_2$=1，2=$(0010)_2$=2，3=$(0011)_2$=1+2，4=$(0100)_2$=4，5=$(0101)_2$=1+4，6=$(0110)_2$=2+4，7=$(0111)_2$=1+2+4，8=$(1000)_2$=8，9=$(1001)_2$=1+8，10=$(1010)_2$=2+8。于是，P_1（注意，其在表中对应的是M_1，M_1的下标1）对应的数据位为1、3、5、7、9（也就是以上十进制表示中共有1的M_i，下同）；P_2（对应的是M_2，其下标是2）对应的数据位为2、3、6、7、10；P_3（对应的是M_4，M_4的下标是4）对应的数据位是4、5、6、7；P_4（其在表中对应M_8，M_8的下标是8）对应的数据位是8、9、10。至此，找出冗余位（检验位）与信息位（数据位）的对应关系。编码时，由

于检验位和对应数据位进行异或运算后结果为0。所以有$P_1 \oplus M_3 \oplus M_5 \oplus M_7 \oplus M_9=0$，$M_1 \oplus M_3 \oplus M_5 \oplus M_7 \oplus M_9=0$，对应表3-2即$P_1 \oplus D_1 \oplus D_2 \oplus D_4 \oplus D_5=0$，将表3-2中$M_3$、$M_5$、$M_7$、$M_9$对应的$D_1$、$D_2$、$D_4$、$D_5$代入后，可解得$P_1=0$，同理可求得：$P_2=0$；$P_3=0$；$P_4=1$。将这些值填入表3-2即可以得到海明码，如表3-3所列。

表3-3 检验码和数据在编码中的位置与数值

	M_1	M_2	M_3	M_4	M_5	M_6	M_7	M_8	M_9	M_{10}
	P_1	P_2	D_1	P_3	D_2	D_3	D_4	P_4	D_5	D_6
	0	0	1	0	0	1	1	1	0	1

下面继续讨论纠错问题，如果接收方收到的海明码出现错误，假设出错位为e_1，e_2，…，e_m。则检验海明码的过程如下：

1）直接写出出错位e_1，e_2，…，e_m与M_1，M_2，…，M_n的对应关系，计算出e_1，e_2，…，e_m的值。如上例，$e_1=M_1 \oplus M_3 \oplus M_5 \oplus M_7 \oplus M_9$，$e_2=M_2 \oplus M_3 \oplus M_6 \oplus M_7 \oplus M_{10}$，$e_3=M_4 \oplus M_5 \oplus M_6 \oplus M_7$，$e_4=M_8 \oplus M_9 \oplus M_{10}$等。

2）求出二进制序列e_m，e_{m-1}，…，e_1对应的十进制的值（注意这个排序方式，和上面计算顺序相反），则此十进制数的值就是出错的位数，取反即可得到正确的编码。

注意，对于海明码，有两个结论需要了解，这里不展开论述。即结论：① 检错d位，需要海明码距为$d+1$的编码方案；② 纠错d位，需要海明码距为$2d+1$的编码方案。

3.4.3 真题与习题精编

● 单项选择题

1. 数据链路层采用CRC进行校验，生成多项式$G(x)=x^3+1$，待发送比特流为10101010，则校验信息为（ ）。 【北京邮电大学2017年】

A. 101 B. 110 C. 100 D. 010

2. 下列关于奇偶校验码的说法中正确的是（ ）。

A. 能检查出长度任意个比特的错误 B. 只能检查出奇数个比特的错误

C. 只能检查出偶数个比特的错误 D. 只能检测出错误而无法对错误进行修正

3. 对于比特串0110 1111，若采用偶校验，接收方在下列收到的比特串中，无法检测错误的是（ ）。

A. 0010 11110 B. 0100 11110 C. 0110 10110 D. 0110 11000

4. 下列关于CRC校验的说法中，（ ）是错误的。

A. CRC检验可以查出帧传输过程中的基本比特差错

B. CRC检验可以查出帧丢失、帧重复和帧失序带来的差错

C. CRC检验可以用硬件来完成

D. 带r个检验位的多项式编码可以检测到所有长度小于等于r的突发性错误。

5. 在CRC检验中，多项式$P(X)=X^5+X^2+X+1$对应的二进制序列是（ ）。

A. 100111 B. 110111 C. 111101 D. 110100

6. 要发送的数据为1101 0110 11，采用CRC检验，生成多项式是X^4+X+1，则最终发送的数据是（ ）。

A. 1101 0110 1111 10 B. 1101 0110 1110 11

C. 1101 0110 1111 01 D. 1101 0110 1101 11

7. 要发送的数据为110101011，采用CRC的生成多项式为$G(X)=X^4+X^3+1$，则冗余码是（ ）。

A. 1001　　B. 1101　　C. 1110　　D. 1100

8. 如果要发送的数据为1101 0110 1110，采用海明检验码，那么要增加的冗余信息位数是（　）。

A. 4　　B. 5　　C. 6　　D. 7

9. 使用海明码进行前向纠错，假定码字为$a_6a_5a_4a_3a_2a_1a_0$，并且有下面的监督关系式：

$s_2=a_2+a_4+a_5+a_6$

$s_1=a_1+a_3+a_5+a_6$

$s_0=a_0+a_3+a_4+a_6$

注意，这里的“+”表示“异或”的意思。若$s_2s_1s_0$=110，则表示出错位是（　）。

A. a_3　　B. a_4　　C. a_5　　D. a_6

● 综合应用题

1. 要发送的数据为1101011011，采用CRC的生成多项式是$P(x)=x^4+x+1$。试求应添加在数据后面的余数。数据在传输过程中最后一个1变成了0，问接收端能否发现？若数据在传输过程中最后两个1都变成了0，问接收端能否发现？　【中国科学院大学2015年】

2. 在数据传输过程中，若接收方收到的二进制比特序列为1011 0011 010，采用的生成多项式为$P(x)=x^4+x^3+1$，则该二进制比特序列在传输中是否出错？如果传输没有出现差错，发送数据的比特序列和CRC检验码的比特序列分别是什么？

3.4.4 答案精解

● 单项选择题

1.【答案】A

【精解】本题考查CRC校验中的方法计算。生成多项式$G(x)=x^3+1$对应的二进制位串为1001，则在题中待发送比特流后面附加上3个0，即10101010000。根据模2运算，用1001除10101010000即可得出余数为101，即为校验信息。所以选项A为正确答案。

2.【答案】B

【精解】本题考查奇偶校验码的特征。奇偶校验的原理是通过在数据中增加冗余位使得码字中“1”的个数保持为奇数或偶数的一种编码方法。因为任何一位错误都将使得码字的奇偶校验码出错，这意味着奇偶码可以检测出1位错误。若出现奇数个比特错误，1的个数与原来1的个数不一样，故可以发现奇数个比特错；如果出现偶数个比特错误，1的个数（含冗余码）仍然是偶数或奇数（不影响冗余码标志位），故无法检测出偶数个比特错误。奇偶检验属于检错编码，不具备纠错能力。故选项B为正确答案。

3.【答案】D

【精解】如果采用偶校验，那么传输的数据中1的个数应是偶数个，若是奇数个表明出错，则可以检测出。选项A、B、C中1的个数为奇数，故可以检测出错误。选项D中1的个数为偶数，故D为正确答案。注意，接收方收到的选项D中的数据也是错误的，因为它出现了双位错误，而奇偶校验无法检测出。

4.【答案】B

【精解】CRC检验可以检查出帧传输过程中的基本比特差错，但却不能查出帧丢失、帧重复和帧失序等差错。虽然计算CRC所需的运算看似很复杂，但在硬件上通过简单的移位寄存器电路很容易计算和验证CRC；带r个校验位的多项式编码可以检测到所有长度小于等于r的突发错误，这个结论需要证明，记住即可，有兴趣的话，可参考Andrew S.Tanenbaum编写的《Computer Networks》有关内容。综上，选项B为正确答案。

5.【答案】A

【精解】将多项式转化为二进制序列即可。设多项式共有k项，从x^{k-1}到x^0。这样的多项式认为是k–1阶多项式。高次（最左边）位是x^{k-1}项的系数，相邻的是x^{k-2}项的系数，依次类推。X^5+X^2+X+1的具体表示形式为$1X^5+0X^4+0X^3+1X^2+1X^1+1X^0$，所以对应的二进制序列是100111。所以选项A为正确答案。

6.【答案】A

【精解】本题考查CRC校验中的方法计算。生成多项式用二进制表示为10011，则后面应增加4位检验和。根据模2运算，用10011除1101 0110 110000即可得出余数为1110，然后把它作为冗余码附加到要发送的数据之后即可得到最终发送的数据。所以选项A为正确答案。

7.【答案】C

【精解】待发送的数据为M=110101011，共9位，生成多项式为5位，对应的代码（或二进制序列）为P=11001，所以，冗余码为4位。计算时首先在M后加4个0，然后再对P做模2除法，所得的余数1110即为冗余码。故选项C为正确答案。

8.【答案】B

【精解】海明码的基本思想是在k个数据位的基础上加上r个冗余位构成$n=k+r$位的码字，且r与k满足关系式：$2^r \geq k+r+1$，题中要发送的数据一共12位，将k=12代入关系式可解得r最小值为5。所以选项B为正确答案。

9.【答案】C

【精解】依据题意，由监督关系式$s_2=a_2+a_4+a_5+a_6$，$s_1=a_1+a_3+a_5+a_6$，$s_0=a_0+a_3+a_4+a_6$可知冗余码为$a_2a_1a_0$。题中已知$s_2s_1s_0$=110，所以：① s_0没有出错，说明a_0、a_3、a_4、a_6都没有错误。进一步有：② s_2和s_1出错，a_5、a_6可能出错。综合①②可知，只能是a_5出错。故选项C为正确答案。

● 综合应用题

1.【答案精解】

根据题意，CRC生成多项式$P(x)=x^4+x+1$，可知除数是10011。除数是5位，生成的余数比除数少1位，所以生成的余数是4位，将发送的数据1101011011后加4个0，即1101011011 0000作为被除数。两者相除，可得余数为1110。即为添加在后面的余数。将生成的余数拼接在数据的后面即为正常传输的数据11010110111110。

若最后一个数字1变成了0，则数据变成了11010110111100，将该数据作为被除数，除数仍是10011。按二进制模2除法，可得余数为0010，不全为0。接收方能够发现传输过程中出现了差错。

若在传输过程中，最后的两位1变成了0，则数据变成了11010110111000，除数是10011，按二进制模2除法，可得余数为0110，不全为0，所以接收方能够发现传输过程中出现了差错。

2.【答案精解】

根据题意，生成多项式$G(x)$对应的二进制比特序列为11001。进行如下的二进制模2除法，被除数为10110011010，除数为11001：

```
              1101010
      11001 ⟌10110011010
              11001
               11110
               11001
                 11111
                 11001
                   11001
                   11001
                      00
```

所得余数为0，因此该二进制比特序列在传输过程中未出现差错。发送数据的比特序列是1011001，CRC检验码的比特序列是1010。注意：CRC检验码的位数等于生成多项式$G(x)$的最高次数。

3.5 流量控制与可靠传输机制

3.5.1 流量控制、可靠传输与滑动窗口机制

流量控制是指由接收方及时控制发送方发送数据的速率，使接收方来得及接收。换句话说，流量控制实际上是对发送方数据流量的控制，使其发送速率不致超过接收方的速率。在数据链路层，流量控制涉及链路上字符或帧的发送速率的控制，使得接收方在接收前有足够的缓存空间来接收每一个字符或帧。例如，在面向字符的终端-计算机链路中，如果远程计算机为许多台终端服务，它就有可能在高峰期时过载；在面向帧的自动重发请求系统中，当待确认帧的数量增加，也可能会造成过载（超出缓存上限）。流量控制常见的方式有停止-等待流量控制和滑动窗口流量控制。

（1）停止-等待流量控制

停止-等待流量控制的基本原理是发送方每发出一帧后，就要等待接收方的应答信号，收到应答信号后，发送方才能发送下一帧；接收方每接收一帧，就要返回一个应答信号，表示可以接收下一帧，若接收方不返回应答信号，则接收方必须一直等待。这种方式是流量控制中最简单的方式，传输效率很低。

（2）滑动窗口流量控制

停止-等待流量控制每次只允许发送一帧，滑动窗口流量控制允许一次发送多个帧，因此提高了传输效率。滑动窗口流量控制的基本原理是在任意时刻，发送方都维持一组连续的允许发送的帧的序号，称为发送窗口；同时，接收方也维持一组连续的允许接收的帧的序号，称为接收窗口。发送窗口用来对发送方进行流量控制，接收窗口用来控制帧的接收与否。发送窗口和接收窗口的序号的上下界不一定要相同，甚至大小也可以不同。发送窗口的大小W_T代表了那些已经被发送但还未收到接收方确认信息的帧（即未被确认的帧），或者是那些可以被发送的帧。发送方每收到一个确认帧，发送窗口就向前滑动一个帧的位置。当发送窗口尺寸达到最大时，发送方会强行关闭网络层，直到有一个空闲缓冲区出来。当发送窗口内的帧全部是已经发送但未收到确认的帧时，发送方就停止发送，直到收到接收方发送的确认帧使窗口向前滑动，窗口内有可以发送的帧后再开始继续发送。在接收方，当收到一个数据帧时，只有当收到的数据帧的序号落入接收窗口内时，才允许将该数据帧收下，并将窗口向前滑动一个位置，并返回确认帧；如果收到的数据帧落在接收窗口之外（即收到的帧号在接收窗口中找不到相应的该帧号），则一律丢弃。

图3-6和图3-7分别给出了滑动窗口流量控制的发送窗口和接收窗口的工作原理示意图。

如图3-6（a）所示，发送端的发送窗口大小为5，在发送开始时，允许发送帧序号为0~4的共5个帧。每

发送一帧后，若未收到确认，发送窗口自动减1，如图3-6（b）所示。若序号为0~4的帧都已经发送完毕，且未收到一个确认帧，则无法继续发送后续帧，如图3-6（c）所示。而当发送端每收到一个确认帧之后，发送窗口就向前滑动一个帧的位置，图3-6（d）给出了收到三个确认帧之后的发送窗口示意，此时可继续发送序号为5~7的3个帧。

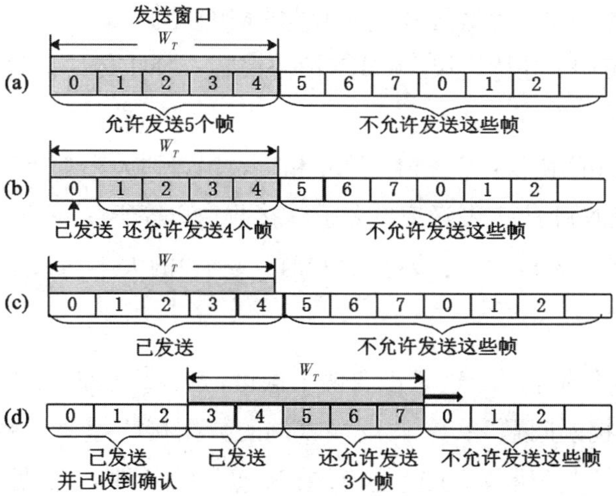

图3-6 滑动窗口流量控制中的发送窗口

接收窗口的大小与发送窗口无关，当接收窗口大小为1时，如图3-7所示，收到一个数据帧后，将窗口向前移动一个位置，并发送确认帧。若收到的数据帧落在接收窗口之外，则一律丢弃该数据帧。注意到，当接收窗口大小为1时，可保证帧的有序接收。另外，需要注意的是，数据链路层的滑动窗口协议，窗口的大小在传输过程中是固定的。

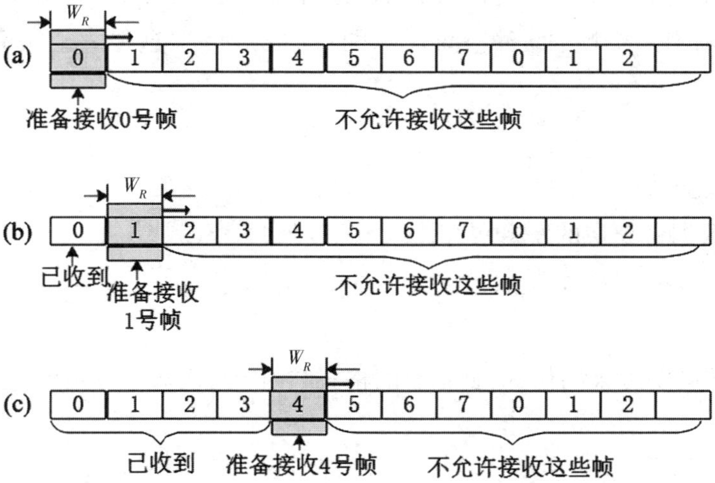

图3-7 滑动窗口流量控制中的接收窗口（窗口大小为1）

滑动窗口流量机制可以在收到确认信息之前发送多个数据分组，提高了网络的吞吐量，解决了端到端的通信流量控制问题。

（3）可靠传输机制

所谓“可靠传输”是指数据链路层的发送端发送什么，接收端就接收什么。数据链路层的可靠传输通常采用确认和重传两种机制来完成。确认可以是每发送一帧就确认一次，也可以是一次累积确认多个帧，后一种情况可以把确认捎带在一个回复帧中（称为捎带确认）。重传可分为超时重传和自动重传请求ARQ

两种方式。超时重传是指发送方在发送某个帧后就启动一个计时器，在设定时间内如果没有得到发送的帧的确认，就重新发送该帧，直到发送成功为止。ARQ通过接收方请求发送方重传出错的帧。ARQ通常分为三种，即停止-等待（Stop-and-Wait）ARQ、后退N帧（Go-Back-N）ARQ和选择重传（Selective Repeat）ARQ。后两种ARQ常采用滑动窗口技术和请求重发技术相结合的方式来实现，由于其窗口尺寸开到足够大时，帧在线路上可以连续地流动，因此也称其为连续的ARQ机制。

从滑动窗口的角度看，停止-等待协议、后退N帧协议和选择重传协议这三者只是在发送窗口和接收窗口大小上有所区别。即：

停止-等待（Stop-and-Wait）协议：发送窗口尺寸和接收窗口的大小都等于1；

后退N帧GBN（Go-Back-N）协议：发送窗口大于1，接收窗口等于1；

选择重传SR（Selective Repeat）协议：发送窗口和接收窗口的大小均大于1。

3.5.2 停止-等待协议

首先考虑理想化的数据传输情形，这时需要两个假设，即：① 假设所传送的数据既不会出现差错也不会丢失（即不用考虑差错控制问题）；② 假设接收端的数据接收速率足够快，有能力接收发送端的数据发送率（即不用考虑流量控制问题）。也就是说，在理想化的条件下，数据链路层不需要差错控制协议和流量控制协议就可以保证数据的可靠传输。如图3-8（a）所示。然而实际的网络都不具备这些理想条件。但可以采取一些可靠传输协议，当出现差错时让发送方重传出现差错的数据，同时在接收方来不及处理收到的数据时，及时告诉发送方适当降低发送数据的速度。这样，本来不可靠的传输信道就能够实现可靠的传输了。

如果仅仅保留以上两个假设中的前一个假设（也就不用考虑差错控制问题），那么就只用考虑流量控制问题（即，使发送端发送数据的速率适应接收端的接收能力），停止-等待协议就是最简单的流量控制协议（发送方和接收方各有一个帧的缓冲空间），如图3-8（b）所示。这种情况下，停止-等待协议算法实现步骤如下：

在发送节点：

1）从主机取一个数据帧；

2）将数据帧送到数据链路层的发送缓存；

3）将发送缓存中的数据帧发送出去；

4）等待；

5）若收到由接收节点发过来的信息（此信息的格式与内容可由双方事先商定好），则从主机取一个新的数据帧，然后转到2）。

在接收节点：

1）等待；

2）若收到由发送节点发过来的数据帧，则将其放入数据链路层的接收缓存；

3）将接收缓存中的数据帧上交主机；

4）向发送节点发一信息，表示数据帧已经上交给主机；

5）转到1）。

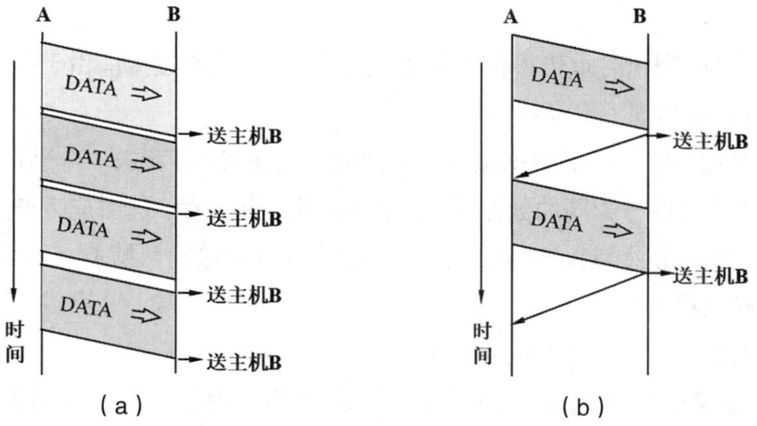

图3-8 （a）理想化的数据传输和（b）具有最简单流量控制的停止-等待协议

如果去掉理想传输的两个假设，即不仅考虑差错控制问题而且考虑流量控制问题，此时，就有了实用的停止-等待协议ARQ。其基本思想如下：

1）发送端发送数据帧后，等待接收端的应答帧；

2）接收端收到数据帧后，通过CRC校验，如果无差错，回送一个确认帧ACK，否则，回送一个否认帧NAK；

3）发送端收到应答帧，如果是ACK，发送下一数据帧，如果是NAK，重发数据帧。

但是，数据帧在传输过程中会出错，也会丢失，确认帧也可能丢失。数据帧在链路上传输的几种情况如图3-9所示。

1）正常情况

接收方在收到一个正确的数据帧后，即交付给主机B，同时向主机A发送一个确认帧ACK。当主机A收到确认帧后才能发送一个新的数据帧。

2）数据帧出错

当节点B检验出收到的数据帧有差错时，节点B就向主机A发送一个否认帧NAK，以表示主机A应当重传出现差错的那个数据帧。

3）数据帧丢失

由于某些原因，节点B收不到节点A发来的数据帧。若到了重传时间t_{out}仍收不到节点B的任何确认帧，则节点A就重传前面所发送的帧。

4）确认帧丢失

主机A在重传时间内没有收到B发来的确认帧，则A就重传前面所发送的数据帧。

通过上面的分析可知，在停止-等待协议中要解决两个问题，即死锁问题和重复帧问题。

5）死锁问题

发生帧丢失时节点B不会向节点A发送任何确认帧，如果节点A要等到收到节点B的确认信息后再发送下一个数据帧，那么就将永远等待下去。于是就出现了死锁现象。

解决死锁问题的方法是，在节点A发送完一个数据帧时，就启动一个超时计时器。若到了超时计时器所设置的重传时间t_{out}而仍收不到节点B的任何确认帧，则节点A就重传前面所发送的这一数据帧。若在重传时间内收到确认，则将超时计时器清零并停止。

6）重复帧问题

当出现确认帧丢失时，则超时重传将使主机B收到两个同样的数据帧。由于主机B无法识别重复帧，因而在主机B收到的数据中出现了重复帧差错。

解决重复帧的方法是，使每一个数据帧带上不同的发送序号。每发送一个新的数据帧就把它的发送序号加1。若节点B收到发送序号相同的数据帧，就表明出现了重复帧。这时应丢弃重复帧，因为已经收到过同样的数据帧并且也交给了主机B。但此时节点B还必须向A发送确认帧ACK，因为B已经知道A还没有收到上一次发过去的确认帧ACK。

与帧的编号有关的需要注意的几个问题如下：

① 任何一个编号系统的序号所占用的比特数一定是有限的。因此，经过一段时间后，发送序号就会重复。

② 序号占用的比特数越少，数据传输的额外开销就越小。

③ 对于停止等待协议，由于每发送一个数据帧就停止等待，因此用一个比特来编号就够了（一个比特可表示0和1两种不同的序号）。

④ 数据帧中的发送序号N（S）以0和1交替的方式出现在数据帧中。

⑤ 每发一个新的数据帧，发送序号就和上次发送的不一样。用这样的方法就可以使收方能够区分开新的数据帧和重传的数据帧了。

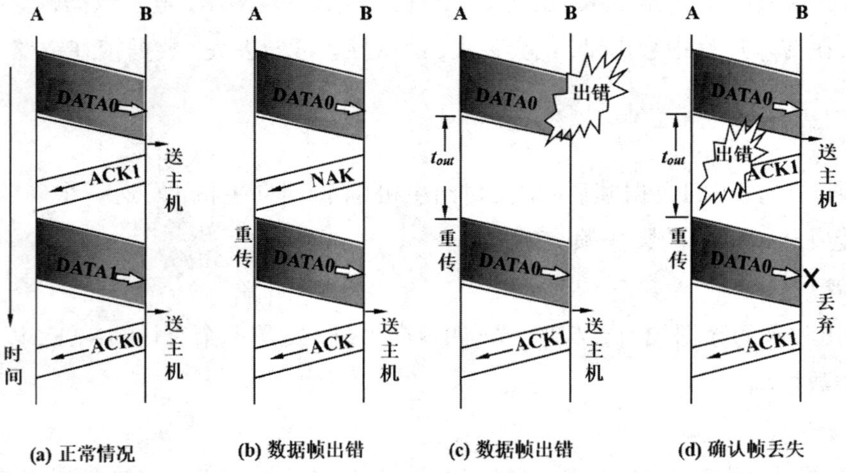

图3-9 数据帧在链路上传输的几种情况

停止-等待协议ARQ的优点是比较简单；缺点是通信信道的利用率不高，也就是说，信道还远远没有被数据比特填满。

3.5.3 后退N帧（GBN）协议

后退N帧（GBN）协议基于滑动窗口流量机制，发送窗口尺寸大于1（若采用n比特对帧进行编号，则发送窗口尺寸W_T必须满足$1<W_T\leq 2^n-1$），接收窗口尺寸等于1。若发送窗口尺寸大于2^n-1，会造成接收方无法分辨新帧和旧帧。因为接收窗口尺寸为1，所以接收方只能按序来接收数据帧。

GBN协议的基本思想是，发送方连续发出N个帧，接收方以流水线方式顺序接收各个帧，并进行差错检测。一旦某个帧有错，则接收方就丢弃该帧和它之后所收到的所有帧（不管这些帧是正确的还是错误的），对出错的帧不发送确认帧；发送方在出错帧的确认帧超时后，从出错的帧开始重传所有已发送但未被确认的帧。

GBN协议的工作原理是，发送方在发送完一个数据帧后，不是停下来等待确认帧，而是可以连续再发送若干个数据帧。如果这时收到了接收端发来的确认帧，那么还可以接着发送数据帧。如图3-10所示，发送方发完0号帧后，可以继续发送1号帧、2号帧等，发送方在每发送完一个数据帧时都要设置该帧的超时计时器。由于连续发送了多个帧，所以确认帧必须指明是对哪一帧进行确认。为了提高效率，GBN协议还规定接收方不一定每收到一个正确的数据帧就必须立即发回一个确认帧，可以连续收到几个正确的数据帧后，才对最后一个数据帧发确认信息，或者可以在自己有数据要发送时才将对以前正确收到的帧加以捎带确认，也就是说，对某一数据帧的确认就表明该数据帧和此前所有的数据帧都已经正确地收到了。图3-10中，ACKn表示对第n号帧的确认，表示接收方已正确收到第n号帧及以前的所有帧，下一次期望收到第n+1号帧（也可能是第0号帧）。接收端只按序接收数据帧；虽然发送方在2号帧（出错帧）之后正确地发送了3~8号帧，但接收端必须将这些帧丢失。当2号帧超时重传，接收方返回ACK2之后，发送方回退N帧连续发送接收3~8号帧。

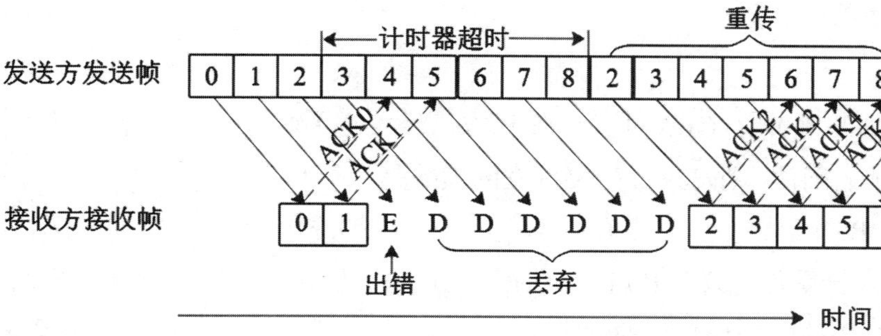

图3-10 GBN协议对出错数据帧的处理

3.5.4 选择重传（SR）协议

使用GBN协议时，如果线路很糟糕，就会回退重发大量数据帧而浪费带宽资源。解决的策略可以有以下几种：① 允许接收并缓存坏帧或丢失帧后面的帧；② 接收方只把出错的帧丢弃，其后续帧保存在缓存中，向发送方发送对出错帧的非确认帧（NAK）；③ 如果落在窗口内并从未接收过，就接收此帧，并存储起来。直到比它序号小的所有帧都按次序已经交给了网络层后，此帧才提交给网络层。以上这些需要加大接收窗口，以便先收下发送序号不连续但仍处在接收窗口中的那些数据帧，这也是选择重传思想。

选择重传协议也是基于滑动窗口流量控制机制，它的发送窗口尺寸W_T和接收窗口尺寸W_R都大于1，一次性可发送或接收多个帧。若采用n个比特对帧进行编号，为避免接收窗口向前移动后新旧接收窗口产生重叠，发送窗口的最大尺寸应该不超过序列号范围的一半，即$W_T \leqslant 2^n-1$。当发送窗口取最大值时，$W_R=W_T=2^{n-1}$（此时，若W_T取大于2^{n-1}的值时，可能造成新、旧接收窗口重叠）。需要注意的是，一般情况下，在SR协议中，接收窗口的大小和发送窗口的尺寸是相同的，即$W_R=W_T=2^{n-1}$；若二者的大小不同，需满足条件$W_R+W_T \leqslant 2^n$，这也是选择重传协议窗口大小的约束条件。对于发送方和接收方，选择重传协议的具体策略如下：

对于发送方，允许连续发送多个数据帧，然后停止等待；当收到确认ACK时，继续发送后面的帧；如果超时，未收到应答，只重发出错帧。

对于接收方，允许不按序号接收数据帧；若数据帧正确，则接收、按顺序交付，发送确认ACK，否则，丢弃该帧，以后正确帧放入缓存，当出错帧正确收到后，再按顺序一起交付。

选择重传协议的原理如图3-11所示，若某一帧出错（图中2号帧），则其后续帧（3~6号帧）先存入接收方的缓冲区中，同时要求发送方重传出错帧，一旦收到重传帧后，就和原先存在缓冲区的其余帧一起按正确的顺序送至接收方。选择重传协议避免了重复传送那些本来已经正确到达接收端的数据帧，提高了信道利用率，但代价是在接收端要设置具有相当容量的缓存空间。

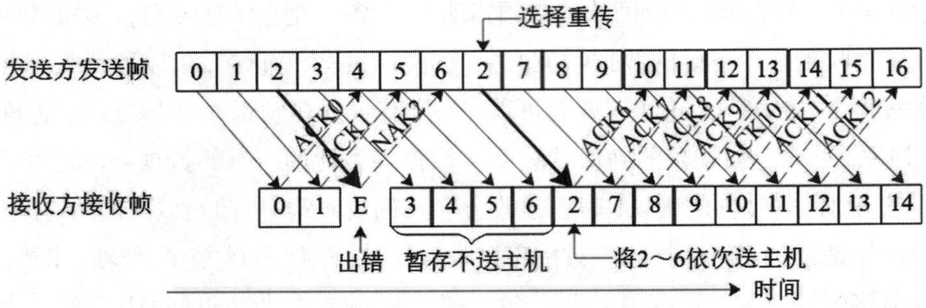

图3–11　选择重传协议

3.5.5 真题与习题精编

● 单项选择题

1. 数据链路层采用了后退N帧（GBN）协议，发送方已经发送了编号为0~7的帧。当计时器超时时，若发送方只收到0、2、3号帧的确认，则发送方需要重发的帧数是（　）。【全国联考2009年】

A. 2　　B. 3　　C. 4　　D. 5

2. 数据链路层采用选择重传协议（SR）传输数据，发送方已发送了0~3号数据帧，现已收到1号帧的确认，而0、2号帧依次超时，则此时需要重传的帧数是（　）。【全国联考2011年】

A. 1　　B. 2　　C. 3　　D. 4

3. 两台主机之间的数据链路层采用后退N帧协议（GBN）传输数据，数据传输率为16 kbps，单向传播时延为270 ms，数据帧长度范围是128~512字节，接收方总是以与数据帧等长的帧进行确认。为使信道利用率达到最高，帧序列的比特数至少为（　）。【全国联考2012年】

A. 5　　B. 4　　C. 3　　D. 2

4. 主机甲与主机乙之间使用后退N帧协议（GBN）传输数据，甲的发送窗口尺寸为1000，数据帧长为1000字节，信道带宽为100 Mb/s，乙每收到一个数据帧立即利用一个短帧（忽略其传输延迟）进行确认，若甲、乙之间的单向传播时延是50 ms，则甲可以达到的最大平均数据传输率约为（　）。

【全国联考2014年】

A. 10 Mb/s　　B. 20 Mb/s　　C. 80 Mb/s　　D. 100 Mb/s

5. 主机甲通过128 kbps卫星链路，采用滑动窗口协议向主机乙发送数据，链路单向传播时延为250 ms，帧长为1000字节。不考虑确认帧的开销，为使链路利用率不小于80%，帧序号的比特数至少是（　）。

【全国联考2015年】

A. 3　　B. 4　　C. 7　　D. 8

6. 主机甲采用停–等协议向主机乙发送数据，数据传输速率是3 kbps，单向传播时延是200 ms，忽略确认帧的传输时延。当信道利用率等于40%时，数据帧的长度为（　）。【全国联考2018年】

A. 240比特　　B. 400比特　　C. 480比特　　D. 800比特

7. 对于滑动窗口协议，如果分组序号采用3比特编号，发送窗口大小为5，则接收窗口最大是（　）。

【全国联考2019年】

A. 2　　B. 3　　C. 4　　D. 5

8. 假设主机采用停–等协议向主机乙发送数据帧，数据帧长与确认帧长均为1000B，数据传输速率是10kbps，单项传播延时是200ms，则甲的最大信道利用率（　）。【全国联考2020年】

A. 80%　　B. 66.7%　　C. 44.4%　　D. 40%

9. 流量控制是计算机网络中实现发送方和接收方速度一致性的一项基本机制，实现这种机制所采取的措施是（　）。【杭州电子科技大学2017年】

A. 增大接收方接收速度　　B. 减小发送方发送速度

C. 接收方向发送方反馈信息　　D. 增加双方的缓冲区

10. 流量控制是数据链路层的一个主要功能，它实际上是对（　）的控制。

A. 发送方的数据流量　　B. 接收方的数据流量

C. 收发双方的数据流量　　D. 链路上任意两节点间的数据流量

11. 流量控制的目的是用来防止（　）。

A. 发送方缓冲池溢出　　B. 接收方缓冲池溢出

C. 位差错　　D. 接收方与发送方冲突

12. 在简单的停–等协议中，当帧出现丢失时，发送方会永远等待下去，解决这种死锁现象的方法是（　）。

A. 差错校验　　B. ACK机制　　C. 帧序号　　D. 超时机制

13. 下列与滑动窗口有关的说法中，错误的是（　）。

A. 从滑动窗口的观点看，当发送窗口和接收窗口的大小都为1时，相当于ARQ的停止–等待方式

B. 发送窗口的位置由窗口前沿和后沿的位置共同确定，经过一段时间，发送窗口后沿可能向前移动，也可能原地不动

C. 滑动窗口协议中后退N帧协议收到的分组一定是按序接收的

D. 对于无序接收的滑动窗口协议，若序号位数为n，则发送窗口最大尺寸为2^n-1

14. 对于窗口大小为n的滑动窗口，最多可以有（　）帧已发送但没有确认。

A. 0位　　B. $n-1$位　　C. n位　　D. $n/2$位

● 综合应用题

1. 甲乙双方均采用后退N帧协议（GBN）进行持续的双向数据传输，且双方始终采用捎带确认，帧长均为1000 B。$S_{x,y}$和$R_{x,y}$分别表示甲方和乙方发送的数据帧，其中：x是发送序号；y是确认序号（表示希望接收对方的下一帧序号），数据帧的发送序号和确认序号字段均为3比特。信道传输率为100 Mbps，RTT=0.96 ms。下图给出了甲方发送数据帧和接收数据帧的两种场景，其中t_0为初始时刻，此时甲方的发送和确认序号均为0，t_1时刻甲方有足够多的数据待发送。

请回答下列问题。【全国联考2017年】

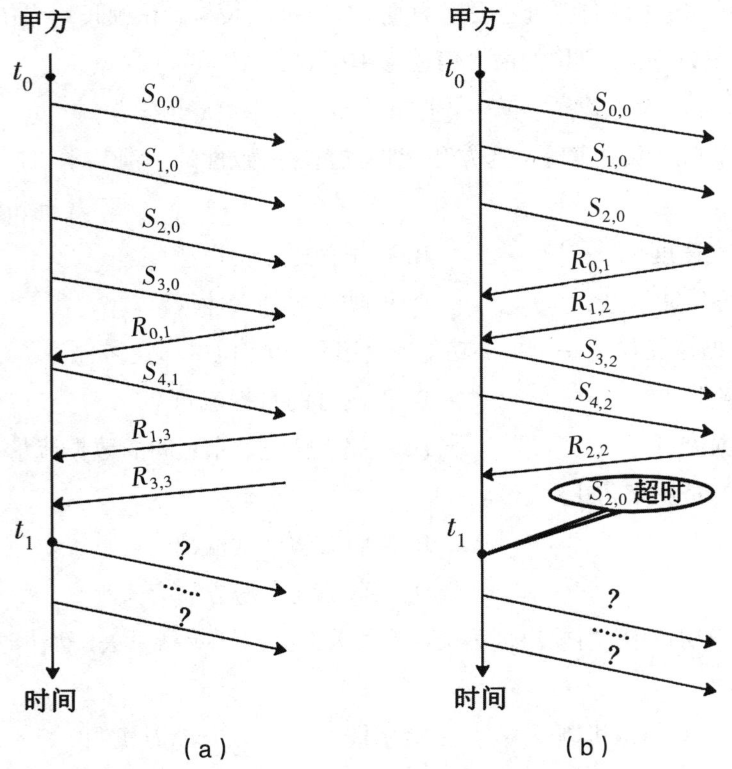

(1) 对于图(a)，t_0时刻到t_1时刻期间，甲方可以断定乙方已正确接收的数据帧数是多少？正确接收的是哪几个帧(请用$S_{x,y}$形式给出)？

(2) 对于图(a)，从t_1时刻起，甲方在不出现超时且未收到乙方新的数据帧之前，最多还可以发送多少个数据帧？其中第一个帧和最后一个帧分别是哪个(请用$S_{x,y}$形式给出)？

(3) 对于图(b)，从t_1时刻起，甲方在不出现新的超时且未收到乙方新的数据帧之前，需要重发多少个数据帧？重发的第一个帧是哪个帧(请用$S_{x,y}$形式给出)？

(4) 甲方可以达到的最大信道利用率是多少？

2. 卫星信道的数据率为1 Mbps。取卫星信道的单程传输时延为0.25 s。每个数据帧长都是2000 bit。忽略误码率、确认帧长和处理时间，忽略帧首部长度对信道利用率的影响。试计算下列情况下的信道利用率：【山东师范大学2012年】

(1) 停止等待协议。

(2) 连续ARQ协议，$W_T=7$。

(3) 连续ARQ协议，$W_T=127$。

(4) 连续ARQ协议，$W_T=255$。

3. 通过1 Mb/s卫星信道发送1000 bit的帧。确认总是在数据帧上捎带。头部非常简短，使用3 bit序列号。对以下协议而言，所达到的最大信道利用率为多少？注：卫星信道的传输延迟为270 ms。

【浙江工商大学2015年】

(1) 停-等。

(2) 回退N滑动窗口协议。

(3) 选择性重传滑动窗口协议。

4. 信道速率为4 kb/s。采用停止-等待协议。传播时延为20 ms。确认帧长度和处理时间均可忽略。问帧长为多少才能使信道利用率达到至少50%?

3.5.6 答案精解

● 单项选择题

1.【答案】C

【精解】本题考查后退N帧协议的工作原理。在后退N帧协议中，发送方可以连续发送若干个数据帧，如果收到接收方的确认帧则可以继续发送。若某个帧出错，接收方只是简单的丢弃该帧及其后所有的后续帧，发送方超时后需重传该数据帧及其后续的所有数据帧。需要注意的是，在连续ARQ协议中，接收方一般采用累积确认的方式，即接收方对按序到达的最后一个分组发送确认，因此题目中收到3的确认帧就代表编号为0、1、2、3的帧已接收，而此时发送方未收到1号帧的确认只能代表确认帧在返回的过程中丢失了，而不代表1号帧未到达接收方。因此发送方需要重发的帧是编号为4、5、6、7的帧（共4个）。所以选项C为正确答案。

2.【答案】B

【精解】本题考查选择重传协议的工作原理。选择重传协议中，接收方逐个地确认正确接收的分组，不管接收到的分组是否有序，只要正确接收就发送选择ACK分组进行确认。因此选择重传协议中的ACK分组不再具有累积确认的作用。这点要特别注意与GBN协议的区别。题目中只收到1号帧的确认，0、2号帧超时（且不支持累积确认），由于对于1号帧的确认不具累积确认的作用，因此发送方认为接收方没有收到0、2号帧，于是重传这两帧。注意，对于选择重传协议，题目中没有说3号帧是否正确接收，只是指出0、2号帧超时，所以无须考虑3号帧的状态。所以选项B为正确答案。

3.【答案】B

【精解】本题主要考查GBN协议。根据题意，要使信道利用率最高，就需要信道尽可能多发帧，也就是说需要使发送数据的主机尽量保持不停地在发送数据以使信道不空闲。这时需要考虑最坏的情况，即帧长最小的时候，对于同一个文件，需要的帧数最多，这样就可以使信道利用率最高。换句话说，要尽可能多发帧，应以短的数据帧计算。接下来计算从主机发送数据帧到收到确认帧所经历的总时间。依据题意，两台主机之间传输数据，总时间等于 数据发送时间+传播时间+发送确认帧的时间+传播确认帧的时间，这里数据长度取最小值128 B。首先计算出发送一帧的时间：$128\times8/(16\times10^3)=64$ ms，发送确认帧的时间和这个相同也是64 ms；传播时间题中已经给出为270 ms，包括确认帧的时间，总的传播时间是2×270 ms；所以发送一帧到收到确认为止的总时间：$64+270\times2+64=668$ ms；在668 ms内，至少可以发送10个长度为128 B的帧（$10<668/64<11$），所以帧序号的比特数n必须满足$2^n\geq11$，解之可得$n\geq4$。所以选项B为正确答案。

4.【答案】C

【精解】根据题意，要求主机甲可以达到的最大平均数据传输率。需考虑制约主机甲的数据传输速率的因素。题目中主要有两个影响因素，首先，信道带宽（题目中为100 Mbps）能直接制约数据的传输速率，传输速率一定是小于或者等于信道带宽；其次，主机甲乙之间采用后退N帧协议，因为甲乙主机之间采用后退N帧协议传输数据，要考虑发送一个数据到接收到它的确认之前，最多能发送多少数据，甲的最大传输速率受这两个条件的约束，所以甲的最大传输速率是这两个值中小的那一个。甲的发送窗口的尺寸为1000，即收到第一个数据的确认之前，最多能发送1000个数据帧，也就是发送1000×1000 B=1 MB的内容，而从发送第一个帧到接收到它的确认的时间是一个帧的发送时延加上往返时延，也就是1000 B/100 Mb/s+50 ms+50 ms=0.10008 s，此时的最大数据传输率为1 MB/0.10008 s≈10 MB/s=80 Mb/s。题目中信道带宽为

100 Mbps，所以主机甲可达的最大平均数据传输率为min{80 Mbps,100 Mbps}=80 Mbps，所以选项C为正确答案。

5.【答案】B

【精解】根据题意，首先考虑发送周期，开始发送帧到收到第一个确认帧为止，用时为T=第一个帧的传输时延+第一个帧的传播时延+确认帧的传输时延+确认帧的传播时延，这里忽略确认帧的传输时延。因此T=1000 B/128 kb/s+RTT=0.0625 s+250 ms+250 ms=0.5625 s。

接着计算在T内需要发送多少数据才能满足利用率不小于80%。设数据大小为L字节，则（L/128 kb/s）/T≥0.8，得L≥7200 B，即在一个发送周期内至少发7200 B/1000 B=7.2个帧才能满足要求，设需要编号的比特数为n，则$2^n-1 \geq 7.2$，因此n至少为4。所以选项B为正确答案。

需要强调一下信道利用率的概念。信道利用率，即信道的效率。可以从不同的角度来定义。从时间的角度的定义为：信道效率是对发送方而言的，是指发送方在一个发送周期的时间内，有效地发送数据所需要的时间占整个发送周期的比率。例如，发送方从开始发送数据到收到第一个确认帧为止，称为一个发送周期，设为T，发送方在这个周期内共发送L比特的数据，发送方的数据传输率为C，则发送方用于发送有效数据的时间为L/C，这种情况下，信道的利用率为（L/C）/T。

6.【答案】D

【精解】根据题意，信道利用率=传输帧的有效时间/传输帧的周期。假设帧的长度为x比特。对于有效时间，应该用帧的大小除以数据传输率，即x/（3 kb/s）。对于帧的传输周期，应包含4部分：帧在发送端的发送时延、帧从发送端到接收端的单程传播时延、确认帧在接收端的发送时延、确认帧从接收端到发送端的单程传播时延。这4个时延中，由于题目中说“忽略确认帧的传输时延”，因此不计算确认帧的发送时延（注意区分传输时延和传播时延的区别，传输时延也称发送时延，和传播时延只有一字之差）。所以帧的传输周期由三部分组成：首先是帧在发送端的发送时延x/（3 kb/），其次是帧从发送端到接收端的单程传播时延200 ms，最后是确认帧从接收端到发送端的单程传播时延200 ms，三者相加可得周期为x/（3 kb/s）+400 ms。代入信道利用率的公式x/（3 kb/s）/（x/（3 kb/s）+400 ms）即为信道利用率，根据题意可得（注意单位换算400 ms=0.4 s），x/3000/（x/3000+0.4）=40%，解之可得x=800 bit。所以选项D为正确答案。

7.【答案】B

【精解】滑动窗口协议中发送窗口和接收窗口的序号的上下界不一定要一样，甚至大小也可以不同。不同的滑动窗口协议窗口大小一般不同。若采用n比特对帧进行编号时，发送窗口和接收窗口之和不大于2^n，即$W_R+W_T \leq 2^n$，题中n=3，发送窗口大小为5，所以接收窗口最大值为$2^3-5=3$。所以选项B为正确答案。

8.【答案】D

【精解】发送数据帧和确认帧的时间分别为800ms，800ms。发送周期为T=800+200+800+200=2000ms。采用停止–等待协议，信道利用率为800/2000 = 40%。

9.【答案】B

【精解】流量控制是计算机网络中实现收发双方速度一致的一项基本机制，这种机制的技术实质是通过减小发送方的发送速度实现数据通信收发速率的平衡。所以选项B为正确答案。

10.【答案】A

【精解】数据链路层协议的一个重要功能就是进行流量控制。流量控制是在数据链路层对等实体之间进行的，用于确保发送实体发送的数据不会覆盖接收实体已接收的数据，采取的措施是通过限制发送方的数据流量使得发送方的发送速度不超过接收方的接收能力，因此选项A为正确答案。

11.【答案】B

【精解】流量控制用于用于确保发送实体发送的数据不会覆盖接收实体已接收的数据，避免数据丢失，采取的措施就是控制发送方发送数据的速率，使接收方来得及接收，目的是为了防止接收方缓冲区溢出。所以选项B为正确答案。

12.【答案】D

【精解】简单的停-等协议认为信道可靠，不考虑差错控制问题。题目中出现帧丢失而发送方一直等待直到造成死锁现象，为了避免这种情况，需要增加一个计时器，当发送方发出一帧后，计时器开始计时，当该帧的确认在计时器到时之前到达发送方，则取消该计时器；否则，就重发该帧，这样就可以打破死锁。所以，选项D为正确答案。

13.【答案】D

【精解】停止-等待方式的滑动窗口尺寸为1，接收窗口也为1，发送窗口后沿变化情况可能有两种：① 没有收到确认，原地不动；② 收到了新的确认，向前移动。发送窗口不可能向后移动，因为不可能撤销已经收到的确认，发送窗口的前沿变化情况有三种：① 没有收到新的确认或窗口没有变化，原地不动；② 收到了新的确认，或者窗口可以变大，向前移动；③ 窗口根据接收或者拥塞窗口的变化而变小，向后移动。要使分组按序接收，接收窗口大小为1才能满足，只有停-等协议和后退N帧协议的接收窗口大小为1。所以选项A、B、C说法正确。选项D间接说明是选择重传协议，选择重传协议的发送窗口最大尺寸为2^{n-1}。综上，选项D为正确答案。

14.【答案】B

【精解】本题目可以从两方面考虑。一方面，在连续ARQ协议中，需要满足条件，发送窗口的大小≤窗口总数-1；另一方面，后退N帧协议，发送窗口的大小可以达到窗口总数-1，因为它的接收窗口大小为1，所有帧保证按序接收。综上，选项B为正确答案。

● 综合应用题

1.【答案精解】

（1）t_0时刻到t_1时刻期间，甲方可以断定乙方已正确接收3个数据帧，分别是$S_{0,0}$、$S_{1,0}$、$S_{2,0}$。$R_{3,3}$，说明乙发送的数据帧确认号是3，即希望甲发送序号3的数据帧，说明乙已经接收序号为0~2的数据帧。

（2）从t_1时刻起，甲方最多还可以发送5个数据帧，其中第一个帧是$S_{5,2}$，最后一个数据帧是$S_{1,2}$。发送序号3位，有8个序号。在GBN协议中，序号个数≥发送窗口+1，所以这里发送窗口最大为7。此时已发送$S_{3,0}$和$S_{4,1}$，所以最多还可以发送5个帧。

（3）甲方需要重发3个数据帧，重发的第一个帧是$S_{2,3}$。在GBN协议中，接收方发送N帧后，检测出错，则需要发送出错帧及其之后的帧。$S_{2,0}$超时，所以重发的第一帧是S_2。已收到乙的R_2帧，所以确认号应为3。

（4）甲方可以达到的最大信道利用率是

$$\frac{7\times\dfrac{8\times1000}{100\times10^6}}{0.96\times10^{-3}+2\times\dfrac{8\times1000}{100\times10^6}}\times100\%=50\%$$

这是因为U=发送数据的时间/从开始发送第一帧到收到第一个确认帧的时间=$N\times T_D/(T_D+\text{RTT}+T_A)$。

其中，U是信道利用率，N是发送窗口的最大值，T_D是发送一数据帧的时间，RTT是往返时间，T_A是发送一确认帧的时间。这里采用捎带确认，$T_D=T_A$。

2.【答案精解】

信道利用率$U=T_D/(RTT+T_A+T_D)$，其中T_D是数据传输时间，T_A是确认传输时间，RTT是往返时间。根据题意T_A忽略，所以题目要求信道利用率，求出T_D和RTT即可。

依据题意，卫星发送1个数据帧的数据传输时间T_D=数据帧长/数据率=2000 bit/1 Mbps=2 ms，RTT=2×单程传播时延=2×0.25 s=500 ms。

因为停止–等待协议，发送窗口大小为1，其余的为连续ARQ，题中明确为W_T=7/127/255，所以有：

（1）停止等待协议 $U=T_D/(RTT+T_D)$=2 ms/(2 ms+500 ms)=0.398%；

（2）连续ARQ协议，W_T=7　U=7×TD/(RTT+T_D)=2.788%；

（3）连续ARQ协议，W_T=127　U=127×T_D/(RTT+T_D)=50.597%；

（4）连续ARQ协议，W_T=255　U=255×T_D/(RTT+T_D)>1，此时信道利用率为100%。

3.【答案精解】

停–等协议的发送窗口大小为1；若采用n比特对帧进行编号，则回退N帧协议，发送窗口尺寸W_T必须满足$1<W_T\leqslant 2^n-1$；选择重传协议，发送窗口的最大尺寸应该不超过序列号范围的一半，即$W_T\leqslant 2^{n-1}$。题目中$n=3$，所以回退N帧协议W_T最大值为$2^3-1=7$；选择性重传滑动窗口协议W_T最大值为$2^{3-1}=4$。

根据题意，要求最大信道利用率，那么停–等协议连续发送1帧，回退N帧协议发送7帧，选择重传协议发送4帧。

因为，信道利用率$U=T_D/(RTT+T_A+T_D)$，其中T_D是数据传输时间，T_A是确认传输时间，RTT是往返时间。题目中卫星发送1个数据帧的数据传输时间T_D=数据帧长/数据率=1000 bit/1 Mbps=1 ms，题目中是捎带确认，那么$T_A=T_D$=1 ms，RTT=2×单程传播时延=2×270 ms=540 ms。

题中，信道利用率$U=N\times T_D/(T_D+RTT+T_A)$。其中，N是发送窗口的最大值。故：

（1）停–等协议 最大信道利用率U=1/(540+1+1)=0.185%；

（2）回退N滑动窗口协议 最大信道利用率U=7×1/(540+1+1)=1.29%；

（3）选择性重传滑动窗口协议最大信道利用率U=4×1/(540+1+1)=0.738%。

4.【答案精解】

信道利用率$U=T_D/(RTT+T_A+T_D)$，其中T_D是数据传输时间，T_A是确认传输时间，RTT是往返时间。题目中忽略了确认帧长度和处理时间，所以这里不考虑T_A。所以，依据题意要使得停止等待协议利用率大于50%，则$T_D/(RTT+T_D)\geqslant 50\%$。由题目可知，RTT=2倍传播时延=2×20 ms=40 ms，代入上式，可解得$T_D\geqslant$40 ms。

假设数据帧大小为x bit，则有T_D=数据帧长/数据率=x bit/4 kbps=40 ms，可解得x=160 bit，即为数据帧的最小长度。

3.6 介质访问控制

介质访问控制MAC（Media Access Control）是解决局域网中共用信道的使用产生竞争时，如何分配使用权的问题，是一种控制使用通信介质的机制，它是数据链路层协议的一部分。将传输介质的频带有效地分配给网络上各节点的方法称为介质访问控制方法。常见的介质访问控制方法有3类，即：① 信道划分介质访问控制；② 随机访问介质访问控制；③ 轮询访问介质访问机制。其中，①是静态分配信道的方法，

②和③是动态分配信道的方法。注意，这里的静态分配是指相互竞争的用户之间分配一个单独的广播信道时，只要一个用户得到了信道就不会和别的用户冲突；动态分配是指多个用户共用一条线路，通信时信道不是固定分配给用户而是竞争使用动态分配的。

3.6.1 信道划分介质访问机制

实现信道划分介质访问机制主要使用多路复用技术①。所谓多路复用是一种将若干彼此无关的信号合并成一路复合信号并在一条公用信道上传输，到达接收端后再进行分离的方法。它包含信号复合、传输和分离三个方面的内容。当传输介质的带宽超过传输单个信号所需的带宽时，可以通过多路复用来提高系统的传输效率。多路复用技术把多个信号组合在一条物理信道上进行传输，使多个计算机或终端共享信道资源，从而提高了信道的利用率。

信道划分就是通过多路复用技术（采用时分、频分和码分等方法）把原来的一条广播信道逻辑上分为两条或多条互不干扰的子信道用于两个节点之间的通信，其实质就是把广播信道转变成了点对点信道。

信道划分介质访问控制主要有以下几种。

（1）频分多路复用FDM

频分多路复用FDM（Frequency Division Multiplexing）是将具有一定带宽的信道在逻辑上划分为n个较小带宽的子信道，选择n路信号，根据各自不同的调制器，对各路频率不同的载波进行调制（这种技术叫做频谱搬移技术），从而在每路子信道传输一路调制信号，达到信道复用的目的。每个子信道分配的带宽可相同也可不同，但它们之总和不能超过信道的总带宽。从本质上说，FDM就是把每路信息以某种调制方式调制到不同频率的载波上，然后合并成一个信号送到信道上传输。

为了使n路信号各不相干扰覆盖，在每路信号的频段之间增加防护频带，即是使各路子信道的带宽大于各路信号的带宽。在接收端，增加不同频段的接收滤波器，从而将各路信号恢复出来。

频分多路复用的主要优点在于实现相对简单，技术成熟，能较充分地利用信道频带，因而系统效率较高。主要缺点在于保护频带的存在大大地降低了频分多路复用技术的效率；信道的非线性失真改变了它的实际频带特性，易造成串音和互调噪声干扰；频分多路复用本身不提供差错控制技术，不便于性能监测。因此，在实际应用中，频分多路复用正在被时分多路复用所替代。

（2）时分多路复用TDM

时分多路复用TDM（Time Division Multiplexing）通信是指各路信号在同一信道上占有不同时间间隙进行通信。具体地说，就是把时间分成一些均匀的时间间隙，将各路信号的传输时间分配在不同的时间间隙，以达到互相分开、互不干扰的目的。换句话说，时分复用是所有用户在不同的时间占用同样的频带宽度的复用模式。从性质上讲，频分多路复用较适用于模拟信号，而时分多路复用较适用于数字信号。目前常用的TDM有两种，即同步时分多路复用STDM和异步时分多路复用ATDM。

同步时分复用采用固定时间片分配方式，即将传输信号的时间按特定长度连续地划分成特定时间段（一个周期），再将每个时间段划分成等长度的多个时隙，每个时隙以固定的方式分配给各路信号，各路信号在每一时间段都顺序分配到一个时隙。由于在同步时分复用方式中，时隙预先分配且固定不变，无论时隙拥有者是否传输数据都拥有一定时隙，这就造成时隙浪费，其时隙的利用率很低，为了克服STDM的缺点，引入了异步时分复用技术。异步时分多路复用又称统计时分复用技术，它能动态地按需分配时隙（不需要发送数据的用户不分给时间片）以避免每个时间段中出现空闲时隙。ATDM就是只有当某一路用

① 多路复用技术也称信道复用技术，简言之，信道复用技术是指能在同一传输信道中同时传输多路信号的技术。

户有数据要发送时才把时隙分配给它；当用户暂停发送数据时，则不给它分配时隙，电路的空闲可用于其他用户的数据传输，因此可以提高线路利用率。例如，某线路传输率为10000 bps，且有10个用户在使用，使用同步时分复用时的最高速率为10000/10 bps=1000 bps；当采用异步时分多路复用时，当只有一个用户传输数据时，其他用户都停止，那么此时该用户的传输速率可达到最大，即10000 bps。

（3）波分多路复用WDM

波分多路复用WDM（Wavelength Division Multiplexing）在概念上与频分多路复用相似，因此也称其为光的频分复用。所不同的是波分多路复用技术主要应用于光纤通信，在全光纤组成的网络中，传输的是光信号，并按照光的波长（频率）区分信号，由于各路光的波长（频率）不同，所以各路光信号互不干扰。

（4）码分多路复用CDM

码分多路复用CDM（Code Division Multiplexing）也是一种共享信道的方法，每个用户可在同一时间使用同样的频带进行通信，但使用的是基于码型的分割信道的方法，即每个用户分配一个地址码，各个码型互不重叠，通信各方之间不会互相干扰，且抗干扰能力强，主要用于无线通信系统。

码分多址CDMA（Code Division Multiple Access）是码分复用的常用方式。在CDMA中，每一个比特时间再划分为m个短的时间间隔，称为码片（chip），通常m的值是64或128。使用CDMA的每一个站被指派一个唯一的m bit码片序列，也就是说每个站都有一个属于该站点的固定的码片序列。如果要发送比特1，则发送它自己的m bit码片序列；如果要发送比特0，则发送该码片序列的二级制反码。例如，假设指派给S站的8bit序列为00011011，则S站点发送00011011表示比特1；而将00011011按位取反，即发送11100100表示比特0。为了方便，按惯例将码片中的0写为–1，将1写为+1。因此S站的码片序列是（–1 –1 –1 +1 +1 –1 +1 +1），一般将该向量称为该站的码片向量。

CDMA系统的一个重要特点就是这种体制给每一个站分配的码片序列不仅必须各不相同，并且还必须互相正交。用线性代数中规格化内积的知识可以清楚地表示码片序列的这种正交关系。令向量S表示站S的码片向量，再令T表示其他任何站的码片向量。两个不同站的码片序列正交，就是向量S和T的规格化内积都是0：

$$S \cdot T = \frac{1}{m}\sum_{i=1}^{m} S_i T_i = 0$$

任何一个码片向量和该码片向量自己的规格化内积都是1：

$$S \cdot S = \frac{1}{m}\sum_{i=1}^{m} S_i S_i = \frac{1}{m}\sum_{i=1}^{m} Si^2 = \frac{1}{m}\sum_{i=1}^{m} (\pm 1)^2 = 1$$

从上式可以看出，一个码片向量和该码片反码的向量的规格化内积值是–1，因为求和的各项都变成了–1。

下面举例说明CDMA的原理。假设某个CDMA站接收方收到一条码片序列S：（1,–1,–2,–1,–1,–2,1,–1），若共有4个站进行码分多址通信。4个站的码片序列为：

A：（1,–1,–1,1,–1,–1,1,–1）　　B：（–1,1,1,–1,1,1,–1,1）

C：（–1,1,–1,1,1,1,–1,–1）　　D：（1,1,1,1,1,1,–1,1）

问哪个站发送了数据？发送数据的站发送的是0还是1？

类似问题的解答，其实只需将接收到的码片序列分别与站点A、B、C、D的码片向量进行规格化内积即可。内积为1表示发送了比特1，为0表示没发送数据，为–1表示发送了比特0。所以有：

S•A=（1+1+2–1+1+2+1+1）/8=1　　A发送1

S•B=（-1-1-2+1-1-2-1-1）/8=-1， B发送0

S•C=（-1-1+2-1-1+2-1+1）/8=0， C无发送

S•D=（1-1-2-1-1-2-1-1）/8=-1， D发送0

3.6.2 随机访问介质访问机制

信道划分介质访问机制可以采用静态划分信道的方法（即各种信道复用技术），也可以采用动态划分信道的方法。如果采用动态划分信道的方法，又可分为随机接入和受控接入两种情况。

在随机访问介质访问机制中，所有用户都可以根据自己的意愿随机地发送信息，占用信道全部速率，当有两个或两个以上用户同时发送信息时，就会产生冲突（或称碰撞，即相互干扰），导致所有冲突用户发送数据失败。为了解决随机接入引发的冲突，需要规定一定的规则使得每个用户最终都能成功发送信息。这些规则就是随机访问介质访问控制协议，常用的协议有ALOHA协议、CSMA协议、CSMA/CD协议和CSMA/CA协议等。这几种协议的核心思想是通过争用，胜利者才能获得信道，进而获得信息的发送权。正因如此，随机访问介质访问控制协议也称为争用型协议。

（1）ALOHA协议

20世纪70年代，为解决竞争系统的信道动态分配问题，美国夏威夷大学的Norman Abramson设计了ALOHA（Additive Link On-line HAwaii System）协议。ALOHA协议分为纯ALOHA协议和时隙ALOHA协议。

1）纯ALOHA协议

用户有数据要发送时，可以直接发至信道（不关心信道是否已被占用），若在规定时间内收到应答，表示发送成功，否则重发。重发策略是发送数据后侦听信道是否产生冲突，若产生冲突，则等待一段随机的时间重发，直到发送成功为止，如图3-12所示。

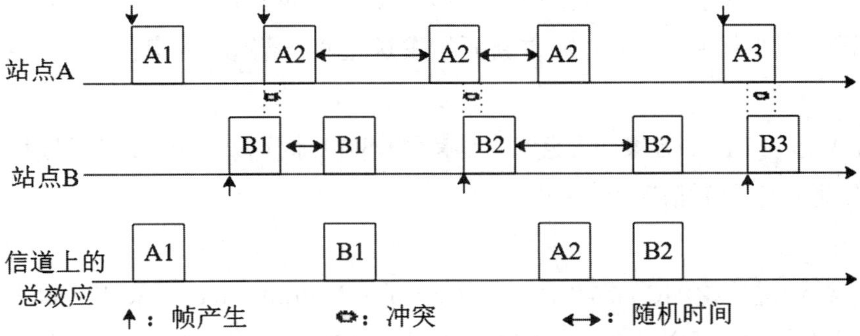

图3-12 纯ALOHA协议重发策略

纯ALOHA协议简单，但其信道利用率并不理想。于是，就有了改进的时隙ALOHA协议。

2）时隙ALOHA协议

把使用信道的时间分成离散的等长的时隙，时隙的长度为一个帧所需的发送时间，每个站点只能在时隙开始时才允许发送，其他过程与纯ALOHA协议相同。

冲突主要发生在时隙的起点，一旦发送成功就不会出现冲突，时隙ALOHA大幅度降低了冲突的可能性，信道利用率比纯ALOHA提高了约一倍。

（2）CSMA协议

载波侦听多路访问CSMA（Carrie Sense Multiple Access）协议是在ALOHA协议基础上提出的一种改进的多路访问控制协议。这里的载波侦听（Carrier Sense）是指站点在发送帧之前，首先侦听信道有无载波，若有载波，说明已有用户在使用信道，则不发送帧以避免冲突。

CSMA的原理是：一个站点要发送数据前需要先监听总线，如果总线上没有其他站点的发送信号存在（即总线空闲），则该站点发送数据；如果总线上有其他站点的发送信号存在（即总线忙），则需要等待一段时间间隔后再重新监听总线，再根据总线的忙、闲情况决定是否发送数据。

根据载波侦听方式和侦听到信道是否空闲后的处理方式，CSMA协议可分为三种方式，即，1-坚持型CSMA（1-persistent CSMA）、非坚持型CSMA（Non-persistent CSMA）和p-坚持型CSMA（P-persistent CSMA）。

1）1-坚持型CSMA

1-坚持型CSMA协议思想是：站点有数据发送，先侦听信道；若站点发现信道空闲，则立即发送数据；若信道忙，则继续侦听直至发现信道空闲，然后完成发送；若产生冲突，等待一个随机时间重新开始发送过程。

1-坚持型CSMA协议的优点是减少了信道空闲时间，缺点是增加了发生冲突的概率；广播延迟越大，发生冲突的可能性越大，协议性能越差。

2）非坚持型CSMA

非坚持型CSMA主要思想：若站点有数据发送，先侦听信道；若站点发现信道空闲，则发送；若信道忙，等待一个随机时间重新开始发送过程；若产生冲突，等待一随机时间重新开始发送过程。

非坚持型CSMA的优点是减少了冲突的概率，信道效率比1-坚持型CSMA高；缺点是不能找出信道刚一变空闲的时刻；增加了信道空闲时间，数据发送延迟增大；传输延迟比1-坚持CSMA大。

3）p-坚持型CSMA

p-坚持型CSMA协议思想：若站点有数据发送，先侦听信道；若站点发现信道空闲，则以概率p发送数据，以概率1-p延迟至下一个时隙发送。若下一个时隙仍空闲，重复此过程，直至数据发出或时隙被其他站点所占用；若信道忙，则等待下一个时隙重新开始发送过程；若产生冲突，等待一随机时间，重新开始发送过程。

p-坚持型CSMA是一个折中方案，既能像非坚持型CSMA那样减少冲突，又能像1-坚持型CSMA那样减少媒体空闲时间，适用于分时信道。

（3）CSMA/CD协议

载波监听多点接入/碰撞检测CSMA/CD（Carrier Sense Multiple Access with Collision Detection）协议是CSMA协议的改进方案，广泛应用在总线型局域网中。CSMA/CD技术的工作原理可以简单地概括为多点接入、载波监听和碰撞检测。"多点接入"就是说明这是总线型网络，许多计算机以多点接入的方式连接在一根总线上。"载波监听"是指每一个站在发送数据之前先要检测一下总线上是否有其他站点在发送数据，如果有，则暂时不要发送数据，以免发生碰撞。也就是说，载波监听就是检测信道，不管在发送前，还是在发送中，每个站都必须不停地检测信道。"碰撞检测"也就是"边发送边监听"，即站点边发送数据边检测信道上的信号电压大小，以便判断是否有碰撞发生。所谓"碰撞"就是发生了冲突，即总线上至少有两个站同时在发送数据。因此"碰撞检测"也称为"冲突检测"。

CSMA/CD的工作流程可概括为四句话，即：先听后发，边发边听，冲突停发，随机重发。也就是说每个站在发送数据之前要先检测一下总线上是否有其他计算机在发送数据，若有，则暂时不发送数据，以免发生冲突；若没有，则发送数据。计算机在发送数据的同时检测信道上是否有冲突发生，若有，则采用截断二进制指数退避算法等待一段时间后再次重发。

总线的传播时延对CSMA/CD有很大的影响。如图3-13所示，设图中的局域网两端的站A和B相距

1km，用同轴电缆相连（电磁波在1km电缆的传播时延为5μs[①]）。因此A向B发出的数据，在约5μs后才能传送到B。换言之，B若在A发送的数据到达B之前发送自己的帧（因为这时B的载波监听检测不到A所发送的信息），则必然要在某个时间和A发送的帧发生碰撞。碰撞的结果是两个帧都变的无用。设单程端到端的传播时延为τ。从图3-13可以看出，在t=0时，A发送数据，B检测到信道为空闲。在$t=\tau-\delta$时（$\tau>\delta>0$），A发送的数据还未到达B时，由于B检测到信道是空闲，因此B发送数据。经过时间$\delta/2$后，即在$t=\tau-\delta/2$时，A发送的数据和B发送的数据发生碰撞，但这时A和B都不知道发生了碰撞。在$\tau=\delta$时，B检测到碰撞，于是停止发送数据。在$t=2\tau-\delta$时，A也检测到发生了碰撞，因而也停止发送数据。A和B发送数据均失败，它们都要推迟一段时间再重新发送。显然，在使用CSMA/CD协议时，一个站不可能同时进行发送和接收（但必须边发送边监听信道）。因此，使用CSMA/CD协议的以太网不可能进行全双工通信而只能进行半双工通信。

从图3-13还可以看出，最先发送数据帧的A站，在发送数据帧后至多经过2τ就可知道所发送的数据帧是否遭受了碰撞。这就是$\delta\rightarrow0$的情况。因此以太网的端到端往返时间2τ称为争用期（contention period）。争用期又称为碰撞窗口或冲突窗口。一个站在发送完数据后，经过争用期这段时间还没有检测到碰撞，才能肯定这次发送不会发生碰撞。

以太网使用截断二进制指数类型退避（truncated binary exponential backoff）算法来确定碰撞后重传的时机。这种算法让发生碰撞的站在停止发送数据后，不是等待信道变为空闲后就立即发送数据，而是推迟（这叫做退避）一个随机的时间才能再发送数据。具体的退避算法如下：

1）协议规定基本退避时间取为争用期2τ。

2）从整数集合$[0,1,\cdots,(2^k-1)]$中随机地取出一个数，记为r。重传所需的时延就是r倍的基本退避时间。

参数按下面的公式计算：

k=Min[重传次数,10]

当$k\leqslant10$时，参数k等于重传次数。

3）当重传达16次仍不能成功时（这表明同时打算发送数据的站太多，以致连续发生冲突）即丢弃该帧，并向高层报告。

为了避免一个很短的帧在发送完毕之前没有检测到碰撞的情况，CSMA/CD要求总线中的所有数据帧都必须大于等于一个最小帧长。凡长度小于最小帧长的帧都是由于冲突而异常终止的无效帧，只要收到了这种无效帧，就应当立即将其丢弃。最小帧长的计算公式为：

最小帧长=总线传播时延×数据传输率×2

例如，以太网规定取51.2μs为争用期的长度，对于10 Mbps的以太网，在争用期内可发送512 bit即64 B，如果要发送的数据非常少，那么必须填充一些字节，使帧长不小于64字节。

CSMA/CD方式的主要特点如下：① 控制简单，易于实现；② 网络负载轻（通信量占信道容量30%~40%以内）时，有较好（延迟时间短、速度快）的性能：网络负载重（通信量占信道容量70%~80%以上）时，性能急剧下降（冲突数量的增长使网络速度大幅度下降，因此CSMA/CD适用于网络负载较轻的网络环境。为此要限制网段规模，通常的做法是用交换机或网桥把一个大的网络分割成若干较小的网段（子网）。

① 在试题中，如果没有明确指出，电信号在电缆上传输速度默认为20万千米/秒，即2×10^8m/s。实际上，铜线中电信号传播速度约为即2.3×10^8 m/s。另外，作为常识需要记住，电磁波在真空中传播速度等于光速，即3×10^8 m/s；光纤中光信号传播速度为2×10^8 m/s。

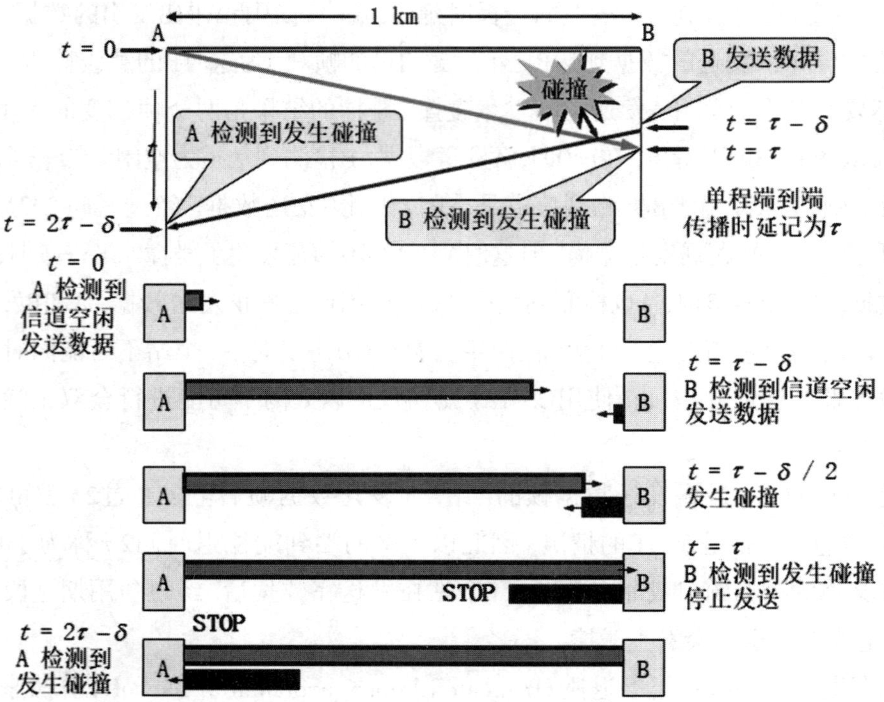

图3-13　传播时延对载波监听的影响

（4）CSMA/CA协议

CSMA/CA（Carrier Sense Multiple Access with Collision Avoidance）是由IEEE 802.11标准定义的主要用在无线局域网中的协议，它与CSMA/CD基本原理非常类似。CSMA/CD不能用于无线环境，主要是因为无线信道存在隐蔽站和暴露站的问题，而且，CSMA/CD协议要求一个站点在发送本站数据的同时，还必须不间断地检测信道。对于无线网络的设备而言，接收信号的强度往往远小于发送信号的强度，不易检测信道是否存在碰撞，如果一定要实现这种功能硬件花费也会过大。另外，即使能实现碰撞检测功能，并且在发送数据时检测到信道是空闲的，在接收端仍然有可能发生碰撞。CSMA/CA协议是CSMA协议的改进，改进的办法是将CSMA增加一个碰撞避免（Collision Avoidance）功能。碰撞避免并不是指协议可以完全避免碰撞，而是指协议的设计要尽量降低碰撞发生的概率。

CSMA/CA的工作原理是：当某个站点发送数据帧时，先检测信道（进行载波侦听），目的站若正确收到此帧，则经过时间间隔SIFS（Short Inter frame Space）后，向源站发送确认帧ACK。所有其他站都设置网络分配向量NAV，表明在这段时间内信道忙，不能发送数据。当确认帧ACK结束时，NAV（信道忙）也就结束了，也就是说信道从忙变为空闲。在经历了帧间间隔之后，接着会出现一段空闲时间，叫做争用窗口，表示在这段时间内有可能出现各站点争用信道的情况。争用信道比较复杂，因为有关站点要执行二进制指数退避算法，当且仅当检测到信道空闲并且这个数据帧是要发送的第一个数据帧时，才不使用退避算法。除了利用目的站向源站发送确认帧ACK和争用信道机制来降低发生碰撞的概率外，CSMA/CA还使用预约信道、ACK帧、RTS/CTS（Request to Send/Clear to Send）帧[①]三种机制来实现碰撞避免，其中前两者是必须的，而RTS/CTS是可选的，但后两者却增加了网络流量。

CSMA/CD与CSMA/CA的主要差别如下：

1）CSMA/CD是带有冲突检测的载波监听多路访问，可以检测冲突，但无法“避免”；CSMA/CA是带

① RTS/CTS是可选的碰撞避免机制，主要用于解决无线网络中的隐蔽站问题。

有冲突避免的载波监听多路访问，发送包的同时不能检测到信道上有无冲突，只能尽量"避免"。

2）两者的传输介质不同，CSMA/CD用于总线式以太网，而CSMA/CA则用于无线局域网802.11 a/b/g/n等。

3）检测方式不同，CSMA/CD通过电缆中电压的变化来检测，当数据发生碰撞时，电缆中的电压就会随着发生变化；而CSMA/CA采用能量检测ED、载波检测CS和能量载波混合检测三种检测信道空闲的方式。在无线局域网WLAN（Wireless Local Area Network）中，对某个节点来说，其刚刚发出的信号强度要远高于来自其他节点的信号强度，也就是说它自己的信号会把其他的信号给覆盖掉。

4）本节点处有冲突并不意味着在接收节点处就有冲突。综上，在WLAN中实现CSMA/CD是比较困难的。

3.6.3 轮询访问介质访问机制

在高负载/低负载情况下，利用信道划分介质访问控制机制或者随机访问介质访问机制各有利弊，都无法同时兼顾效率和公平。轮询访问介质访问机制采用了折中的方式，即用户不能随机地发送信息，而要通过一个集中控制的监控站，以循环方式轮询每个节点，再决定信道的分配。当某个节点使用信道时，其他节点都不能使用信道。轮询访问介质访问机制协议主要有轮询协议和令牌传递协议。

在轮询协议中，一个节点被指定为主节点，主节点以循环的方式轮询每个节点。主节点首先给节点1发送一个报文，告诉它能够传输的最大帧数，节点1传完之后，主节点告诉节点2能够传输的最大帧数，以这种方式继续（主节点可以观察信道上是否有信号来判断某个节点是否完成了发送）。

在令牌传递协议中，没有主节点，一个称为令牌的特殊帧（由一组特殊的比特组成）在节点之间传输，当一个节点收到令牌时，只有当它有数据要传输，它才持有这个令牌，否则向下一个节点转发令牌。当计算机都不需要发送数据时，令牌就在环形网上游荡，而需要发送数据的计算机只有拿到该令牌才能发送数据帧，所以不会发生冲突（因为令牌只有一个），这也是所谓的受控接入。令牌传递协议主要应用在令牌环局域网中。

3.6.4 真题与习题精编

● 单项选择题

1. 在一个采用CSMA/CD协议的网络中，传输介质是一根完整的电缆，传输率为1 Gbps，电缆中的信号传播速率是200000 km/s。若最小数据帧长度减少800比特，则最远的两个站点之间的距离至少需要（　）。【全国联考2009年】

A. 增加160 m　　B. 增加80 m　　C. 减少160 m　　D. 减少80 m

2. 下列选项中，对正确接收到的数据帧进行确认的MAC协议是（　）。【全国联考2011年】

A. CSMA　　B. CDMA　　C. CSMA/CD　　D. CSMA/CA

3. 下列介质访问控制方法中，可能发生冲突的是（　）。【全国联考2013年】

A. CDMA　　B. CSMA　　C. TDMA　　D. FDMA

4. 站点A、B、C通过CDMA共享链路，A、B、C的码片序列（chipping sequence）分别是（1,1,1,1）、（1,–1,1,–1）和（1,1,–1,–1）。若C从链路上收到的序列是（2,0,2,0,0,–2,0,–2,0,2,0,2），则C收到A发送的数据是（　）。【全国联考2014年】

A. 000　　B. 101　　C. 110　　D. 111

5. 下列关于CSMA/CD协议的叙述中，错误的是（　　）。【全国联考2015年】

A. 边发送数据帧，边检测是否发生冲突

B. 适用于无线网络，以实现无线链路共享

C. 需要根据网络跨距和数据传输率限定最小帧长

D. 当信号传播延迟趋近0时，信道利用率趋近100%

6. 如下图所示，若Hub再生比特流的过程中，会产生1.535 μs延时，信号传播速率为200 m/μs，不考虑以太网帧的前导码，则H3和H4之间理论上可以相距的最远距离是（　　）。注，图中Hub为100 Base-T集线器。【全国联考2016年】

A. 200 m　　B. 205 m　　C. 359 m　　D. 512 m

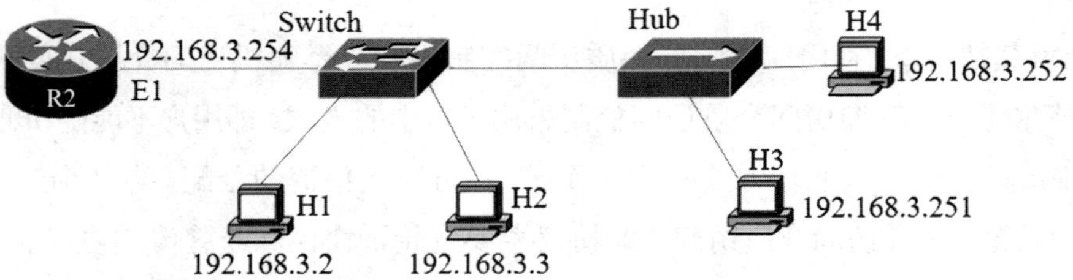

7. IEEE 802.11无线局域网的MAC协议CSMA/CA进行信道预约的方法是（　　）。

【全国联考2018年】

A. 发送确认帧　　B. 采用二进制指数退避

C. 使用多个MAC地址　　D. 交换RTS与CTS帧

8. 假设一个采用CSMA/CD协议的100 Mbps局域网，最小帧长是128 B，则在一个冲突域内两个站点之间的单向传播延时最多是（　　）。【全国联考2019年】

A. 2.56μs　　B. 5.12μs　　C. 10.24μs　　D. 20.48μs

9. 以太网媒体访问控制技术CSMA/CD的机制是（　　）。【沈阳农业大学2015年】

A. 循环使用带宽　　B. 按优先级分配带宽

C. 预约带宽　　D. 争用带宽

10. CSMA/CD以太网中，发生冲突后，重发前的退避时间最大为（　　）。【桂林电子科技大学2015年】

A. 65536个时间片　　B. 65535个时间片

C. 1024个时间片　　D. 1023个时间片

11. CSMA/CD采用了一种称为二进制指数退避算法来减少对信道的争用冲突，第n次冲突后选择1到L个时间片中的一个随机数来推迟发送，L为（　　）。【杭州电子科技大学2017年】

A. $2n$　　B. $n/2$　　C. 2^n　　D. 2^{-n}

12. 以下CSMA/CD介质访问控制方法的特点中，哪一条不正确？（　　）。【杭州电子科技大学2017年】

A. 站点在传输前需等待的时间能确定　　B. CSMA/CD是一种争用协议

C. 合法的帧需要维持一定的长度　　D. 轻负载时延迟小

13. 对于基带CSMA/CD而言，为了确保发送站点在传输时能检测到可能存在的冲突，数据帧的传输时延至少要等于信号传播时延的（　　）。【杭州电子科技大学2017年】

A. 1倍　　B. 2倍　　C. 4倍　　D. 2.5倍

14. CSMA/CD是IEEE 802.3所定义的协议标准，它适用于（　）。 【南京师范大学2002】

A. 令牌环网　B. 令牌总线网　C. 网络互连　D. 以太网

15. 在使用CSMA/CD的以太网中，争用期是（　）倍的端到端的传播时延。

A. 1　B. 2　C. 3　D. 4

16. 根据CSMA/CD协议的工作原理，下列情形中需要提高最短帧长度的是（　）。

A. 网络传输速率不变，冲突域的最大距离变短

B. 冲突域的最大距离不变，网络传输速率变小

C. 冲突域的最大距离不变，网络传输速率增大

D. 在冲突域不变的情况下减少线路中的中继器数量

● 综合应用题

某局域网采用CSMA/CD协议实现介质访问控制，数据传输率为10 Mb/s，主机甲和主机乙之间的距离是2 km，信号传播速率是200000 km/s。请回答下列问题，要求说明理由或写出计算过程。

【全国联考2010年】

（1）若主机甲和主机乙发送数据时发生冲突，则从开始发送数据时刻起，到两台主机均检测到冲突为止，最短需要经过多长时间？最长需要经过多长时间（假设主机甲和主机乙在发送数据的过程中，其他主机不发送数据）？

（2）若网络不存在任何冲突与差错，主机甲总是以标准的最长以太网数据帧（1518字节）向主机乙发送数据，主机乙每成功收到一个数据帧后立即向主机甲发送一个64字节的确认帧，主机甲收到确认帧后方可发送下一个数据帧。此时主机甲的有效数据传输率是多少（不考虑以太网的前导码）？

3.6.5 答案精解

● 单项选择题

1.【答案】D

【精解】本题考查CSMA/CD协议的工作原理。若最短帧长减少，而数据传输速率不变，则需要使冲突域的最大距离变短来实现争用期的减少。争用期是指网络中收发节点间的往返时延，因此假设需要减少的最小距离为s，单位是m，则依据题意可得（注意单位的转换）：$2\times[s/(2\times10^8)]=800/(1\times10^9)$，解之可得$s=80$，即最远的两个站点之间的距离最少需要减少80m。另外，本题也可以这样思考，首先计算出减少800 bit后，节省的发送时间，即800bit/1Gbit/s，也就是说，最大往返时延可以允许减少0.8×10^{-6}s，或者说最大端到端单程时延可以减少0.4×10^{-6}s。要使得单程时延减少，且传播速度不变，只有将最远的两个站点之间的距离减少才能满足要求，并且需要减少$0.4\times10^{-6}\text{s}\times2\times10^8\text{m/s}=80$ m。综上，选项D为正确答案。

2.【答案】D

【精解】首先CDMA即码分多址，是物理层的内容，与题意无关，选项B直接排除；CSMA和CSMA/CD即带冲突检测的载波监听多路访问，先听后发式争用型介质访问机制，接收方并不需要确认；排除选项A和C。由此可知选项D为正确答案。另，CSMA/CA是无线局域网标准802.11中的协议。CSMA/CA利用ACK信号来避免冲突的发生，也就是说，只有当客户端收到网络上返回的ACK信号后才确认送出的数据已经正确到达目的地址。综上，选项D为正确答案。

3.【答案】B

【精解】选项A、C和D都是信道划分协议，信道划分协议是静态划分信道的方法，肯定不会发生冲突。CSMA的全称是载波侦听多路访问协议，其原理是站点在发送数据前先侦听信道，发现信道空闲后再发送，但在发送过程中有可能会发生冲突。所以选项B为正确答案。

4.【答案】B

【精解】把收到的序列分成每4个数字一组，即为（2,0,2,0）、（0,–2,0,–2）、（0,2,0,2），因为题目求的是A发送的数据，因此把这三组数据与A站的码片序列（1,1,1,1）做内积运算，结果分别是（2,0,2,0）·（1,1,1,1）/4=1、（0,–2,0,–2）·（1,1,1,1）/4=–1、（0,2,0,2）·（1,1,1,1）/4=1，所以C接收到的A发送的数据是101，所以选项B为正确答案。

5.【答案】B

【精解】CSMA/CD适用于有线网络，CSMA/CA则广泛应用于无线局域网。其他选项关于CSMA/CD的描述都是正确的。所以选项B为正确答案。

6.【答案】B

【精解】因为要解决“理论上可以相距的最远距离”，那么最远肯定要保证能检测到碰撞，而以太网规定最短帧长为64 B，其中Hub为100 Base–T集线器，可知线路的传输率为100 Mb/s，则单程传输时延为64 B/100 Mb/s/2=2.56μs，又Hub在产生比特流的过程中会导致时延1.535μs，则单程的传播时延为2.56–1.535 =1.025μs，从而H3与H4之间理论上可相距的最远距离为200 m/μs×1.025μs=205 m，故选B。

7.【答案】D

【精解】CSMA/CA协议进行信道预约时，主要使用的是请求发送帧RTS（Request to Send）和清除发送帧CTS（Clear to Send）。一台主机想要发送信息时，先向无线站点发送一个RTS帧，说明要传输的数据及相应的时间。无线站点收到RTS帧后，会广播一个CTS帧作为对此的响应，既给发送端发送许可，又指示其他主机不要在这个时间内发送数据，从而预约信道，避免碰撞。发送确认帧的目的主要是保证信息的可靠传输；二进制指数退避法是CSMA/CD中的一种冲突处理方法；C选项则和预约信道无关。综上，选项D为正确答案。

8.【答案】B

【精解】在以太网中，如果某个CSMA/CD网络上的两台计算机在同时通信时会发生冲突，那么这个CSMA/CD网络就是一个冲突域。CSMA/CD争用期为2τ，τ为总线上的端到端传播时延（即是题目所求的一个冲突域内两个站点之间的单向传播时延最小值）。由题意可知，最小帧长为128 B即128×8 bit=1024 bit，由于数据传输率为100 Mbps，则2τ×100 Mbps=1024 b，解得τ=5.12μs。所以选项B为正确答案。

9.【答案】D

【精解】本题考查介质访问机制。CSMA/CD协议属于随机访问介质访问控制协议，这类协议的核心思想是通过争用，胜利者才能获得信道，进而获得信息的发送权。正因如此，随机访问介质访问控制协议也称为争用型协议。所以选项D为正确答案。

10.【答案】D

【精解】CSMA/CD采用截断二进制指数退避算法来确定碰撞后的重传时机。这种算法让发生碰撞的站在停止发送数据后，不是等待信道变为空闲后就立即发送数据，而是推迟（这叫做退避）一个随机的时间才能再发送数据。算法从整数集合[0,1,…,（2^k–1）]中随机地取出一个数，记为r。重传所需的时延就是r倍的基本退避时间。

参数k按下面的公式计算：k=Min[重传次数,10]，当$k \leq 10$时，参数k等于重传次数。当重传达16次仍不能成功时即丢弃该帧。从上可以看出当重传次数不超过10时，参数k等于重传次数，当超过10时，取值为10。依据题意，发生冲突后，重发前的退避时间最大为$2^{10}-1$即1023个时间片。所以选项D为正确答案。

11.【答案】C

【精解】CSMA/CD采用二进制指数退避算法是在整数集合[0,1,…,(2^k-1)]中随机地取出一个数，然后用这个数字乘以争用期。这个随机数中k是重传次数，当重传次数小于10次的时候，k的值是重传次数（题目中是n），当重传次数大于10次的时候，k的值就是10。题目中是从1开始，所以是到2^n。故选项C为正确答案。

12.【答案】A

【精解】CSMA/CD采用截断二进制指数退避算法，根据这个算法的思想，发生冲突后，采用随机数选取即用概率的方式选择退避时间，站点等待的时间不确定，所以选项A说法错误。CSMA/CD是随机访问介质访问机制的一种，随机访问介质访问控制协议也称为争用型协议，通过争用，胜利者获得信道的使用权。为了避免一个很短的帧在发送完毕之前没有检测到碰撞的情况，CSMA/CD要求总线中的所有数据帧都必须大于等于一个最小帧长。凡长度小于最小帧长的帧都是由于冲突而异常终止的无效帧，只要收到了这种无效帧，就应当立即将其丢弃。CSMA/CD的一个特点是轻负载时延迟小，但网络负载重（通信量占信道容量70%~80%以上）时，性能急剧下降（冲突数量的增长使网络速度大幅度下降，因此CSMA/CD适用于网络负载较轻的网络环境。综上，选项A为正确答案。

13.【答案】B

【精解】假设在A和B两个站点之间发送数据，A站最先发送数据帧的，在发送数据帧后至多经过2倍的传播时延就可知道所发送的数据帧是否遭受了碰撞，即是否发生冲突，所以数据帧的传输时延至少是传播时延的2倍。所以选项B为正确答案。

14.【答案】D

【精解】CSMA/CD采用随机访问和竞争技术，只用于总线拓扑结构。CSMA/CD将所有设备都直接连到同一条物理信道上，以“多路访问”方式进行操作。以太网逻辑上采用总线形拓扑结构，网络中所有计算机共享一条总线，信息以广播方式发送。为了保证数据通信的可靠性，以太网使用了CSMA/CD技术对总线进行访问控制。所以选项D为正确答案。

15.【答案】B

【精解】使用CSMA/CD的以太网发送数据帧的站，在发送数据帧后最迟要经过2倍的总线端到端的传播时延（2τ）才能知道自己发送的数据和其他站发送的数据是否发生碰撞。这个2倍的端到端的传播时延（即2τ或总线的端到端往返传播时延）称为争用期。争用期又称为碰撞窗口。所以选项B为正确答案。

16.【答案】C

【精解】根据CSMA/CD协议原理，在争用期2τ内传输的数据帧的长度就是最短帧长度。假设最大距离为M，信号传播速度为D，传输速率为C，那么最短帧长度就是$C \times 2 \times M/D$，根据这个式子可知，如果传输速率不变，最大距离变短，最短帧长也要变短，所以选项A错。如果最大距离不变，传输速率变小，最短帧长度要变短，所以选项B错误。如果最大距离不变，传输速率增大，最短帧长度要增加，所以选项C正确。由于工作在数据链路层，因此物理层的中继器没有影响，选项D错误。综上，选项C为正确答案。

● 综合应用题

【答案精解】

（1）当主机甲和主机乙同时向对方发送数据时，信号在信道中发生冲突后，冲突信号继续向两个方向传播。这种情况下两台主机均检测到冲突需要经过的时间最短，等于单程的传播时延t_0=2 km/200000 km/s=0.01 ms。

主机甲（或主机乙）先发送一个数据帧，当该数据帧即将到达主机乙（或主机甲）时，主机乙（或主机甲）也开始发送一个数据帧，这时，主机乙（或主机甲）将立刻检测到冲突，而主机甲（或主机乙）要检测到冲突，冲突信号还需要从主机乙（或主机甲）传播到主机甲（或主机乙），因此甲乙两台主机均检测到冲突所需的最长时间等于双程的传播时延 $2\times t_0$=0.02ms。

（2）主机甲发送一个数据帧的时间，即发送时延t_1=1518×8 b/10 Mbps=1.2144 ms；主机乙每成功收到一个数据帧后，向主机甲发送确认帧，确认帧的发送时延t_2=64×8/10 Mbps=0.0512 ms；主机甲收到确认帧后，即发送下一数据帧，故主机甲的发送周期T=数据帧发送时延t_1+确认帧发送时延t_2+双程传播时延=$t_1+t_2+2\times t_0$=1.2856 ms；于是主机甲的有效数据传输率为1500×8/T=12000 b/1.2856 ms≈9.33 Mbps（以太网有效数据1500字节，即以太网帧的数据部分）。

3.7 局域网

3.7.1 局域网的基本概念和体系结构

局域网LAN通常是指在一个较小的地理范围内（一般在几米到几千米之间），利用通信线路将许多数据设备连接起来，实现资源和信息共享的互联网络。局域网最主要的特点是：网络为一个单位所拥有，且地理范围和站点数目均有限。除此之外，局域网还具有较高的速率、较低的时延和较低的误码率、各站为平等关系而非主从关系、能进行广播和组播等特点。

一般来说，决定局域网特性的主要因素包括三个方面，即网络拓扑结构、传输介质和介质访问控制方式。其中，介质访问控制方式是最为重要的技术要素，决定着局域网的技术特性。

局域网的主要拓扑结构包括星型结构、环型结构、总线型结构和树形结构（星形和总线型结合的复合型结构）。

局域网的主要传输介质包括双绞线、铜缆和光纤等，其中双绞线为主流的传输介质。

局域网的介质访问控制方法主要有CSMA/CD、令牌总线和令牌环，其中前两种主要用于总线型局域网，令牌环主要用于环形局域网。

为了使得不同厂家生产的局域网能够相互连通进行通信，IEEE于1980年2月下设了一个802委员会，专门从事局域网和城域网标准的制定，形成的一系列标准统称为IEEE 802标准。ISO于1984年3月采纳其作为局域网和城域网的国际标准系列，称为ISO 8802标准。IEEE 802是一个标准系列，IEEE 802模型和OSI/RM的比较如图3-14所示。局域网的体系结构只涉及OSI的物理层和数据链路层。IEEE 802参考模型的最低层对应于OSI模型中的物理层，包括信号的编码/解码、前导的生成/去除（该前导用于同步）和比特的传输/接收等功能。特别地，IEEE 802把OSI模型中的数据链路层划分成两个子层，即逻辑链路控制LLC（Logical Link Control）子层和介质访问控制MAC（Medium Access Control）子层。这样划分的目的主要是为了将功能中与硬件相关的部分和与硬件无关的部分分开，以适应不同的传输介质；解决共享信道（如总线）的介质访问控制问题，使帧的传输独立于传输介质和介质访问控制方法。与接入到传输媒体有关的内容都放在MAC子层，而LLC子层则与传输媒体无关，不管采用何种协议的局域网对LLC子层来说都是透明的。

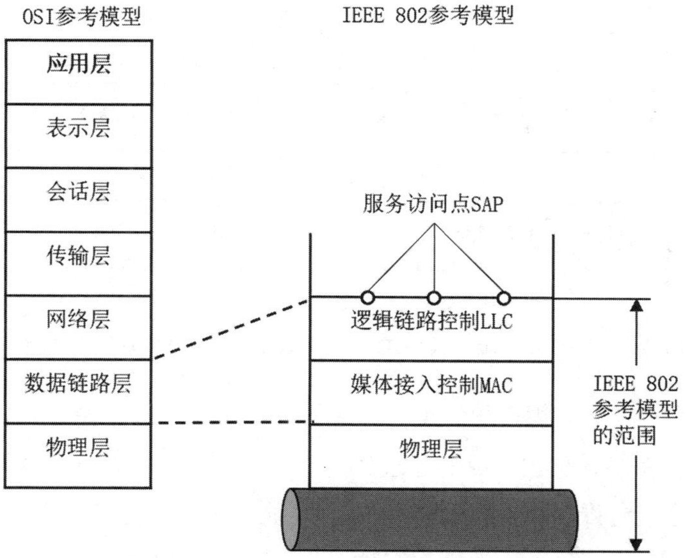

图3–14 IEEE 802 与OSI模型比较

在以太网的两个标准DIX Ethermet V2和IEEE 802.3的广泛影响下，以太网在局域网市场中已取得了垄断地位，并且几乎成为了局域网的代名词。由于因特网发展很快而TCP/IP体系经常使用的局域网是DIX Ethermet V2而不是802.3标准中的几种局域网，因此802委员会制定的逻辑链路控制子层LLC的作用已经不大了（一般不使用LLC子层），很多厂商生产的网卡上就仅装有MAC协议而没有LLC协议。因此有关局域网的讨论重点围绕以太网展开。

3.7.2 以太网与IEEE 802.3

1973年，施乐（Xerox）公司设计了第一个局域网系统，被命名为Ethernet（以太网），带宽为2.94 Mbps。1982年DIX Ethernet Version 2规范发布，将带宽提高到了10 Mbps，并正式投入商业市场。1983年，IEEE通过了802.3标准，该标准是一种基带总线型的局域网标准，对DIX Ethernet V2的帧格式作了很小的一点更动，但允许基于这两种标准的硬件实现可以在同一个局域网上互操作。虽然严格说来，以太网应当是指符合DIX Ethernet V2标准的局域网，但由于IEEE 802.3标准和DIX Ethernet V2标准差很小，通常也将802.3局域网简称为以太网。

以太网逻辑上采用总线型拓扑结构，网络中所有计算机共享一条总线，信息以广播方式发送。为了保证数据通信的可靠性，以太网使用了CSMA/CD技术对总线进行访问控制。

为了通信的简便，以太网采取了两项重要措施，即：① 采用无连接的工作方式，即不必先建立连接就可以直接发送数据；② 以太网对发送的数据帧不进行编号，也不要求对方发回确认。这样做的理由是局域网信道的质量很好，因信道质量产生差错的概率是很小的。因此以太网提供的服务是不可靠的服务，即尽最大努力交付，差错的纠正由高层来决定。

（1）以太网的MAC帧

以太网MAC帧格式有两种标准：DIX Ethernet V2标准和EEE 802.3标准（图3–15），它们都规定数据的传输必须使用曼彻斯特编码进行。

首先是8个字节的前导码（Preamble），每个字节包含比特模式10101010（除了最后一个字节的最后2

位为11）。这最后一个字节称为802.3的帧起始定界符SOF（Start of Frame）。比特模式是由曼彻斯特编码产生的10 MHz方波，每个波6.4 μs，以便接收方的时钟与发送方同步。最后两个“1”告诉接收方即将开始一个帧。

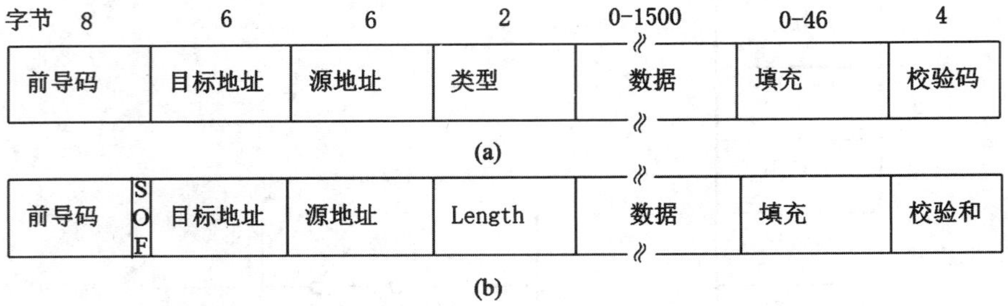

图3-15　以太网的MAC帧格式（a）DIX Ethernet V（b）IEEE 802.3

然后是两个地址字段，一个标识目的地址，另一个标识帧的发送方源地址。它们均为6个字节长，通常指48位的MAC地址。如果传输出去的目的地址第一位是0，则表示这是一个普通地址；如果是1，则表示这是一个组地址。组地址允许多个站同时监听一个地址。当某个帧被发送到一个组地址，该组中的所有站都要接收它。往一组地址的发送行为称为组播（multicasting）。由全1组成的特殊地址保留用作广播（broadcasting）。如果一个帧的目的地址字段为全1，则它被网络上的所有站接收。组播是更多的选择，但它涉及确定组内有哪些成员的组管理。相反，广播根本不区分站，因此不需要任何组管理机制。

接下来是类型（Type）或长度（Length）字段，究竟采用哪个字段取决于是以太网帧还是IEEE 802.3帧。以太网使用类型字段告诉接收方帧内包含了什么。同一时间在同一台机器上或许用了多种网络层协议，所以当一个以太帧到达接收方时，操作系统需要知道应该调用哪个网络层协议来处理帧携带的数据包。类型字段指定了把帧送给哪个进程处理。例如，一个值为0x0800的类型代码意味着帧内包含一个IPv4的数据包。

IEEE 802.3以其智慧决定该字段携带帧的长度，因为以太网的长度必须由其内部携带的数据来确定—如果真是这样的话，则违反了分层规定。当然，IEEE的处理方式意味着接收方没有办法确定如何处理入境帧。这个问题由数据内包含的另一个逻辑链路控制LLC（Logical Link Control）协议头来处理。它使用8个字节来传达2个字节的协议类型信息。

再接下来是数据（Data）字段，最少包含46个字节，最多可包含1500个字节。在制定DIX标准时，这个值的选择有一定的随意性。当时最主要的考虑是收发器需要足够的内存（RAM）来存放一个完整的帧，而RAM在1978年时还很昂贵。这个上界值越大意味着需要的RAM更多，因而收发器的造价更高。

除了有最大帧长限制外，还存在一个最小帧长的限制。虽然有时候0字节的数据字段也是有用的，但它会带来一个问题。当一个收发器检测到冲突时，它会截断当前的帧，这意味着冲突帧中已经送出的位将会出现在电缆上。为了更加容易地区分有效帧和垃圾数据，以太网要求有效帧必须至少64字节长，从目的地址算起直到校验和，包括这两个字段本身在内。如果帧的数据部分少于46个字节，则使用填充（Pad）字段来填充该帧，使其达到最小长度要求。例如，通过IEEE 802.3局域网传送ASCII码信息“Hello, World!”（每个字符占一个字节），若封装成一个MAC帧，则该帧的数据字段有效字节为12字节，需要填充46-12=34个字节。

最后一个字段是校验和（Checksum）。它是一个32位CRC，同样被用于PPP、ADSL和其他链路层协议。CRC是差错检测码，用来确定接收到的帧比特是否正确。它只提供检错功能，如果检测到一个错误，则丢弃帧。

（2）以太网的传输介质与网卡

传统以太网常用的传输介质有4种，即粗缆、细缆、双绞线和光纤。各种传输介质的适用情况见表3-4。其中，Base指电缆上的信号为基带信号，采用曼彻斯特编码；Base前面的数字10表示传输速率为10 Mbps；Base后面的5或2表示每一段电缆最长为500 m或200 m（实际为185 m）；T表示双绞线，F表示光纤。

表3-4 各种传输介质的适用情况

	10 Base5	10 Base2	10 Base-T	10 Base-FL
传输媒体	基带同轴电缆（粗缆）	基带同轴电缆（细缆）	非屏蔽双绞线	光纤对（850nm）
编码	曼彻斯特编码	曼彻斯特编码	曼彻斯特编码	曼彻斯特编码
每段最大长度/m	500	200	100	2000
每段最大节点数	100	30	1024	1024

计算机与外界局域网的连接是通过通信适配器（adapter）。适配器本来是插在主机箱内的一块网络接口板，因此这种接口板也称为网络接口卡NIC（Network Interface Card）或简称为网卡。网卡上装有处理器和存储器（包括RAM和ROM），网卡和局域网之间的通信是通过电缆或双绞线以串行传输方式进行的。而网卡和计算机之间的通信则是通过计算机主板上的I/O总线以并行传输方式进行的。因此，网卡的一个重要功能就是要进行串行/并行转换。网卡是局域网中连接计算机和传输介质的接口，既要实现与局域网传输介质之间的物理连接和电信号匹配，还要涉及帧的收发、帧的封装与拆封、介质访问控制、数据的编码和解码以及数据缓存等功能。每块网卡在出厂时都有一个唯一的代码，称为介质访问控制MAC地址，该地址用于控制主机在网络上的数据通信。另外，网卡还要能控制着主机对介质的访问，能实现以太网协议。由此可见，网卡所实现的功能应该包含数据链路层和物理层这两层的一些功能。现在的芯片的集成度都很高，以致于很难把一个适配器中的功能严格按照层次的关系精确划分开。

（3）高速以太网

速率达到或超过100 Mb/s的以太网称为高速以太网。

1）100 Base-T以太网

100 BASE-T是在双绞线上传100 Mbit/s基带信号的星形拓扑以太网，仍使用IEEE 802.3的CSMA/CD协议，它又称为快速以太网（Fast Ethernet）。100 BASE-T可使用以太网交换机提供很好的服务质量，可在全双工方式下工作而无冲突发生。因此，CSMA/CD协议对全双工方式工作的快速以太网是不起作用的（但在半双工方式工作时则一定要使用CSMA/CD协议）。快速以太网使用的MAC帧格式仍然是IEEE 802.3标准规定的帧格式。

2）吉比特以太网

吉比特以太网又称千兆以太网。吉比特以太网的标准是IEEE 802.3z，它有以下几个特点：

① 允许在1 Gbit/s下以全双工和半双工两种方式工作；

② 使用IEEE 802.3协议规定的帧格式；

③ 在半双工方式下使用CSMA/CD协议，而在全双工方式不使用CSMA/CD协议；

④ 与10BASE-T和100BASE-T技术向后兼容。

吉比特以太网的物理层使用两种成熟的技术：一种来自现有的以太网，另一种则是美国国家标准协会ANSI制定的光纤通道FC（Fibre Channel）。

吉比特以太网仍然保持一个网段的最大长度为100 m，但采用了“载波延伸”（carrier extension）的办法，使最短帧长仍为64字节（这样可以保持兼容性），同时将争用期增大为512字节。

吉比特以太网还增加了一种功能称为分组突发（packet bursting）。这就是当很多短帧要发送时，第一个短帧要采用上面所说的载波延伸的方法进行填充。但随后的一些短帧则可一个接一个地发送，它们之间只需留有必要的帧间最小间隔即可。这样就形成一串分组的突发，直到达到1500字节或稍多一些为止。当吉比特以太网工作在全双工方式时（即通信双方可同时进行发送和接收数据），不使用载波延伸和分组突发。

3）10吉比特以太网（10 GE）和更快的以太网

10吉比特以太网（10 GE）也称为万兆以太网，它并非把吉比特以太网的速率简单地提高到10倍，因为还有许多技术上的问题要解决。

10 GE的帧格式与10 Mbit/s，100 Mbit/s和1 Gbit/s以太网的帧格式完全相同，并保留了802.3标准规定的以太网最小帧长和最大帧长。这使得网络升级时有很好的兼容性。

10 GE只工作在全双工方式，因此不存在争用问题，当然也不使用CSMA/CD协议。这就使得10 GE的传输距离大大提高了（因为不再受必须进行碰撞检测的限制）。

以太网从10 Mbit/s到10 Gbit/s甚至到100 Gbit/s的演进，证明了以太网是：

① 可扩展的（速率从10 Mbit/s到100 Gbit/s）；

② 灵活的（多种媒体、全/半双工、共享/交换）；

③ 易于安装；

④ 稳健性好。

3.7.3 IEEE 802.11

IEEE 802.1l是无线局域网的系列协议标准，其内容和扩展非常复杂，主要定义微波物理层和MAC层，包括802.11 a、802.11 b以及后续扩展802.11 g和802.11 n等[①]。简单地说，802.11是无线以太网的标准，它使用星形拓扑，其中心叫做接入点AP（Access Point）。IEEE 802.11无线局域网在使用CSMA/CA的同时，还使用停止-等待协议。

IEEE 802.11定义了两种无线网络的拓扑结构[②]，一种是有固定基础设施的，另一种是无固定基础设施的（如Ad Hoc Networking）。

（1）有固定基础设施的无线局域网

所谓“固定基础设施”是指预先建立起来的、能够覆盖一定地理范围的一批固定基站。802.11标准规定无线局域网的最小构件是基本服务集BSS（Basic Service Set）。一个基本服务集BSS包括一个基站和若干个移动站，所有的站在本BSS以内都可以直接通信，但在和本BSS以外的站通信时都必须通过本BSS的

① 使用IEEE 802.11系列协议的无线局域网也称为WiFi。WiFi的信道复用方式是频分复用，其不重叠的信道编号是1、6和11。

② 802.11数据帧最特殊的地方就是有四个地址段（地址1~地址4）。在有固定基础设施的WLAN中只使用其中的三个地址字段，即源地址、目的地址和AP地址。地址4用于无固定基础设施的WLAN，如自组网络。

基站。一个基本服务集BSS所覆盖的地理范围叫作一个基本服务区BSA（Basic Service Area）。

在802.11标准中，基本服务集里面的基站（base station）就是接入点AP，但其作用和网桥相似。一个基本服务集可以是孤立的，也可通过接入点AP连接到一个主干分配系统DS（Distribution System），然后再接入到另一个基本服务集，这样就构成了一个扩展的服务集ESS（Extended Service Set），如图3-16所示。扩展服务集ESS还可通过一种称为门户（Portal）的设备为无线用户提供到非802.11无线局域网的接入。门户也是802.11定义的新名词，其实它的作用就相当于一个网桥。

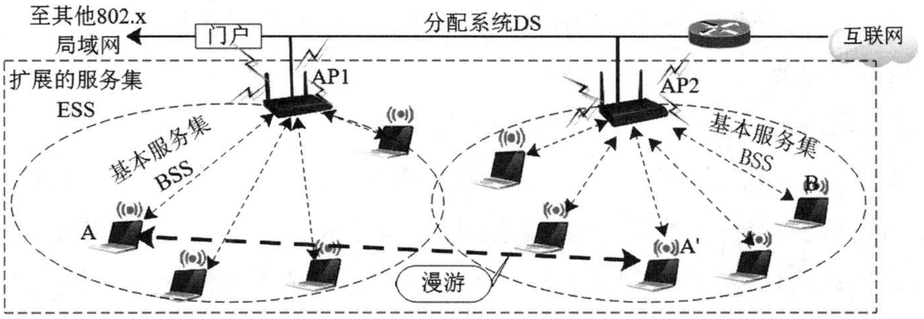

图3-16 IEEE 802.11的基本服务集BSS和扩展服务集ESS

（2）无固定基础设施的无线局域网

无固定基础设施的无线局域网，也叫作自组网络（ad hoc network），没有基本服务集中的接入点AP而是由一些处于平等状态的移动站之间相互通信组成的临时网络（图3-17）。这些移动站都具有路由器的功能。

自组网络通常是这样构成的：一些可移动的设备发现在它们附近还有其他的可移动设备，并且要求和其他移动设备进行通信。在移动自组织网络中路由协议、组播和安全等问题是十分重要的。

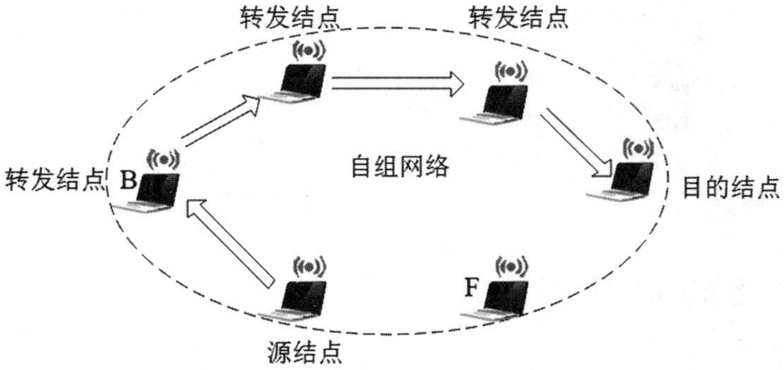

图3-17 自组织网络

需要注意，移动自组网络和移动IP并不相同。移动IP技术使漫游的主机可以用多种方式连接到Internet。漫游的主机可以直接连接到或通过无线链路连接到固定网络上的另一个子网。支持这种形式的主机移动性需要地址管理和增加协议的互操作性，但移动IP的核心网络功能仍然是基于在固定互联网中一直在使用的各种路由选择协议。但移动自组网络是将移动性扩展到无线领域中的自治系统，它具有自己特定的路由选择协议，并且可以不和因特网相连。即使在和因特网相连时，移动自组网络也是以残桩网络（stub network）方式工作的。所谓“残桩网络”就是通信量可以进入残桩网络，也可以从残桩网络发出，但不允许外部的通信量穿越残桩网络。

3.7.4 令牌环网的基本原理

令牌环网络（Token-Ring）系统在1985年由IBM公司率先推出，如图3-18所示。令牌环网的拓扑结构为环形，采用专用的令牌环介质访问控制方式，信号采用差分曼彻斯特编码。传输介质为屏蔽双绞线STP、非屏蔽双绞线UTP或者光纤，传输速率为4 Mbps或者16 Mbps。

令牌环网络系统遵循IEEE 802.2和IEEE 802.5标准，在传输效率、实时性、地理范围等网络性能上都优于采用CSMA/CD介质访问控制方式的以太网。令牌环网络的覆盖范围没有限制，但站点数却受到一定限制。使用STP时可连接2~260台设备，而使用UTP时只能连接2~72台设备。

令牌环网中令牌和数据的传递过程如下：

（1）当网络空闲时，环路中只有令牌在网络中循环传递。

（2）令牌传递到有数据要发送的节点处，该节点就修改令牌中的一个标志位，然后在令牌中附加自己需要传输的数据，这样就将令牌改换成了一个数据帧，源节点将这个数据帧发送出去。

（3）数据帧沿着环路传递，接收到的节点一边转发数据，一边查看帧的目的地址。如果目的地址和自己的地址相同，接收节点就复制该数据帧以便进行下一步处理。

（4）数据帧沿着环路传输，直到到达该帧的源节点，源节点接收自己发出去的数据帧便不再转发。同时，该源节点可以通过校验返回的数据帧，以查看数据传输过程中是否有错，若有错，则重传该帧。

（5）源节点传送完数据以后，重新产生一个令牌，并将令牌传递给下一个站点，以交出发送数据帧的权限。

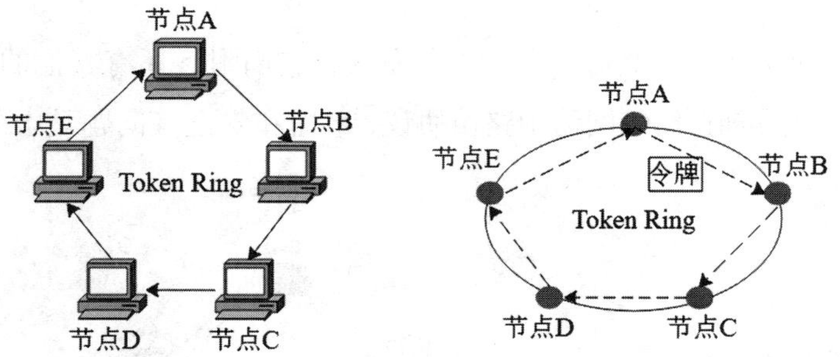

图3-18 令牌环网的基本原理

3.7.5 VLAN的基本概念和基本原理

（1）VLAN的基本概念

VLAN（Virtual Local Area Network）即虚拟局域网，是一种通过将局域网内的设备逻辑地，而不是物理地划分成一个个网段，从而实现虚拟工作组的技术。这些网段具有某些共同的需求，每一个VLAN的帧都有一个明确的标识符，指明发送这个帧的计算机属于哪一个VLAN。

划分VLAN有助于控制流量、减少设备投资、简化网络管理、提高网络的安全性（隔离广播域）。不同VLAN之间通信需要路由器或三层交换机。

（2）VLAN的种类

1）基于端口的VLAN

基于端口的VLAN(PortBased VLAN)。顾名思义，就是明确指定各端口属于哪个VLAN的设定方法。如图3-19所示。

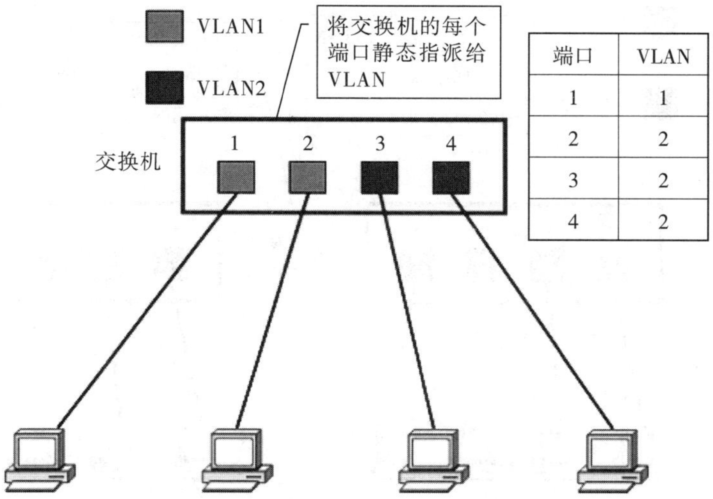

图3-19 基于端口的VLAN

优点：配置简单；

缺点：当连接的网络设备改变时，需要对端口进行重新配置。

2）基于MAC的VLAN

基于MAC地址的VLAN，就是通过查询并记录端口所连计算机上网卡的MAC地址来决定端口的所属。假定有一个MAC地址“A”被交换机设定为属于VLAN “10”，那么不论MAC地址为“A”的这台计算机连在交换机哪个端口，该端口都会被划分到VLAN 10中去。计算机连在端口1时，端口1属于VLAN 10；而计算机连在端口2时，则是端口2属于VLAN 10。如图3-20所示。

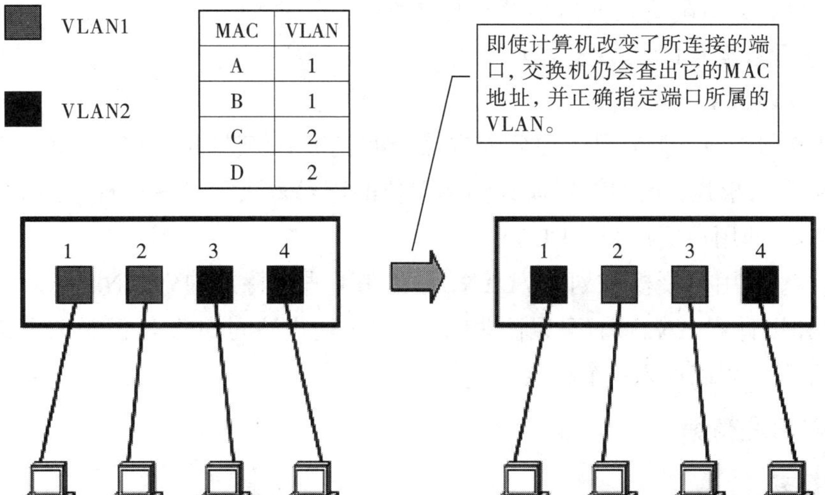

图3-20 基于MAC的VLAN

优点：随意改变网络设备的位置；

缺点：交换机管理能力要求高。

3）基于IP的VLAN

基于子网的VLAN则是通过所连计算机的IP地址来决定端口所属VLAN的。不像基于MAC地址的VLAN，即使计算机因为交换了网卡或是其他原因导致MAC地址改变，只要它的IP地址不变，就仍可以加入原先设定的VLAN。如图3-21所示。

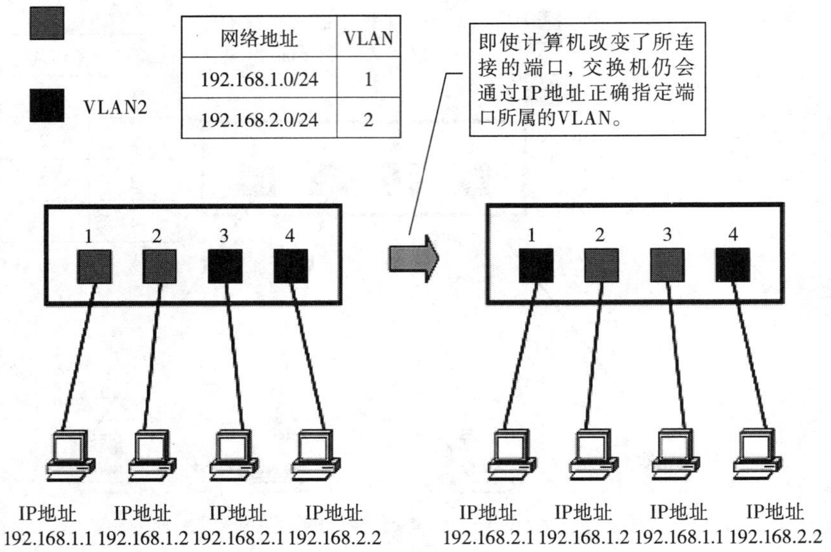

图3-21　基于IP的VLAN

优点：容易管理；

缺点：需要检查每个IP包的三层报头。

4）基于协议的VLAN

根据接口接收到的报文所属的协议（簇）类型及封装格式来给报文分配不同的VLAN ID。网络管理员需要配置以太网帧中的协议域和VLAN ID的映射关系表，如果收到的是untagged（不带VLAN标签）帧，则依据该表添加VLAN ID。

优点：基于应用的，可随意改变网络设备的位置；

缺点：需要查看数据包的三层报文头。

5）按策略划分VLAN

基于策略组成的VLAN能实现多种分配方法，包括VLAN交换机端口、MAC地址、IP地址、网络层协议等。网络管理人员可根据自己的管理模式和本单位的需求来决定选择哪种类型的VLAN。

6）按用户定义、非用户授权划分VLAN

基于用户定义、非用户授权来划分VLAN，是指为了适应特别的VLAN网络，根据具体的网络用户的特别要求来定义和设计VLAN，而且可以让非VLAN群体用户访问VLAN，但是需要提供用户密码，在得到VLAN管理的认证后才可以加入一个VLAN。

3.7.6 真题与习题精编

● 单项选择题

1. 以太网的MAC协议提供的是（　）。【全国联考2012年】

A. 无连接不可靠服务　　B. 无连接可靠服务

C. 有连接不可靠服务　　D. 有连接可靠服务

2. 在下图所示的网络中，若主机H发送一个封装访问Internet的IP分组的IEEE 802.11数据帧F，则帧F的地址1、地址2和地址3分别是（　）。【全国联考2017年】

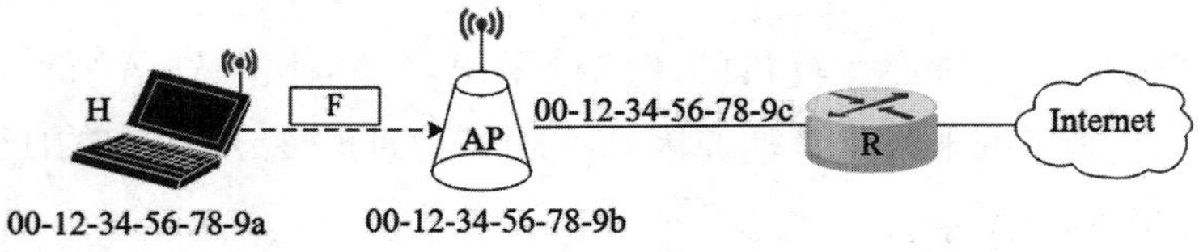

A. 00-12-34-56-78-9 a, 00-12-34-56-78-9 b, 00-12-34-56-78-9 c

B. 00-12-34-56-78-9 b, 00-12-34-56-78-9 a, 00-12-34-56-78-9 c

C. 00-12-34-56-78-9 b, 00-12-34-56-78-9 c, 00-12-345678-9 a

D. 00-12-34-56-78-9 a, 00-12-34-56-78-9 c, 00-12-34-56-78-9 b

3. 一个VLAN可以看作是一个（ ）。【沈阳农业大学2017年】

A. 冲突域 B. 广播域 C. 管理域 D. 阻塞域

4. 802.3以太网最小传送的帧长度为（ ）个8位组。【浙江工商大学2015年】

A. 1500 B. 32 C. 256 D. 64

5. 下面关于VLAN的说法正确的是（ ）。【浙江工商大学2016年】

A. 一个VLAN组成一个广播域 B. 一个VLAN是一个冲突域

C. 各个VLAN之间不能通信 D. VLAN之间必须通过服务器交换信息

6. IEEE 802.3 MAC帧中的目的地址字段为全“1”时，表示（ ）。【杭州电子科技大学2017年】

A. 单个地址 B. 组地址 C. 广播地址 D. 局域网地址

7. 决定局域网特性的主要技术中最重要的是（ ）。【杭州电子科技大学2017年】

A. 传输介质 B. 拓扑结构 C. 介质访问控制技术 D. 数据交换技术

8. 以下关于MAC的说法中，错误的是（ ）。【杭州电子科技大学2017年】

A. MAC地址是动态生成的

B. MAC地址一共有48 bit，它们从出厂时就被固化在网卡中

C. MAC地址也称作物理地址

D. MAC地址也称计算机的硬件地址

9. 决定局域网特性有三个主要技术，它们是（ ）。【中国科学院大学2015年】

A. 传输介质、差错检测方法和网络操作系统

B. 通信方式、同步方式和拓扑结构

C. 传输介质、拓扑结构和介质访问控制方法

D. 数据编码技术、介质访问控制方法和数据交换技术

10. 以下哪个是快速以太网的介质访问控制方法？（ ）【中国科学院大学2015年】

A. CSMA/CD B. 令牌总线 C. 令牌环 D. 100 VG-AnyLan

11. 局域网中引起访问冲突的根本原因是（ ）。

A. 引入MAC子层 B. 规则的拓扑结构 C. 独占介质 D. 共享介质

12. 从协议结构上说，局域网一般不包括（ ）。

A. 物理层 B. 数据链路层 C. 网络层 D. 媒体访问控制层

13. 下列关于以太网的说法中，正确的是（ ）。

A. 以太网提供有确认的无连接服务

B. 以太网的物理拓扑是总线型的

C. 以太网的MAC子层遵循IEEE 802.3标准

D. 以太网必须使用CSMA/CD协议

14. 下列以太网中，只能以全双工的方式运行的是（ ）。

A. 10 BASE-T以太网 B. 100 BASE-T以太网

C. 吉比特以太网　　　　　　　　　　D. 10吉比特以太网

15. 扩展局域网最常用的方法是使用（　）。【华中科技大学2005年】

A. 路由器　　　　B. 网桥　　　　C. 网关　　　　D. 转发器

16. 下列以太网中，采用双绞线作为传输介质的是（　）。

A. 100 Base-T　　　　B. 10 GBASE-SR　　　　C. 10 BASE-2　　　　D. 10 BASE-5

17. 以太网100 BASE-TX中100的含义是（　）。【南京大学2013年】

A. 100米　　　　B. 100 Mbps　　　　C. 100站点　　　　D. 时延100 ms

18. 无线局域网使用CSMA/CA协议而不使用CSMA/CD协议的主要原因是（　）。

A. 碰撞检测对无线局域网没什么用处，不需要在发送过程中进行冲突检测

B. 无线信号的广播特性，使得不会出现冲突

C. 不允许同时多个移动站进行通信

D. 覆盖范围较小，不进行冲突检测，不影响正确性

19. 对令牌环网，下列说法错误的是（　）。

A. 令牌是一种特殊格式的MAC控制帧

B. 令牌支持优先级

C. 节点两次获得令牌之间的最大时间间隔是确定的

D. 节点可以一直持有令牌，直至所要发送的数据传输完毕

3.7.7 答案精解

● 单项选择题

1.【答案】A

【精解】本题考查以太网MAC协议。为了通信的简便，以太网采取了两项重要措施，即：① 采用无连接的工作方式，即不必先建立连接就可以直接发送数据；② 以太网对发送的数据帧不进行编号，也不要求对方发回确认。这样做的理由是局域网信道的质量很好，因信道质量产生差错的概率是很小的。因此以太网提供的服务是不可靠的服务，即尽最大努力交付，差错的纠正由高层来决定。综上，选项A为正确答案。

2.【答案】B

【精解】本题考查IEEE 802.11。IEEE 802.11数据帧有4种子类型，分别是IBSS、FromAP、ToAP和WDS。题目中的数据帧F从笔记本电脑发送到接入点（AP），属于ToAP子类型。帧地址1是RA（BSSID），地址2是SA，地址3是DA。RA是Receiver Address的缩写，BSSID是Basic Aervice Set IDentifier的缩写，SA是Source Address的缩写，DA是Destination Address的缩写。因此地址1是AP的MAC，地址2是H的MAC，地址3是R的MAC，对照图中的MAC可知选项B是正确答案。

3.【答案】B

【精解】虚拟局域网VLAN是由局域网段构成的与物理位置无关的逻辑组，相同的VLAN可以收到同一VLAN发送的广播。在不同的网络端口划分VlAN时，二层的数据转发仅能在同一个VLAN下进行通信。从而实现了即使在同一个网段下的广播消息隔离。所以一个VLAN可以看作是一个广播域。另外需要注意，各个VLAN之间不能直接通信。故选项B为正确答案。

4.【答案】D

【精解】IEEE 802.3以太网的最小帧长是64字节（64 B），凡长度小于64 B的帧都是由于冲突而异常终

止的无效帧，收到了这样的帧就立即丢弃。所以选项D为正确答案。

5.【答案】A

【精解】VLAN是一个网络设备或用户的逻辑组，是一个独立的逻辑网络，相同的VLAN可以收到同一VLAN发送的广播；VLAN成员之间可以通信，各个VLAN之间不可以直接通信，必须通过三层设备的路由完成。所以选项A为正确答案。

6.【答案】C

【精解】目的地址是全1，表示这一帧是广播帧。所以选项C为正确答案。

7.【答案】C

【精解】决定局域网的主要技术包括网络的拓扑结构、传输介质和介质访问控制。其中最主要的是介质访问控制方法。所以选项C为正确答案。

8.【答案】A

【精解】MAC地址是出厂时被固化在网卡中的，不是动态生成的，也称作物理地址或计算机的硬件地址。另外，DHCP协议能动态生成IP地址。所以选项A为正确答案。

9.【答案】C

【精解】一般来说，决定局域网特性的主要因素包括三个方面，即网络拓扑结构、传输介质和介质访问控制方式。其中，介质访问控制方式是最为重要的技术要素，决定着局域网的技术特性。所以选项C为正确答案。其他选项表述不准确，会影响局域网性能，但不是决定因素。

10.【答案】A

【精解】快速以太网100 Base-T指的是在双绞线上传送100 Mbit/s基带信号的星形拓扑以太网，当工作在半双工模式下时，仍使用IEEE 802.3的CSMA/CD协议。所以选项A为正确答案。需要注意的是，选项D中的100 VG-AnyLAN是一种新的介质访问控制方法，不使用以太网媒体访问控制方法CSMA/CD，而采用需求优先访问协议来控制网络访问，可提供优先级控制和带宽保证，以支持多媒体通信。

11.【答案】D

【精解】局域网的主要技术与传输介质、拓扑结构和介质访问控制方法有关。在局域网中，为了提高信道利用率，常采用共享介质的方法，这样在信道上可能有两个或多个设备在同一时刻都发送帧，从而引起冲突。共享介质是局域网中访问冲突产生的根源。为了减少冲突，局域网采用CSMA/CD或CSMA/CA来检测或尽量避免冲突，其中CSMA/CD由于随机访问和竞争技术常用于传统总线型以太网。所以选项D为正确答案。注意，MAC子层的主要功能是负责与物理层相关的所有问题，管理链路上的通信，不是引起冲突的根本原因。

12.【答案】C

【精解】由于局域网没有路由问题，一般不单独设置网络层。局域网的协议结构包括物理层和数据链路层。因为局域网的介质访问控制比较复杂，所以将数据链路层分成逻辑链路控制层和介质访问控制两层。因此，局域网的参考模型中，去掉了网络层，而把数据链路层分成介质访问控制子层（即MAC子层）和数据链路控制子层（即LLC子层）。所以，选项C为正确答案。

13.【答案】C

【精解】为了简化通信，以太网采取两项措施，即无连接的工作方式；不对发送的数据帧编号也不要求接收方发送确认，所以选项A错误。以太网的逻辑拓扑是总线型的，但是物理拓扑可以是星形、总线型或环形结构，所以选项B错误。当以太网工作在速率大于等于10 Gb/s的全双工方式下时，没有争用问题，不需要使用CSMA/CD协议，所以D错误。注意，以太网只有工作在半双工方式时，才需要CSMA/CD来处理冲突问题。IEEE 802.3描述了物理层和数据链路层的MAC子层的实现方法，是以太网遵循的标准。所以，选项C为正确答案。

14.【答案】D

【精解】IEEE为10吉比特以太网建立了802.3 ae标准。10吉比特以太网只使用光纤作为传输介质，只能工作在全双工方式下，不需要竞争没有争用问题，也不使用CSMA/CD协议。选项A只能工作在半双工方式下，使用CSMA/CD协议，选项B可在全双工方式下工作而无冲突发生。因此CSMA/CD协议对全双工方式工作的100 BASE-T不起作用（但在半双工方式工作时则一定要使用CSMA/CD协议）；选项C中吉比特以太网有全双工和半双工两种工作方式，在半双工方式下使用CSMA/CD，全双工方式不需要使用CSMA/CD协议。所以选项D为正确答案。

15.【答案】B

【精解】局域网的协议结构包括物理层和数据链路层，物理层的转发器和数据链路层的网桥都有扩展局域网的作用，但网桥还能提高局域网的效率并连接不同MAC子层和不同速率的局域网的作用，所以在扩展局域网中最常使用。路由器属于网络层，网关在网络层以上，不用来扩展局域网。所以，选项B为正确答案。

16.【答案】A

【精解】以太网物理层标准中，100 Base-T使用4对UTP 5类线，选项A为正确答案。选项B是10吉比特以太网标准，使用多模光纤。10 BASE-2传输介质是细同轴电缆，10 BASE-5的传输介质是粗同轴电缆。类似题目需要理解的基础上进行记忆。

17.【答案】B

【精解】以太网物理层类似标准中BASE指介质上的信号为基带信号（即基带传输，采用曼彻斯特编码），BASE前面的数字代表数据率，单位为Mb/s；后面的T代表双绞线、F代表光纤等。所以选项B为正确答案。

18.【答案】A

【精解】无线局域网不能简单地搬用CSMA/CD协议，主要有两个原因：第一，CSMA/CD协议要求一个站点在发送本站数据的同时还必须不间断地检测信号以便发现是否有其他站也在发送数据，这样才能实现“碰撞检测”的功能。但在无线局域网的设备中要实现这种功能就花费过大。第二，更重要的是，即使能实现碰撞检测的功能，在接收端仍然有可能发生碰撞。这就表明，碰撞检测对无线局域网没有什么用处。所以，选项A为正确答案。

19.【答案】D

【精解】在令牌环网中，令牌是一种特殊结构的MAC控制帧，令牌支持优先级方案；节点两次获得令牌之间的最大时间间隔是确定的而不是随机的。每个节点可以在一定的时间内（令牌持有时间）获得发送数据的权利，为了使得媒体的利用率比较公平，并非无限制地持有令牌。所以选项D为正确答案。

3.8 广域网

3.8.1 广域网的基本概念

广域网并没有严格的定义，通常是指覆盖范围很广（远远超过一个城市的范围）的长距离网络。广域网是互联网的核心部分，其任务是通过长距离（例如，跨越不同的国家）运送主机所发送的数据。

广域网由一些节点交换机以及连接这些交换机的链路组成。节点交换机执行将分组存储转发的功能。节点之间都是点到点连接，但为了提高网络的可靠性，通常一个节点交换机往往与多个节点交换机相连。连接广域网各节点交换机的链路都是长距离的高速链路（如几千千米的光缆线路或几万千米的点对点卫星链路）。因此广域网首先要考虑的问题是它的通信容量必须足够大，以便满足不断增长的通信量需求。

相距较远的局域网通过路由器与广域网相连，可以组成一个覆盖范围很广的互联网，如图3–22所示。虽然该互联网的覆盖范围也很广，一般也不称它为广域网，因为在这种网络中，不同网络的“互连”才是它的最主要的特征。广域网指的是单个的网络，它使用节点交换机连接各主机，而互联网是通过路由器连接起来的多个网络。节点交换机和路由器的工作原理相似，都是用来转发分组，区别之处在于：节点交换机是在单个网络中转发分组，而路由器是在多个网络构成的互联网中转发分组。

广域网和局域网都是互联网的重要组成构件。从互联网的角度来看，广域网和局域网却都是平等的。这里的一个关键就是广域网和局域网有一个共同点：连接在一个广域网或一个局域网上的主机在该网内进行通信时，只需要使用其网络的物理地址即可。从层次上考虑，广域网和局域网的区别很大，因为局域网使用的协议主要在数据链路层（还有少量物理层的内容），而广域网使用的协议在网络层。在广域网中的一个重要问题就是路由选择和分组转发。广域网也不使用局域网普遍采用的多点接入技术。

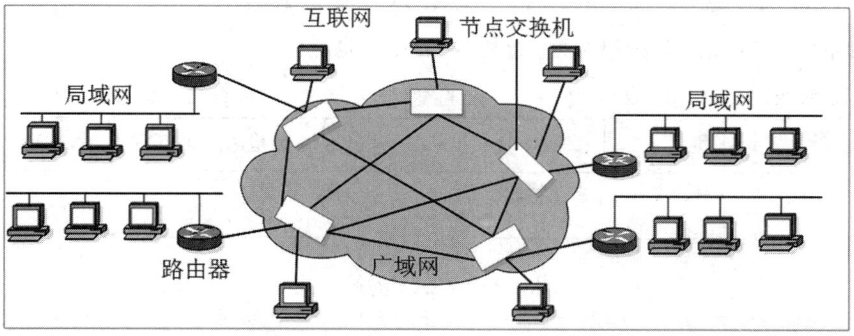

图3–22 由局域网和广域网组成互联网

广域网和局域网的区别和联系如表3–5所列。

表3–5 广域网和局域网的区别和联系

比较标准	广域网	局域网
覆盖范围	很广，通常跨区域	较小，通常在一个区域内
连接方式	点对点通信	广播通信
OSI层次	三层：物理层、数据链路层、网络层	两层：物理层、数据链路层
着重点	强调资源共享	强调数据传输
联系	（1）广域网和局域网都是互联网的重要组成构件，从互联网角度上看，二者平等，没有包含关系 （2）连接在广域网或局域网上的主机在该网内进行通信时，只需要使用其网络的物理地址	

3.8.2 HDLC协议

高级数据链路控制HDLC（High-Level Data Link Control）协议，是ISO制定的一个在同步网上传输数据、面向比特的数据链路层协议。该协议的特点是所传输的一帧数据可以是任意位，而且它是靠约定的位组合模式，而不是靠特定字符来标志帧的开始和结束，故称“面向比特”的协议。

HDLC适用于链路的两种基本配置，即非平衡配置与平衡配置。

非平衡配置的特点是由一个主站（primary station）控制整个链路的工作。主站发出的帧叫作命令（command）。受控的各站叫做次站或从站（secondary station）。次站发出的帧叫作响应（response）。在多点链路中，主站与每一个次站之间都有一个分开的逻辑链路。对于非平衡配置，只有主站才能发起向次站的数据传输，而次站只有在主站向它发送命令帧进行探询（polling，也常称为轮询）时，才能以响应帧的形式回答主站。主站还负责链路的初始化、链路的建立和释放，以及差错恢复等。

平衡配置的特点是链路两端的两个站都是复合站（combined station）。复合站同时具有主站与次站的功能。因此每个复合站都可以发出命令和响应。每个复合站都可以平等地发起数据传输，而不需要得到对方复合站的允许。

HDLC协议有以下特点：不依赖于任何一种字符编码集；数据报文可透明传输，用于实现透明传输的“0比特插入法”易于硬件实现；全双工通信，有较高的数据链路传输效率；所有帧采用CRC检验，对信息帧进行顺序编号，可防止漏收或重发，传输可靠性高；传输控制功能与处理功能分离，具有较大灵活性。

数据链路层的数据传送是以帧为单位的。HDLC帧的结构具有固定的格式（见图3-23）。从网络层交下来的分组，变成为数据链路层的数据。这就是图3-23中的信息字段。信息字段的长度没有具体规定。数据链路层在信息字段的头尾各加上24 bit的控制信息，这样就构成了一个完整的帧。由于HDLC是点到点串行线路上的帧封装格式，所以没有源MAC地址和目的MAC地址。

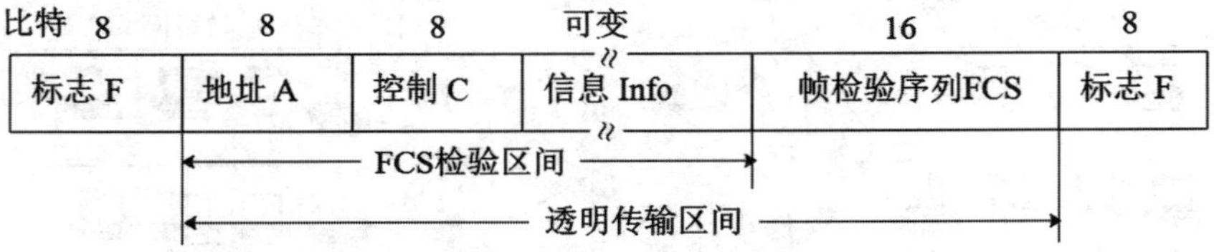

图3-23　HDLC的帧格式

（1）标志字段F：占8位，为01111110。HDLC协议规定，所有信息传输必须以一个标志字段开始，且以同一个字段结束。从开始标志到结束标志之间构成一个完整的信息单位，称为一帧（Frame）。所有的信息是以帧的形式传输的，而标志字段提供了每一帧的边界。接收端可以通过搜索“01111110”来探知帧的开头和结束，以此建立帧同步。

（2）地址字段A：共8位。它的内容取决于所采用的操作方式。操作方式有主站、从站、组合站之分。在非平衡结构中，不管是主站发送到从站的帧，还是从站发送到主站的帧，地址字段给出的都是从站地址；在平衡结构中，该字段填入的是应答站的地址。

（3）控制字段C：共8位，是最复杂的字段。HDLC的许多重要功能都靠控制字段来实现。根据其最前面两个比特的取值，可将HDLC帧划分为三大类，即信息帧、监督帧和无编号帧，其简称分别是I（Information），S（Supervisory）和U（Unnumbered）。

1）信息帧，用于传送数据，以控制字段的第1位是0来标志，要传送的数据放在信息字段中。

2）监督帧，用于差错控制和流量控制，简称S帧，以控制字段的第1、2比特为“10”作标志。监督帧无信息字段，共48比特长。它只作为应答使用，所以只有接收字N（R）。

3）无编号帧，因其控制字段中不包含发送序号N（S）和接收序号N（R）而得名，简称U帧，以控制字段中第1、2比特为“11”来标志。无编号帧用于提供链路的建立、拆除及其他多种控制功能。当提供不可靠无连接服务时，也可用来传输无编号信息帧。

（4）信息字段：可以是任意长度的二进制比特串，存放网络层交下来的分组。

（5）帧校验序列字段FCS：可以使用16位CRC，对两个标志字段之间的整个帧的内容进行校验。

3.8.3 PPP协议

点到点协议PPP（Point to Point Protocol）是广域网连接中使用最为广泛的一个数据链路层协议。协议设计的目的主要是用来通过拨号或专线方式建立点对点连接发送数据，使其成为各种主机、网桥和路由器之间简单连接的一种共同的解决方案。

PPP主要由以下三部分组成：

（1）封装：一个将IP数据报封装到串行链路的方法。PPP封装提供了不同网络层协议同时在同一链路传输的多路复用技术。PPP既支持异步链路（无奇偶检验的8比特数据），也支持面向比特的同步链路。IP数据报在PPP帧中就是其信息部分。这个信息部分的长度受最大接收单元MRU（Maximum Receive Unit）的限制。MRU的默认值是1500字节。

（2）链路控制协议LCP（Link Control Protocol）：一种扩展链路控制协议，用于建立、配置、测试和管理数据链路连接。

（3）网络控制协议NCP（Network Control Protocol）:其中的每一个协议支持不同的网络层协议，用来建立和配置不同的网络层协议。

为了建立点对点链路通信，PPP链路的每一端，必须首先发送LCP包以便设定和测试数据链路。在链路建立，LCP所需的可选功能被选定之后，PPP必须发送NCP包以便选择和设定一个或更多的网络层协议。一旦每个被选择的网络层协议都被设定好了，来自每个网络层协议的数据报就能在链路上发送了。

PPP工作流程如下：当用户拨号接入因特网服务提供者ISP（Internet Service Provider）时，路由器的调制解调器对拨号做出确认，并建立一条物理连接。PC机向路由器发送一系列的LCP分组（封装成多个PPP帧）。这些分组及其响应选择一些PPP参数和进行网络层配置，NCP给新接入的PC机分配一个临时的IP地址，使PC机成为因特网上的一个主机。通信完毕时，NCP释放网络层连接，收回原来分配出去的IP地址。接着，LCP释放数据链路层连接。最后释放的是物理层的连接。

虽然PPP是基于面向比特的HDLC的，但是PPP却不是面向比特而是面向字节的，因而所有的PPP帧的长度都是整数个字节。

PPP的帧格式如图3-24所示。PPP帧的前三个字段和最后两个字段和HDLC的格式是一样的。标志字段F仍为0x7 E（符号“0x”表示它后面的字符是用十六进制表示的。十六进制的7 E的二进制表示是01111110）。地址字段A值置为0xFF（即11111111），表示所有的站都接收这个帧。因为PPP只用于点对点链路，地址字段实际上并不起作用。控制字段C通常置为0x03（即00000011）。这表示PPP帧不使用编号（若与前面的图3-24比较就可以发现，PPP的控制字段和HDLC的无编号帧U的控制字段一样，即控制字段的最低两位都是1，不过在图3-24中，最低位是画在最左边）。

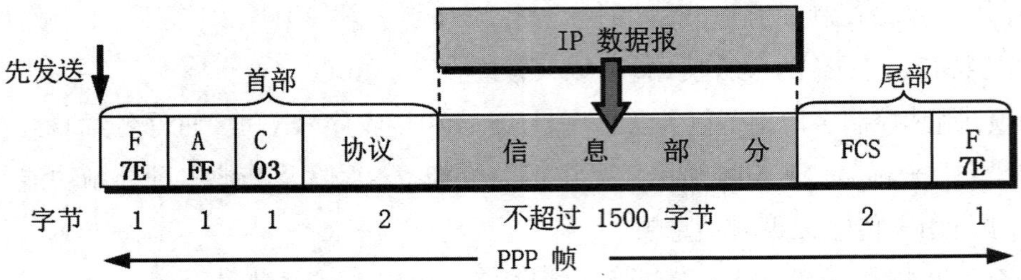

图3-24 PPP的帧格式

PPP的帧格式是基于HDLC的帧格式来开发的，PPP与HDLC不同的是多了一个2个字节的协议字段。协议字段说明在数据字段中运载的是什么种类的分组。当协议字段为0x0021时，PPP帧的信息字段就是IP数据报。若为0xC021，则信息字段是PPP链路控制数据，而0x8021表示这是网络控制数据。

当信息字段中出现和标志字段一样的比特（0x7 E）组合时，就必须采取一些措施使这种如同标志字段一样的比特组合不出现在信息字段中。当PPP用在同步传输链路（如SONET/SDH，一连串的比特连续传送）时，协议采用零比特填充（和HDLC的做法一样）方法来实现透明传输。但当PPP使用异步传输（逐个字符地传送）时，它把转义字符定义为0x7 D（即01111101），并使用字节填充。具体的做法是将信息字段中出现的每一个0x7 E字节转变成为2字节序列（0x7D,0x5 E）。若信息字段中出现一个0x7 D的字节，则将其转变成为2字节序列（0x7 D,0x5 D）。若信息字段中出现ASCII码的控制字符（即数值小于0x20的字符），则在该字符前面要加入一个0x7 D字节，同时将该字符的编码加以改变。例如，0x03（在控制字符中是“传输结束”ETX）就要变为0x31。这些在RFC 1662中均有详细的规定。这样做的目的是防止这些表面上的ASCII码控制符（在被传输的数据中当然已不是控制符了）被错误地解释为控制符。

3.8.4 真题与习题精编

● 单项选择题

1. HDLC协议对01111100 01111110组帧后，对应的比特串为（　）。【全国联考2013年】

A. 011111000011111010　　B. 01111100011111010 1111110

C. 01111100011111010　　D. 01111100011111100 1111101

2. 广域网一般采用网状拓扑结构，该结构的系统可靠性高，但是结构复杂，为了实现正确地传输必须采用（　）。【桂林电子科技大学2016年】

Ⅰ. 光纤传输技术　Ⅱ. 路由选择技术　Ⅲ. 有线通信技术　Ⅳ. 流量控制方法

A. Ⅰ和Ⅱ　B. Ⅰ和Ⅲ　C. Ⅱ和Ⅳ　D. Ⅲ和Ⅳ

3. 采用HDLC传输比特串0111 1111 1000 001，在比特填充后输出为（　）。【沈阳工业大学2016年】

A. 0111 1101 1100 0001　　B. 0101 1111 1000 0001

C. 0111 1011 1100 0001　　D. 0111 1110 1100 0001

4. 在PPP协议帧的数据段中出现比特串“010111111010”，则经位填充后输出的二进制序列为（　）。【浙江工商大学2016年】

A. 01011111010　　B. 0101111101010

C. 010101111010　　D. 01011101 11010

5. 使用HDLC时，位串011111011111110进行位填充后的位模式为（　）。【桂林电子科技大学2017年】

A. 011101101110111010　　B. 011111010111101110

C. 01111100111111100　　D. 01111100111110110

6. 有关家用拨号上网所使用的PPP（Point to Point Protocol）协议，下述说法中错误的是（　）。

【南京大学2017年】

A. PPP协议是一个基于HDLC设计的链路层协议

B. PPP协议最初是为IP流量设计的点对点通信解决方案

C. 和HDLC类似，PPP协议以位为单位组织数据帧

D. 和IP类似，PPP协议可以跨越不同类型的物理网

7. PPP的3个重要组成部分中不包括（　）。

A. 一个将IP数据报封装到串行链路的方法

B. 一个用来建立、配置和测试数据链路连接的链路控制协议

C. 一套用来支持应用层的相关协议

D. 一套网络控制协议

8. 在PPP的帧格式首部中，“协议”字段的作用是表示（　）。

A. PPP所支持的物理层的协议　　B. PPP所支持的其他数据链路层协议

C. PPP所支持的网络层协议　　D. PPP帧中数据字段的类型

9. PPP协议中的NCP帧的作用是（　）。

A. 用于建立、配置、测试和管理数据链路

B. 为网络层协议建立和配置逻辑连接

C. 保护通信双方的数据安全

D. 检查数据链路的错误并通知错误信息

10. HDLC帧类型不包括（　）。

A. 信息帧　　B. 监控帧　　C. 确认帧　　D. 无编号帧

11. 下列关于PPP协议和HDLC协议的描述中，错误的是（　）。

A. PPP协议是面向字节的协议，而HDLC协议是面向比特的协议

B. PPP协议采用字节填充法来成帧，HDLC采用零比特填充法来实现数据链路层的透明传输

C. PPP协议不使用序号和确认机制，而HDLC协议使用了编号和确认机制

D. PPP协议是网络层协议，HDLC协议是数据链路层协议

12. 如果一个PPP帧的数据部分用十六进制表示是 7D 5E FE 27 7D 5D 7D 5D 65 7D 5E，那么真正的数据是（　）。

A. 7D 5E FE 27 7D 5D 7D 5D 65 7D 5E　　B. 7E FE 27 7D 7D 65 7E

C. 7E FE 27 7D 5D 7D 5D 65 7E　　D. 7D 5E FE 27 7D 7D 65 7E

3.8.5 答案精解

● 单项选择题

1.【答案】A

【精解】HDLC采用零比特填充法来实现数据链路层的透明传输，HDLC数据帧以位模式01111110标识每个帧的开始和结束，即在两个标志字段之间不出现6个连续的“1”。具体做法是：在发送端，当一串比特流尚未加上标志字段时，先用硬件扫描整个帧，只要发现5个连续的“1”，就在其后插入1个“0”。而在接收端先找到F字段以确定帧边界，接着对其中的比特流进行扫描，每当发现5个连续的“1”，就将这5个连续的“1”后的一个“0”删除，进而还原成原来的比特流。因此组帧后的比特串为011111000011111010。所以选项A为正确答案。

2.【答案】C

【精解】广域网使用的协议在网络层。在广域网中的一个重要问题就是路由选择和分组转发。广域网的拓扑结构通常是网状拓扑结构，节点之间的连接是任意且没有规律的，网状结构的特点是系统可靠性高，但是结构复杂，所以必须采用路由选择算法和流量控制方法。所以选项C为正确答案。

3.【答案】A

【精解】HDLC协议对比特串进行组帧时，HDLC数据帧以位模式01111110标识每个帧的开始和结束，因此在帧数据中只要出现5个连续的位“1”，就会在输出的位流中填充一个“0”。因此组帧后的比特串为0111 1101 1100 0001,共12位。所以选项A为正确答案。

4.【答案】B

【精解】PPP协议使用零比特填充实现透明传输，是在每连续的5个1后面添加一个0。当接收端在接收到数据检测到5个连续的1后面的0就把0删除掉。所以选项B为正确答案。

5.【答案】D

【精解】HDLC采用零比特填充法来实现数据链路层的透明传输，发送端在连续的5个1后面填充一个0。题目中011111011111110进行填充后为01111100111110110，所以选项D为正确答案。

6.【答案】C

【精解】虽然PPP是基于面向位的HDLC的，但是PPP却不是面向位而是面向字节的，因而所有的PPP帧的长度都是整数个字节。所以选项C为正确答案。

7.【答案】C

【精解】PPP的三个组成部分，可简记为，一个封装方法，一个LCP，一套NCP，各部分具体作用详见3.8.3节有关内容。所以选项C为正确答案。

8.【答案】D

【精解】在帧格式上，PPP与HDLC不同的是多了一个2个字节的协议字段。该字段说明在数据字段（或称信息部分）中运载的是什么种类的分组。当协议字段为0x0021时，PPP帧的信息字段就是IP数据报。若为0xC021，则信息字段是PPP链路控制数据，而0x8021表示这是网络控制数据。所以选项D为正确答案。

9.【答案】B

【精解】PPP被设计成允许同时使用多个网络协议，每个不同的网络层协议要用一个相应的网络控制协议NCP来配置。NCP的作用是用来建立和配置不同的网络层协议，为网络层协议建立和配置逻辑连接。所以选项B为正确答案。

10.【答案】C

【精解】HDLC帧格式中控制字段共8 bit，根据其最前面两个比特的取值，可将HDLC帧划分为三大类，即信息帧、监督帧和无编号帧，其简称分别是I帧、S帧和U帧。由上可知，选项C是正确答案。

11.【答案】D

【精解】PPP协议和HDLC协议都是数据链路层协议。PPP是点到点的数据链路层协议，HDLC是通用的数据链路层协议。所以选项D是正确答案。

12.【答案】B

【精解】分别把前两个字节和最后两个字节的7D 5E还原成7E，分别把第5、6字节和第7、8字节的7D 5D也还原成7D，可得真正的数据是7E FE 27 7D 7D 65 7E。所以选项B为正确答案。

3.9 数据链路层设备

3.9.1 网桥的概念及其基本原理

在许多情况下，多个局域网之间需要通信，这时需要把局域网的覆盖范围扩展，这种扩展的以太网在网络层看来仍然是一个网络。局域网的扩展主要通过在物理层设备（如中继器和集线器）和数据链路层设备（如网桥和二层交换机）来实现。使用中继器或集线器扩展局域网的同时也存在一些缺点，扩大了冲突域但总的吞吐量却未提高，也不能互连使用不同以太网技术的局域网。

网桥是工作在数据链路层的设备，具有过滤帧的功能，它根据MAC帧的目的地址对收到的帧进行转发和过滤。网桥依靠转发表来转发帧。当网桥收到一个帧时，并不是向所有的接口转发此帧，而是先进行自学习，即先检查此帧的目的MAC地址，然后通过查找转发表再确定将该帧转发到哪一个接口，或者是把它丢弃。注意，网桥在转发帧时，不改变帧的源地址，若转发表中给出的接口就是此帧进入网桥的接口，则应丢弃该帧。最简单的网桥有两个接口，复杂些的网桥可以有多个接口。两个以太网通过网桥连接起来后，就成为一个覆盖范围更大的以太网，而原来的每个以太网就可以称为一个网段。图3-25是一个网桥的内部结构，图中所示的网桥，其接口1和接口2各连接到一个网段。

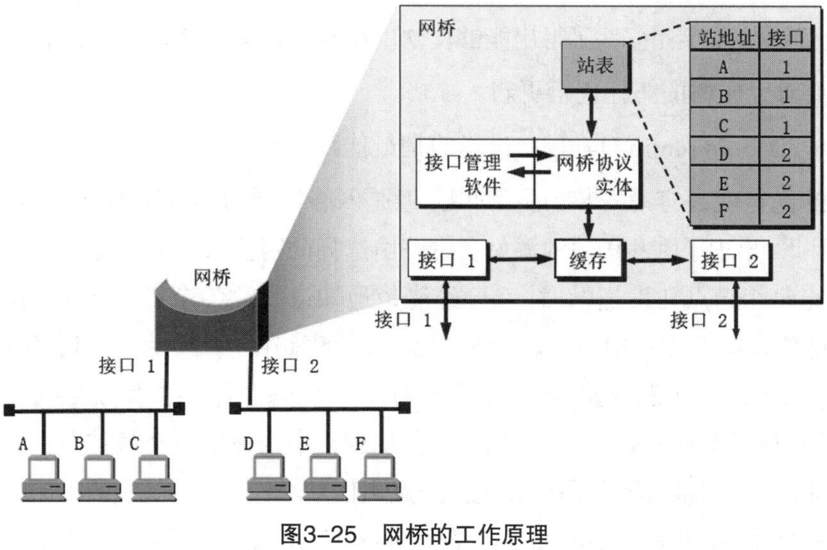

图3-25 网桥的工作原理

使用网桥带来的好处如下：① 过滤通信量；② 扩大了物理范围；③ 提高了可靠性，个别出问题的站只影响个别网段；④ 可互连不同物理层、不同MAC子层和不同速率的局域网（可以缓冲和进行处理）；

⑤ 扩展后的网络被网桥隔离成多个冲突域。

使用网桥带来的缺点如下：① 存储转发增加了时延；② 在MAC子层并没有流量控制功能，可能出现缓冲区溢出；③ 扩展后的网络仍是一个广播域（解决的方法是在网络层进行扩展）；④ 网桥只适合于用户数不太多（不超过几百个）和通信量不太大的局域网，否则有时还会因传播过多的广播信息而产生网络拥塞。这就是所谓的广播风暴。

按照路由表建立的方法，网桥可以分为透明网桥和源路由网桥。

（1）透明网桥（选择的不是最佳路由）

透明网桥是工作在数据链路层的一种即插即用设备，其标准是IEEE 802.1D。“透明”是指局域网上的站点并不知道所发送的帧将经过哪几个网桥，因为网桥对各站来说是看不见的。

网桥采用自学习（逆向）算法处理收到的帧和建立转发表。前提是若从A发出的帧从接口x进入了某网桥，那么从这个接口出发沿相反方向一定可把一个帧传送到A（逆向学习法）。具体算法如下：

1）网桥每收到一个帧，就记下其源地址和进入网桥的接口，作为转发表中的一个项目。

2）在建立转发表时是把帧首部中的源地址写在“地址”这一栏的下面。

3）在转发帧时，则是根据收到的帧首部中的目的地址来转发的。这时就把在“地址”栏下面已经记下的源地址当作目的地址，而把记下的进入接口当作转发接口。

网桥的自学习和转发帧的步骤归纳如下：

1）网桥收到一帧后先进行自学习。查找转发表中与收到帧的源地址有无相匹配的项目。如没有，就在转发表中增加一个项目（源地址、进入的接口和时间）。如有，则把原有的项目进行更新。

2）转发帧。查找转发表中与收到帧的目的地址有无相匹配的项目。如没有，则通过所有其他接口（但进入网桥的接口除外）进行转发。如有，则按转发表中给出的接口进行转发。若转发表中给出的接口就是该帧进入网桥的接口，则应丢弃这个帧（因为这时不需要经过网桥进行转发）。

为了避免产生转发的帧在网络中不断地兜圈子，透明网桥使用了生成树算法，该算法可以保证源站和目的站之间只有一条路径。生成树使得整个扩展局域网在逻辑上形成树形结构，所以工作时逻辑上没有环路，但生成树一般不是最佳路由。为了得出能够反映网络拓扑发生变化时的生成树，在生成树上的根网桥每隔一段时间还要对生成树的拓扑进行更新。

（2）源路由网桥（source routing bridge，选择的是最佳路由）

透明网桥最大的优点就是容易安装，即插即用，但是网络资源的利用还不充分（如，不知道地址的帧要进行flooding）。因此，出现了由发送帧的源站负责路由选择的网桥，即源路由网桥。

源路由网桥假定每个节点在发送帧时，都已经清楚地知道发往各个目的节点的路由，因而在发送帧时将详细的路由信息放在帧的首部中；由发送帧的源节点负责路由选择。为了找到最佳路由，源站以广播方式向欲通信的目的站发送一个发现帧，每个发现帧都记录所经过的路由。发现帧到达目的站时就沿各自的路由返回源站。源站在得知这些路由后，从所有可能的路由中选择出一个最佳路由。凡从该源站向该目的站发送的帧的首部，都必须携带源站所确定的这一路由信息。

发现帧还有另一个作用，就是帮助源站确定整个网络可以通过的帧的最大长度。

源路由网桥对主机不是透明的，主机必须知道网桥的标识以及连接到哪一个网段上。使用源路由网桥可以利用最佳路由。

（3）两种网桥的比较

透明网桥和源路由网桥的比较，见表3-6。注意，表中的最佳路由并不是经过路由器最少的路由，而可以是发送帧往返时间最短的路由，这样才能真正地进行负载平衡。

表3-6 透明网桥和源路由网桥的比较

	透明网桥	源路由网桥
服务类型	无连接	面向连接
透明性	完全透明	不透明
最佳路由	不一定最优	优化
路由的确定	逆向学习	探测帧
故障处理及拓扑变化	网桥负责	主机负责
复杂性及开销	网桥负担	主机负担

3.9.2 局域网交换机及其工作原理

（1）局域网交换机

网桥的主要限制是在任一时刻只能执行一个帧的转发操作，于是出现了交换式集线器，可明显地提高以太网的性能。交换式集线器常称为以太网交换机（switch）或第二层交换机。从本质上说，以太网交换机是一个多端口的网桥，它工作在数据链路层，以帧作为数据转发的基本单位。以太网交换机具有以下特点：① 每个端口都直接与单台主机相连，而且一般都是工作在全双工方式；② 能同时连通许多对端口，使每对相互通信的主机都能像独占通信媒体那样，无碰撞地传输数据；③ 由于使用了专用的交换结构芯片，因此交换速率较高；④ 和透明网桥一样，也是即插即用设备，其内部的转发表也是通过自学习算法自动地逐渐建立起来的；⑤ 可以很方便地实现虚拟局域网VLAN（Virtual LAN），不仅可以隔离冲突域，而且可以隔离广播域；⑥ 独占传输媒体的带宽。对于普通10Mb/s的共享式以太网，若共有N个用户，则每个用户占有的平均带宽只有总带宽（10 Mb/s）的N分之一。使用以太网交换机时，虽然在每个接口到主机的带宽还是10 Mb/s，但由于一个用户在通信时是独占而不是和其他网络用户共享传输媒体的带宽，且交换机工作在全双工状态，因此对于拥有N个端口的交换机的总容量为$2\times N\times 10$ Mb/s（如果设定工作在半双工状态，则总容量为$N\times 10$ Mb/s）。这正是交换机的最大优点。

以太网交换机一般都具有多种速率的端口，这样可以大大方便用户。例如，某以太网交换机可以具有24个100 Mb/s的全双工端口，同时还具有2个1000 Mb/s全双工端口。再次强调，交换机总容量与端口数和端口工作状态有关，若工作在半双工状态，则总容量为：端口数×每个端口带宽；若工作在全双工状态，则总容量为：2×端口数×每个端口带宽。

（2）交换机的原理和MAC地址学习过程

以太网交换机的原理和网桥类似，也是基于MAC地址转发帧，即检测从某端口进入交换机的帧的源MAC和目的MAC地址，然后与系统内部的动态查找表进行比较，若数据帧的MAC地址不在查找表中，则将该地址加入查找表，并将数据帧发送给相应的目的端口。

交换机MAC地址转发数据依赖MAC地址表，MAC地址表的生成即MAC地址学习的过程。假设某以太网交换机有4个接口，接口1连接主机A、接口2连接主机B、接口3连接主机C、接口4连接主机D。刚开始时，交换机中的MAC地址表为空。现在主机A从接口1向主机B发送数据帧。交换机收到数据帧后，先查找地址表，没有查到应从哪个接口转发数据帧。这时，交换机就把数据帧的源MAC地址A和接口1写入到MAC地址表中，然后把这个数据帧广播给除接口1以外的所有接口。主机C和D收到后丢弃该帧（由于目的地址不对）。主机B则接收该帧，主机B回复数据帧给A，交换机将主机B的MAC地址和与之连接的接口2写入到MAC地址表。随着数据帧的多次转发，交换机就逐渐建立起了较为完整的MAC地址表。

（3）交换机的交换方式

以太网交换机主要采用两种交换方式，即直通式交换和存储转发式交换。

1）直通式交换：只检查帧的目的地址（含前导码时为帧的前14 B，不考虑前导码时为6 B），这使得帧在接收后几乎能马上被转发出去。这种方式速度快，但缺乏安全性，无法进行差错校验，帧错误会扩散到目的网段，也无法支持具有不同速率的端口的交换。

为了既拥有直通方式快速的优点，又使小于64 B的错误帧不被转发，可以让交换机在转发数据前，不仅接收目的MAC地址，还要求收到的帧必须大于64 B。这就是无碎片直通方式（即改进的直通式交换），它可以在不显著增加延迟时间的前提下降低转发错误帧的概率。

2）存储转发式交换：先将接收到的帧缓存到高速缓存器中，并检查数据是否正确，确认无误后，查找转发表，并将该帧从查询到的端口转发出去。若发现该帧有错，则将其丢弃。这种交换模式的优点是可靠性高，进行差错校验，错误不会扩散到目的网段，并能支持不同速率端口间的转换，缺点是延迟较大。

注意，除了上述两种主要的交换方式外，局域网交换机还采用碎片隔离方式，这是介于前两种方式之间的一种解决方案。该方式检查数据包的长度是否够64 B，如果小于64 B，说明是假包（或称残帧），则丢弃该包；如果大于64 B，则发送该包。这种方式也不提供数据校验。它的数据处理速度比存储转发方式快，但比直通式慢。

3.9.3 真题与习题精编

● 单项选择题

1. 以太网交换机进行转发决策时使用的PDU地址是（　）。【全国联考2009年】

A. 目的物理地址　B. 目的IP地址　C. 源物理地址　D. 源IP地址

2. 对于100 Mbps的以太网交换机，当输出端口无排队，以直通交换（cut-through switching）方式转发一个以太网帧（不包括前导码）时，引入的转发时延至少是（　）。【全国联考2013年】

A. 0μs　B. 0.48μs　C. 5.12μs　D. 121.44μs

3. 某以太网拓扑及交换机当前转发表如下图所示，主机00-e1-d5-00-23-al向主机00-el-d5-00-23-c1发送一个数据帧，主机00-el-d5-00-23-cl收到该帧后，向主机00-el-d5-00-23-al发送一个确认帧，交换机对这两个帧的转发端口分别是（　）。【全国联考2014年】

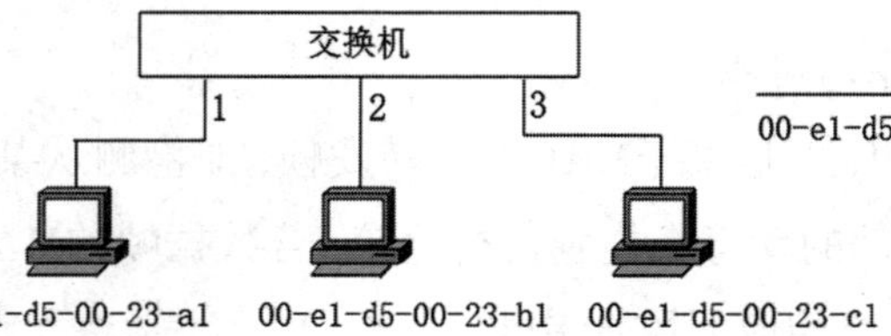

目的地址	端口
00-e1-d5-00-23-b1	2

A. {3}和{1}　B. {2,3}和{1}　C. {2,3}和{1,2}　D. {1,2,3}和{1}

4. 下列关于交换机的叙述中，正确的是（　）。【全国联考2015年】

A. 以太网交换机本质上是一种多端口网桥

B. 通过交换机互连的一组工作站构成一个冲突域

C. 交换机每个端口所连网络构成一个独立的广播域

D. 以太网交换机可实现采用不同网络层协议的网络互联

5. 如下图所示，若主机H2向主机H4发送1个数据帧，主机H4向主机H2立即发送一个确认帧，则除H4外，从物理层上能够收到该确认帧的主机还有（　）。【全国联考2016年】

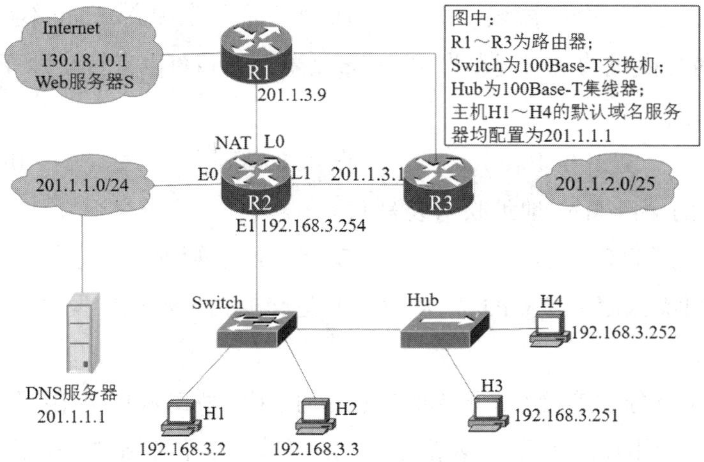

A. 仅H2　　B. 仅H3　　C. 仅H1、H2　　D. 仅H2、H3

6. 交换机收到一个帧，但该帧的目标地址在其MAC地址表中找不到对应，交换机将（　）。

【浙江工商大学2016年】

A. 丢弃　　B. 退回　　C. 洪泛　　D. 转发给网关

7. 以下关于高速以太网中二层交换机的论述，正确的是（　）。【南京大学2016年】

A. 二层交换机用于连接属于不同IP网段的以太网

B. 二层交换机相当于一个多端口的网桥

C. 二层交换机不支持以太网的广播操作

D. 二层交换机不能支持虚拟子网的设置

8. 交换机作为VLAN的核心，其作用是（　）。

A. 实现VLAN的划分　　B. 确定对帧的过滤和转发

C. 交换VLAN成员信息　　D. 以上几项都是

9. 有10个站连接到以太网上，若：① 都连接到100 Mb/s的以太网集线器上；② 都连接到100 Mb/s的以太网交换机上。则两种情况下，每一个站平均能得到的带宽分别是（　）。

A. 10 Mb/s、100 Mb/s　　B. 10 Mb/s、10 Mb/s

C. 100 Mb/s、10 Mb/s　　D. 100 Mb/s、100 Mb/s

10. 一个24端口的集线器和一个24端口的以太网交换机的广播域的个数分别是（　）。

A. 1、24　　B. 24、24　　C. 1、1　　D. 24、1

11. 下列关于交换机的说法中，错误的是（　）。

A. 通过交换机连接的一组工作站组成一个广播域，但不是一个冲突域

B. 局域网交换机实现的主要功能在物理层和数据链路层

C. 交换机比集线器提供更好的网络性能的原因是交换机支持多对用户同时通信

D. 使用以太网交换机的局域网中，交换机根据LLC目的地址转发

12. 下列设备中，不能分割冲突域的是（　）。

A. 集线器　　B. 交换机　　C. 网桥　　D. 路由器

13. 通过交换机连接的一组工作站（　）。

A. 组成一个冲突域，但不是一个广播域　　B. 组成一个广播域，但不是一个冲突域

C. 既是一个冲突域，又是一个广播域　　D. 既不是一个冲突域，也不是广播域

14. 一个快速以太网交换机的端口速率为100 Mbps，若该端口可以支持全双工传输数据，那么该端口实际的传输带宽是（　）。

A. 100 Mbps　　B. 200 Mbps　　C. 400 Mbps　　D. 1000 Mbps

15. 以太网交换机中的端口/MAC地址映射表是（　）。

A. 是由交换机的生产厂商建立的　　B. 是由网络管理员建立的

C. 是由网络用户利用特殊命令建立的　　D. 是交换机在数据转发过程中通过学习动态建立的

● 综合应用题

如下图所示，有5个站点分别连接在3个局域网上，并且用网桥B1和B2连接起来，每一个网桥都有2个接口（1和2），在一开始，两个网桥中的转发表都是空的。以后有以下各站向其他的站按先后顺序发送了数据帧：A发送给E，C发送给B，D发送给C，B发送给A。试把有关数据填写在下表中。

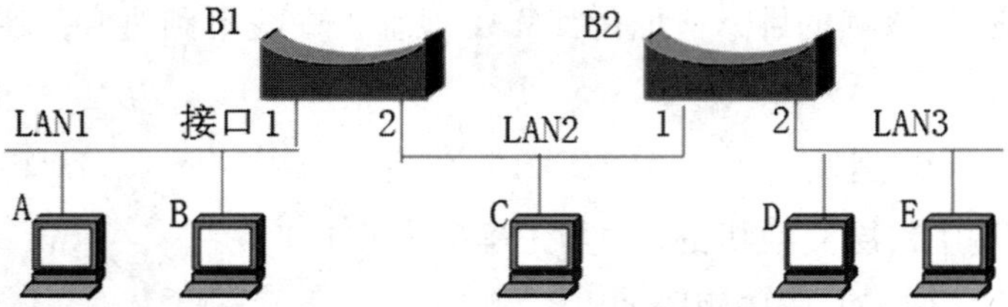

发送的帧	B1的转发表		B2的转发表		B1的处理（转发？丢弃？登记？）	B2的处理（转发？丢弃？登记？）
	地址	接口	地址	接口		
A→E						
C→B						
D→C						
B→A						

3.9.4 答案精解

● 单项选择题

1.【答案】A

【精解】本题考查交换机的工作原理。交换机是工作在数据链路层的设备，所以进行转发决策时，不可能使用IP地址，所以选项B和D排除；在进行转发的过程中，使用的一定是目的地址，不可能用源地址，所以排除选项C。另外，以太网交换机实质上是一个多端口网桥，网桥是根据目的物理地址来转发帧的。综上，选项A为正确答案。

2.【答案】B

【精解】直通交换方式是指以太网交换机可以在各端口间交换数据，它在输入端口检测到一个数据帧时，检查该帧的首部，获取帧的目的地址，启动内部的动态查找表转换成相应的输出端口，在输入与输出交叉处接通，把帧直通到相应的端口，实现交换功能。直通交换只检查头部目的MAC地址（6 B），有时

包含前导码（8 B），有些明确表示不包含（如本题），所以需要检查的目的地址是6 B（即48 bit），所以最短的传输时延是48 bit/100 Mbps=0.48μs。所以选项B为正确答案。注意，题中干扰项C是用最小帧长64 B去求解得到5.12μs（64×8 bit/100 Mbps）。

3.【答案】B

【精解】主机00-e1-d5-00-23-a1向00-e1-d5-00-23-c1发送数据帧时，交换机转发表中没有00-e1-d5-00-23-c1这项，所以向除1接口外的所有接口广播这帧，即2、3端口会转发这帧，同时因为转发表中没有00-e1-d5-00-23-a1这项，所以转发表会把（目的地址00-e1-d5-00-23-a1，端口1）这项加入转发表。而当00-e1-d5-00-23-c1向00-e1-d5-00-23-a1发送确认帧时，由于转发表已经有00-e1-d5-00-23-a1这项，所以交换机只向1端口转发。所以选项B为正确答案。

4.【答案】A

【精解】交换机也称为交换式集线器，从本质上说就是一个多端口网桥，属于数据链路层设备，所以不能实现不同网络层协议的网络互连。交换机的每一个端口都是一个冲突域，也就是说，交换机可以隔离冲突域。一般来说，一个网段就是一个冲突域，一个局域网就是一个广播域。广播域属于网络层的概念，只有网络层设备（路由器）才能分割广播域。综上，可排除选项B、C和D。故选项A为正确答案。

5.【答案】D

【精解】交换机可以隔离冲突域，但集线器无法隔离冲突域（从一个端口收到数据后，从其他的所有端口转发出去），因此从物理层上能收到该确认帧的主机只有H2和H3。所以选项D为正确答案。强调一下，物理层设备（集线器和中继器）不能隔离冲突域，链路层和网络层设备（网桥、交换机和路由器）能隔离冲突域。

6.【答案】C

【精解】交换机和透明网桥一样，也是即插即用设备，其内部的转发表也是通过自学习算法自动地逐渐建立起来的；一个帧在交换机的交换表中找不到目的地址对应的端口，就要进行洪泛flooding。洪泛是指向除了消息进入的那个端口之外的所有端口以普通帧的形式发送消息。所以选项C为正确答案。

7.【答案】B

【精解】从本质上说，以太网交换机是一个多端口的网桥。所以选项B正确。二层交换机主要实现物理层和数据链路层的功能，不能用于连接属于不同IP网段的以太网（这属于三层交换机功能）；二层交换机支持广播（有的支持多播）和VLAN（可以隔离广播域）功能，所以选项A、C、D错误。综上，选项B为正确答案。

8.【答案】D

【精解】利用交换机可方便地实现VLAN。交换机可以基于端口、MAC地址、网络层协议或策略等实现VLAN的划分，交换VLAN成员信息，交换机不向VLAN之外的工作站发送广播信息，在VLAN内进行数据帧的交换。所以选项D为正确答案。

9.【答案】A

【精解】集线器使用的是共享信道的方式，从带宽来看，集线器上所有端口共享一条带宽，所有连接到集线器上的主机理论上平分总的带宽，所以情况①每一站平均得到的带宽为100/10 Mb/s；交换机使用的是独占信道方式，每台交换机连接的计算机独享交换机的带宽，所以情况②每一站得到的带宽均为100 Mb/s。故选项A为正确答案。

10.【答案】C

【精解】集线器是物理层设备，既不能分割冲突域也不能分割广播域，所以它的冲突域和广播域的个数都是1；以太网交换机是数据链路层设备，能隔离冲突域（各端口都是冲突域的终点），但不能隔离广播域，所以它的冲突域个数是24，广播域个数是1。因为题目中只考虑广播域个数，所以选项C为正确答案。

11.【答案】D

【精解】交换机是数据链路层设备，能实现数据链路层和物理层的功能，可以隔离冲突域，但不能隔离广播域，所以A、B说法正确。交换机能隔离冲突域，工作在全双工状态，使网络中多对节点同时通信，从而提高网络的利用率，这正是交换机的优点，所以C说法正确。LLC是逻辑链路控制，它在MAC层之上，用于向网络提供一个接口以隐藏各种局域网之间的差异，交换机是按MAC地址转发的，D说法错误。综上，选项D为正确答案。

12.【答案】A

【精解】冲突域是指共享到同一信道的各个站点可能发生冲突的范围。集线器是物理层设备，不能分割冲突域。交换机和网桥属于数据链路层设备，可以分割冲突域，但不能分割广播域。路由器是网络层设备，既可以分割冲突域也可以分割广播域。所以选项A是正确答案。

13.【答案】B

【精解】交换机是数据链路层设备，可以隔离冲突域，但不能隔离广播域。也就是说，交换机的每个端口就是一个冲突域，所有端口构成一个广播域。所以选项B是正确答案。

14.【答案】B

【精解】以太网交换机的每个接口都直接与主机连接，并且通常都工作在全双工方式。全双工方式是指交换机在发送数据的同时也能够接收数据，两者同步进行，因此，该端口的实际带宽可达到200 Mbps。所以选项B为正确答案。

15.【答案】D

【精解】路由表可以由管理员手动配置静态路由，也可以通过路由协议动态建立；但交换机的映射表只能在数据转发中进行动态学习建立，并且每个表项都有定时器，具体是收到一帧后先进行自学习，查找转发表中与收到数据帧的源地址有无匹配的项目。如果没有，就在转发表中增加一个表项。如有，则把原有的项目进行更新。所以，选项D为正确答案。

● 综合应用题

【答案精解】

当一个网桥刚连接到局域网时，其转发表是空的，若此时收到一个帧，则应按照以下算法处理该帧并建立转发表：

（1）从端口x收到无差错的帧，在转发表中查找目的站的MAC地址；

（2）若有，则找出此MAC地址应当走的端口d，然后执行步骤（3），否则转步骤（5）；

（3）若到这个MAC地址去的端口等于x，那么丢弃此帧，否则从端口d转发；

（4）转至步骤（6）；

（5）向网桥除x端口外的所有端口转发此帧；

（6）若源站不在转发表中，则将源站MAC地址加入到转发表，登记该帧进入网桥的端口号，设置计时器，转到步骤（8）；若源站在转发表中，那么执行步骤（7）；

(7)更新计时器;

(8)等待新的数据帧,转到1。

根据题中给出数据发送过程,按照上面网桥工作算法,可得到最终结果。

A→E: B1收到此帧时转发表是空的,因此加上收到的帧的源地址A和这个帧到达的接口1,即(A,1)。收到的帧的目的地址在转发表中没有,因此该帧从接口2转发出去,发送到LAN2。当B2收到此帧时,按同样步骤处理。LAN3上面的E站收到此帧。

C→B: B1和B2都收到此帧,因为它们和C连接在同一个局域网上。B1的转发表没有C,因此将(C,2)加上,并从接口1转发到LAN1。LAN1上面的B站收到此帧。B2的转发表也没有C,因此将(C,1)加上,并从接口2转发到LAN3。这个局域网上各站都将丢弃这个帧。

D→C: B2收到此帧时,转发表上没有D,因此将(D,2)加上。再查B2的转发表,收到此帧的目的地址C在转发表上有这一项,其接口是1,因此从相应的接口1转发出去。C收到此帧。当B1收到此帧后,将(D,2)加上。再找目的地址C。因为与C对应的转发接口2与此帧到达的接口2一样,因此B1将不再转发此帧,而是丢弃它。

B→A: B1收到此帧时将B和接口1写入转发表,即(B,1) 。再查找B1转发表,收到此帧的目的地址A在转发表中有这一项,其接口是1,与此帧的到达接口一样,不再需要转发,故丢弃此帧。B2收不到此帧,无法在转发表中写入B的转发信息。可以看出,B→A的通信不涉及LAN2和LAN3。

综上,完成以上过程后,有关信息表如下。

发送的帧	B1的转发表		B2的转发表		B1的处理 (转发?丢弃?登记?)	B2的处理 (转发?丢弃?登记?)
	地址	接口	地址	接口		
A→E	A	1	A	1	转发,写入转发表	转发,写入转发表
C→B	C	2	C	1	转发,写入转发表	转发,写入转发表
D→C	D	2	D	2	写入转发表,丢弃不转发	转发,写入转发表
B→A	B	1	无	无	写入转发表,丢弃不转发	接收不到该帧

3.10 重难点答疑

1. 当数据链路层使用CSMA/CD协议或PPP协议时,既然不保证可靠传输,那么为什么对所传输的帧进行差错检验呢?

【答疑】当数据链路层使用CSMA/CD协议或PPP协议时,在数据链路层的接收端对所传输的帧进行差错检验的目的是为了不将已经发现的有差错的帧(不管是什么原因造成的)收下来。如果在接收端不进行差错检测,那么接收端上交给主机的帧就可能包括这些在传输中出了差错的帧,而这样的帧对接收端主机是无用的。

换言之,接收端进行差错检测的目的是:"上交主机的帧都是没有传输差错的,有差错的都已经丢弃了。"或者更加严格地说,应当是:"我们以很接近于1的概率认为,凡是上交主机的帧,都是没有传输差错的。"

2. 使用网络分析软件可以分析出所捕获到的每一个帧的首部中各个字段的值,但是有时却无法找出LLC帧首部的各字段的值。这是什么原因?

【答疑】当MAC帧的长度/类型字段的值大于0x0600(即十进制的1536)时,长度/类型字段就表示类型，此时这样的帧就不使用LLC帧，当然也就无法在捕获的帧中找出LLC帧首部的各字段的值。例如，在因特网中的IP数据报从TCP/IP体系中的网络层传送到下面的以太网时，往往是直接将IP数据报封装到MAC帧中，而不使用LLC子层（如，一个值为0x0800的类型代码意味着帧内包含一个IPv4的数据包）。

3. 在以太网中，有没有可能在发送了512 bit（64 B）以后才发生碰撞？

【答疑】有可能。但这是一种非正常情况，叫做“迟到的碰撞”（发生一般的碰撞，属于网络正常工作的情况）。产生迟到的碰撞的原因是网络覆盖的地理范围太大而导致人为干扰信号在网络上传播的时间太长，使得有的站在发送512 bit（64 B）以后才知道在以太网上发生了碰撞。这时该站就立即停止发送数据，但已经发送出去的数据长度却超过了以太网规定的最短长度（64 B）。具有这种大于64字节的MAC帧属于合法的帧，接收端必须将它收下来。当然，接收端在进行差错检测后就可发现这是个有差错的帧，最后还是会将它丢弃。这时，要由高层来进行重传，结果浪费了时间。如果能够及时发现碰撞，则MAC层协议会自动对该帧进行重传，这显然要节省一些时间。

4. 链路与数据链路有何区别？“电路接通了”与“数据链路接通了”的区别何在？

【答疑】链路是从一个节点到相邻节点的一段物理线路，中间没有任何其他的交换节点。Internet上两台主机之间进行通信时，数据经过的一条路径往往由许多段这样的链路组成。链路只是一条路径的组成部分。

数据链路和链路不同。这是因为当需要在一条线路上传送数据时，除了必须有一条物理线路外，还必须有一些必要的通信协议来控制这些数据的传输。若把实现这些协议的硬件和软件加到链路上，就构成了数据链路。也有人采用另外的术语。这就是把链路分为物理链路和逻辑链路。物理链路就是上面所说的链路，而逻辑链路就是上面的数据链路（即物理链路加上必要的通信协议）。

电路接通表示物理链路两端的节点交换机已经开机，物理连接已经能够传送比特流。数据链路接通是建立在物理连接的基础上的，已具有检测、确认和重传功能，能使得不太可靠的物理链路变成了可靠的数据链路。当数据链路断开连接时，物理电路连接不一定跟着断开。

5. 为什么局域网采用广播通信方式而广域网不采用？

【答疑】局域网最主要的特点是：网络为一个单位所拥有，且地理范围和站点数目均有限。广域网通常是指覆盖范围很广的长距离（例如，跨越不同的国家）网络。在局域网刚出现时，局域网比广域网具有较高的数据率、较低的时延和较小的误码率。现在的广域网由于普遍使用光纤技术也具有很高的数据率和很低的误码率。局域网的地理范围较小，且为一个单位所拥有，采用广播通信方式十分简单方便。但广域网的地理范围很大，如果采用广播通信方式必然会造成通信资源的极大浪费。因此广域网不采用广播通信方式。

6. 在IEEE 802.3标准以太网中，为什么说如果有碰撞则一定发生在碰撞窗口内，或者说一个帧如果在碰撞窗口内没发生冲突，则该帧就不会再发生碰撞？

【答疑】IEEE 802.3标准以太网是采用CSMA/CD技术的总线型网络，所以对题目中的问题要从CSMA/CD协议角度来分析，主要从两个方面考虑：① 由于节点要发送数据时，先侦听信道是否有载波，如果有，表示信道忙，则继续侦听，直至检测到空闲为止；② 当一个数据帧从节点A向最远的节点传输过程中，如果有其他节点也正在发送数据，此时就发生碰撞，碰撞后的信号需要经过碰撞窗口时间后传回节点A，节点A就会检测到碰撞，所以说如果有碰撞则一定发生在碰撞窗口内，如果在碰撞窗口内没有发生碰撞，之后如果其他节点再要发送数据，就会侦听到信道忙，而不会发送数据，从而不会再发生碰撞。

7. 网桥中的转发表是用自学习算法建立的。如果有的站点总是不发送数据而仅仅接收数据，那么在转发表中是否就没有与这样的站点相对应的项目？如果要向这个站点发送数据帧，那么网桥能够把数据帧正确转发到目的地址吗？

【答疑】如果有的站点总是不发送数据，那么在转发表中就没有与这样的站点相对应的项目。因为局域网有广播的功能，所以如果要向这个站点发送数据帧，网桥还是够把数据帧正确转发到目的地址。

3.11 命题研究与模拟预测

3.11.1 命题研究

数据链路层是历年考核的热点，涉及的知识点较多，包括数据链路层的功能、组帧、差错控制、流量控制与可靠传输机制、介质访问控制、局域网、广域网和数据链路层设备等八大考点。

从表3-1本章最近10年联考考点题型分值统计表可以分析出下面的一些规律和特点：① 从内容上看，考点集中出现在交换机、后退N帧协议、滑动窗口协议、选择重传协议、停止-等待协议、CSMA协议、CSMA/CD协议、CSMA/CA协议、以太网与IEEE 802.3、IEEE 802.11等知识点。相对而言，前三者出现频次较高。另外CDMA、HDLC协议也各考查过一次。② 从题型上看，既有单项选择题也有综合应用题。③ 从题量和分值上看，2010年和2017年都是单独的综合应用题，各占9分。2011年、2012年、2019年和2022年，考查知识点分布到综合应用题里的某一个小问题。其他年份都是单项选择题，2小题4分或3小题6分。占分最多的年份是2017年11分（综合题1题9分和单选1题2分），最少年份是2016年和2018年，均是单选2题占4分。④ 从试题难度上看，整体上偏难，除了个别年份选择题较容易外（如2018年），其他年份都有较难的试题出现，尤其是2017年的综合应用题是有一定难度的。总的来说，历年考核的内容都在大纲要求的范围之内，体现了考试大纲中能够运用计算机网络的基本概念、基本原理和基本方法进行网络分析和应用的要求。

从历年真题还可以看出，数据链路层的功能、组帧、差错控制和交换机的MAC地址学习过程和PPP协议等知识点还没有考查过，这些内容也属于数据链路层的重要知识，尽管没考过，但也应该理解或了解，以防黑马题出现。从历年真题的命题规律来看，本章重要知识点（如可靠传输机制、随机访问介质访问机制和以太网交换机等）会间隔重复考查（一般间隔2~3年），局域网（MAC协议和IEEE 802.11）和广域网（HDLC）也是个别年份考过，不排除以后再考的可能性。

从备考的角度来说，考生应高度重视本章的八大考点，熟练掌握有关典型协议及应用，在复习安排上，应投入充分的时间和精力，通过大量的练习掌握基本原理和基本方法，并能够灵活运用。

注意：2022年新考纲里添加了VLAN的基本概念和基本原理。

3.11.2 模拟预测

● 单项选择题

1. 如果发送的数据比特序列为101…10111010110，生成多项式$G(x)$的二进制比特序列长度为11010010，那么在发送的数据比特序列中CRC校验比特序列为（ ）。

A. 11010110　　B. 010110　　C. 1010110　　C. 00110

2. 假定1km长的CSMA/CD网络的数据率为1Gb/s，设信号在网络上的传播速率为200000 km/s，则能够使用此协议的最短帧长为（ ）。

A. 5000 b　　B. 10000 b　　C. 5000 B　　C. 10000 B

3. 采用HDLC协议对比特串011111110111110组帧后，对应的流输出为（　）。

A. 01111011101111010　　B. 011111110111110

C. 0111110110111110　　D. 01111101101111100

4. 如果一台主机通过以太网卡接入一个10 M的网络，那么当网卡经历4次连续冲突后，其最大等待时间约是（　）。

A. 717μs　　B. 768μs　　C. 819μs　　D. 921μs

5. 一个广域网信道的数据传输速率是8 kbps，单向传播延时是25 ms，忽略确认帧的传输延时。若确保停-等协议至少50%的效率，则帧的大小至少是（　）。

A. 大于300 bit　　B. 大于400 bit　　C. 大于500 bit　　D. 大于600 bit

6. 数据链路层采用后退N帧协议（GBN）传输数据，如果发送窗口的大小是24，那么至少需要（　）位的帧序号才能保证协议不出错。

A. 3位　　B. 4位　　C. 5位　　D. 6位

7. 在数据传输率为1 Mbps的卫星信道上传送长度为1 kb的帧。假设卫星信道的传输延迟为270 ms，确认总是在数据帧上捎带，帧头部非常简短，使用4 bit序列号。那么对于选择重传协议（SR）来说，所能达到的最大信道利用率约是（　）。

A. 0.75%　　B. 0.8%　　C. 0.85%　　D. 1.5%

8. 局域网交换机把收到的帧先存储到高速缓存中，并进行CRC检查。如果正确，则根据帧的目的地址确定输出端口号送出帧。这种交换方式是（　）。

A. 直通式交换　　B. 无碎片直通交换　　C. 存储转发式交换　　D. 碎片隔离交换

● 综合应用题

1. 要发送的数据为A=11010110，采用CRC的生成多项式是$P(x)=x^3+x^2+1$。试求应添加在数据A后面的余数。若数据A在传输过程中最后一个0变成了1，接收端能否发现？若数据A在传输过程中最后两个比特位10变成了01，接收端能否发现？

2. 在一个采用CSMA/CD协议的网络中，传输介质是一根完整的电缆，传输速率V_s=1 Gbps，电缆中信号传播速率$V_d = 2\times10^5$ km/s，若最小帧长度减少2000 b，请问最远两个站点A、B间的距离将增大还是减小，变化多少？

3.11.3 答案精解

● 单项选择题

1. 【答案】C

【精解】计算CRC的算法中，假设$G(x)$的阶为r。在帧的低位端加上r个0位，然后用$G(x)$去除，当部分余数的位数小于除数的位数时（共r位，前面的0不可省略），该余数即为最后余数，也即为CRC检验序列。由此可知，CRC检验序列共r位，由题意可知，题中的$G(x)$的二进制比特序列长度为11010010的r=7。题目中只有选项C是7位。所以选项C为正确答案。注意，题中发送的数据比特序列位数未明确，故不能具体计算CRC的值。

2.【答案】B

【精解】对于1 km电缆，单程端到端传播时延为τ=1/200000 s=5μs所以端到端往返时延为：2τ=10μs。为了能按CSMA/CD工作，最小帧的发送时延不能小于10μs，以1 Gb/s速率工作，10μs可发送的比特数为：

$10\times10^{-6}\times1\times10^{9}$ b=10000 b，所以选项B为正确答案。

3.【答案】D

【精解】HDLC采用零比特填充技术，即在发送时，除了标志字段外，如果连续发现5个“1”，则在其后自动插入一个“0”。接收方收到连续5个“1”后，如果其后为“0”，则自动将该“0”删除，如果其后为“1”，则继续检查下一位，如果为“0”，则为标志位，为“1”则出错。核心之处在于，发送方除标志位外只要连续的5个1之后，添加一个0，因此011111110111110，经过比特填充后为01111101101111100，需要注意的是，即使5个1后面是0，仍然需要再添加一个0。因此，选项D为正确答案。

4.【答案】B

【精解】以太网采取CSMA/CD协议，使用的是二进制指数退避算法，首先确定一个基本退避时间T（取为争用期2τ），然后从整数集合[0,1,⋯,(2^k-1)]中随机地取出一个数，记为r。重传所需的时延就是r倍的基本退避时间，即$r\times T$。注意，当重传达16次仍不能成功时（这表明同时打算发送数据的站太多，以致连续发生冲突）即丢弃该帧，并向高层报告。

计算参数k按公式：k=Min[重传次数,10]，当$k\leqslant10$时，参数k等于重传次数。题中重传次数为4，所以k取值4。因此，r从上面整数集合中最大可取值为$2^4-1=15$，因为题中给定的带宽为10 Mb/s，那么按规定以太网的往返传播时延为51.2μs，所以重传所需的最大时延为15×51.2μs=768μs。所以选项B为正确答案。

5.【答案】B

【精解】本题考查停–等协议的效率计算。当发送一帧的时间等于信道传播延迟的2倍时，信道利用率是50%。也就是说，当发送一帧的时间等于来回路程的传播延迟时，效率是50%。题中，往返传播时间是25 ms×2=50 ms，发送速率是每秒8000位，即发送1 bit需0.125 ms。因为50/0.125=400 bit，所以，帧大于400 bit时，采用停–等协议才有至少50%的效率。因此，选项B是正确答案。

6.【答案】C

【精解】本题考查后退N帧协议（GBN）的原理。数据链路层的停–等协议、GBN协议、选择重传协议（SR）以及TCP协议对发送窗口和接收窗口的要求，是理解这几个协议工作原理的关键所在。GBN协议的最大发送窗口为2^n-1（其中n为帧号的位数），题目中已经给出发送窗口的大小为24，也就是说如果要使得协议不出错，必须满足$2^n-1\geqslant24$，由此可知n至少要等于5。所以选项C是正确答案。

7.【答案】D

【精解】对于选择重传协议，发送窗口的最大尺寸应该不超过序列号范围的一半，即$W_T\leqslant2^{n-1}$。题目中n=4，选择性重传滑动窗口协议W_T最大值为$2^{4-1}=8$。

因为，信道利用率$U=N\times T_d/(T_d+RTT+T_a)$。其中，$N$是发送窗口的最大值，$T_d$是发送一数据帧的时间，RTT是往返时间，$T_a$是发送一确认帧的时间。题目中卫星发送1个数据帧的数据传输时间T_d=数据帧长/数据率=1000 bit/1 Mbps=1 ms，题中是捎带确认，那么$T_a=T_d$=1 ms，RTT=2×单程传播时延=2×270 s=540 ms。因此，选择性重传滑动窗口协议最大信道利用率U=8×1/（540+1+1）=1.47%。所以，选项D为正确答案。

8.【答案】C

【精解】交换机的工作方式中，直通式和存储转发式是最主要的两种交换方式。另外还有一种方式是碎片隔离交换。直通式交换只检查帧的目的地址，把数据帧直通到相应的端口，实现交换功能；存储转发式交换把输入端口的数据帧先存储到高速缓存，然后进行CRC检查，在对错误包处理后才取出数据帧的目的地址，通过查找转发表转换成输出端口再把帧转发出去。碎片隔离交换检查数据包的长度是否够64 B，如果小于64 B，说明是假包（或称残帧），则丢弃该包；如果大于64 B，则发送该包。因此，选项C是正确答案。

● 综合应用题

1.【答案精解】

根据题意，CRC生成多项式$P(x)=x^3+x^2+1$，可知除数是1101。除数是4位，生成的余数比除数少1位，所以生成的余数是3位，将发送的数据A=11010110后面添加3个0，即11010110 000 作为被除数。两者按二进制模2除法相除，可得余数为100。即为添加在后面的余数。将生成的余数拼接在数据的后面即为正常传输的数据11010110100。

若数据A在传输过程中，最后一个数字0变成了1，则数据变成了11010111100，将该数据作为被除数，除数仍是1101。按二进制模2除法，可得余数为101，不为0。接收端可以发现差错。

若在传输过程中，数据A最后两位10变成了01，则数据变成了11010101100，除数是1101，按二进制模2除法，可得余数为010，不为0，所以接收端能够发现传输过程中出现了差错。

2.【答案精解】

若数据传输速率不变，减少最短帧长，则需要缩短冲突域的最大距离来实现争用期的减少。

依题意，发送时延（传输时延）等于2倍传播时延。2000 b的传输时延（即2τ）为2000 b/1Gbps $=2\times10^{-6}$ s，所以最大端到端单程传播时延τ为10^{-6} s。因此，共减少10^{-6} s$\times2\times10^{8}$ m/s=200 m。

第 4 章

网络层

第4章　网络层

4.1 考点解读

网络层毫无疑问是历年考试考查的热点和重点，真题中除了单项选择题之外，综合应用题也多次出现，而且常结合数据链路层、传输层和应用层的一些知识点命题。网络层作为计算机网络体系结构的最关键部分，怎么强调其重要性也不过分。本章考点如图4–1所示，涉及的内容非常多。考试大纲中没有明确指出对这些考点的具体考查要求，通过对最近10年全国联考与本章有关考点的统计与分析（表4–1），结合网络课程知识体系的结构特点来看，关于本章考生应在了解网络层功能（异构网络互连、路由转发和拥塞控制等）的基础上熟练掌握：① 子网划分、子网掩码和无分类编址CIDR；② 路由表与路由转发；③ IPv4分组首部结构、IPv4地址和网络地址转换NAT。除此之外，还应该理解并掌握：① 网络层的典型设备路由器的组成和功能；② ARP协议、DHCP协议和ICMP协议；③ 常用的路由选择协议，如RIP协议、OSPF协议和BGP协议等。另外，考生还需要了解距离–向量路由算法、链路状态路由算法和层次路由算法的特点和区别；了解静态路由和动态路由的特点和区别；理解并记忆IPv6的主要特点和IPv6地址；理解IP组播的概念和IP组播的地址；了解移动IP的概念并理解其通信过程。本章的重点是IPv4分组和子网划分以及路由表与路由转发，难点在于运用网络层的基本原理和基本方法进行网络的分析设计和应用。

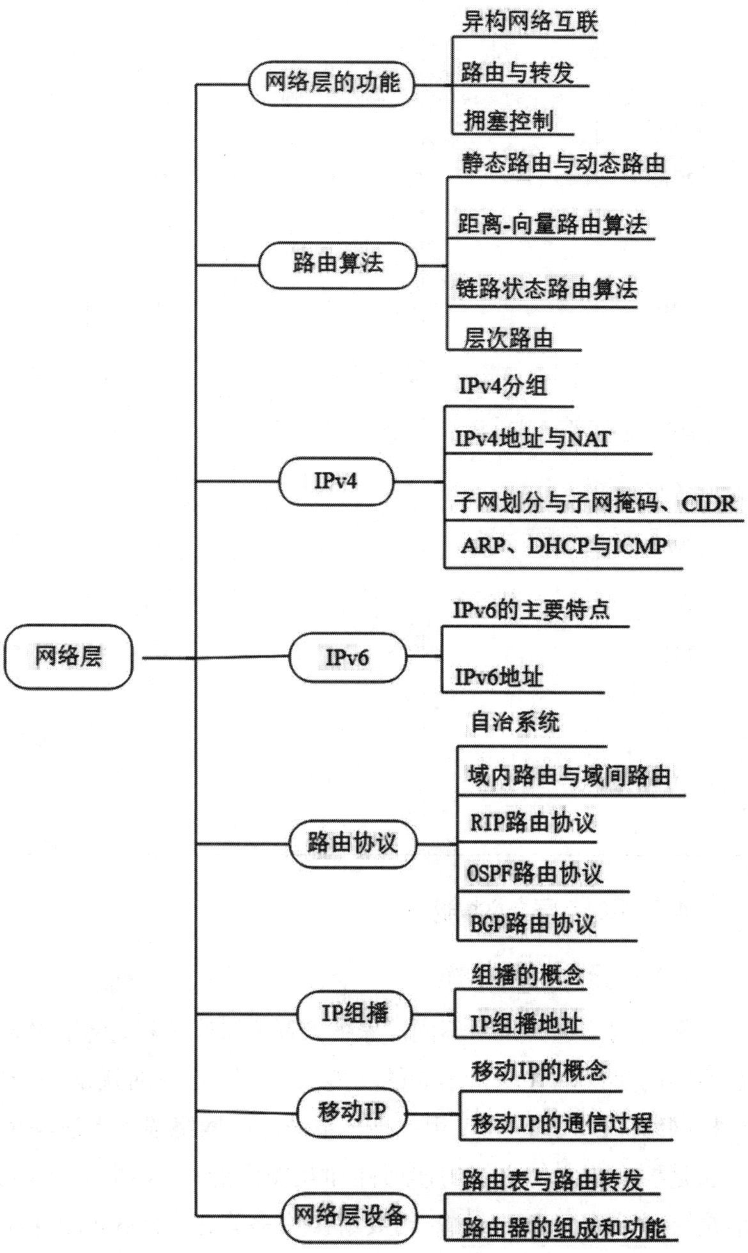

图4–1　网络层考点导图

表4–1 本章最近10年联考考点题型分值统计

年份（年）	题型（题）		分值（分）			联考考点
	单项选择题	综合应用题	单项选择题	综合应用题	合计	
2013	0	1	0	9	9	路由聚合 路由转发 BGP路由协议
2014	0	1	0	9	9	路由表与路由转发 CIDR
2015	1	1	2	9	11	路由表与路由转发 DHCP协议 子网划分
2016	3	0	6	0	6	RIP协议 子网划分 路由转发
2017	3	0	0	6	6	IPv4地址 子网划分 RIP/OSPF/BGP协议
2018	2	1	4	7	11	路由聚合 子网划分 路由转发 IPv4分组分片
2019	1	1	2	7	9	子网划分 IPv4地址与NAT 路由器的功能
2020	2	1	4	7	11	路由器的功能 IPv4分组 网络配置
2021	3	1	6	7	13	子网划分 IPv4分组 路由算法
2022	1	1	2	9	11	IP地址 子网掩码 SDN DHCP

4.2 网络层的功能

4.2.1 异构网络互连

异构网络通常是由不同厂家的产品（如计算机、网络设备和系统）组成的网络，它大部分情况下运行在不同的协议上并支持不同的功能或应用。互联网就是一个典型的异构网络。世界上之所以存在着多种异构网络，主要是因为仅用一种体系结构的网络根本无法满足所有用户的所有需求，把不同的网络互联在一起是要实现它们之间的连通性和互操作能力。要把世界上数以百万计的网络互联起来并且实现互相通信是一件非常复杂的事情，需要解决许多问题，如不同的寻址方案、不同的最大分组长度、不同的网络接入机制、不同的差错恢复方法、不同的路由选择技术和不同的管理和控制方式等。网络层的主要任务之一就是实现异构网络的互连。

网络互连是指采用各种网络互连设备将同一类型的网络或不同类型网络及其产品相互连接起来，组成地理覆盖范围更大、功能更强的互连网络系统，并实现互连网络资源的共享。网络互连包括同构网络、异构网络的互连，并主要体现为局域网与局域网（LAN/LAN）的互连、局域网与广域网（LAN/WAN）或者局域网经广域网的互连。

一般来说，网络互连需要使用一些中间设备（也称为中间系统或中继系统）。根据中间设备所在的层次，可以有以下4种不同的中间设备：

（1）物理层中间设备：转发器、中继器或集线器。

（2）数据链路层中间设备：网桥或桥接器、交换机。

（3）网络层中间设备：路由器。

（4）网络层以上的中间设备：网关①。

需要注意的是，当网络中使用物理层或数据链路层的中间设备时，一般并不称之为网络互连，因为这仅仅是把一个网络扩大了，而从网络层的角度看，它仍然是一个网络。因此，网络互连通常是指用路由器进行网络互连和路由选择。事实上，互联网就是通过路由器互连在一起的一个网络集合的总称。

TCP/IP体系在网络互连上采用的做法是在网络层采用了标准化协议（如IP），但相互连接的网络则可以是异构的。图4-2（a）表示有许多计算机网络通过一些路由器进行互连。由于参加互连的计算机网络都使用相同的网际协议IP（Internet Protocol），因此可以把互连以后的计算机网络看成如图4-2（b）所示的一个虚拟互连网络。所谓虚拟互连网络也就是逻辑互连网络，它的意思就是互连起来的各种物理网络的异构性本来是客观存在的，但是利用IP协议就可以使这些性能各异的网络在网络层上（从用户角度）看起来好像是一个统一的网络。这种使用IP协议的虚拟互连网络可简称为IP网。使用IP网的好处是：当IP网上的主机进行通信时，就好像在一个单个网络上通信一样，它们看不见互连的各网络的具体异构细节（如具体的编址方案、路由选择协议，等等）。

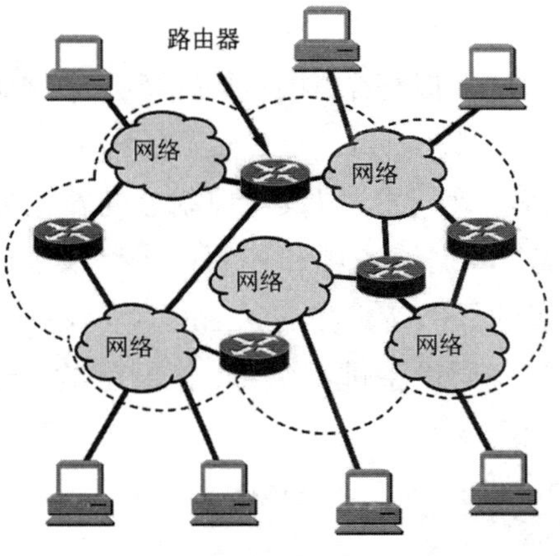

（a）实际的互联网络

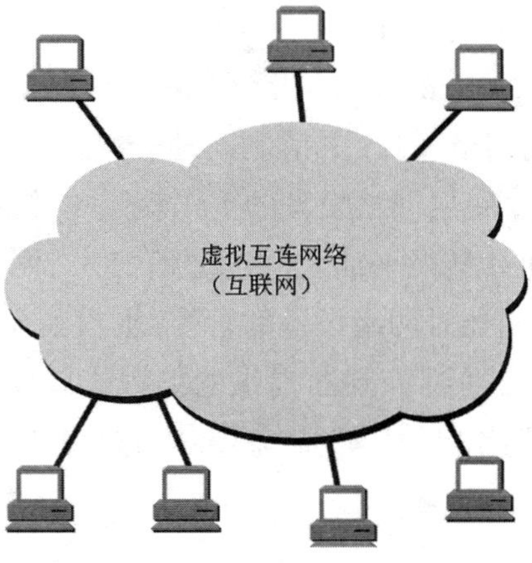

（b）虚拟的IP网

图4-2 IP网的概念

4.2.2 路由与转发

路由器是一台专用计算机，它的主要功能包括路由选择（确定哪一条路径）和分组转发（当一个分组到达时所采取的动作）。路由器中与这两个功能相关的两张表分别是路由表RIB（Route Information Base）和转发表FIB（Forward Information Base），这二者是两种不同的表，它们共享相同的信息，但是用于不同的目的，路由表用来决策路由，转发表用来转发分组。路由表可以手工配置维护，也可以根据路由选择算法生成并更新（路由表与具体的路由协议无关，所有的路由协议都在这里保存它们的路由）；转发表根据

① 网关是提供传输层及其以上各层间的协议转换的网络互连设备。

路由表生成，用于判断基于IP包的网络前缀，如何进行转发。对于每一条可达的目标网络前缀，转发表包含接口标识符和下一跳信息。转发表的表项和路由表的表项有关但格式不同。一般地，转发表应当查找过程最优化，而路由表应对网络拓扑变化的计算最优化。注意，一般在讨论路由选择原理时，往往不区分转发表和路由表，而是笼统地使用路由表一词。

（1）路由选择

根据一定的原则和算法在所有传输通路中选择一条通往目的节点的合适路径，它是分组转发的基础。路由选择根据路由表进行决策，路由表应能及时反映网络变化情况，它通常是根据路由协议构建的。互联网中的路由器通常应该能从其他路由器得到网络拓扑变化并动态更新其路由表。

（2）分组转发

路由器根据转发表将到达的IP数据报从合适的端口转发出去。关键操作是转发表查询、转发以及相关的队列管理和任务调度等。

4.2.3 SDN的基本概念

（1）SDN的定义

SDN，即软件定义网络，它的出现打破了传统网络架构的"专有"属性——分离数据层和控制层，同时具备"设备资源虚拟化"和"硬件及软件可编程"等特性，从而可构建一个更加灵活、易扩展、安全、管理更简便的网络。主要目标包括：建立灵活的网络以满足不同需求，并确保虚拟网络之间的隔离。

ONRC定义：

SDN是一种逻辑集中控制的新网络架构，其关键属性包括：数据平面和控制平面；控制平面和数据平面之间有统一的开放接口OpenFlow。

ONF定义：

SDN是一种支持动态、弹性管理的新型网络体系结构，是实现高带宽、动态网络的理想架构。

（2）几个关键组件

控制器（即Controller），旨在集中管理网络中所有设备，虚拟整个网络为资源池，并根据用户的不同需求以及全局网络拓扑，灵活动态地分配资源。

转发平台，底层网络设备的工作就是单纯的数据、业务物理转发，以及与控制层的安全通信。

控制平面和转发平面之间的通信协议，网络设备状态、数据流表项和控制指令都需要经由通信协议传达，实现控制器对网络设备的管控；而目前业界比较看好的是ONF主张的Openflow协议（南向接口）。

应用软件，通过控制器提供的编程接口（北向接口）对底层设备进行编程，把网络的控制权开放给用户，开发各种业务应用，实现丰富多彩的业务创新。如图4-3所示。

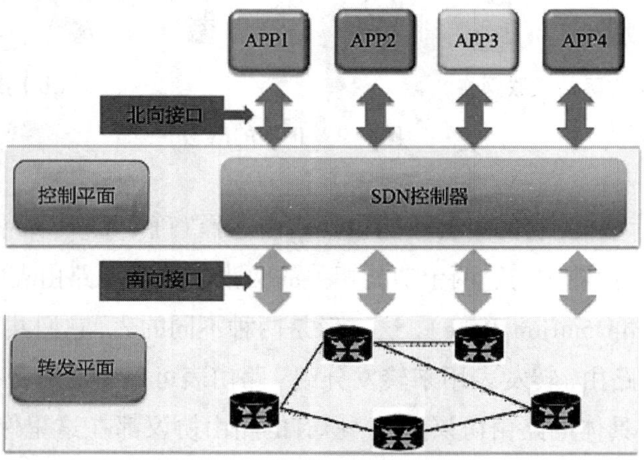

图4-3　SDN的关键组件

（3）主要特征

1）网络开放可编程

SDN建立了新的网络抽象模型，为用户提供了一套完整的通用API，使用户可以在控制器上编程实现对网络的配置、控制和管理，从而加快网络业务部署的过程。

2）控制平面与数据平面的分离

此处的分离是指控制平面与数据平面的解耦合。控制平面和数据平面之间不再相互依赖，两者可以独立完成体系结构的演进，类似于计算机工业的Wintel模式，双方只需要遵循统一的开放接口进行通讯即可。这是网络获得更多可编程能力的架构基础。

3）逻辑上的集中管理：

主要是指对分布式网络状态的集中统一管理。在SDN架构中，控制器会担负起收集和管理所有网络状态信息的重任。逻辑集中控制为软件编程定义网络功能提供了架构基础，也为网络自动化管理提供了可能。

4.2.4 拥塞控制

当大量的分组进入通信子网，超出了网络的处理能力时，就会引起网络局部或整体性能下降，这种现象称为拥塞。低带宽线路、路由器的慢速处理器和多个输入对应一个输出等都可能是造成拥塞的原因。网络是否进入拥塞状态可以根据网络的吞吐量与网络负载的关系来判断，如果随着通信子网负载的增加，网络的吞吐量明显比正常的吞吐量小，那么网络可能已经进入轻度拥塞状态；如果网络的吞吐量随着网络负载的增加反而降低，那么网络就可能已进入拥塞状态；如果网络的负载继续增加而网络的吞吐量下降到零，那么网络就可能已进入死锁状态。

拥塞常常使问题趋于恶化，因此需要采取拥塞控制方法以避免拥塞现象的出现，或确保网络在出现拥塞时也能够具有良好的性能。网络层的拥塞控制是指节制沿着一条通路的分组流以保持网络部件免于变得过量拥挤所采用的控制规程。需要注意的是，拥塞控制和流量控制不同，拥塞控制所解决的问题是如何获取拥塞信息并进行相应的处理，它是全局问题，涉及各方面的行为，如所有主机、路由器（路由器的存储转发能力）和导致网络传输能力下降的其他因素等；流量控制只与发送方和接收方之间的点对点通信有关，其主要任务是控制发送端发送数据的速率，以便接收端来得及接收。

根据控制论，拥塞控制可分为两类，即开环控制和闭环控制。

（1）开环控制

通过良好的网络设计解决问题，事先要考虑到发生拥塞的各种因素，以避免拥塞发生，力求做到防患于未然。一旦系统运行，就不再做中间阶段的更正。进行开环控制的工具需要决定何时接收新的分组、何时丢弃分组、丢弃哪些分组，制定网络中不同地点的计划表等。利用开环进行拥塞控制时，所有这些操作都不会考虑网络的当前状态。开环控制是一种静态预防的方法。

（2）闭环控制

基于反馈机制，事先不考虑有关发生拥塞的因素，通过监控系统去发现何时何地发生拥塞，然后把发生拥塞的消息传给能采取动作的站点以便调整系统操作，解决拥塞问题。闭环控制操作需要解决三个问题，即何为拥塞、如何反馈和如何解决。何为拥塞主要涉及衡量网络拥塞的参数，如何反馈主要考虑反馈的具体方法，如何解决主要是利用拥塞控制算法。闭环控制是一种动态处理的方法。

4.2.5 真题与习题精编

● 单项选择题

1. 网络互连时，在由路由器进行互连的多个局域网结构中，要求每个局域网（　）。

【青岛理工大学2017年】

A. 物理层协议可以不同，而数据链路层及数据链路层以上的高层协议必须相同

B. 物理层、数据链路层协议可以不同，而数据链路层以上的高层协议必须相同

C. 物理层、数据链路层、网络层协议可以不同，而网络层以上的高层协议必须相同

D. 物理层、数据链路层、网络层及高层协议都可以不同

2. 用路由器连接的异构网络是指（　）。

A. 网络的拓扑结构不同　　B. 物理层协议相同，数据链路层协议不相同

C. 物理层协议不同，数据链路层协议相同　　D. 物理层协议和数据链路层协议都不相同

3. 下列能表明网络中出现了拥塞现象的是（　）。

A. 随着网络负载的增加，吞吐量反而降低　　B. 随着网络负载的增加，吞吐量也增加

C. 网络节点接收和发出的分组越来越少　　D. 网络节点接收和发出的分组越来越多

4. 下列关于拥塞控制策略的描述中，错误的是（　）。

A. 开环控制需要在设计网络时事先将有关发生拥塞的因素考虑到

B. 开环控制是一种静态的预防措施，一旦系统运行，中途不需修改

C. 闭环控制是一种基于反馈的动态的方法

D. 闭环控制一般情况下都需要使用资源预留

5. 网络层的功能包括（　）。

Ⅰ. 路由选择　　Ⅱ. 分组转发　　Ⅲ. 拥塞控制

A. Ⅰ和Ⅱ　　B. Ⅱ和Ⅲ　　C. Ⅰ和Ⅲ　　D. 全部都是

6. 选择转发IP分组的通路的过程称为（　）。

A. 寻址　　B. 查找路由表　　C. 路由选择　　D. 分组转发

7. 下列说法中，正确的是（　）。

Ⅰ. 路由选择分直接交付和间接交付　　Ⅱ. 直接交付时，两台机器可以不在同一物理网段内

Ⅲ. 间接交付时，不涉及直接交付　　Ⅳ. 直接交付时，不涉及路由器

A. Ⅰ和Ⅱ　　B. Ⅱ和Ⅲ　　C. Ⅰ和Ⅳ　　D. Ⅲ和Ⅳ

8. 路由选择可分为直接交付和间接交付，间接交付的对象是（　）。

A. 脉冲信号　　B. 帧　　C. UDP数据报　　D. IP数据报

4.2.6 答案精解

● 单项选择题

1.【答案】C

【精解】路由器工作在网络层，向传输层及以上各层隐藏下层的具体实现，也就是说本层及本层以下的协议可以不同，即物理层、数据链路层、网络层协议可以不同；路由器不能处理网络层之上的协议数据，所以高层协议必须相同。故选项C为正确答案。

2.【答案】D

【精解】网络的异构性是指传输介质、数据编码方式、链路控制协议及不同的数据单元格式和转发机制，这些特点分别在物理层和数据链路层协议中定义。所以选项D为正确答案。

3.【答案】A

【精解】当大量的分组进入通信子网，超出了网络的处理能力时，就会引起网络局部或整体性能下降，这种现象称为拥塞。当网络中发生拥塞时，网络的性能将会急剧下降，整个网络的吞吐量就会随着网络负载的增加反而不断下降。所以选项A正确。选项B是网络正常运行时的情况。选项C和D中网络节点接收和发送分组多少与网络的吞吐量并不成正比关系，无法确定是网络否出现拥塞。综上，选项A为正确答案。

4.【答案】D

【精解】开环控制是一种静态的预防方法，通过良好的网络设计解决问题，事先要考虑到发生拥塞的各种因素，以避免拥塞发生，力求做到防患于未然。一旦系统运行，就不再做中间阶段的更正。闭环控制是基于反馈机制，事先不考虑有关发生拥塞的因素，通过监控系统去发现何时何地发生拥塞，然后把发生拥塞的消息传给能采取动作的站点以便调整系统操作，解决拥塞问题。也就是说，闭环控制是在拥塞已经发生或即将发生时对它做出反应，因此必须实时地把网络状态反馈到调节节点，一般情况下闭环算法都不使用资源预留。综上，选项A、B、C描述正确。故选项D为正确答案。

5.【答案】D

【精解】网络层在数据链路层提供服务的基础上向传输层提供服务，也就是说它建立在数据链路层所提供的端到端的数据帧传送功能之上，将数据从源主机经过若干中间节点传送到目的主机，从而向传输层提供最基本的端到端数据传送服务，因此路由选择和分组转发是网络层的主要功能，也可以说，网络层体现了网络应用环境中资源子网访问通信子网的方式。当大量的分组进入通信子网，超出了网络的处理能力时，就会引起网络局部或整体性能下降，产生拥塞现象。为避免拥塞现象出现，网络层也具有拥塞控制功能。综上，选项D为正确答案。

6.【答案】C

【精解】题目属于概念性内容，需要记忆并理解。路由选择就是根据路由算法确定IP分组应该被转发到哪一条合适通路上的过程，这个过程需要路由器查找路由表。分组转发则是指路由器根据转发表将用户的IP分组从合适的端口转发出去。寻址可能涉及到网络地址、物理地址和端口地址及其联合寻址等，通过寻找来完成数据传送的。题目内容与寻址无关。综述，选项C为正确答案。

7.【答案】C

【精解】路由选择根据分组的交付形式可分为直接交付和间接交付。直接交付时，分组的终点是一台与交付者链接在同一个网络的主机。直接交付出现在两种情况中：① 分组的终点在同一个物理网段上；② 最后一个路由器与目的主机之间的交付。发送方很容易判断交付是否是直接的（如通过掩码和地址映射）。间接交付时，目的主机与交付者不在同一网络上，分组经过了一个或多个路由器，最后到达与终点链接在同一个网络上的路由器（此时是直接交付）。因此，交付总是包括一个直接交付和零个以上间接交付，而且最后的交付一定是直接交付。需要特别注意的是，直接交付的第二种情况，尽管是路由器将分组直接交付给目的主机，但是这里的分组不再经过中间路由器，与间接交付不同，因此可以说直接交付不涉及路由器。综上可知，选项C为正确答案。

8.【答案】D

【精解】路由器路由选择时，间接交付是在IP层以上实行跨网段的交付，所以需要IP地址，间接交付的对象是IP数据报。所以，选项D为正确答案。

4.3 路由算法

4.3.1 静态路由与动态路由

路由选择是路由器用来将数据分组转发到目的地网络的过程，这个过程是通过路由表实现的，而路由表是通过各种路由算法得到的。根据路由算法能否随网络的通信量或网络拓扑自适应地进行调整来划分，路由策略可分为两类，即静态路由选择策略（也称为非自适应路由选择）和动态路由选择策略（也称为自适应路由选择）。

静态路由由网络管理员手工配置。在规模较小和拓扑结构固定的网络环境中，网络管理员易于清楚地了解网络的拓扑结构，便于设置正确的路由信息，这种情况适宜采用静态路由的方法。当然，只要网络拓扑发生改变，管理员必须手工更新这些静态路由条目。静态路由的优点是简单、高效、可靠，缺点是不能及时适应网络状态的动态变化，不能适用于大型和复杂的网络环境。默认路由是一种特殊的静态路由，在所有路由类型中优先级最低。当路由器在路由表中找不到目标网络的路由条目时，路由器把请求转发到默认路由接口。默认路由一般用在只有一个出口的末端网络中，也可以作为其他路由的补充。

动态路由通过路由选择协议自动适应网络拓扑或流量的变化，路由器间彼此交换信息，动态更新路由表，有助于改善网络性能。启动动态路由后，只要从互联网收到新的信息，路由选择进程就会自动更新路由，不必管理员干预。动态路由的优点是增加或删除网络时路由协议可以自动调整，维护工作较少，不容易出错且扩展性好，适用于网络规模大、网络拓扑复杂的网络。当然，动态路由协议实现起来比较复杂，而且各种动态路由协议会不同程度地占用网络带宽和CPU资源。

路由协议根据路由算法生成路由表并以此选择最佳路径进行分组转发。路由算法是网络层软件的一部分，完成路由功能。路由算法可分为静态路由算法和动态路由算法。动态路由算法使用路由选择协议发现和维护路由信息，而静态路由算法只需要手动配置路由信息。动态路由算法又可分为两种基本类型，即距离-向量路由算法和链路状态路由算法。

4.3.2 距离-向量路由算法

距离-向量路由算法是一种分布式路由算法，也是最早实现的一个分布式动态路由算法。该算法中，每个路由器维护一张矢量-距离表（通常称为V-D表），只有与它直接相连的路由器的信息，而没有网络中每个路由器的信息。在V-D表的（V,D）序偶中，V指出该路由器可以到达的目的（网络或主机），D代表往目的V的距离。注意，这里的距离D是一个抽象概念，可以根据情况定义为有关的因素，如路由信息协议RIP的算法中D按照路径上的跳数（hop）个数来计算（这里的跳数指从源端口到达目的端口所经过的路由个数，经过一个路由器跳数加1）。每个路由器通过与相邻路由器交换信息来更新V-D表的信息，计算出到达每一个目的网络的路由。

距离-向量路由算法的基本思想是，当一个路由器启动时，先对其V-D路由表进行初始化，然后各路由器周期性地向外广播其V-D路由表的内容，与之相连的路由器收到后，检查各相邻路由器的V-D报文，并作相应修改（若有一条新的路由，则在路由表中添加该路由；若有一个距离或路径代价更小的路由，则更新）。当网络中某一故障发生时，网络中的所有节点都必须采用相同方法重新计算路由表。

距离-向量路由算法的实质是通过迭代法来得到到达目标的最短路径，要求每个节点在每次更新中都将它的全部路由表发送给它的所有相邻节点。显然，采用这种算法的网络节点数量越多，每次因为路由更新产生的报文就越大。由于更新报文都发给直接相邻的节点，因此所有节点都将参加路由选择信息交换。正因如此，在通信子网上传送的路由选择信息的数量很容易变得非常大。距离-向量路由算法对路由器处理能力要求不高，适用于规模较小、网络拓扑结构的变化不很频繁的网络环境。

向量距离路由算法主要运用于路由信息协议RIP和内部网关协议IGP。

4.3.3 链路状态路由算法

链路状态路由算法采用“最短路径优先（SPF）”算法来计算网络中每一个源节点与其他所有节点之间的最短路径，是一种总体式路由算法，它的思想是要求网络中所有参与链路状态路由协议的路由器都掌握网络的全部拓扑结构信息，并记录在路由数据库中。注意，链路状态算法中路由数据库实质上是一个网络结构的拓扑图。根据SPF的要求，路由器中路由表依赖于一张能表示整个网络拓扑结构的无向图G（V，E）。其中，节点V表示路由器，E表示连接路由器的链路。一般把G称链路状态（L-S）图。

链路状态路由算法主要包括以下内容。

各路由器主动测试所有与之相邻的路由器的状态，周期性地向相邻路由器发出简短的查询报文，询问相邻路由器当前是否能够访问。假如对方做出响应，则说明链路状态为UP，否则为DOWN；各路由器周期性地向所有参与SPF的路由器广播其链路状态（L-S）信息；路由器收到L-S报文后，利用它刷新网络拓扑，将相应的连接状态改为UP或DOWN。假若L-S状态发生了变化，路由器立即调用最短路径优先算法（Dijkstra算法），经过算法的多次迭代后可以计算出从某节点到目的节点的最低费用路由或最佳路由。

链路状态路由算法有三个特征：

（1）向本自治系统中的所有路由器发送信息。这里使用的方法是洪泛法（Flooding），即路由器通过所有的输出端口向所有的相邻路由器发送信息。而每一个路由器又将此信息发往其所有的相邻的路由器（但不包括刚刚发来信息的那个路由器）。

（2）发送的信息就是本路由器相邻的所有路由器的链路状态，但这只是路由器所知道的部分信息。所谓“链路状态”就是说明本路由器和哪些路由器相邻，以及该链路的“度量”（Metric）。对于OSPF来说，链路状态的“度量”主要用来表示费用、距离、时延、带宽等。

（3）只有当链路状态发生改变时，路由器才用洪泛法向所有路由器发送此信息。

链路状态路由算法中，每个节点独立计算路径，易于查找故障；链路状态报文大小与网络中路由节点数无关（只涉及相邻路由器的连通数），可扩展性好，适用于网络规模较大、拓扑结构变化频繁的网络环境。由于每一个网络节点均需要实时形成全网的拓扑结构图以及以自己为根的树，因此对路由器CPU的处理能力要求较高。

链路状态路由算法主要应用于开放最短路径优先协议OSPF（Open Shortest Path First）和中间系统到中间系统（IS-IS）。

4.3.4 层次路由

互联网采用分层次的路由选择协议，主要有两个原因：一是网络规模增大带来的问题，如路由器中的路由表增大、查找路由表变慢；路由器为选择路由而占用的内存、CPU时间和网络带宽增大等等。另一个原因是许多单位希望连接到互联网但不愿意外界了解本单位网络布局细节和所采用的路由选择协议。基于此，分层路由采取分而治之的方法，把互联网划分为许多较小的自治系统。每个自治系统自己决定本自治系统内部运行哪一个内部路由选择协议。一个自治系统对其他自治系统表现出的是一个单一的和一致的路由策略。当两个自治系统需要通信时，特别是这两个自治系统内部使用不同的路由选择协议时，就需要一种能够屏蔽两个自治系统之间这种差异的协议。这样，互联网就把路由选择协议划分为两大类，即：

(1)内部网关协议IGP(Interior Gateway Protocol)：即在一个自治系统内部使用的路由选择协议，而这与互联网中其他的自治系统选用什么路由选择协议无关。使用最多的这类协议是RIP和OSPF协议。

(2)外部网关协议EGP(External Gateway Protocol)：即在使用不同内部网关协议的自治系统之间通信时使用的路由选择协议。目前使用最多的外部网关协议是BGP-4(BGP的版本4)。

自治系统内部的路由选择称为域内路由选择，而自治系统之间的路由选择称为域间路由选择。

对于规模比较大的自治系统，可以进一步把所有网络再划分为若干更小的区域。区域内的路由器只知道本区域内的网络拓扑结构，而不知道其他区域的内部网络拓扑结构。区域划分有利于把利用洪泛法交换的信息范围限制在每一个区域内而不是整个自治系统，从而减少了整个网络上的通信量。OSPF协议使用层次结构的区域划分很好地解决了区域之间通信问题。虽然采用分层划分区域的方法使交换信息的种类增多了，同时也使OSPF协议更加复杂，但这样做却使每个区域内部交换路由信息的通信量大大减小，因而使OSPF协议能够用于大规模的自治系统中。

4.3.5 真题与习题精编

● 单项选择题

1. 假设下图中的R1、R2、R3采用RIP交换路由信息，且均已收敛。若R3检测到网络201.1.2.0/25不可达，并向R2通告一次新的距离向量，则R2更新后，其到达该网络的距离是(　)。【全国联考2016年】

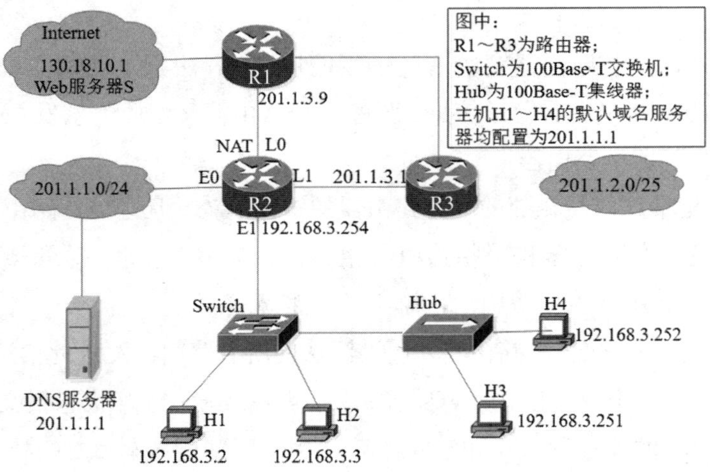

A. 2　　B. 3　　C. 16　　D. 17

2. 路由器R通过以太网交换机S1和S2连接两个网络，R的接口、主机H1和H2的IP地址与MAC地址如下图所示。若H1向H2发送一个IP分组P，则H1发出的封装P的以太网帧的目的MAC地址、H2收到的封装P的以太网帧的源MAC地址分别是(　)。【全国联考2018年】

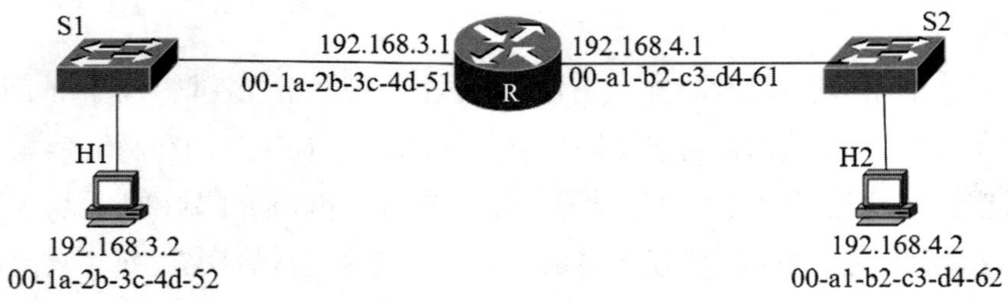

A. 00-al-b2-c3-d4-62, 00-1a-2b-3c-4d-52

B. 00-al-b2-c3-d4-62, 00-a1-b2-c3-d4-61

C. 00-1a-2b-3c-4d-51, 00-1a-2b-3c-4d-52

D. 00-1a-2b-3c-4d-51, 00-al-b2-c3-d4-61

3. 内部路由协议OSPF采用的路由选择算法是（　）。【南京大学2013年】

A. 基于Dijkstra最短路径算法的链路状态路由选择算法

B. 基于Dijkstra最短路径算法的距离矢量路由选择算法

C. 基于Bellman-Ford最短路径算法的链路状态路由选择算法

D. 基于Bellman-Ford最短路径算法的距离矢量路由选择算法

4. 考虑如下图所示的子网。该子网采用距离-向量路由算法，下面的向量刚刚到达路由器C，来自B的向量为（5, 0, 8, 12, 6, 2）；来自D的向量为（16, 12, 6, 0, 9, 10）；来自E的向量为（7, 6, 3, 9, 0, 4）。经过测量，C到B, D, E的延迟分别是6、3、5，那么C到达所有节点的最短路径是（　）。

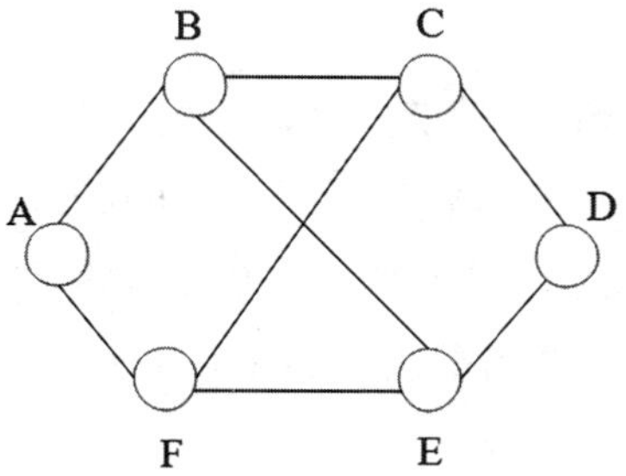

A.（5, 6, 0, 9, 6, 2） B.（11, 6, 0, 3, 5, 8） C.（5, 11, 0, 12, 8, 9）D.（11, 8, 0, 7, 4, 9）

5. 动态路由算法和静态路由算法的主要区别是（　）。

A. 动态路由算法的可扩展性大大优于静态路由算法，因为在网络拓扑结构发生变化时，动态路由算法无须手动配置去通知路由器

B. 动态路由算法需要维护整个网络的拓扑结构信息，而静态路由算法只需维护有限的拓扑结构信息

C. 使用动态路由算法的节点之间必须交换路由信息，静态路由算法则使用扩散法广播交换路由信息

D. 动态路由算法使用路由选择协议发现和维护路由信息，而静态路由算法只需要手动配置路由信息

6. 下列关于链路状态协议的说法中，错误的是（　）。

A. 提供了整个网络的拓扑视图　　B. 计算到达各个目标的最短通路

C. 邻居节点之间互相交换路由表　　D. 采用洪泛技术更新链路信息

7. 以下关于分层路由的说法中，错误的是（　）。

A. 采用分层路由后，可以将不同的网络连接起来

B. 对于大型网络，可能需要多级的分层路由来管理

C. 每个路由器不仅知道如何将分组路由到自己区域的目的地址，也知道如何路由到其他区域

D. 采用分层路由后，OSPF将一个自治系统再划分为不同的区域

4.3.6 答案精解

● 单项选择题

1.【答案】B

【精解】根据题意，R3检测到网络201.1.2.0/25不可达，并向R2通告一次新的距离向量，所以将该网

络的距离设置为16（距离为16表示不可达）。当R2从R3收到路由信息时，因为R3到该网络的距离为16，则R2到该网络也不可达，但此时记录R1可达（由于RIP的特点是“坏消息传得慢”，R1并未收到R3发来的路由信息），R1到该网络的距离为2，再加上从R2到R1距离的1，得到R2到该网络的距离为3。所以选项B为正确答案。

2.【答案】D

【精解】以太网帧首部中有目的MAC地址和源MAC地址，封装在以太网帧中的是IP分组，IP分组的首部中有目的IP地址和源IP地址。以太网帧在传输过程中有关其内部MAC地址和IP地址的变化情况：源IP地址和目的IP地址不会产生变化；源MAC地址和目的MAC地址逐网络（或逐链路）都发生变化。H1把封装有IP分组P（IP分组P首部中的源IP地址为192.168.3.2，目的IP地址为192.168.3.1）的以太网帧发送给路由器R，帧首部中的目的MAC地址为00-1a-2b-3c-4d-51，源MAC地址为00-1a-2b-3c-4d-52；路由器R收到该帧后进行查表转发，其中IP首部中的IP地址不变，但帧首部中的MAC地址都要变化，目的MAC地址变化为00-a1-b2-c3-d4-62，源MAC地址变化为00-1a-2b-3c-4d-61。综上，选项D为正确答案。

3.【答案】A

【精解】内部路由协议OSPF采用分布式的链路状态路由算法，该算法基于“最短路径优先（SPF）”的Dijkstra算法来计算网络中每一个源节点与其他所有节点之间的最短路径，是一种总体式路由算法。该算法主要有三个特征，即：① 向本自治系统中所有路由器以洪泛的方式发送信息；② 发送的信息是与路由器相邻的所有路由器的链路状态；③ 只有当链路状态发生变化时，路由器才向所有路由器发送此消息。所以，选项A为正确答案。

4.【答案】B

【精解】距离-向量路由算法要求每个路由器维护一张路由表，该表给出了到达每个目的地址的已知最佳距离和下一步的转发地址。算法要求每个路由器定期与所有相邻路由器交换整个路由表，并更新自己的路由表项。注意从邻接节点接收到路由表不能直接进行比较，而要加上相邻节点传输消耗后再进行计算。

C到B的距离是6那么从C开始通过B到达各节点的最短距离向量是（11, 6, 14, 18, 12, 8）。同理，通过D和E的最短距离向量分别是（19, 15, 9, 3, 12, 13）和（12, 11, 8, 14, 5, 9）。那么C到所有节点的最短路径应该是（11, 6, 0, 3, 5, 8）。所以选项B是正确答案。

5.【答案】D

【精解】静态路由选择算法只考虑了网络的静态状况，且主要考虑的是静态拓扑结构，只根据事先确定的规则进行路由选择，虽实现简单，但性能差、效率低。动态路由选择算法既考虑实时的网络拓扑结构，又考虑网络上的通信负载状况，它使用路由选择协议发现和维护路由信息。所以选项D是正确答案。

6.【答案】C

【精解】链路状态路由选择协议又称为最短路径优先协议，它基于Dijkstra的最短路径优先（SPF）算法计算到达各目标的最短通路。链路状态路由协议是层次式的，网络中的路由器并不向邻居传递“路由项”，而是以洪泛方式通告给邻居一些链路状态。与距离矢量路由协议相比，链路状态协议对路由的计算方法有本质的差别。距离矢量协议是平面式的，所有的路由学习完全依靠邻居，交换的是路由项。链路状态协议只是通告给邻居一些链路状态。运行该路由协议的路由器不是简单地从相邻的路由器学习路由，而是把路由器分成区域，收集区域的所有的路由器的链路状态信息，根据状态信息生成网络拓扑结构，每一个路由器再根据拓扑结构计算出路由。综上可知，选项C为正确答案。

7.【答案】C

【精解】对于大型网络，采用分层路由管理能够分而治之，将整个网络划分为许多小的自治系统，每个自治系统根据情况还可以进一步划分为若干更小的区域（如OSPF），这样，不仅可以将不同的网络连接起来，而且可以使得网络上交换路由信息的通信量大大减小，提高路由效率。需要注意的是，采用分层路由后，路由器被划分成区域，每个路由器知道如何将分组路由到自己所在区域的目的地址，但不知道其他区域的内部结构，也不知道如何路由到其他区域。综上，选项C为正确答案。

4.4 IPv4

4.4.1 IPv4分组

IP即网际协议，其基本任务是通过互联网传送数据报，其特点包括：主机上的网络层（IP层）向传输层提供服务；IP从源传输实体取得数据，并尽最大努力传送给目的主机的IP层；IP是无连接的，从不保证服务的可靠性；IP将高层协议数据封装为数据报，并交给下一层。IPv4（IP version 4）即网际协议版本4，又称互联网通信协议第四版，它是互联网的核心，也是使用最广泛的网际协议版本。

（1）IPv4分组的格式

由于IP是面向无连接的，所以网络层的IP分组也被更准确地称为IP数据报，它的格式能够说明IP协议具有的功能。IP数据报的格式如图4-4所示。

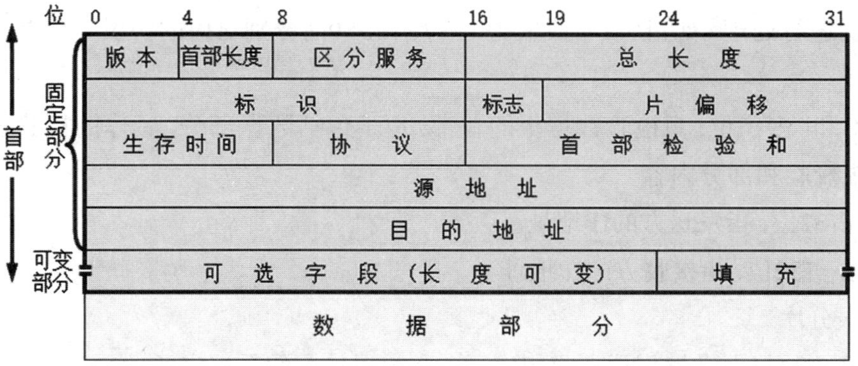

图4-4 IP数据报的格式

一个IP数据报（也称IP分组）由首部和数据两部分组成。首部前一部分是固定长度，共20字节（20 B），是所有IP数据报必须具有的。在首部固定部分后面是一些可选字段，其长度是可变的。

IP首部各字段的含义如下：

1）版本：占4位，指IP的版本号，通信双方使用的IP协议的版本必须一致。

2）首部长度：占4位。请注意，首部长度字段所表示数的单位是32位字（1个32位字长是4 B）。IP数据报首部长度必须是4 B的倍数，当IP分组的首部长度不是4 B的整数倍时，必须利用最后的填充字段加以填充。因为IP首部的固定长度是20 B，因此首部长度字段的最小值是5（即4位二进制表示的首部长度是0101）。而当首部长度为最大值1111时（即首部长度4位可表示的最大十进制数的15，就表明首部长度达到最大值15×4 B，即60 B。

3）区分服务：占8位（即1 B），用来获得更好的服务。在一般的情况下都不使用这个字段，只有在使用区分服务时，这个字段才起作用。

4）总长度：占16位（即2 B），指首部和数据之和的长度，单位为字节（即1 B），因此数据报的最大长度为$2^{16}-1=65535$字节。

5）标识（identification）：占16位（即2 B）。IP软件在存储器中维持一个计数器，每产生一个数据报，计数器就加1，并将此值赋给标识字段。但这个“标识”并不是序号（因为IP是无连接服务，数据报不存在按序接收的问题）。当数据报由于长度超过网络的最大传送单元MTU（Maximum Transfer Unit）而必须分片时，这个标识字段的值就被复制到所有的数据报片的标识字段中。相同的标识字段的值使分片后的各数据报片最后能正确地重装成为原来的数据报。

6）标志（flag）：占3位，但目前只有两位有意义。标志字段中的最低位记为MF（More Fragment）。MF=1即表示后面“还有分片”的数据报。MF=0表示这已是若干数据报片中的最后一个。标志字段中间的一位记为DF（Don't Fragment），意思是“不能分片”。只有当DF=0时才允许分片。

7）片偏移：占13位，指出较长的分组在分片后，某片在原分组中的相对位置。片偏移以8个字节为偏移单位，即每个分片的长度一定是8 B（64位）的整数倍。

8）生存时间TTL（Time To Live）：占8位，表明这是数据报在网络中的寿命。TTL由发出数据报的源点设置，其值通常为数据报在网络中可通过的路由器数的最大值，其目的是防止无法交付的数据报无限制地在互联网中兜圈子而白白消耗网络资源。路由器转发分组前，先将TTL值减一，之后若TTL被减为0时，则丢弃该分组。

9）协议：占8位，指出此数据报携带的数据是使用何种协议，以便使目的主机的IP层知道应将数据部分上交给哪个协议进行处理。如，协议字段值为6、17、41、89时分别对应的协议是TCP、UDP、IPv6、OSPF等。

10）首部检验和：占16位，只检验数据报的首部，但不包括数据部分。具体的检验过程可参见传输层中关于UDP数据报校验和部分内容。

11）源地址：占32位，指发送方的IP地址。

12）目的地址：占32位，指接收方的IP地址。

（2）IP数据报分片

IP层下面的每一种数据链路层协议都规定了一个数据帧中的数据字段的最大长度，即最大传送单元MTU，如以太网的MTU是1500 B，许多广域网的MTU不超过576 B。MTU限制了IP数据报的长度。当一个IP数据报封装成链路层的帧时，此数据报的总长度（即首部加上数据部分）一定不能超过下面的数据链路层所规定的MTU值。若传送的数据报长度超过数据链路层的MTU值，就必须把过长的数据报进行分片处理。数据报片在目的地的网络层被重新组装。目的主机根据IP首部中的标识、标志和片偏移字段来完成对数据报片的合并重组。注意，IP数据报可以在主机和路由器进行分片，但重组只能在目的主机上完成。

IP数据报分片涉及到一些计算。例如，假设某IP数据报总长度为2020 B（固定首部20 B），现该数据报从源主机到目的主机需要经过两个网络，这两个网络所允许的最大传输单元MTU为1500 B和576 B，那么该数据报应如何分组？因为该IP数据报固定首部为20 B，数据部分长度为2020−20=2000 B，经过MTU为1500 B的第一个网络时需要分为2个数据报片，数据报片1总长度为1500 B（含固定首部20 B和携带的1480 B数据），片偏移为0；数据报片2总长度为540 B（固定首部20 B和携带的520 B数据），片偏移为1480/8=185。这两个数据报片在经过MTU为576 B的第二个网络时，数据报片1仍需要分为3个小的数据报片，数据报片3和4都需要携带552 B数据（每个分片总长为552+20=574 B），片偏移分别为0和

552/8=69，分片5携带1480–552–552=376 B数据（总长为376+20=396 B），片偏移为1104/8=138。由于数据报片2的大小为540 B，小于MTU的值576 B，所以无需分片。因此，目的主机将共收到4个数据报片，即数据报片2、3、4、5。

（3）IP层转发分组的流程

IP层转发分组时执行的算法如下：

1）从数据报的首部提取目的主机的IP地址D，得出目的网络地址为N。

2）若N就是与此路由器直接相连的某个网络地址，则进行直接交付，不需要再经过其他的路由器，直接把数据报交付目的主机（这里包括把目的主机地址D转换为具体的硬件地址，把数据报封装为MAC帧，再发送此帧）；否则就是间接交付，执行3）。

3）若路由表中有目的地址为D的特定主机路由，则把数据报传送给路由表中所指明的下一跳路由器；否则，执行4）。

4）若路由表中有到达网络N的路由，则把数据报传送给路由表中所指明的下一跳路由器；否则，执行5）。

5）若路由表中有一个默认路由，则把数据报传送给路由表中所指明的默认路由器；否则，执行6）。

6）报告转发分组出错。

需要强调的是，路由表并没有给分组指明到某个网络的完整路径（即先经过哪一个路由器，然后再经过哪一个路由器，等等）。路由表指出，到某个网络应当先到某个路由器（即下一跳路由器），在到达下一跳路由器后，再继续查找其路由表，知道再下一步应当到哪一个路由器。这样一步一步地查找下去，直到最后到达目的网络。

需要注意的是，得到下一跳路由器的IP地址后，需要将该IP地址转换成MAC地址，并将其放到MAC帧首部中，然后根据这个MAC地址找到下一跳路由器。在不同网络中传送时，MAC帧中的源地址和目的地址会发生变化，但是网桥在转发帧时，不改变帧的源地址。

4.4.2 IPv4地址与NAT

（1）IPv4地址

整个互联网就是一个单一的、抽象的网络。IP标准规定互联网上的每一台主机（或路由器）的每一个接口分配一个在全世界范围唯一的32位二进制数作为该主机（或路由器）的每个接口的互联网协议地址，简称IP地址或互联网地址。传统的32位IP地址是分类的IP地址。所谓分类的IP地址就是将IP地址划分为若干个固定类，每一类由两个固定长度的字段组成，其中第一个字段网络号标志主机（或路由器）所连接到的网络，一个网络号在整个互联网范围内是唯一的；第二个字段主机号标志该主机（或路由器）。一个主机号在它前面的网络号所指明的网络范围内必须是唯一的。由此可见，一个IP地址在整个互联网范围内是唯一的。

由网络号和主机号标识的两级IP地址记为：IP地址::={<网络号>,<主机号>}。分类的IP地址将32位IP地址分为A类地址、B类地址、C类地址、D类地址和E类地址，如图4–5所示。

- A类、B类、C类地址都是单播地址，也是最常用的，它们的网络号字段分别是1、2和3字节长，而在网络号字段最前面的是类别位，其数值分别规定为0、10和110。
- A类、B类、C类地址的主机号字段分别为3个、2个和1个字节长。
- D类地址（前4位是1110）用于组播。
- E类地址（前4位是1111）保留为以后用。

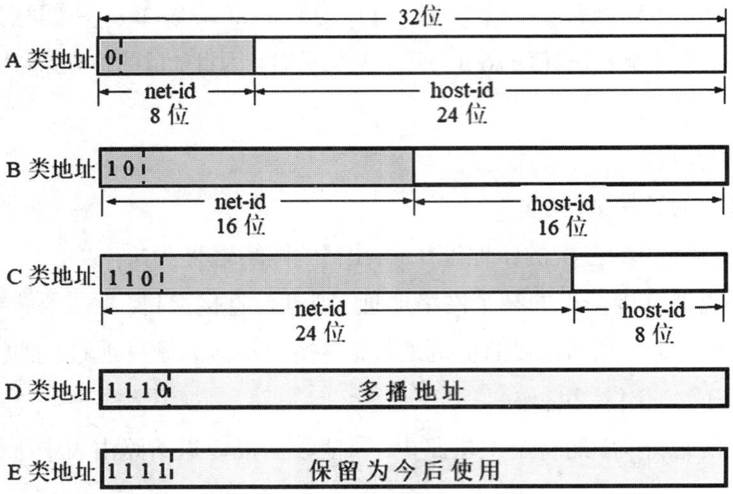

图 4-5　分类的IP地址

对主机和路由器来说，IPv4地址都是32位的二进制代码，为了便于人们使用，常用点分十进制法来表示，即把32位二进制IP地址等分为4段（每段8位），段间用点号"."分割，并把每段的二进制数用等效的十进制数字表示。

在各类IP地址中，需要注意几种特殊用途的IP地址，它们都不用做主机的IP地址，如表4-2所示。

表4-2　一般不使用的特殊IP地址

网络号	主机号	源地址使用	目的地址使用	代表的意思
0	0	可以	不可	在本网络上的本主机
0	host-id	可以	不可	在本网络上的某个主机host-id
全1	全1	不可	可以	只在本网络上进行广播
net-id	全1	不可	可以	对net-id上所有主机进行广播
127	非全0或全1的任何数	可以	可以	用作本地软件环回测试之用

从表4-2可以看到，主机号全为0或网络号全为0的IP地址不可用作目的地址，主机号全为1的IP地址不可用作源地址。需要注意的是，32位全为1的IP地址（即255.255.255.255）属于E类地址，也称为受限广播地址，由于路由器对广播域的隔离，它实际上相当于本网络的广播地址。

常用的三类IP地址（A类、B类、C类）使用范围见表4-3。

表4-3　常用的三类IP地址的使用范围

网络类别	最大可指派的网络数	第一个可指派的网络号	最后一个可指派的网络号	每个网络中的最大主机数
A	2^7-2	1	126	$2^{24}-2$
B	$2^{14}-1$	128.1	191.255	$2^{16}-2$
C	$2^{21}-1$	192.0.1	223.255.255	2^8-2

其中A、B、C三类的保留地址（内网地址）如下：

A类的保留地址　10.0.0.0~10.255.255.255

B类的保留地址　172.16.0.0~172.31.255.255

C类的保留地址　192.168.0.0~192.168.255.255

IP地址具有以下重要特点：

1）每一个IP地址都由网络号和主机号两部分组成，它是一种分等级的地址结构。这样做的好处是：（a）IP地址管理机构在分配IP地址时只分配网络号（第一级），而主机号（第二级）则由得到该网络号的单位自行分配，这样方便了IP地址的管理；（b）路由器转发IP数据报的依据是网络号，不考虑主机号，使路由表中的项目数大幅度减少，从而减小了路由表所占的存储空间以及查找路由表的时间。

2）实际上IP地址是标志一台主机（或路由器）和一条链路的接口。如果一台主机同时连接到两个或多个网络上，即具有两个或多个IP地址（其网络号必须是不同的），那么该主机就叫多归属主机。由于一个路由器至少应当连接到两个网络，因此一个路由器至少应当有两个不同的IP地址。

3）用转发器或网桥连接起来的若干个局域网仍为一个网络，因为这些局域网都具有同样的网络号。从互联网的观点看，一个网络指具有相同网络号net-id的主机的集合，但主机号必须不同。

4）具有不同网络号的局域网互连时必须使用路由器连接，路由器总是具有两个或两个以上的IP地址，路由器的每个端口都有一个不同网络号的IP地址。

5）在IP地址中，所有分配到网络号的网络（不论是LAN，还是WAN）都是平等的。所谓平等，是指互联网同等对待每一个IP地址。

（2）NAT

网络地址转换NAT（Network Address Translation）是一种把专用网内部用户使用的本地地址（或私有地址）转换成公网合法IP地址的技术（或公有地址），它的原理是改变IP包头，使目的地址、源地址或两个地址在包头中被不同地址替换。NAT机制就是内部网主机报文的IP地址和端口，与路由器上配置的外部网络地址和端口的相互转换过程。这里有几点需要注意，首先是私有地址不能直接用于Internet，通过NAT转换为公有地址后就可以直接用于Internet；其次，所有路由器对目的地址是私有地址的数据报一律不转发；另外，使用NAT时需要连接到Internet的路由器须装有NAT软件，且至少有一个有效的外网地址，NAT映射表存放着内网地址到外网地址的映射；最后，普通路由器转发数据报时不改变源IP地址和目的IP地址，而NAT路由器转发数据报时要根据地址转换表更换IP地址。

为了更有效地利用NAT路由器上的全球IP地址，现在常用的NAT转换表把传输层的端口号也利用上。使用端口号的NAT也叫做网络地址与端口号转换NATP（Network Address and Port Translation）。表4-4说明了NAPT的地址转换机制。

表4-4 NAPT地址转换表举例

方向	字段	旧的IP地址和端口号	新的IP地址和端口号
出	源IP地址：TCP端口号	192.168.0.3:30000	172.38.1.5:40001
出	源IP地址：TCP端口号	192.168.0.4:30000	172.38.1.5:40002
入	目的IP地址：TCP目的端口	172.38.1.5:40001	192.168.0.3:30000
入	目的IP地址：TCP目的端口	172.38.1.5:40002	192.168.0.4:30000

表4-4中第一列“方向”中的“出”和“入”分别表示离开专用网和进入专用网。从表4-4可以看出，NAPT把源IP地址和TCP端口号都进行转换。

NAT的优点是可以通过使用NAT路由器使专用网内部的用户可以和互联网连接。由于专用网本地地址是可重用的，所以NAT大大缓解了IP地址匮乏问题。同时，NAT可以有效地隐藏内部网内部的细节，具有一定的网络安全保护作用。NAT的主要缺点就是通过NAT路由器的通信必须由专用网内的主机发起。另一个缺点是当NAT路由器只有一个全球IP地址时，专用网内最多只有一个主机可以接入互联网。

4.4.3 子网划分、子网掩码与CIDR

（1）子网划分

由于两级IP地址的设计不够合理，带来了如下一些问题。

1）IP地址空间的利用率有时很低。

2）给每个物理网络分配一个网络号会使路由表变得太大因而使网络性能变坏。

3）两级的IP地址不够灵活。

为了解决这些问题，在IP地址中又增加了一个“子网号字段”，使两级IP地址变成了三级IP地址。这种做法称为划分子网。划分子网已成为互联网的正式标准协议。

划分子网的基本思路如下：

① 一个拥有许多物理网络的单位，可将所属的物理网络划分为若干个子网（subnet）。划分子网纯属一个单位内部的事情。本单位以外的网络看不见这个网络是由多少个子网组成，因为这个单位对外仍然表现为一个网络。

② 划分子网的方法是从网络的主机号借用若干位作为子网号（subnet-id），当然主机号也就相应减少了同样的位数。于是两级IP地址在本单位内部就变为三级IP地址：网络号、子网号和主机号。也可以用以下记法来表示：

IP地址::={<网络号>, <子网号>, <主机号>}

③ 凡是从其他网络发送给本单位某台主机的IP数据报，仍然是根据IP数据报的目的网络号找到连接在本单位网络上的路由器。但此路由器在收到IP数据报后，再按目的网络号和子网号找到目的子网，把IP数据报交付目的主机。

总之，当没有划分子网时，IP地址是两级结构。划分子网后IP地址变成了三级结构。划分子网只是把IP地址的主机号这部分进行再划分，而不改变IP地址原来的网络号。需要注意的是，原子网号不能全为0或全为1，现在随着无分类编址CIDR的广泛使用，子网号也可以全0或全1了，但要求路由器有软件支持。无论IPV4还是CIDR，主机号全0或全1都不能分配。主机号全0是子网网络号，主机号全1是子网广播地址。

（2）子网掩码

从IP数据报的首部无法看出源主机或目的主机所连接的网络是否进行了子网的划分，若要解决这个问题，就需要子网掩码。

子网掩码与IP地址对应，是一个32位的二进制数，其中1的部分对应网络地址（网络号和子网号），0的部分对应主机地址（主机号）。只需将IP地址与其对应的子网掩码按位进行逻辑“与”运算，就可以得到相应子网的网络地址（网络号）。

现在互联网的标准规定：所有的网络都必须使用子网掩码，同时在路由器的路由表中也必须有子网掩码这一栏。如果一个网络不划分子网，那么该网络的子网掩码就使用默认子网掩码。默认子网掩码中1的位置和IP地址中的网络号字段net-id正好相对应。因此，若用默认子网掩码和某个不划分子网的IP地址逐位相“与”（AND），就应当能够得出该IP地址的网络地址来。这样做可以不用查找该地址的类别位就能知道这是哪一类的IP地址。

显然，A类地址的默认子网掩码是255.0.0.0，或0xFF000000。

B类地址的默认子网掩码是255.255.0.0，或0xFFFF0000。

C类地址的默认子网掩码是255.255.255.0，或0xFFFFFF00。

使用子网掩码后，主机除了设置IP地址，还必须设置子网掩码；一个子网下的所有主机和路由器对应端口，有相同子网掩码。

使用子网划分后，路由表必须包含以下三项内容：目的网络地址、子网掩码和下一跳地址。

在划分子网的情况下，路由器转发分组的算法如下：

① 从收到的数据报的首部提取目的IP地址D。

② 先判断是否为直接交付。对路由器直接相连的网络逐个进行检查：用各网络的子网掩码和D逐位相"与"（AND操作），看结果是否和相应的网络地址匹配。若匹配，则把分组进行直接交付（当然还需要把D转换成物理地址，把数据报封装成帧发送出去），转发任务结束。否则就是间接交付，执行③。

③ 若路由表中有目的地址为D的特定主机路由，则把数据报传送给路由表中所指明的下一跳路由器；否则，执行④。

④ 对路由表中的每一行（目的网络地址，子网掩码，下一跳地址），用其中的子网掩码和D逐位相"与"，其结果为N。若N与该行的目的网络地址匹配，则把数据报传送给该行指明的下一跳路由器；否则，执行⑤。

⑤ 若路由表中有一个默认路由，则把数据报传送给路由表中所指明的默认路由器；否则，报告转发分组出错。

（3）CIDR

CIDR（Classless Inter-Domain Routing）就是无分类域间路由选择，也称为无分类编址，它完全放弃了传统的分类IP地址表示法，是在变长子网掩码的基础上使用软件实现超网构造的一种IP地址划分方法，在一定程度上解决了路由表项目过多过大的问题。

CIDR最主要的特点有两个：

1）CIDR消除了传统的A类、B类和C类地址以及划分子网的概念，因而能更加有效地分配IPv4的地址空间，并且在新的IPv6使用之前容许互联网的规模继续增长。CIDR把32位的IP地址划分为前后两个部分。前面部分是"网络前缀"（network-prefix）（或简称为"前缀"），用来指明网络，后面部分则用来指明主机。因此CIDR使IP地址从三级编址（使用子网掩码）又回到了两级编址，但这已是无分类的两级编址。其记法是：

IP地址::=<网络前缀>，<主机号>}

CIDR使用"斜线记法"（slash notation），或称为CIDR记法，即在IP地址后面加上斜线"/"，然后写上网络前缀所占的位数。

2）CIDR把网络前缀都相同的连续的IP地址组成一个"CIDR地址块"。只要知道CIDR地址块中的任何一个地址，就可以知道这个地址块的起始地址（即最小地址）和最大地址，以及地址块中的地址数。

为了更方便地进行路由选择，CIDR使用32位的地址掩码（address mask）。地址掩码由一串1和一串0组成，而1的个数就是网络前缀的长度。虽然CIDR不使用子网了，但由于目前仍有一些网络还使用子网划分和子网掩码，因此CIDR使用的地址掩码也可继续称为子网掩码。例如，/20地址块的地址掩码是：11111111111111111111000000000000（20个连续的1）。斜线记法中，斜线后面的数字就是地址掩码中1的个数。

由于一个CIDR地址块中有很多地址，所以在路由表中就利用CIDR地址块来查找目的网络。这种地址的聚合常称为路由聚合（route aggregation），它使得路由表中的一个项目可以表示原来传统分类地址的很多个（例如上千个）路由。路由聚合旨在缩小路由器中路由选择表的规模，以节省内存，并缩短IP对路由选择表进行分析以找出前往远程网络的路径所需的时间，因此路由聚合也称为构成超网（supernetting）。路由聚合有利于减少路由器之间的路由选择信息的交换，从而提高了整个互联网的性能。

在使用CIDR时，由于采用了网络前缀这种记法，IP地址由网络前缀和主机号这两个部分组成，因此在路由表中的项目也要有相应的改变。这时，每个项目由“网络前缀”和“下一跳地址”组成。但是在查找路由表时可能会得到不止一个匹配结果。这时，应当从匹配结果中选择具有最长网络前缀的路由。这叫做最长前缀匹配（longest-prefix matching），这是因为网络前缀越长，其地址块就越小，因而路由就越具体（more specific）。最长前缀匹配又称为最长匹配或最佳匹配。

使用CIDR后，由于要寻找最长前缀匹配，使路由表的查找过程变得更加复杂了。路由表的项目数很大时，怎样设法减小路由表的查找时间就成为一个非常重要的问题。为了进行更加有效的查找，通常是把无分类编址的路由表存放在一种层次的数据结构中，然后自上而下地按层次进行查找。这里最常用的就是二叉线索（binary trie），它是一种特殊结构的树。IP地址中从左到右的比特值决定了从根节点逐层向下层延伸的路径，而二叉线索中的各个路径就代表路由表中存放的各个地址。

4.4.4 ARP协议、DHCP协议与ICMP协议

（1）ARP协议

地址解析协议ARP（Address Resolution Protocol）是用来解决已知一个主机的IP地址（32位）找出其相应硬件地址（48位）的问题的，方法是在主机ARP高速缓存中存放一个从IP地址到硬件地址的映射表，并且这个映射表还经常动态更新（新增或超时删除）。每一台主机都设有一个ARP高速缓存（ARP cache），里面有本局域网上的各主机和路由器的IP地址到硬件地址的映射表，这些都是该主机目前知道的一些地址。也就是说ARP实现IP地址到MAC地址的映射。

ARP工作在网络层，它的工作原理如下。当主机A要向本局域网上的某台主机B发送IP数据报时，就先在其ARP高速缓存中查看有无主机B的IP地址。如有，就在ARP高速缓存中查出其对应的硬件地址，再把这个硬件地址写入MAC帧，然后通过局域网把该MAC帧发往此硬件地址；如果没有，主机A就自动运行ARP，然后按以下步骤找出主机B的硬件地址：① ARP进程在本局域网上广播一个ARP请求分组，如图4-6（a）所示。② 在本局域网上的所有主机上运行的ARP进程都收到此ARP请求分组。③ 主机B的IP地址与ARP请求分组中要查询的IP地址一致，就收下这个ARP请求分组，并向主机A发送ARP响应分组，同时在这个ARP响应分组中写入自己的硬件地址；由于其余的所有主机的IP地址都与ARP请求分组中要查询的IP地址不一致，因此都不理睬这个ARP请求分组，见图4-6（b）。④ 主机A收到主机B的ARP响应分组后，就在其ARP高速缓存中写入主机B的IP地址到硬件地址的映射。至此，主机A找到了主机B的硬件地址。

需要注意的是，ARP是解决同一个局域网上的主机或路由器的IP地址和硬件地址的映射问题。如果所要找的目的主机和源主机不在同一个局域网上，那么就需要通过ARP先找到与源主机连接在同一局域网上的某个路由器的硬件地址，然后把IP数据报传送给这个路由器，该路由器从转发表中找到下一跳路由器，后续的工作就由下一个网络按照类似的方法处理，直至解析出目的主机的硬件地址，使IP数据报最终交付给目的主机。尽管ARP请求分组是广播，如图4-6（a）所示，但ARP响应分组是普通的单播，如图4-6（b）所示，即从一个源地址发送到一个目的地址。

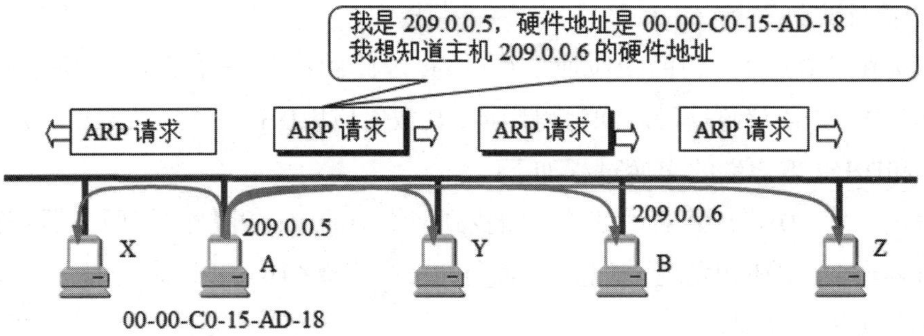

（a）主机A广播发送ARP请求分组

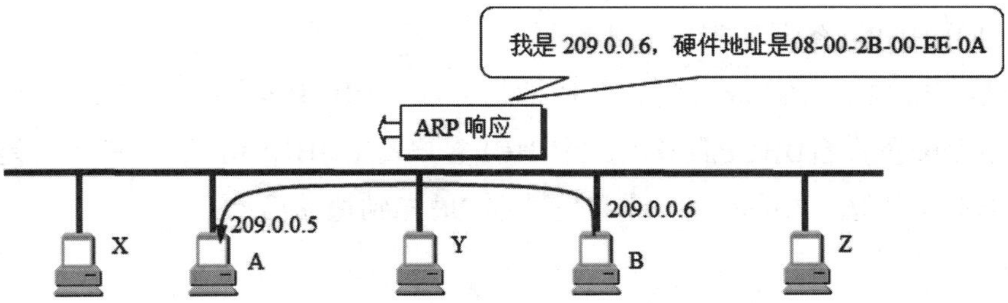

（b）主机B向A发送ARP响应分组

图4-6 地址解析协议ARP的工作原理

使用ARP的四种典型情况可以归纳如下：

1）发送方是主机，要把IP数据报发送到同一个网络上的另一台主机。这时源主机广播ARP请求分组，找到目的主机的硬件地址。

2）发送方是主机，要把IP数据报发送到另一个网络上的一台主机。这时源主机用ARP找到本网络上的一个路由器的硬件地址。剩下的工作由该路由器来完成。

3）发送方是路由器，要把IP数据报转发到本网络上的主机。这时路由器用ARP找到目的主机的硬件地址。

4）发送方是路由器，要把IP数据报转发到另一个网络上的一个主机。这时该路由器通过ARP找到本网络上的一个路由器的硬件地址。剩下的工作由找到的这个路由器来完成。

从IP地址到硬件地址的解析是自动进行的，主机的用户并不知道这个过程。只要主机或路由器要和本网络上的另一个已知IP地址的主机或路由器进行通信，ARP协议就会自动地把这个IP地址解析为链路层所需要的硬件地址。

（2）DHCP协议

动态主机配置协议DHCP（Dynamic Host Configuration Protocol）是应用层协议，使用UDP工作，它提供了一种机制，称为即插即用连网（plug-and-play networking），允许一台计算机加入新的网络和获取 IP地址而不用手工参与。DHCP主要用途是给主机动态地分配IP地址，也给网络管理员提供了一种中央管理的手段。

DHCP使用客户/服务器方式。需要IP地址的主机在启动时就向DHCP服务器广播发送发现报文（将源IP地址设为全0，即0.0.0.0；目的IP地址置为全1，即255.255.255.255），这时该主机就成为DHCP客户。发送广播报文是因为现在还不知道DHCP服务器在哪里，因此要发现DHCP服务器的IP地址。这样，在本地网络上的所有主机都能够收到这个广播报文，但只有DHCP服务器才应答此广播报文。DHCP服务器先在其数据库中查找该计算机的配置信息。若找到，则返回找到的信息。若找不到，则从服务器的IP地址池中取一个地址分配给该计算机。

DHCP服务器分配给DHCP客户的IP地址是临时的，因此DHCP客户只能在一段有限的时间内使用这个分配到的IP地址。DHCP协议称这段时间为租用期，其数值应由DHCP服务器自己决定。

DHCP服务器和DHCP客户端的交换过程如下：

1）DHCP客户机广播“DHCP发现”消息，试图找到网络中的DHCP服务器，服务器获得一个IP地址。

2）DHCP服务器收到“DHCP发现”消息后，就向网络中广播“DHCP提供”消息，其中包括提供DHCP客户机的IP地址和相关配置信息。

3）DHCP客户机收到“DHCP提供”消息，如果接受DHCP服务器所提供的相关参数，则通过广播“DHCP请求”消息向DHCP服务器请求提供IP地址。

4）DHCP服务器广播“DHCP确认”消息，将IP地址分配给DHCP客户机。

DHCP允许网络上配置多台DHCP服务器，当DHCP客户发出DHCP请求时，就有可能收到多个应答信息。这时，DHCP客户只会挑选其中的一个，通常是挑选“最先到达的信息”。

（3）ICMP协议

网际控制报文协议ICMP（Internet Control Message Protocol）是网络层协议，主要用于报告数据包无法传递差错以及对差错的解释信息,它允许主机或路由器报告差错情况和提供有关异常情况的报告，以便能更有效地转发IP数据报和提高交付成功的机会。ICMP报文作为IP层数据报的数据，加上数据报的首部，组成IP数据报发送出去。

ICMP报文的种类有两种，即ICMP差错报告报文和ICMP询问报文。ICMP差错报告报文共有以下几种，即：

1）终点不可达：当路由器或主机不能交付数据报时就向源点发送终点不可达报文。

2）时间超过：当路由器收到生存时间为零的数据报时，除丢弃该数据报外，还要向源点发送时间超过报文。当终点在预先规定的时间内不能收到一个数据报的全部数据报片时，就把已收到的数据报片都丢弃，并向源点发送时间超过报文。

3）参数问题：当路由器或目的主机收到的数据报的首部中有的字段的值不正确时，就丢弃该数据报，并向源点发送参数问题报文。

4）改变路由（重定向）：路由器把改变路由报文发送给主机，让主机知道下次应将数据报发送给另外的路由器（可通过更好的路由）。

5）源点抑制：当路由器或主机由于拥塞而丢弃数据报时，向源点发送源点抑制报文，使源点知道应当把数据报的发送速率放慢。注意，由于ICMP标准不断更新，源点抑制报文已经不再使用[①]。

下面是不应发送ICMP差错报告报文的几种情况。

① 对ICMP差错报告报文，不再发送ICMP差错报告报文。

② 对第一个分片的数据报片的所有后续数据报片，都不发送ICMP差错报告报文。

③ 对具有多播地址的数据报，都不发送ICMP差错报告报文。

④ 对具有特殊地址（如127.0.0.0或0.0.0.0）的数据报，不发送ICMP差错报告报文。

ICMP询问报文有回送请求和回答报文、时间戳请求和回答报文、掩码地址请求和回答报文、路由器询问和通告报文等四种类型，常用的是前两种。

① 回送请求和回答：ICMP回送请求报文是由主机或路由器向一个特定的目的主机发出的询问。收到

① 在此特别说明是因为2010年全国联考中考查过这个知识点，以后考查的概率很小。

此报文的主机必须给源主机或路由器发送ICMP回送回答报文。这种询问报文用来测试目的站是否可达以及了解其有关状态。

② 时间戳请求和回答：ICMP时间戳请求报文是请某台主机或路由器回答当前的日期和时间。

ICMP的典型应用是常见的两个应用，即ping和tracert（或Traceroute）。ping用来测试两个主机之间的连通性，使用了ICMP请求与回答报文，它工作在应用层，直接使用了网络层的ICMP，而未使用传输层的TCP或UDP。tracert（或Traceroute）使用了ICMP时间超过报文，可以用来跟踪分组经过的路由，它工作在网络层。

4.4.5 真题与习题精编

● 单项选择题

1. 某网络的IP地址空间为192.168.5.0/24，采用定长子网划分，子网掩码为255.255.255.248，则该网络中的最大子网个数、每个子网内的最大可分配地址个数分别是（ ）。【全国联考2010年】

A. 32，8　B. 32，6　C. 8，32　D. 8，30

2. 若路由器R因为拥塞丢弃IP分组，则此时R可向发出该IP分组的源主机发送的ICMP报文类型是（ ）。【全国联考2010年】

A. 路由重定向　B. 目的不可达　C. 源点抑制　D. 超时

3. 在子网192.168.4.0/30中，能接收目的地址为192.168.4.3的IP分组的最大主机数是（ ）。【全国联考2011年】

A. 0　B. 1　C. 2　D. 4

4. 某主机的IP地址为180.80.77.55，子网掩码为255.255.252.0。若该主机向其所在子网发送广播分组，则目的地址可以是（ ）。【全国联考2012年】

A. 180.80.76.0　B. 180.80.76.255　C. 180.80.77.255　D. 180.80.79.255

5. ARP的功能是（ ）。【全国联考2012年】

A. 根据IP地址查询MAC地址　B. 根据MAC地址查询IP地址

C. 根据域名查询IP地址　D. 根据IP地址查询域名

6. 在TCP/IP体系结构中，直接为ICMP提供服务的协议是（ ）。【全国联考2012年】

A. PPP　B. IP　C. UDP　D. TCP

7. 某路由器的路由表如下所示：【全国联考2015年】

目的网络	下一跳	接口
169.96.40.0/23	176.1.1.1	S1
169.96.40.0/25	176.2.2.2	S2
169.96.40.0/27	176.3.3.3	S3
0.0.0.0/0	176.4.4.4	S4

若路由器收到一个目的地址为169.96.40.5的IP分组，则转发该IP分组的接口是（ ）。

A. Sl　B. S2　C. S3　D. S4

8. 如下图所示，假设H1与H2的默认网关和子网掩码均分别配置为192.168.3.1和255.255.255.128，H3和H4的默认网关和子网掩码均分别配置为192.168.3.254和255.255.255.128，则下列现象中可能发生的是（ ）。【全国联考2016年】

A. H1不能与H2进行正常IP通信　　　　B. H2与H4均不能访问Internet

C. H1不能与H3进行正常IP通信　　　　D. H3不能与H4进行正常IP通信

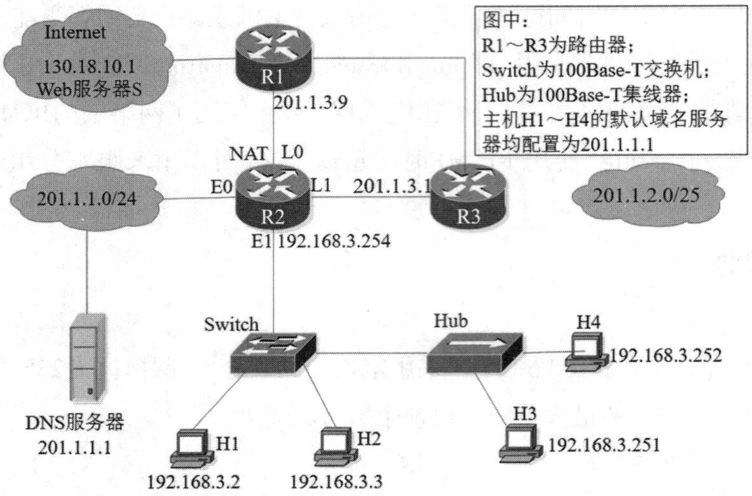

9. 在上题图中，假设连接R1、R2和R3之间的点对点链路使用地址201.1.3.x/30，当H3访问Web服务器S时，R2转发出去的封装HTTP请求报文的IP分组是源IP地址和目的IP地址，它们分别是（　）。

【全国联考2016年】

A. 192.168.3.251，130.18.10.1　　　　B. 192.168.3.251，201.1.3.9

C. 201.1.3.8，130.18.10.1　　　　D. 201.1.3.10，130.18.10.1

10. 若将网络21.3.0.0/16划分为128个规模相同的子网，则每个子网可分配的最大IP地址个数是（　）。【全国联考2017年】

A. 254　　B. 256　　C. 510　　D. 512

11. 下列IP地址中，只能作为IP分组的源IP地址但不能作为目的IP地址的是（　）。

【全国联考2017年】

A. 0.0.0.0　　B. 127.0.0.1　　C. 200.10.10.3　　D. 255.255.255.255

12. 某路由表中有转发接口相同的4条路由表项，其目的网络地址分别为35.230.32.0/21、35.230.40.0/21、35.230.48.0/21和35.230.56.0/21，将该4条路由聚合后的目的网络地址为（　）。

【全国联考2018年】

A. 35.230.0.0/19　　B. 35.230.0.0/20　　C. 35.230.32.0/19　　D. 35.230.32.0/20

13. 若将101.200.16.0/20划分为5个子网，则可能的最小子网可分配的IP地址数是（　）。

【全国联考2019年】

A. 126　　B. 254　　C. 510　　D. 1022

14. 若路由器向MTU=800B的链路转发一个总长度为1580B的IP数据报（首部长度为20B）时，进行了分片，且每个分片尽可能大，则第2个分片的总长度字段和MF标志位的值分别是（　）。

【全国联考2021年】

A. 796，0　　B. 796，1　　C. 800，0　　D. 800，1

15. 一主机的IP地址为172.20.72.24，子网掩码为255.255.192.0，当该主机在子网内发送广播数据报时，IP数据报中的目的地址为（　）。【北京邮电大学2016年】

A. 172.20.72.255　　B. 172.20.255.255　　C. 172.20.64.255　　D. 172.20.127.255

16. 下列选项中，可作为IP数据报头中源IP地址的是（　）。【北京邮电大学2017年】

A. 246.0.0.1　B. 264.0.0.1　C. 255.255.255.255　D. 0.0.0.0

17. 某主机的IP地址为157.109.123.215，子网掩码为255.255.240.0，向这台主机所在子网发送广播数据包时，IP数据包中的目的地址为（　）。【北京邮电大学2018年】

A. 157.109.127.255　B. 157.109.255.255　C. 157.109.102.0　D. 157.109.0.0

18. IP地址134.120.101.200，其对应的子网掩码是255.255.255.240，该子网对应的广播地址是（　）【桂林电子科技大学2018年】

A. 134.120.101.207　B. 134.120.101.255　C. 134.120.101.193　D. 134.120.101.223

19. ARP协议的作用是由IP地址求MAC地址，ARP请求是广播发送，ARP响应是（　）发送。【西北工业大学2013年】

A. 单播　B. 组播　C. 广播　D. 点播

20. 以下合法的C类IP地址是（　）。【重庆邮电大学2017年】

A. 102.106.1.1　B. 190.220.1.15　C. 202.205.18.11　D. 254.206.2.2

21. 某部门申请到一个C类IP地址，若要分成8个子网，其掩码应为（　）。【华中科技大学2018年】

A. 255.255.255.255　B. 255.255.255.0　C. 255.255.255.224　D. 255.255.255.192

22. 下面IP地址中，分配给主机的A类地址是（　）。【南京大学2013年】

A. 126.255.255.255　B. 126.0.0.0　C. 126.0.0.1　D. 128.0.0.1

23. 下列地址中，属于子网86.32.0.0/12的地址是（　）。【浙江海洋大学2018年】

A. 86.33.224.123　B. 86.79.65.126　C. 86.79.65.216　D. 86.68.206.154

24. ARP协议的主要功能是（　）。【河南师范大学2014年】

A. 将MAC地址解析为IP地址　B. 将IP地址解析为物理地址

C. 将主机名解析为IP地址　D. 将IP地址解析为主机域名

25. 设有下面4条路由：190.170.129.0/24、190.170.130.0/24、190.170.132.0/24和190.170.133.0/24。如果进行路由汇聚，能覆盖这4条路由的地址是（　）。【桂林电子科技大学2015年】

A. 190.170.128.0/21　B. 190.170.128.0/22

C. 190.170.130.0/22　D. 190.170.132.0/23

26. 如果IPv4分组太大，则会在传输中被分片，那么在（　）将对分片后的数据包重组。【沈阳工业大学2016年】

A. 中间路由器　B. 下一跳路由器　C. 核心路由器　D. 目的端主机

27. 某端口的IP地址为172.16.7.131/26，则该IP所在网络的广播地址是（　）。【沈阳工业大学2016年】

A. 172.16.7.255　B. 172.16.7.129　C. 172.16.7.191　D. 172.16.7.252

28. 为了确定一个网络是否可以连通，主机应该发送ICMP（　）报文。【沈阳工业大学2016年】

A. 回声请求　B. 路由重定向　C. 时间戳请求　D. 地址掩码请求

29. IPv4地址192.255.255.0是一个（　）。【南京大学2017年】

A. 子网掩码　B. 网段地址　C. 主机地址　D. 错误的地址

30. IPv4地址标记192.218.36.0/24所定义的子网包含可用的IP单机地址数为（　）。【南京大学2018年】

A. 24　B. 254　C. 255　D. 256

31. IP地址202.117.17.254/22是什么地址？（　）【沈阳工业大学2017年】

A. 物理地址　B. 主机地址　C. 组播地址　D. 广播地址

32. 公司得到一个B类的网络地址块，需要划分成若干个包含1000台主机的子网，则可以划分成（　）个子网。【沈阳工业大学2017年】

A. 100　B. 64　C. 128　D. 500

33. 关于ICMP协议，下面的描述正确的是（　）。【沈阳工业大学2017年】

A. 通过ICMP可以找到与MAC地址对应的IP地址

B. 通过ICMP可以把全局地址转换为本地地址

C. ICMP是用于动态分配IP地址

D. ICMP可传送IP通信过程中出现的错误信息

34. CIDR的主要目标是（　）。【重庆大学2015年】

A. 划分子网　B. 构造超网　C. 内部网关路由　D. 外部网关路由

35. 当一个IP分组直接进行交付时，要求发送站和目的站具有相同的（　）。【浙江工商大学2015年】

A. IP地址　B. 主机号　C. 网络号　D. 子网地址

36. IP地址为140.111.0.0的B类网络，若要切割为9个子网，而且都要连上Internet，请问子网掩码设为（　）。【浙江工商大学2015年】

A. 255.0.0.0　B. 255.255.0.0　C. 255.255.128.0　D. 255.255.240.0

37. IPv4地址202.119.32.255是一个（　）。【南京大学2016年】

A. C类网的主机地址　B. C类网的网段地址

C. C类网的广播地址　D. C类网的子网掩码

38. 地址（　）是回送地址。【浙江工商大学2015年】

A. 125.1.2.3　B. 126.4.5.6　C. 127.7.8.9　D. 128.0.0.1

39. 某公司申请到一个C类IP地址，但要连接6个子公司，最大的一个子公司有26台计算机，每个子公司在一个网段中，则子网掩码应设为（　）。【浙江工商大学2016年】

A. 255.255.255.0　B. 255.255.255.128　C. 255.255.255.192　D. 255.255.255.224

40. ICMP协议数据单元封装在（　）中发送。【杭州电子科技大学2017年】

A. IP数据报　B. TCP报文　C. 以太帧　D. UDP报

41. 假设一个应用产生80个字节的数据，且这个80个字节的数据先被封装在一个TCP数据段中，然后在被封装到一个IP数据包（IPv4），则应用程序的数据占多大的百分比？（　）。

【杭州电子科技大学2017年】

A. 66.7%　B. 80%　C. 33.3%　D. 100%

42. 下列与地址152.7.77.159及152.31.47.252都匹配的是（　）。【杭州电子科技大学2017年】

A. 152.40.0.0/13　B. 153.40.0.0/9　C. 152.64.0.0/12　D. 152.0.0.0/11

43. 如果子网182.8.32.0/20再划分为182.8.32.0/26，则下面的结论正确的是（　）。

A. 划分为1024个子网　B. 每个子网有64台主机

C. 每个子网有62台主机　D. 划分为2044个子网

44. 对ARP协议描述正确的是（　）。

A. ARP封装在IP数据报的数据部分　B. ARP是采用广播方式发送的

C. ARP是用于地址到域名的转换　　　　D. 发送ARP包需要知道对方的MAC地址

45. 主机A向主机B发送IP分组，途中经过了6个路由器，那么，在IP分组的发送和转发过程中，共使用ARP协议的次数是（　）。

A. 1　　B. 5　　C. 6　　D. 7

46. 现有一个长度为3020 B的IP数据报（固定头部20 B），该IP数据报如在最大帧长度为1518 B的以太网中进行传输，那么为了正确传输，最后一个IP数据分片的数据大小是（　）。

A. 20 B　　B. 30 B　　C. 40 B　　D. 50 B

47. 假设一个开启NAT模式的路由器的公网地址为205.56.79.35，并且有如下表项，那么当该路由器收到一个IP地址为192.168.32.56端口为21的分组后，其动作是（　）。

转换端口	源IP地址	源端口
2056	192.168.32.56	21
2057	192.168.32.56	20
1892	192.168.48.26	80
2256	192.168.55.106	80

A. 将源IP地址转换为205.56.79.35，端口转换为2056后发送到公网

B. 添加一个新的条目，将源IP地址和端口发送到公网

C. 直接将分组转发到公网

D. 不转发，丢弃该分组

48. 在对IP数据报进行分片时，分片报头与源报文报头可能不相同的字段为（　）。

A. 源IP地址　　B. 目的IP地址　　C. 标志　　D. 标识

49. 在IP数据报中，片偏移字段表示本片数据在初始IP数据报数据区的位置。该偏移量以多少字节为单位（　）。

A. 2　　B. 4　　C. 8　　D. 10

50. 如果一台主机的IP地址为202.168.0.18，子网掩码为255.255.255.240，那么该主机所在网络的网络号占IP地址的位数是（　）。

A. 24　　B. 26　　C. 27　　D. 28

● 综合应用题

1. 某网络拓扑图如下图所示，路由器R1通过接口E1、E2分别连接局域网1、局域网2，通过接口L0连接路由器R2，并通过路由器R2连接域名服务器与互联网。R1的L0接口的IP地址是202.118.2.1；R2的L0接口的IP地址是202.118.2.2，L1接口的IP地址是130.11.120.1，E0接口的IP地址是202.118.3.1；域名服务器的IP地址是202.118.3.2。

【全国联考2009年】

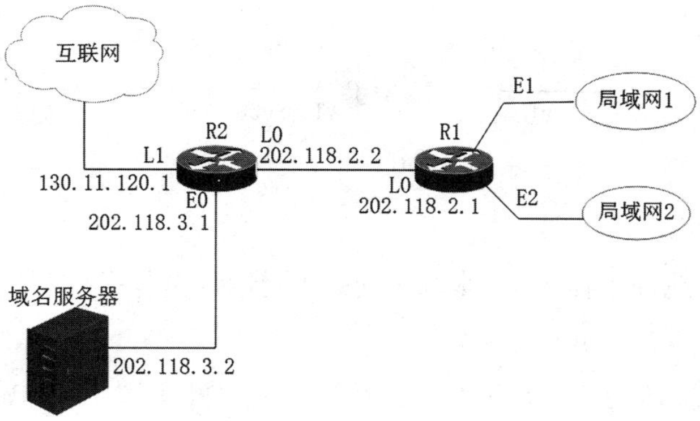

R1和R2的路由表结构如下：

目的网络IP地址	子网掩码	下一跳IP地址	接口

（1）将IP地址空间202.118.1.0/24划分为两个子网，分别分配给局域网1和局域网2，每个局域网需分配的IP地址数不少于120个。请给出子网划分结果，说明理由或给出必要的计算过程。

（2）请给出R1的路由表，使其明确包括到局域网1的路由、局域网2的路由、域名服务器的主机路由和互联网的路由。

（3）请采用路由聚合技术，给出R2到局域网1和局域网2的路由。

2. 某网络拓扑如下图所示，其中路由器内网接口、DHCP服务器、WWW服务器与主机1均采用静态IP地址配置，相关地址信息见图中标注；主机2~主机N通过DHCP服务器动态获取IP地址等配置信息。

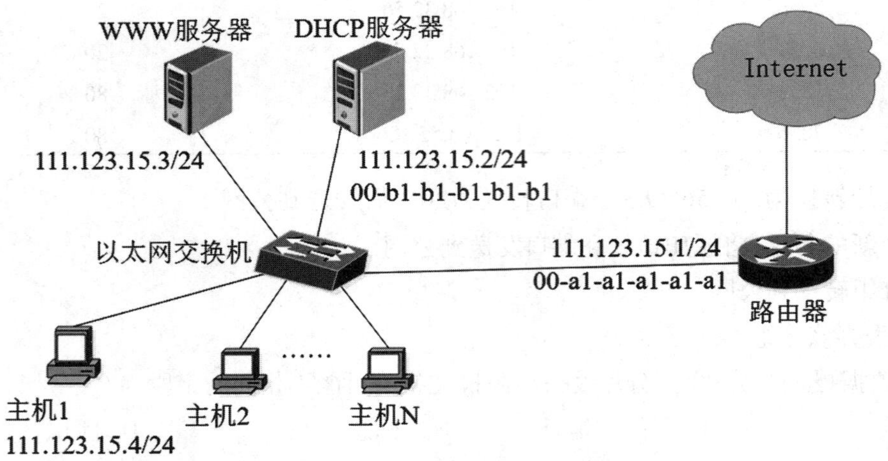

回答下列问题：【全国联考2015年】

（1）DHCP服务器可为主机2~*N*动态分配IP地址的最大范围是什么？主机2使用DHCP获取IP地址的过程中，发送的封装DHCP Discover报文的IP分组的源IP地址和目的IP地址分别是多少？

（2）若主机2的ARP表为空，则该主机访问Internet时，发出的第一个以太网帧的目的MAC地址是什么？封装主机2发往Internet的IP分组的以太网帧的目的MAC地址是什么？

（3）若主机1的子网掩码和默认网关分别配置为255.255.255.0和111.123.15.2，则该主机是否能访问WWW服务器？是否能访问Internet？请说明理由。

3. 某公司的网络如下图所示。IP地址空间192.168.1.0/24均分给销售部和技术部两个子网，并已分别为部分主机和路由器接口分配了IP地址，销售部子网的MTU=1500 B，技术部子网的MTU=800 B。

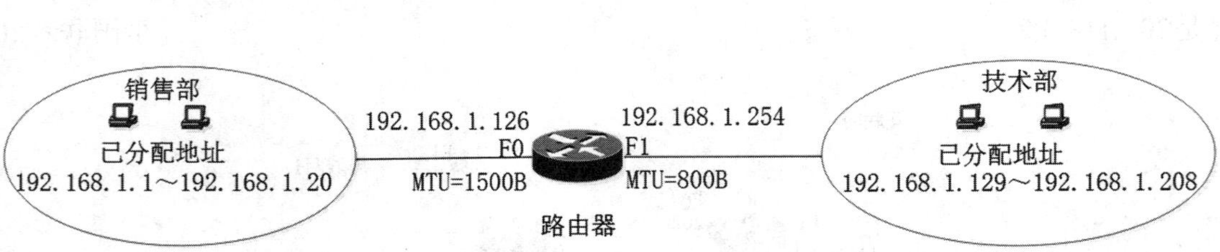

回答下列问题：【全国联考2018年】

（1）销售部子网的广播地址是什么？技术部子网的子网地址是什么？若每台主机仅分配一个IP地址，则技术部子网还可以连接多少台主机？

（2）假设主机192.168.1.1向主机192.168.1.208发送一个总长度为1500 B的IP分组，IP分组的头部长度为20 B，路由器在通过接口F1转发该IP分组时进行了分片。若分片时尽可能分为最大片，则一个最大IP分片封装数据的字节数是多少？至少需要分为几个分片？每个分片的片偏移量是多少？

4. 某网络拓扑如下图所示，其中R为路由器，主机H1~H4的IP地址配置以及R的各接口IP地址配置如图中所示。现有若干台以太网交换机（无VLAN功能）和路由器两类网络互连设备可供选择。

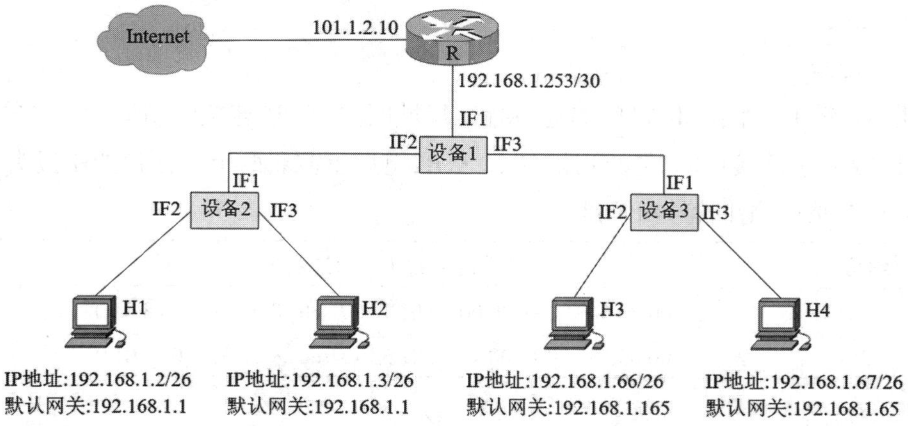

请回答下列问题： 【全国联考2019年】

（1）设备1、设备2和设备3分别应选择什么类型网络设备？

（2）设备1、设备2和设备3中，哪几个设备的接口需要配置IP地址？并为对应的接口配置正确的IP地址。

（3）为确保主机H1~H4能够访问Internet，R需要提供什么服务？

（4）若主机H3发送一个目的地址为192.168.1.127的IP数据报，网络中哪几个主机会接收该数据报？

5. 某校园有两个局域网，通过路由R1、R2和R3互联后接入INTERNET。S1和S2为以太网交换机。局域网采用静态IP地址配置。路由器部分接口以及各主机的IP地址如图所示：

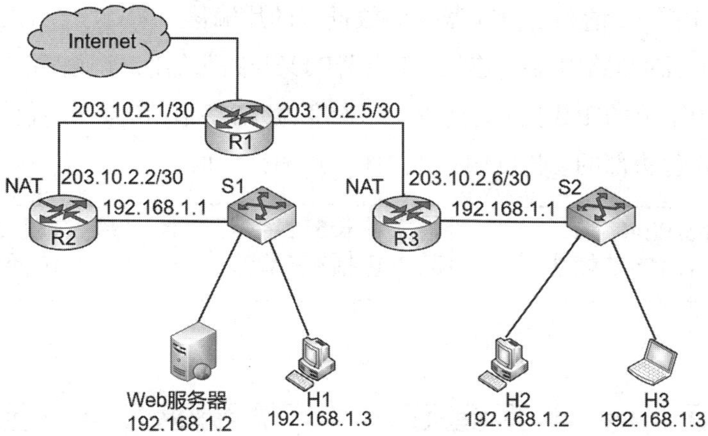

假设NAT转换表结构为：

外网		内网	
IP地址	端口号	IP地址	端口号

请回答下列问题： 【全国联考2020年】

（1）为使H2和H3能够访问Web服务器（使用默认端口号），需要进行什么配置？

（2）若H2主动访问Web服务器时，将HTTP请求报文封装的IP数据报P中发送，则H2发送P的源IP地址和目的IP地址分别是多少？经过R3转发后P的源IP地址和目的IP地址分别是多少？经过R2转发后，P的源IP地址和目的IP地址分别是多少？

6. 有如下4个/24地址块，试进行最大可能的聚合。

212.56.132.0/24

212.56.133.0/24

212.56.134.0/24

212.56.135.0/24

7. 假设路由器R存在两个接口，接口R1连接标准局域网，接口R2连接限制最大传输单元（MTU）的局域网，现在一个IP数据包从接口R1转发到接口R2，从R2链路上截获两个数据包的IP报头，如下表所示。IP分组头结构如下图所示。请回答如下问题：

编号	IP分组内容（十六进制）
1	45 00 00 64　00 1e 20 00　ff 01 18 27　c0 a8 01 01　c0 a8 01 02
2	45 00 00 58　00 1e 00 1e　ff 01 38 15　c0 a8 01 01　c0 a8 01 02

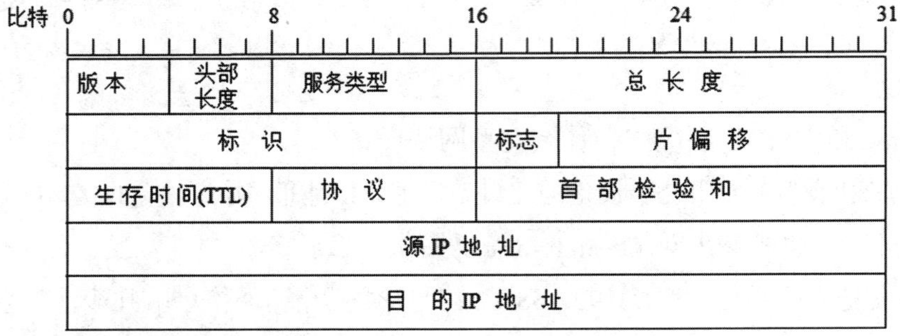

（1）接口R2的最大传输单元是多少？

（2）所传输的IP数据包的数据大小是多少？分为了几个IP分片？

（3）根据截获的IP报头，请确定没有截获的数据报的片偏移。

8. 如下图所示，主机A与路由器R1连接，路由器R1又与路由器R2连接，路由器R2与主机B连接。现主机A要给主机B发送920字节的IP数据（包括IP头后长度为940字节，IP头部不包括任何选项）。请写出三条链路上传输的每一个IP包头部的总长度、标识、MF和片偏移的值。　　【解放军信息工程大学2016年】

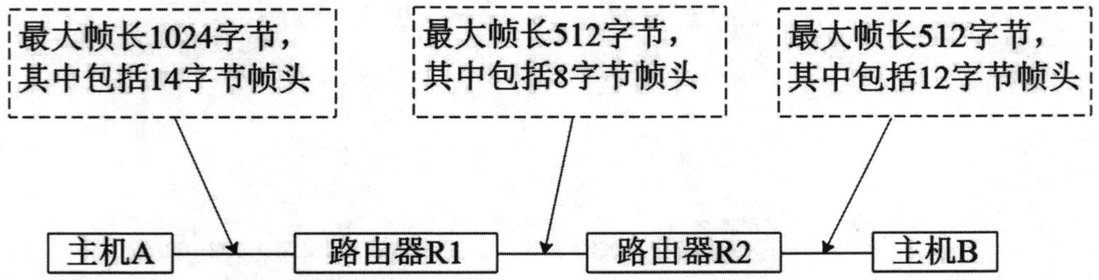

9. 设有四台主机A、B、C、D都处在同一个物理网络中，且具有共同的子网掩码255.255.255.224，它们的IP地址依次为：198.156.28.118、198.156.28.126、198.156.28.138、198.156.28.206。请回答下列问题：

（1）A、B、C、D 四台主机之间哪些可以直接通信？哪些需要通过设置网关（或路由器）才能通信？

（2）若要加入第5台主机E，使它能够与D直接通信，其IP地址的设定范围是多少？

（3）不改变A主机的物理位置，将其IP改为198.156.28.188，试问它的直接广播地址和本地广播地址各是多少？若使用本地广播地址发送信息，请问哪些主机能够收到？

（4）若要使主机A、B、C、D在这个网上都能够直接通信，可采取什么办法？

10. 某公司有一个C类网络201.2.3，共有A、B、C和D四个子公司，准备划分子网。A、B、C、D四个子公司内的主机数分别是72台、36台、18台、22台。

（1）给出一种可能的子网掩码安排来完成子网划分。

（2）如果子公司D的主机数目增加到34台，那么又该怎么做？

11. 设某路由器R建立了路由表，如下表所示。此路由器可以直接从接口0和接口1转发分组，也可以通过相邻的路由器R2、R3和R4进行转发。

目的网络地址	子网掩码	下一跳
201.118.0.0	255.255.255.224	接口0
202.118.10.1	255.255.255.0	接口1
201.118.0.244	255.255.255.240	R2
190.168.19.0	255.255.255.192	R3
*（默认）	0.0.0.0	R4

现共收到4个分组，其目的站的IP地址分别为：

（1）202.118.0.19　　（2）190.168.19.202

（3）202.118.10.244　　（4）202.118.0.250

请分别计算其下一跳，并写出简单运算过程。

12. 有一个ISP拥有201.101.64.0/18地址块，某大型公司需要约1000个IP地址，希望分配到该公司下辖5个分公司。问：

（1）该ISP拥有的地址块相当于多少个C类地址；

（2）该公司分得的地址块至少是ISP地址块的几分之几才满足要求？

（3）该公司可分得的IP地址块是什么？

13. 将一个C类地址198.55.120.0/24划分成6个等长子网，问：

（1）子网号长度应该取多少？

（2）各子网可分配的物理地址分别是什么？

（3）要把这些子网划分成等量的两个部分再进行地址汇聚，两个汇聚地址是多少？

4.4.6 答案精解

● 单向选择题

1.【答案】B

【精解】依据题意，因为该网络的IP地址空间为192.168.5.0/24，所以，网络号为前24位，后8位为：子网号+主机号。又因为该地址块采用定长子网划分，子网掩码为255.255.255.248，所以将最低字节值248转换成对应的二进制为11111000，由此可见，后8位中，前5位用来划分子网，为子网号，在CIDR中可以表示的子网数为2^5=32；后3位用于主机位，最大可分配的主机地址是2^3−2=6个（去除全0和全1的地址）。所以，选项B为正确答案。这里需要强调，对于分类的IPv4地址进行子网划分时，子网号不能使用全0和全1，但是CIDR是可以使用全0和全1的。CIDR本质上并不是划分子网，尽管形式上比较像。准确地说，CIDR应该是划分地址块。

2.【答案】C

【精解】ICMP差错报告报文分5种类型，其中源点抑制指的是当路由器或主机由于拥塞而丢弃数据报时，向源点发送源点抑制报文，使源点知道应当把数据报的发送速率放慢。所以，选项C符合题意，为正确答案。

3.【答案】C

【精解】首先分析题中给出网络192.168.4.0/30，子网号占30位，主机号只占2位，地址范围为192.168.4.0~192.168.4.3，主机号全1时，即192.168.4.3为广播地址，也就是题目中所说的目的地址。主机号去除全0和全1，网络中一共两个主机（192.168.4.1和192.168.4.2）可接收到该广播地址。所以选项C为正确答案。

4.【答案】D

【精解】通过分析题意可以发现，本题其实就是求该网络的广播地址。首先，可以判断给出的IP地址为B类地址（IP地址第一字节为180）；其次，从子网掩码255.255.252.0可以判断该网络从主机位拿出6位作子网号（252对应二进制为11111100）。最后可知，主机位为10位（B类地址，两级划分时后16位为主机号，借去6位作子网号后还剩10位）。将题目中给出的IP地址180.80.77.55的后两个字节转换为二进制数为：01001101 00110111将主机位（后十位）全置为1，前面为网络号不变，可得01001111 11111111，转换成十进制数为79.255。故，该网络的广播地址为180.80.79.255。所以选项D为正确答案。

5.【答案】A

【精解】ARP用于解决同一局域网上的主机或路由器的IP地址和硬件地址（数据链路层MAC地址）的映射问题，将网络层的IP地址解析为MAC地址。所以选项A为正确答案。

6.【答案】B

【精解】ICMP是网络层协议，ICMP报文作为IP层数据报的数据，加上数据报的首部，组成IP数据报发送出去。也就是说ICMP报文作为数据字段封装在IP分组中被发送。因此IP直接为ICMP提供服务。UDP和TCP是传输层协议，为应用层提供服务。PPP是链路层协议，为网络层提供服务。所以，选项B为正确答案。

7.【答案】C

【精解】依据“最长前缀匹配原则”题目中的169.96.40.5与169.96.40.0的前27位匹配最长，所以选项C为正确答案。注意，选项D为默认路由，只有当前面的所有目的网络都不能和分组的目的IP地址匹配时才会使用。

8.【答案】C

【精解】从题中子网掩码设置情况可知，H1和H2处于同一网段、H3和H4处于同一网段，分别可以进行正常的IP通信，所以选项A和D错误。从图中可以看出，R2的E1接口的IP地址为192.168.3.254，为H4的默认网关，所以H4可以通过R2正常访问Internet。而H2的默认网关为192.168.3.1，从图看必须经过R2的E1接口才能访问外网，所以H2不能访问Internet。所以选项B错误。用排除法可知，选项C为正确答案。选项C为“H1不能与H3进行正常IP通信”，说法正确。这是因为，H1和H3处于不同网段（从子网掩码可以看出），需要通过路由器才能进行正常的IP通信，而H1的默认网关为192.168.3.1，但R2的E1接口的IP地址为192.168.3.254（为H3的默认网关），无法进行通信，所以H1和H3不能进行正常的IP通信。综上，选项C为正确答案。

9.【答案】D

【精解】由题意可知，连接R1、R2和R3之间的点对点链路使用的地址为201.1.3.x/30，其子网掩码为255.255.255.252，R1的一个接口的IP地址为201.1.3.9，所以把低位字节十进制数9转换为对应的二进制数为0000 1001（由201.1.3.x/30可知，IP地址对应的二进制的后两位为主机号，除去全0和全1分别表示网络本身和本网络的广播地址，都不能用于源IP地址或目的IP地址。这时的IP地址分别为201.1.3.8和201.1.3.11）。除了201.1.3.9外，只有IP地址为201.1.3.10可以作为源IP地址使用。综上，选项D为正确答案。

10.【答案】C

【精解】由题设可知，网络21.3.0.0/16分别有16位网络号和主机号，平均分成128个规模相同的子网，每个子网有7位的子网号，9位的主机号。除去一个全0的网络地址和全1的广播地址，可分配的最大IP地址个数是$2^9-2=510$，所以选项C为正确答案。

11.【答案】A

【精解】IP地址 0.0.0.0/32 可作为本主机在本网络上的源地址，不能作为目的地址；127.0.0.1是回环地址，以它为目的IP地址的数据将被立即返回本机；200.10.10.3是C类IP地址，既可以做源地址也可以作为目的地址；255.255.255.255是广播地址，只能作为目的地址。综上，选项A为正确答案。

12.【答案】C

【精解】对于此类已知地址块求最大可能地址聚合的问题，首先要观察这些地址块中相同的字节，然后考虑不同的字节，需要转换为二进制后找共同前缀。本题中，四个地址块中的第1、2字节相同，考虑它们的第3字节。

$32=(00100000)_2$

$40=(00101000)_2$

$48=(00110000)_2$

$56=(00111000)_2$

所以第三字节最多有3位（001）相同（从前向后），这3位是能聚合的最大位数。将这些加上原网络前缀中相同的16位共19位。将这些位保留，剩余的都置0，可得聚合后的IP地址为35.230.32.0/19。所以选项C为正确答案。

13.【答案】B

【精解】题中需要划分5个子网，而且要计算的是可能的最小子网的可分配的IP地址数量，这就需要计算子网号占位最多的情况（也就是主机位最少的情况）。对于变长子网划分，子网掩码向后移动1位，子网是原来网络的1/2，要满足题意，需要对子网进行二次划分（类似二分法），则子网掩码在题目已知的基础上需要向后移动4位，这也是可能的最小子网，此时子网号占20+4=24位，主机号占8位，因此可能的最小子网的可分配的IP地址数是$2^8-2=254$（减2是减去主机位全0和全1的情况）。所以，选项B是正确答案。注意，题中是变长子网划分，若按定长子网划分的方法很容易误选C。

14. 【答案】B

【精解】本题考查数据报的分片。MTU=800B即最大传输速率是800B，数据报总长度为1580B。去掉首部20B，还剩1560B，最大为800，再加上除最后一分片外，其他分片长度必须为8的整数倍，即796，分片尽可能大，意味着分3片（要考虑首部20B），前2片长度为796，MF在IP数据报中FLAGS中的分片标志位，位于IP数据报中的第50比特位，MF=1即表示后面“还有分片”的数据报。MF=0表示这已是若干数据报片中的最后一个。第2片后有分片，MF=1。故本题答案为B。

15.【答案】D

【精解】题中子网掩码的前两个字节为全1，第3个字节为11000000，可知前18位为子网号，后14位为主机号。IP地址的第三个字节为01001000（下划线为子网号的一部分），将后14位主机号全置1，可以得到广播地址为172.20.127.255。所以选项D为正确答案。

16.【答案】D

【精解】选项A是E类地址，保留为今后使用，不作为源IP地址使用；选项B是非法IP地址（注意，264>255）。根据RFC文档，0.0.0.0可以作为本主机在本网络上的源地址；255.255.255.255是广播地址，只能作为目的地址；因此，选项D是正确答案。

17.【答案】A

【精解】题中子网掩码的前两个字节为全1，第3个字节的二进制为11110000，可知前20位为子网号，后12位为主机号。IP地址的第三个字节为123，转换为二进制为01111011（下划线为子网号的一部分），将后12位主机号全置为1，可以的到广播地址为157.109.127.255.。所以选项A为正确答案。

18.【答案】A

【精解】题中子网掩码的前三个字节为全1，将第4个字节的240转换为二进制为11110000，可知前28位为子网号，后4位为主机号。IP地址的第4个字节200对应的二进制是11001000（下划线为子网号的一部分），将后4位主机号全置为1，可得广播地址为134.120.101.207。所以选项A为正确答案。

19.【答案】A

【精解】ARP请求分组是广播发送的，但ARP响应分组是普通的单播，即从一个源地址发送到一个目的地址。所选项A为正确答案。

20.【答案】C

【精解】在分类的IP地址中，C类地址网络号字段最前面的1~3位为110，第一个可指派的网络号是192.0.1，最后一个可指派的网络号是223.255.255。对照题中选项，可知选项C为正确答案。

21.【答案】C

【精解】C类IP地址默认网络号是前3个字节，最后一个字节是主机号。题中要划分为8个子网，就要从主机位中取出3位作为子网号，此时子网掩码为11111111.11111111.11111111.11100000，转换为十进制为255.255.255.224。所以选项C为正确答案。

22.【答案】C

【精解】在分类的IP地址中，A类地址的网络号使用范围是1~126，所以排除选项D。其他几个选项中，A和B是特殊的主机号全1（广播地址）和全0（网络地址）的地址，不能分配给主机使用。而C符合题意。所以选项C为正确答案。

23.【答案】A

【精解】依据题意，子网号占前12位，主机号占20位。注意题中选项第一个字节都是86。第二个字节32对应的二进制是00100000（下划线为子网号的一部分）则第二个字节的前4位是0010 后面4位从0000~1111，则数值范围为00100000~00101111，对应十进制是32~47。所以选项A为正确答案。

24.【答案】B

【精解】ARP将IP地址解析为MAC地址，选项A将MAC地址解析为IP地址的是RARP，DNS将主机域名解析为IP地址。所以选项B为正确答案。

25.【答案】A

【精解】将题目中给出的4条路由中IP地址的第三字节用二进制表示（因为前两个字节相同），分别为：10000001，10000010，10000100，10000101，可以发现它们的前五位相同，所以共同的前缀有21位。所以选项A为正确答案。

26.【答案】D

【精解】当要传输的分组太大被分片时，所有的分片（经过不同路径）都到达目的端主机后由该主机对分片后的数据包重组。这些分片在经过路由器时不会被重组，因为一个路由器收集不到一个分组的所有分片。所以选项D为正确答案。

27.【答案】C

【精解】根据题意可知，子网号占26位，将IPv4地址最后一位十进制数131用二进制表示为10000011（下划线为子网号的一部分，后面6位是主机号），广播地址是主机位全为1，对应为10111111（对应十进制191）。因此，选项C为正确答案。

28.【答案】A

【精解】网络连通性测试可以用ping命令，该命令通过发送ICMP的回声请求报文来测试是否和目的主机连通。所以选项A为正确答案。

29.【答案】B

【精解】因为C类IP地址的范围中，第一个和最后一个可指派的网络号分别是192.0.1和223.255.255。所以题中给出的192.255.255.0是一个C类地址，C类网络每个网络中最大主机数是2^8-2，即去除了主机位是全0（代表网络地址）和全1（代表广播地址）的情况，显然192.255.255.0是网段地址。所以选项B为正确答案。

30.【答案】B

【精解】题中IPv4地址192.218.36.0/24是CIDR记法，即在IP地址后面加上斜线“/”，然后写上网络前缀所占的位数。由于网络前缀共占24位，所以主机位占8位，除去全0和全1的特殊情况，子网中可用的IP单机地址数为$2^8-2=254$。所以选项B是正确答案。

31.【答案】B

【精解】将题中的IP地址后两位用二进制表示为202.117.00010001.11111110/22,可知这是一个主机地址，网络号为201.117.00010000.00000000，即201.117.16.0。所以选项B是正确答案。

32.【答案】B

【精解】要求可以划分的子网数，只需要求子网号占了几位即可。因为题目中要划分的子网包括1000台主机，所以主机位要占10位（$2^9<1000<2^{10}$）。因为B类地址的网络号和主机号各占16位，所以现在子网号（从主机号中占用）共16−10=6位，所以可以划分$2^6=64$个子网。

33.【答案】D

【精解】RARP可以找到MAC地址对应的IP地址；NAT协议可以把全局地址转换为本地地址；DHCP协议动态分配IP；ICMP报文中的差错报告报文可以传送IP通信过程中出现的错误信息。所以选项D为正确答案。

34.【答案】B

【精解】CIDR就是无分类域间路由选择，也称为无分类编址，它完全放弃了传统的分类IP地址表示法，是在变长子网掩码的基础上使用软件实现超网构造的一种IP地址划分方法，可以将若干网络聚合为一个更大规模的网络。所以选项B为正确答案。

35.【答案】C

【精解】因为直接交付IP分组不用经过网关，需要发送站和目的站处于同一个网络，即具有相同的网络号。所以选项C为正确答案。

36.【答案】D

【精解】因为B类网络网络号和主机号各占16位，现要划分子网，需要从主机号中借用若干位作为子网号。题中要切割为9个子网，$2^3<9<2^4$，所以需要从主机位中借用4位作为子网号，此时子网掩码为255.255.11110000.00000000，即255.255.240.0。所以选项D为正确答案。

37.【答案】C

【精解】根据题中的IPv4地址的第一个字节202可知这是一个C类地址，结合C类地址默认子网掩码255.255.255.0和该地址最后一个字节是255（全1）可知，这是一个广播地址。所以选项C为正确答案。

38.【答案】C

【精解】点分十进制表示的IP地址中，第一个字节等于127的IP地址作为环回地址，这个地址可以用来测试机器的TCP/IP协议是否安装正常。注意，这里只强调了第一个字节。所以选项C为正确答案。

39.【答案】D

【精解】C类IP地址的主机位是8位，若要进行子网划分，需要从主机位中借位。最大的一个子网有26台主机，主机位应占5位二进制位，可以表示最大的主机数是$2^5-2=30$，所以占用3位作为子网号，因此子网掩码是255.255.255.11100000，即255.255.255.224。所以选项D为正确答案。

40.【答案】A

【精解】ICMP是网络层协议，从技术上说，它是一种差错报告机制，这种机制为路由器或目标主机提供一种方法，使它们在遇到差错时把差错报告给原始报源。ICMP是IP的一部分，通过IP来发送，作为IP数据报的数据，加上数据报的首部组成IP数据报发送出去。所以选项A为正确答案。

41.【答案】A

【精解】应用层数据经过传输层TCP会加上20个字节固定的首部，在网络层会把传输层的报文加上20字节固定的IP首部。因此应用程序的数据占比为80/（80+20+20）≈66.7%。所以选项A为正确答案。

42.【答案】D

【精解】将地址152.7.77.159及152.31.47.252进行聚合，通过观察重点考虑点分十进制的第二个字节，即7和31，转换为二进制后为00000111和00011111，前三位相同，可以得到聚合后的地址块152.0.0.0/11。所以选项D为正确答案。本题也可以将给出的地址152.7.77.159及152.31.47.252与四个选项中的子网掩码进行与运算，如果得到的网络号相同，则匹配。

43.【答案】C

【精解】首先明确题意是把已有子网进行二次划分，注意到原子网的网络号是前20位，二次划分后的网络号是26位，这就是说从原子网的主机位中拿出来6位作为子网号，因此可以划分$2^6=64$个子网，还剩6位为主机号，也就是有效主机位是$2^6-2=62$台主机（出去全0和全1）。所以选项C是正确答案。

44.【答案】B

【精解】当主机A要向本局域网上的某个主机B发送IP数据报时，就先在其ARP高速缓存中查看有无主机B的MAC地址，如果查询不到，ARP进程就需要在本局域网上广播发送一个ARP请求分组，所以ARP的请求报文是广播的，此时应该是本局域网上的所有主机都能够收到此ARP的请求分组。注意，虽然ARP请求分组是广播发送的，但ARP响应分组是普通的单播（即从一个源地址发送到一个目的地址）。ARP位于网络层，并没有和ICMP一样封装在数据报中，主要实现IP地址和MAC地址的转换，因此ARP报文在发送时并不知道对方的MAC地址。综上，选项B为正确答案。

45.【答案】D

【精解】注意，使用ARP协议的4种典型情况，见4.4.4节。主机A先通过ARP得到第一个路由器的MAC，之后每一个路由器转发前都通过ARP得到下一跳路由器的MAC，最后一跳路由器将IP包发给主机B前仍要通过ARP得到主机B的MAC，共7次。所以选项D为正确答案。

46.【答案】C

【精解】题中指明是以太网，以太网帧头是18 B，题中已知IP头为20 B，因此最大数据载荷是1518 B−18 B−20 B=1480 B，3020 B的IP数据报的数据部分是3020 B−20 B=3000 B，因此必须进行分片，3000 B=1480 B+1480 B+40 B共3片，最后一片的数据部分是40 B。所以选项C为正确答案。

47.【答案】A

【精解】NAT协议利用端口域来解决内网到外网的地址映射问题。任何时候当一个向外发送的分组进入到NAT服务器（或开启NAT的路由器）时，源地址被真实的公网地址（IP地址）所取代，而端口被转换成一个索引值（题中21被转换成2056），然后发送出去。注意，NAT表项需要管理员添加，这样才能控制一个内网到外网的连接。所以，选项A为正确答案。

48.【答案】C

【精解】在IP数据报报头中，源IP地址和目的IP地址分别表示该IP数据报的发送者和接收者的地址，在整个数据报传输过程中，无论经过什么路由，无论如何分片，这两个字段一直保持不变。在IP数据报报头中，标识、标志和片偏移三个字段与控制分片和重组有关。标识是源主机赋予IP数据报的标识符，用于判断分片属于哪个数据报，因此分片时，被分片的标识字段必然与源报文报头完全相同。标志字段是用来告诉目标主机该数据报是否已经分片，是否是最后一个分片，因此选项C为正确答案。

49.【答案】C

【精解】片偏移占13位，用于指出较长的分组在被分片后，某片在原分组中的相对位置。也就是说，相对用户数据字段的起点，该片从何处开始。片偏移以8字节为偏移单位，即每个分片的长度一定是8字节（64位）的整数倍。所以选项C是正确答案。

50.【答案】D

【精解】将子网掩码中的240转换为二进制后为11110000，因此子网占4个bit，网络号是202.168.0.16，对应二进制是28位。所以选项D是正确答案。

● 综合应用题

1.【答案精解】

（1）CIDR中的子网号可以全0或全1，但主机号不能全0或全1。因此，若将IP地址空间202.118.1.0/24划分为2个子网，且每个局域网需分配的IP地址个数不少于120个，则子网号至少要占用一位。

由$2^6-2<120<2^7-2$可知，主机号至少要占用7位。

由于源IP地址空间的网络前缀为24位，因此，主机号位数+子网号位数=8。

综上可得主机号位数为7，子网号位数为1。

因此子网的划分结果为，子网1：202.118.1.0/25，子网 2：202.118.1.128/25。

地址分配方案：子网1分配给局域网1，子网2分配给局域网2；或子网1分配给局域网2，子网2分配给局域网1。

（2）由于局域网1和局域网2分别与路由器R1的E1、E2接口直接相连，因此在R1的路由表中，目的网络为局域网1的转发路径是直接通过接口E1转发，目的网络为局域网2的转发路径是直接通过接口E1转发。

由于局域网1、2的网络前缀均为25位，因此它们的子网掩码均为255.255.255.128。

根据题意，R1专门为域名服务器设定了一个特定的路由表项，因此该路由表项中的子网掩码应为255.255.255.255。对应的下一跳转发地址是202.118.2.2，转发接口是L0。

根据题意，到互联网的路由实质上相当于一个默认路由，默认路由一般写作0/0，即目的地址为0.0.0.0，子网掩码为0.0.0.0。对应的下一跳转发地址是202.118.2.2，转发接口是L0。

综上可得路由器R1的路由表为：

（若子网1分配给局域网1，子网2分配给局域网2）

目的网络IP地址	子网掩码	下一跳IP地址	接口
202.118.1.0	255.255.255.128	–	E1
202.118.1.128	255.255.255.128	–	E2
202.118.3.2	255.255.255.255	202.118.2.2	L0
0.0.0.0	0.0.0.0	202.118.2.2	L0

（若子网1分配给局域网2，子网2分配给局域网1）

目的网络IP地址	子网掩码	下一跳IP地址	接口
202.118.1.128	255.255.255.128	–	E1
202.118.1.0	255.255.255.128	–	E2
202.118.3.2	255.255.255.255	202.118.2.2	L0
0.0.0.0	0.0.0.0	202.118.2.2	L0

（3）局域网1和局域网2的地址可以聚合为202.118.1.0/24，而对于路由器R2来说，通往局域网1和2的转发路径都是从L0接口转发，因此采用路由聚合技术后，路由器R2到局域网1和局域网2的路由为：

目的网络IP地址	子网掩码	下一跳IP地址	接口
202.118.1.0	255.255.255.0	202.118.2.1	L0

2.【答案精解】

（1）DHCP服务器可为主机2~主机N动态分配IP地址的最大范围是：111.123.15.5~111.123.15.254；主机2发送的封装DHCP Discover报文的IP分组的源IP地址和目的IP地址分别是0.0.0.0和255.255.255.255。

（2）主机2发出的第一个以太网帧的目的MAC地址是ff–ff–ff–ff–ff–ff；封装主机2发往Internet的IP分组的以太网帧的目的MAC地址是00–a1–a1–a1–a1–a1。

（3）主机1能访问WWW服务器，但不能访问Internet。由于主机1的子网掩码配置正确而默认网关IP地址被错误地配置为111.123.15.2（正确IP地址是111.123.15.1），所以主机1可以访问在同一个子网内的WWW服务器，但当主机1访问Internet时，主机1发出的IP分组会被路由到错误的默认网关（111.123.15.2），从而无法到达目的主机。

3.【答案精解】

（1）广播地址是网络地址中主机号全1的地址（主机号全0的地址代表网络本身）。销售部和技术部均分配了192.168.1.0/24的IP地址空间，IP地址的前24位为子网的网络号。于是在后8位中划分部门的子网，选择前1位作为部门子网的网络号。令销售部子网的网络号为0，技术部子网的网络号为1，则技术部子网的完整地址为192.168.1.128；令销售部子网的主机号全1，可以得到该部门的广播地址为192.168.1.127。

每台主机仅分配一个IP地址，计算目前还可以分配的主机数，用技术部可以分配的主机数减去已分配的主机数，技术部总共可以分配的计算机主机数为$2^7-2=126$（减去全0和全1的主机号）。已经分配了208-129+1=80台，此外还有1个IP地址（192.168.1.254）分配给了路由器的端口，因此还可以分配126-80-1=45台。

（2）判断分片的大小，需要考虑各个网段的MTU，而且注意分片的数据长度必须是8B的整数倍。由题可知，在技术部子网内，MTU=800 B，IP分组头部长20 B，最大IP分片封装数据的字节数为$\lfloor(800-20)/8\rfloor\times8=776$。至少需要的分片数为$\lceil(1500-20)/776\rceil=2$。第1个分片的偏移量为0；第2个分片的偏移量为776/8=97。

4.【答案精解】

（1）根据题意，图中H1和H2处于同一网段（192.168.1.0），用设备2实现互连，设备2是以太网交换机（无VLAN功能），H3和H4处于同一网段（192.168.1.64），用设备3实现互联，所以设备3是以太网交换机（无VLAN功能）。用设备1实现两个不同的网段互联，设备1应选取路由器。综上，设备1：路由器；设备2：以太网交换机；设备3：以太网交换机。

（2）观察题图，设备1的接口IF2，应为H1和H2的网关地址，即192.168.1.1 。同理，设备1的接口IF3为H3和H4的网关地址，即192.168.1.65。设备1的IF1接口和路由器R接口192.168.1.253/30处于同一网段，IF1的IP地址为192.168.1.254（因为从192.168.1.253/30可知，该网络中只有两个地址可以用，即192.168.1.253和192.168.1.254，需排除主机位全0和全1的情况。）综上，需要配置IP地址，设备1的IF1、IF2和IF3接口的IP地址分别是：192.168.1.254、192.168.1.1和192.168.1.65。

（3）注意到题中H1~H4的地址都是C类网络私有地址/保留地址（范围192.168.0.0~192.168.255.255），通过内部私有地址访问Internet，需要经过网络地址转换（NAT），因此R需要提供NAT服务。

（4）因为主机H3发送的目的地址192.168.1.127是主机H3和H4所在网络的广播地址，所以只有主机H4会接收该数据报。0

5.【答案精解】

（1）路由器R2开启NAT服务，当路由器R2从WAN口收到来自H2或H3发过来的数据时，根据NAT转换表发送至WEB服务器对应端口，R2的NAT转换表可设置如下：

外网		内网	
IP地址	端口号	IP地址	端口号
203.10.2.6	默认端口号	192.168.1.2	80
203.10.2.6	默认端口号	192.168.1.3	80

（2）H2发送P的源IP地址：192.168.1.2；目标IP地址：203.10.2.2。

R3转发后P的源IP地址：203.10.2.6；目标IP地址：203.10.2.2。

R2转发后P的源IP地址：203.10.2.6；目标IP地址是192.168.1.2。

6.【答案精解】

题目中给出的这几个地址的前两个字节都一样，因此，只需要比较第三个字节。

132的二进制表示是 10000100；

133的二进制表示是 10000101；

134的二进制表示是 10000110；

135的二进制表示是 10000111。

可以看出，第三字节前面6位都相同（用下划线来表示），只有最后两位不都一样。

因此，这4个地址的共同前缀是两个字节加上6位，共22位。即：

11010100 00111000 100001

最大可能的聚合的CIDR地址块是：212.56.132.0/22。

7.【答案精解】

在IP分组头结构里面和分片相关的字段主要有三个，如题图所示。

① 标识字段，用于标识数据报。当数据报长度超过网络最大传输单元MTU时，必须进行分片，并且需要为分割段提供标识。所有属于同一数据报的分割段被赋予相同的标识值。

② 标志字段，后两位最低位记为MF。MF=1表示后面“还有分片”的数据报。当MF=0时，表示这是最后一个分片。标志中间的一位记为DF，DF=1,表示不能分片，只有当DF=0时才允许分片。

③ 片偏移，用以指出该分段在数据报中的相对位置，即相对于用户数据字段的起点，该片从何处开始。注意，片偏移以8 B为偏移单位。

针对第一个报文可以得到，IP报头总长度是100 B（对应十六进制0064），这个总长度包含报头和数据部分，因此MTU是100 B，然后从第一个报文中还可以得出，IP的片偏移是0（对应报文中20后的00），因此第一个报文是分片的第一个分片。从第二个报文可以得出，IP的片偏移是240（十六机制1 e，对应十进制30，乘以8 B，即240 B），数据总长度为88 B（十六进制0058），注意包含了20个字节的头部长度。再看标志位MF是0，是最后一个分片，因此可以得到原始数据包的大小是240+68=308（B），其中68是数据总长度88 B减去固定头部长度20 B。因为MTU是100 B，因此308 B必须分为4片。

由上分析可知，截获的两个分片是第一个分片和最后一个分片，因此没有截获的是中间的两个IP分片。分片时，注意版本，头部长度、服务类型、标识字段，TTL、协议、源IP地址和目的地址必须是一致的。因为一个分片片偏移是0，最后一个片偏移是240，原始数据包是308字节，MTU是100。所以，第二个片偏移是80，第三个片偏移是160。

综上可知：

（1）接口R2的最大传输单元是100 B。

（2）所传输的IP数据包大小是308 B，分为4个IP分片。

（3）第二和第三个分片的片偏移分别是80和160。

8.【答案精解】

（1）从题图可知，A→R1的链路支持的最大IP数据报长度为1024−14=1010 B；

R1→R2的链路支持的最大IP数据报长度为512−8=504 B；

R2→B的链路支持的最大IP数据报长度为512−12=500 B。

（2）从题目可知，IP数据报的总长度为940 B，减去固定首部20 B，数据部分为920 B。该IP数据报分片处理如下：

A→R1的链路：该链路支持的最大IP数据报1010 B>940 B，所以不需分片。

R1→R2的链路：这段链路支持的最大IP数据报是504 B，920 B>504 B，所以需要进行分片处理。具体如下，首先要注意，除了最后一个分片，每一个分片的长度是8字节的整数倍。此链路中，支持的IP数据报的最大长度为504−20=484 B，又因为支持的是8的整数倍，所以IP数据报的数据字段长度为480 B。

因此，该链路上分片如下图所示。

第一个数据报分片：总长度500 B，标识=X，MF=1，片偏移=0/8=0。

第二个数据报分片：总长度460 B，标识=X，MF=0，片偏移=480/8=60。

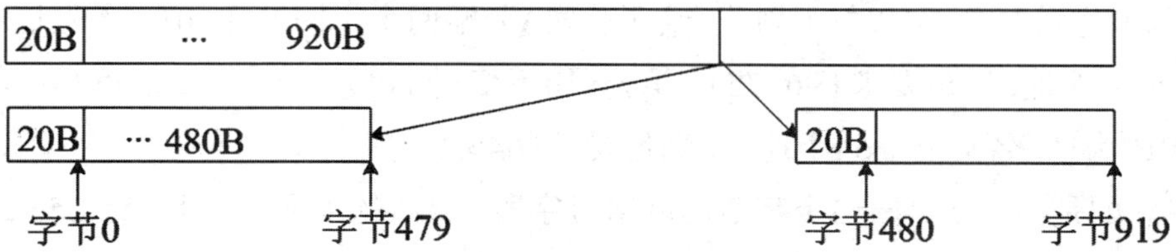

R2→B的链路：由于这段链路支持的最大IP数据报长度为500 B，大于等于上面的两个数据报分片，所以不需分片。

9.【答案精解】

（1）从题意可知，子网掩码为255.255.255.224，子网和第4个字节有关，转换为二进制为255.255.255.11100000（为简便起见，这里采用十进制和二进制混写的方式，下同）。

把主机A、B、C、D的IP地址也如上类似地进行转换，并和子网掩码作“与”运算，可以求出其网络地址如下：

	主机地址		网络地址
A	198.156.28.118	198.156.28.01110110	198.156.28.96
B	198.156.28.126	198.156.28.01111110	198.156.28.96
C	198.156.28.138	198.156.28.10001010	198.156.28.128
D	198.156.28.206	198.156.28.11001110	198.156.28.192

只有处于同一个网络的主机之间才可以直接通信，因此只有A和B之间可以直接通信，C和D，以及它们分别和A和B的通信必须通过设置网关或路由器才可以通信。

（2）如果要加入第5台主机E，使它能够与D直接通信，那么主机E必须位于和D相同的网段内，即198.156.28.192，这样地址范围是198.156.28.11000001~198.156.28.11011110（注意，这里子网号占3位，后面的主机号排除了全0和全1的情况），即198.156.28.193~198.156.28.222，当然要除去主机D占用的IP地址（198.156.28.206）。

（3）A主机的IP地址变为198.156.28.188，即198.156.28.10111100，那么它所处的网络为198.156.28.160（这是与子网掩码255.255.255.224进行与运算的结果）。由定义直接广播地址是主机号为全“1”，用于任何网络向该网络上所有主机发送报文，每个子网的广播地址则是直接广播地址，所以直接广播地址为198.156.28.10<u>111111</u>（下划线主机号为全1），即198.156.28.191。本地广播地址，又称为有限广播地址，它的32位全为“1”，用于该网络不知道网络号时内部广播。因此主机A的本地广播地址是255.255.255.255，若使用本地广播地址发送信息，所有主机都能够收到。

（4）若希望4台主机直接通信，则这四台主机必须处于同一网络中，只要把这四台主机的地址聚合后构成一个超网即可。从（1）中列出的4台主机的IP地址可以看出，包含的最大网络前缀是24，因此可以修改子网掩码为255.255.255.0，这样4台主机就处于一个网络中，可以直接通信。

10.【答案精解】

（1）每个子公司分配一个子网，根据各自主机数可知，名义上各子公司的子网大小分别是：2^7（=128）、2^6（=64）、2^5（=32）和2^5（=32）。

IP地址的最高位是0表示子网A，最高位是10表示子网B，最高位是110表示子网C，最高位是111表示子网D。显然，这里须采用可变长子网掩码，因此，子网A的子网掩码是255.255.255.128，子网B的子网掩码是255.255.255.192，子网C和子网D的子网掩码相同，为255.255.255.224。

（2）子公司D主机数增加到34台时，上面子网划分无法满足要求，因为上面子网划分中子网D最多可容纳32台主机。为了达到要求，可以如下划分。给子公司A分配两个子网01和001，名义上分别是64个地址和32个地址，共96个地址，满足要求（96>72）；子公司B不变，同（1）；子公司C改为000，名义上大小是32个地址；子公司D改为11，名义上是64个地址，满足要求（64>34）。

本题需要注意的是，C类地址有3个字节的网络号字段，默认的子网掩码是255.255.255.0。题中有四个子公司，如果将C类网络划分为4个相等的子网，则需要借用主机位2位作为子网号，那么每个子网中最大的主机数是$2^6-2=62$，无法满足题中子公司A内主机数的要求（因为72>62）。

11.【答案精解】

在划分子网的情况下，路由器转发分组的算法中主要是将目的IP地址与子网掩码逐位相“与”（AND操作），然后看结果是否和相应的网络地址匹配，从而确定分组的下一跳。

（1）202.118.0.19 AND 255.255.255.224=202.118.0.0

查R的路由表可知为直接交付（与第一行目的网络地址匹配），下一跳是接口0。

（2）190.168.19.202 AND 255.255.255.192=190.168.19.192

查R的路由表可知（与前四行目的网络地址都不匹配），下一跳为默认路由R4。

（3）202.118.10.244 AND 255.255.255.0=202.118.10.0

查R的路由表可知为直接交付（匹配第二行目的网络地址），下一跳是接口1。

（4） 202.118.0.250 AND 255.255.255.224=202.118.0.224

202.118.0.250 AND 255.255.255.240=202.118.0.240

查R的路由表可知（与前四行目的网络地址都不匹配），下一跳为默认路由R4。

12.【答案精解】

（1）该ISP拥有的地址块201.101.64.0/18，相当于$2^6=64$个C类网络。

（2）由于该公司拥有约1000台上网的机器，而$2^9=512<1000<1024=2^{10}$，即该公司IP地址块的主机位数至少为10位，掩码为255.255.11111100.0，即255.255.248.0，相当于ISP的IP地址块的$2^{-4}=1/16$。

（3）ISP所能提供的地址块是201.101.01000000.0~201.101.01001111.0，即201.101.64.0~201.101.79.0。

13.【答案精解】

（1）根据题目中C类地址198.55.120.0/24可知，主机号占8位，要分成6个等长子网，需要借3位作为子网号（因为$2^2<6<2^3$），所以子网号长度应取3。

（2）由上可知，子网号位3，那么主机位为5位，每个子网可以有$2^5=32$个IP地址，除去全0的网络地址和全1的广播地址，每个子网可分配的32−2=30个IP地址。于是，6个子网可分配的网络地址分别为：

子网1：198.55.120.33~198.55.120.62

子网2：198.55.120.65~198.55.120.94

子网3：198.55.120.97~198.55.120.126

子网4：198.55.120.129~198.55.120.158

子网5：198.55.120.161~198.55.120.190

子网6：198.55.120.193~198.55.120.222

（3）子网1、子网2、子网3的汇聚地址为198.55.120.0/25。

子网4、子网5、子网6的汇聚地址为198.55.120.128/25。

4.5 IPv6

4.5.1 IPv6的主要特点

IPv4取得了极大的成功，但IPv4地址资源的紧张限制了Internet的进一步发展，网络地址转换NAT、无类域间路由CIDR、可变长子网掩码VLSM等技术的使用仅仅暂时缓解了IPv4地址紧张，但不是根本解决办法。解决IP地址耗尽的根本措施就是采用具有更大地址空间的新版本的IP，即IPv6。

和IPv4相比，IPv6的主要特点如下：

1）更大的地址空间。IPv6把地址从IPv4的32位增大到128位，使地址空间增大了2^{96}倍。

2）扩展的地址层次结构。IPv6由于地址空间很大，因此可以划分为更多的层次。

3）灵活的首部格式。IPv6定义了许多可选的扩展首部，不仅可提供比IPv4更多的功能，而且还可提高路由器的处理效率，这是因为路由器对扩展首部不进行处理（除逐跳扩展首部外）。

4）改进的选项。IPv6允许数据报包含有选项的控制信息，因而可以包含一些新的选项。但IPv6的首部长度是固定的，其选项放在有效载荷中。

5）允许协议继续扩充。因为技术总是在不断地发展（如网络硬件的更新）而新的应用也还会出现。

6）支持即插即用（即自动配置）。因此IPv6不需要使用DHCP。

7）支持资源的预分配。IPv6支持实时视像等要求保证一定的带宽和时延的应用。

8）IPv6首部长度必须是8B的整数倍。

IPv6数据报由两大部分组成，即基本首部和后面的有效载荷。有效载荷也称为净负荷。有效载荷允许有零个或多个扩展首部，再后面是数据部分（图4-7）。但请注意，所有的扩展首部并不属于IPv6数据报的首部。

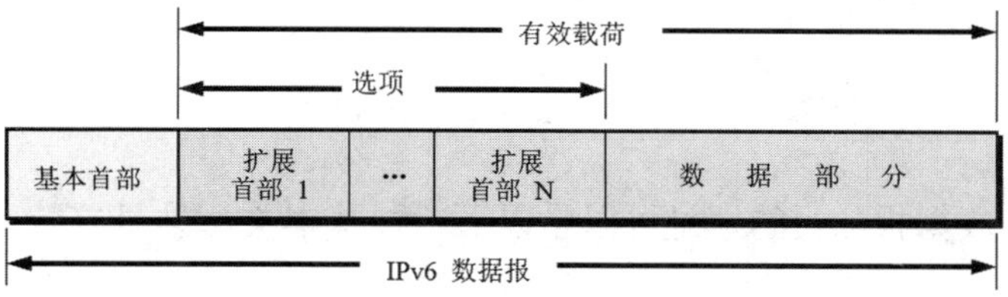

图4-7 具有多个可选扩展首部的IPv6数据报的一般形式

IPv6首部相对于IPv4首部有较大的改变，如图4-8所示。

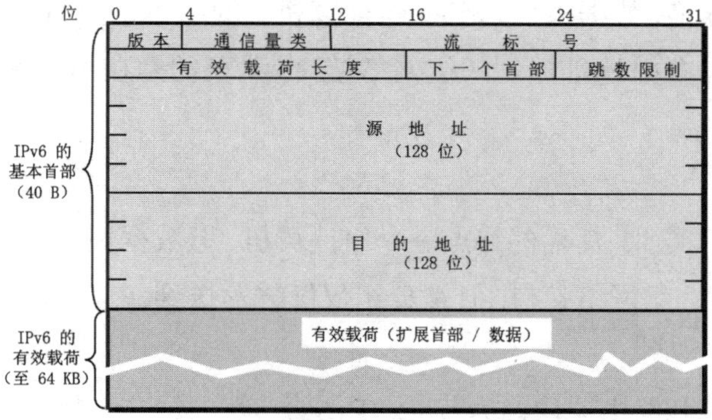

图4-8 40字节长的IPv6基本首部

1）版本（version）：占4位。它指明了协议的版本，对IPv6该字段是6。

2）通信量类（traffic class）：占8位，这是为了区分不同的IPv6数据报类别或优先级。

3）流标号（flow label）：占20位。IPv6提出流（flow）的抽象概念。所谓“流”就是互联网络上从特定源点到特定终点（单播或多播）的一系列数据报（如实时音频或视频传输），而在这个“流”所经过的路径上的路由器都保证指明的服务质量。所有属于同一个流的数据报都具有同样的流标号。因此，流标号对实时音频/视频数据的传送特别有用。对于传统的电子邮件或非实时数据，流标号则没有用处，把它置为0即可。

4）有效载荷长度（payload length）：占16位。它指明IPv6数据报除基本首部以外的字节数（所有扩展首部都算在有效载荷之内），这个字段的最大值是64 KB（65535字节）。

5）下一个首部（next header）：占8位。它相当于IPv4的协议字段或可选字段。

6）跳数限制（hop limit）：占8位。用来防止数据报在网络中无限期地存在。源点在每个数据报发出时即设定某个跳数限制（最大为255跳）。每个路由器在转发数据报时，要先把跳数限制字段中的值减1。当跳数限制的值为零时，就要把这个数据报丢弃。

7）源地址：占128位。是数据报的发送端的IP地址。

8）目的地址：占128位。是数据报的接收端的IP地址。

IPv6的扩展首部有6种：① 逐跳选项首部（Hop - by - Hop Options header），定义需要逐跳处理的特殊选项；② 路由首部（Routing header），提供扩展路由，类似于IPv4的源路由；③ 片段首部（Fragment header），包含分片和重组信息；④ 认证首部（Authentication header），提供数据完整性和认证；⑤ 封装安全负载首部（Encapsulation Security Payload header），提供私密性；⑥ 目标选项首部（Destionation Option header），包含要在目标节点检查的可选信息。每一个扩展首部都由若干个字段组成，它们的长度也各不同。但所有扩展首部的第一个字段都是8位的“下一个首部”字段。此字段的值指出了在该扩展首部后面的字段是什么。当使用多个扩展首部时，应按以上的先后顺序出现。高层首部总是放在最后面。即IPv6多个扩展首部出现顺序是IPv6首部、Hop-by-Hop选项首部、路由首部、片段首部、认证首部、封装安全负载首部和目标选项首部。

4.5.2 IPv6地址

一般来讲，一个IPv6数据报的目的地址可以是以下三种基本类型地址之一。

（1）单播（unicast）

单播就是传统的点对点通信，单播地址标识单个网络接口。

（2）多播（multicast）

多播是一点对多点的通信，数据报发送到一组计算机中的每一个。IPv6没有采用广播的术语，而是将广播看作多播的一个特例。多播地址标识一组网络接口，典型的是在不同的位置，可以把一个分组发送给在该组中所有的网络接口。

（3）任播（anycast）

任播是IPv6增加的一种类型。任播的终点是一组计算机，但数据报只交付其中的一个，通常是距离最近的一个。任播地址也标识一组网络接口，但是分组仅仅被发送到在该组中的一个网络接口，通常是离发送方最近的一个接口。

IPv6把实现IPv6的主机和路由器均称为节点。IPv6给节点的每一个接口指派一个IP地址。一个节点可以有多个单播地址，而其中任何一个地址都可以当作到达该节点的目的地址。

IPv6地址128位长，用冒号十六进制记法表示，即用冒号将128位分割成8个16位的部分，每个部分包括4位的16进制数字。在冒号十六进制记法中，允许把数字前面的0省略（如6000:0000:0000:0000:00D0:0234:ABCD:89A0可表示为6000:0:0:0:D0:234:ABCD:89A0），也允许零压缩（zero compression），即一连串连续的零可以为一对冒号（::）所取代，并规定在任一地址中只能使用一次零压缩，如6000:0000:0000:0000:00D0:234:ABCD:89A0可表示为6::D0:234:ABCD:89A0。

冒号十六进制记法可结合使用点分十进制记法的后缀。CIDR的斜线表示法仍然可用。

IPv4向IPv6过渡可以采用两种策略，即使用双协议栈和隧道技术。双协议栈是指在完全过渡到IPv6之前，使一部分主机（或路由器）装有双协议栈：一个IPv4和一个IPv6。因此双协议栈主机（或路由器）既能够和IPv6的系统通信，又能够和IPv4的系统通信。双协议栈的主机（或路由器）记为IPv6/IPv4，表明它同时具有两种IP地址：一个IPv6地址和一个IPv4地址。隧道技术的要点是在IPv6数据报要进入IPv4网络时，把IPv6数据报封装成为IPv4数据报。要使双协议栈的主机知道IPv4数据报里面封装的数据是一个IPv6数据报，就必须把IPv4首部的协议字段的值设置为41（41表示数据报的数据部分是IPv6数据报）。

4.5.3 真题与习题精编

● 单项选择题

1. 一个IPv6的简化写法为8::D0:123:CDEF:89A，那么它的完整地址应该是（　　）。

【沈阳工业大学2016年】

A. 8000:0000:0000:0000:00D0:1230:CDEF:89A0

B. 0008:0000:0000:0000:00D0:0123:CDEF:89A0

C. 8000:0000:0000:0000:D000:1230:CDEF:89A0

D. 0008:0000:0000:0000:00D0:0123:CDEF:089A

2. 关于IPv6的地址描述不正确的是（　　）。【重庆大学2013年】

A. IPv6地址的长度为128位

B. IPv6地址方案考虑了与IPv4地址的兼容

C. IPv6地址就是MAC地址加IPv4地址的组合

D. IPv6地址分配可以支持动态分配方案

3. 如果一台路由器接收到的IPv6分组因太大而不能转发到输出链路上，则路由器将把该数据报（　　）。

A. 分片　　B. 暂存　　C. 转发　　D. 丢弃

4. 与IPv4相比，IPv6的特点不包括（　　）。

A. 增加了头部字段数目

B. 支持即插即用和资源的预分配

C. 更好的移动性和安全性

D. 允许协议继续扩充

4.5.4 答案精解

● 单项选择题

1.【答案】D

【精解】IPv6地址使用冒号十六进制记法，把每个16位的值用十六进制表示，各值之间用冒号分割，允许把数字前面的0省略，可以允许零压缩（一连串连续的0可以用一对冒号取代），但规定在任一地址只能使用一次零压缩，因为0值域的个数没有编码，需要从指定的总的域的个数中推算。题目中8::D0:123:CDEF:89A将数字前省略的0先补上，然后推算双冒号代表3个域的零压缩，可知它的完整地址为0008:0000:0000:0000:00D0:0123:CDEF:089A。所以选项D为正确答案。

2.【答案】C

【精解】IPv6把地址从IPv4的32位增大到128位，使地址空间增大了2^{96}倍，IPv6地址不是简单的MAC地址加IPv4地址（但可以把MAC地址和IPv4地址转换为IPv6地址），而是一种新的地址方式。所以选项A正确，C错误；IPv6地址方案考虑了与IPv4地址的兼容，前缀为一串0的保留地址作为与IPv4兼容的地址；IPv6支持即插即用（自动配置），IPv6地址分配支持动态分配方案，支持无状态自动配置，所以选项B和D正确。综上可知，选项C为正确答案。

3.【答案】D

【精解】IPv6把分片限制为由源点来完成，分片是端到端的，路径途中的路由器不允许进行分片，因此如果路由器发现到来的分组太大而不能转发到链路上时，就会丢弃该分组，并向发送方发送一个指示分组太大的ICMP报文。因此，选项D为正确答案。需要说明的是，严格来讲，在IPv6中将协议数据单元PDU称为分组，而不是IPv4的数据报。为了方便，也常常采用数据报这一名词。

4.【答案】A

【精解】IPv6相对于IPv4做出了一些主要变化，精简了IPv4中一些字段，如取消了首部长度字段、服务类型字段、取消了检验和字段等，使得IPv6首部的字段数减少到只有8个。IPv6支持即插即用（即自动配置）；支持资源的预分配，支持实时视像等要求保证一定的带宽和时延的应用。IPv6允许协议继续扩充，以满足新的技术和应用。IPv6提供更好的移动性支持和增大了安全性（如身份验证和保密功能是IPv6的关键特征）。综上，选项A是正确答案。

4.6 路由协议

4.6.1 自治系统

自治系统AS（Autonomous System）是在单一技术管理下的一组路由器，这些路由器使用一种自治系统内部的路由选择协议和共同的度量。一个AS对其他AS表现出的是一个单一的和一致的路由选择策略。

4.6.2 域内路由与域间路由

在自治系统内部的路由选择叫做域内路由选择（intradomain routing），自治系统之间的路由选择也叫做域间路由选择（interdomain routing）。

在目前的Internet中，一个大的ISP就是一个自治系统。这样，Internet就把路由选择协议划分为两大类。

（1）内部网关协议IGP（Interior Gateway Protocol）

即在一个自治系统内部使用的路由选择协议，而这与在互联网中的其他自治系统选用什么路由选择协议无关。两种常用的内部网关协议分别是路由选择信息协议RIP和开放的最短通路优先协议OSPF。

（2）外部网关协议EGP（External Gateway Protocol）

若源主机和目的主机处在不同的自治系统中（这两个自治系统可能使用不同的内部网关协议），当数据报传到一个自治系统的边界时，就需要使用一种协议将路由选择信息传递到另一个自治系统中。这样的协议就是外部网关协议EGP。目前使用最多的外部网关协议是BGP-4。

图4-9是两个自治系统互连示意图。每个自治系统自己决定在本自治系统内部运行哪一个内部路由选择协议（例如，可以是RIP，也可以是OSPF）。但每个自治系统都有一个或多个路由器（如图4-9中的路由器

R1和R2），除运行本系统的内部路由选择协议外，还要运行自治系统间的路由选择协议（BGP-4）。

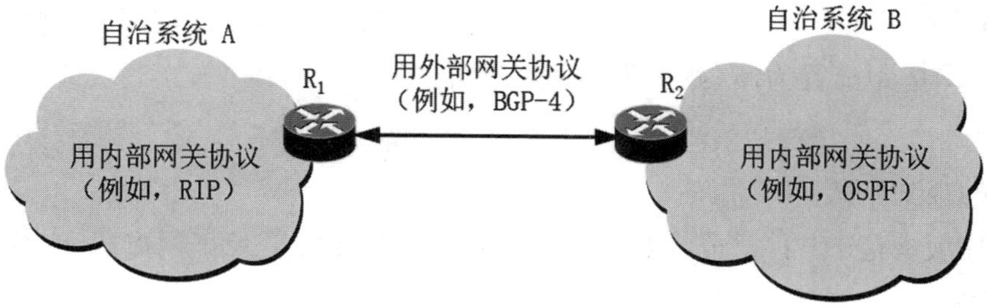

图 4-9 自治系统和内部网关协议、外部网关协议

4.6.3 RIP路由协议

（1）工作原理

路由信息协议RIP（Routing Information Protocol）是内部网关协议IGP中最先得到广泛使用的协议，它是一种分布式的基于距离向量的路由选择协议，其最大优点就是简单。

RIP协议要求网络中的每一个路由器都要维护从它自己到其他每一个目的网络的距离记录（因此这是一组距离，即"距离向量"）。RIP协议将"距离"定义如下：从一路由器到直接连接的网络的距离定义为1。从一路由器到非直接连接的网络的距离定义为所经过的路由器数加1。

RIP协议的"距离"也称为"跳数"（hop count），因为每经过一个路由器，跳数就加1。RIP认为好的路由就是跳数最少的路由。RIP允许一条路径最多只能包含15个路由器，即RIP所支持的最大跳数是15。因此"距离"等于16时即相当于不可达。可见RIP只适用于小型互联网。

RIP不能在两个网络之间同时使用多条路由。RIP选择一条具有最少路由器的路由（即最短路由），即使还存在另一条高速（低时延）但路由器较多的路由。

RIP协议的特点（即RIP的三个要点）如下：

1）仅和相邻路由器交换信息。如果两个路由器之间的通信不需要经过另一个路由器，那么这两个路由器就是相邻的。RIP协议规定，不相邻的路由器不交换信息。

2）路由器交换的信息是当前本路由器所知道的全部信息，即自己现在的路由表。

3）按固定的时间间隔（通常是每隔30秒）交换路由信息。然后路由器根据收到的路由信息更新路由表。当网络拓扑发生变化时，路由器也及时向相邻路由器通告拓扑变化后的路由信息。RIP采用超时机制对过时的路由进行超时处理，以保证路由的实时性和有效性。

路由表中最主要的信息就是：到某个网络的距离（即最短距离），以及应经过的下一跳地址。路由表更新的原则是找出到每个目的网络的最短距离。这种更新算法又称为距离向量算法。

（2）距离向量算法

距离向量算法的每个路由表项都有三个关键数据，即：到目的网络N，距离是d，下一跳路由器是X。对每一个相邻路由器发送过来的RIP报文，按以下步骤执行：

1）对地址为X的相邻路由器发来的RIP报文，先修改此报文中的所有项目：把"下一跳"字段中的地址都改为X，并把所有的"距离"字段的值加1。

2）对修改后的RIP报文中的每一个项目，执行以下步骤：

①若原来的路由表中没有目的网络N，则把该项目添加到路由表中。

②若在路由表中有目的网络N，这时就再查看下一跳路由器地址）若下一跳路由器地址是X，则把收到的项目替换原路由表中的项目。否则（即这个项目是：到目的网络N，但下一跳路由器不是X）若收到的项

目中的距离d小于路由表中的距离，则进行更新，否则什么也不做。

3）若3分钟（RIP默认超时时间为3分钟）还没有收到相邻路由器的更新路由表，则把此相邻路由器记为不可达的路由器，即把距离置为16（距离为16表示不可达）。

4）返回。

（3）RIP协议的报文格式

现在较新的RIP版本是RIP2（已成为互联网标准），它可以支持变长子网掩码和CIDR，还提供简单的鉴别过程且支持多播。

RIP2的报文格式如图4-10所示，RIP协议使用传输层的用户数据报UDP进行传送（使用UDP的端口520）。

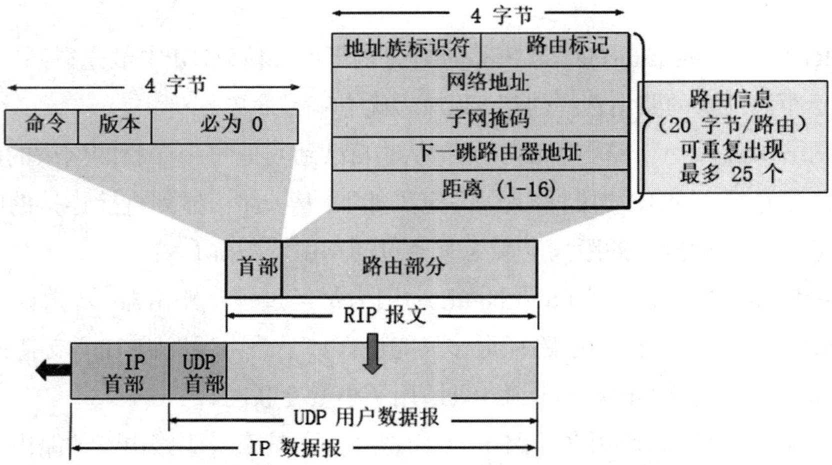

图 4-10 RIP2的报文格式

RIP报文由首部和路由部分组成。

RIP的首部占4个字节（4 B），其中的命令字段（1 B）指出报文的意义。例如，1表示请求路由信息，2表示对请求路由信息的响应或未被请求而发出的路由更新报文。首部后面的“必为0”是为了4字节字的对齐。

RIP2报文中的路由部分由若干个路由信息组成。地址族标识符（又称为地址类别）字段用来标志所使用的地址协议。路由标记填入自治系统号ASN（Autonomous System Number）。再后面指出某个网络地址、该网络的子网掩码、下一跳路由器地址以及到此网络的距离。每个路由信息需要用20个字节（20 B）。一个RIP报文最多可包括25个路由，因而RIP报文的最大长度是4+20×25=504字节。如超过，必须再用一个RIP报文来传送。

RIP2还具有简单的鉴别功能。若使用鉴别功能，则将原来写入第一个路由信息（20字节）的位置用作鉴别。这时应将地址族标识符置为全1（即0xFFFF），而路由标记写入鉴别类型，剩下的16字节为鉴别数据。在鉴别数据之后才写入路由信息，但这时最多只能再放入24个路由信息。

（4）RIP协议的优缺点

RIP协议最大的优点就是实现简单，开销较小。

RIP协议的缺点如下：

1）RIP限制了网络的规模，它能使用的最大距离为15（16表示不可达）。

2）路由器之间交换的路由信息是路由器中的完整路由表，因而随着网络规模的扩大，开销也就增加。

3）网络出现故障时，需要经过较长的时间才能将此消息传送到所有路由器，即“坏消息传播得慢”，使更新过程的收敛时间过长（即出现慢收敛现象）。

4.6.4 OSPF路由协议

（1）OSPF协议的基本特点

开放最短路径优先OSPF（Open Shortest Path First）是网络层协议，不使用UDP或TCP，是为克服RIP的缺点开发出来的（RIP是应用层协议，使用UDP）。OSPF最主要的特征就是使用分布式的链路状态协议。

OSPF和RIP的工作原理相差较大，主要是因为和RIP协议相比，OSPF有如下三个不同的特点。

1）向本自治系统中所有路由器发送信息，使用洪泛法（flooding），即路由器通过所有输出端口向所有相邻的路由器发送信息。而每一个相邻路由器又再将此信息发往其所有的相邻路由器（但不再发送给刚刚发来信息的那个路由器）。这样，最终整个区域中所有的路由器都得到了这个信息的一个副本。而RIP协议是仅仅向自己相邻的几个路由器发送信息。

2）发送的信息就是与本路由器相邻的所有路由器的链路状态，但这只是路由器所知道的部分信息。所谓“链路状态”就是说明本路由器都和哪些路由器相邻，以及该链路的“度量”（或“代价”）。OSPF将这个“度量”用来表示费用、距离、时延、带宽，等等。而对于RIP协议，发送的信息是：“到所有网络的距离和下一跳路由器”。

3）只有当链路状态发生变化时，路由器才向所有路由器使用洪泛法发送此信息。而不像RIP那样，不管网络拓扑有无发生变化，路由器之间都要定期交换路由表的信息。

除了以上三个基本特点外，OSPF还具有下列一些特点：

1）OSPF允许管理员给每条路由指派不同的代价。这使得OSPF对不同类型的业务可计算出不同的路由，十分灵活，这是RIP所没有的。

2）如果到同一个目的网络有多条相同代价的路径，那么可以将通信量分配给这几条路径。这叫做多路径间的负载平衡。RIP只能找出到某个网络的一条路径。

3）所有在OSPF路由器之间交换的分组（例如，链路状态更新分组）都具有鉴别的功能，因而保证了仅在可信赖的路由器之间交换链路状态信息。

4）OSPF支持可变长度的子网划分和无分类的编址CIDR。

5）OSPF让每一个链路状态都带上一个32位的序号，序号越大状态就越新。这样可以适应网络中的链路状态可能经常发生变化的情况。

（2）OSPF协议的工作原理

由于各路由器之间频繁地交换链路状态信息，因此所有的路由器最终都能建立一个链路状态数据库（link-state database），这个数据库实际上就是全网的拓扑结构图。这个拓扑结构图在全网范围内是一致的（这称为链路状态数据库的同步）。因此，每一个路由器都知道全网共有多少个路由器，以及哪些路由器是相连的，其代价是多少，等等。每一个路由器使用链路状态数据库中的数据，构造出自己的路由表（例如，使用Dijkstra的最短路径路由算法）。

OSPF的链路状态数据库能较快地进行更新，使各个路由器能及时更新其路由表。OSPF的更新过程收敛得快是其重要优点。

为了使OSPF能够用于规模很大的网络，OSPF将一个自治系统再划分为若干个更小的范围，叫做区域。当然，一个区域也不能太大，在一个区域内的路由器最好不超过200个。划分区域的好处就是把利用洪泛法交换链路状态信息的范围局限于每一个区域而不是整个的自治系统，这就减少了整个网络上的通信量。在一个区域内部的路由器只知道本区域的完整网络拓扑，而不知道其他区域的网络拓扑的情况。为了使每一个区域能够和本区域以外的区域进行通信，OSPF使用层次结构的区域划分。在上层的区域叫做主干区域（backbone area）。主干区域的标识符规定为0.0.0.0。主干区域的作用是用来连通其他在下层的区域。从其他区域来的信息都由区域边界路由器（area border router）进行概括。显然，每一个区域至少应当有一个区域边界路由器。

在主干区域内的路由器叫做主干路由器，一个主干路由器可以同时是区域边界路由器。在主干区域内还要有一个路由器专门和本自治系统外的其他自治系统交换路由信息。这样的路由器叫做自治系统边界路由器。

采用分层次划分区域的方法虽然使交换信息的种类增多了，同时也使OSPF协议更加复杂了。但这样做却能使每一个区域内部交换路由信息的通信量大大减小，因而使OSPF协议能够用于规模很大的自治系统中。

OSPF不用UDP而是直接用IP数据报传送（其IP数据报首部的协议字段值为89）。OSPF构成的数据报很短。这样做可减少路由信息的通信量。数据报很短的另一好处是可以不必将长的数据报分片传送。分片传送的数据报只要丢失一个，就无法组装成原来的数据报，而整个数据报就必须重传。

（3）OSPF的五种分组类型

OSPF共有以下五种分组类型：

1）类型1，问候（Hello）分组，用来发现和维持邻站的可达性。

2）类型2，数据库描述（Database Description）分组，向邻站给出自己的链路状态数据库中的所有链路状态项目的摘要信息。

3）类型3，链路状态请求（Link State Request）分组，向对方请求发送某些链路状态项目的详细信息。

4）类型4，链路状态更新（Link State Update）分组，用洪泛法对全网更新链路状态。这种分组是最复杂的，也是OSPF协议最核心的部分。路由器使用这种分组将其链路状态通知给邻站。链路状态更新分组共有五种不同的链路状态[RFC 2328]，这里从略。

5）类型5，链路状态确认（Link State Acknowledgment）分组，对链路更新分组的确认。

OSPF规定，每两个相邻路由器每隔10秒钟要交换一次问候分组。这样就能确知哪些邻站是可达的。

当一个路由器刚开始工作时，它只能通过问候分组得知它有哪些相邻的路由器在工作，以及将数据发往相邻路由器所需的“代价”。OSPF让每一个路由器用数据库描述分组和相邻路由器交换本数据库中已有的链路状态摘要信息。经过与相邻路由器交换数据库描述分组后，路由器就使用链路状态请求分组，向对方请求发送自己所缺少的某些链路状态项目的详细信息。通过一系列的这种分组交换，全网同步的链路数据库就建立了。图4-11给出了OSPF的基本操作，说明了两个路由器需要交换各种类型的分组。

在网络运行的过程中，只要一个路由器的链路状态发生变化，该路由器就要使用链路状态更新分组，用洪泛法向全网更新链路状态。OSPF使用的是可靠的洪泛法。为了确保链路状态数据库与全网的状态保持一致，OSPF还规定每隔一段时间，如30分钟，要刷新一次数据库中的链路状态。

由于一个路由器的链路状态只涉及到与相邻路由器的连通状态，因而与整个互联网的规模并无直接关系。因此当互联网规模很大时，OSPF协议要比距离向量协议RIP好得多。由于OSPF没有“坏消息传播得慢”的问题，据统计，其响应网络变化的时间小于100ms。

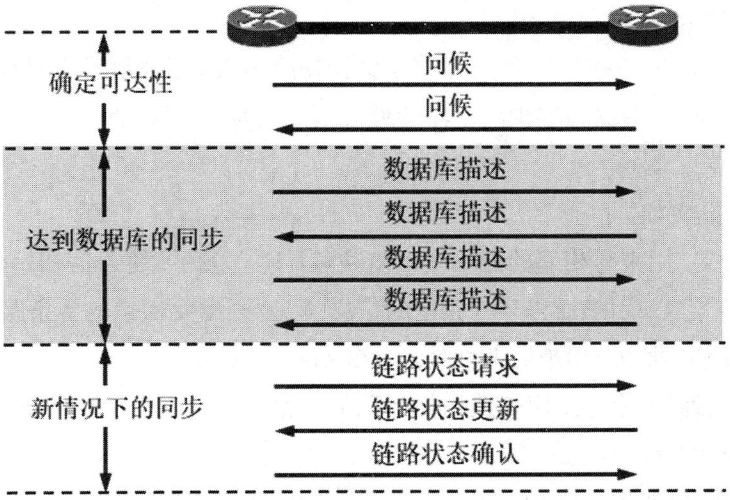

图4-11 OSPF的基本操作

4.6.5 BGP路由协议

（1）BGP的基本概念

边界网关协议BGP（Border Gateway Protocol）是在不同自治系统AS之间交换路由信息的协议，目前最新的版本是BGP-4。BGP基于距离-向量路由算法，是一种外部网关协议。

内部网关协议（如RIP或OSPF）主要是设法使数据报在一个AS中尽可能有效地从源站传送到目的站。然而，BGP使用的环境却不同，主要原因如下：

第一，互联网的规模太大，使得自治系统AS之间路由选择非常困难。对于自治系统AS之间的路由选择，要用“代价”作为度量来寻找最佳路由是很不现实的。比较合理的做法是在自治系统之间交换“可达性”信息（即“可到达”或“不可到达”）。

第二，自治系统AS之间的路由选择必须考虑有关策略。

边界网关协议BGP只能是力求寻找一条能够到达目的网络且比较好的路由（不能兜圈子），而并非要寻找一条最佳路由。BGP采用了路径向量（path vector）路由选择协议，它与距离向量协议（如RIP）和链路状态协议（如OSPF）都有很大的区别。BGP是应用层协议，它是基于TCP的。

（2）BGP的基本原理

在配置BGP时，每一个自治系统的管理员要选择至少一个路由器作为该自治系统的“BGP发言人”。BGP发言人通常是BGP边界路由器。一个BGP发言人与其他AS的BGP发言人要交换路由信息，就要先建立TCP连接（端口号为179），然后在此连接上交换BGP报文以建立BGP会话（session），利用BGP会话交换路由信息，如增加了新的路由，或撤销过时的路由，以及报告出差错的情况等。当所有BGP发言人都相互交换网络可达性信息后，各BGP发言人就可以找出到达各个自治系统的较好路由了。

（3）BGP的特点

BGP的特点如下：

1）BGP协议交换路由信息的节点数量级是自治系统个数的量级，这要比这些自治系统中的网络数少很多。

2）在每一个自治系统中BGP发言人（或边界路由器）的数目是很少的。这样就使得自治系统之间的路由选择不致过分复杂。

3）BGP支持CIDR，因此BGP的路由表也就应当包括目的网络前缀、下一跳路由器，以及到达该目的网络所要经过的自治系统序列。

4）在BGP刚刚运行时，BGP的邻站是交换整个的BGP路由表。但以后只需要在发生变化时更新有变化的部分。这样做对节省网络带宽和减少路由器的处理开销方面都有好处。

（4）BGP的四种报文

BGP-4使用的四种报文如下：

1）OPEN（打开）报文，用来与相邻的另一个BGP发言人建立关系，使通信初始化。

2）UPDATE（更新）报文，用来通告某一路由的信息，以及列出要撤销的多条路由。

3）KEEPALIVE（保活）报文，用来周期性地证实邻站的连通性。

4）NOTIFICATION（通知）报文，用来发送检测到的差错。

（5）RIP、OSPF、BGP的比较

RIP、OSPF、BGP的比较如表4-5所列。

表4-5　RIP、OSPF和BGP的比较

协议	RIP	OSPF	BGP
网关协议	内部	内部	外部
路由算法	距离-向量	链路状态	路径-向量
路由表内容	目的网络，下一跳，距离	目的网络，下一跳，距离	目的网络，完整路径
传递方式	UDP	IP	TCP
最优通路依据	跳数最少	费用/代价最低	多种关联策略
交换节点	和本节点相邻的路由器	网络中的所有路由器	和本节点相邻的路由器
交换内容	当前本路由器知道的全部信息，即自己的路由表	与本路由器相邻的所有路由器的链路状态	首次，整个路由表 非首次，变化的部分
其他	简单、效率低、跳数为16不可达；好消息传得快，坏消息传的慢	效率高，路由器频繁交换信息，难维持一致性；规模大，统一度量为可达	提供了丰富的路由策略，可解决路由循环问题。

4.6.6 真题与习题精编

● 单项选择题

1. 某自治系统内采用RIP，若该自治系统内的路由器R1收到其邻居路由器R2的距离矢量，距离矢量中包含信息<netl，16>，则能得出的结论是（　）。【全国联考2010年】

A. R2可以经过R1到达netl，跳数为17　　B. R2可以到达netl，跳数为16

C. R1可以经过R2到达netl，跳数为17　　D. R1不能经过R2到达netl

2. 直接封装RIP、OSPF、BGP报文的协议分别是（　）。【全国联考2017年】

A. TCP、UDP、IP　　B. TCP、IP、UDP

C. UDP、TCP、IP　　D. UDP、IP、TCP

3. 下列关于OSPF协议的描述中，最准确的是（　）。【沈阳工业大学2016年】

A. OSPF协议根据链路状态法计算最佳路由

B. OSPF协议是用于自治系统之间的外部网关协议

C. OSPF协议不能根据网络通信情况动态地改变路由

D. OSPF协议只能适应于小型网络

4. 开放最短路径优先协议OSPF采用的路由算法是（ ）。 【杭州电子科技大学2017年】

A. 静态路由算法 B. 距离矢量路由算法

C. 链路状态路由算法 D. 逆向路由算法

5. 运行距离矢量路由协议的路由器（ ）。 【沈阳工业大学2017年】

A. 把路由表发送到整个路由域中的所有路由器

B. 使用最短通路算法确定最佳路由

C. 根据邻居发来的信息更新自己的路由表

D. 维护整个网络的拓扑数据

6. 在RIP协议中，可以采用水平分割法（Split Horizon）解决路由环路问题，下面的说法中，正确的是（ ）。 【杭州电子科技大学2017年】

A. 把网络分割成不同的区域以减少路由循环

B. 不要把从一个邻居学习到的路由再发送回该邻居

C. 设置邻居之间的路由度量为无限大

D. 路由器必须把整个路由表发送给自己的邻居

7. 路由协议OSPF直接采用（ ）协议进行封装传输。 【华中科技大学2005年】

A. UDP B. TCP C. IP D. PPP

8. BGP协议是在（ ）之间传播路由的协议。 【沈阳工业大学2017年】

A. 主机 B. 子网 C. 区域 D. 自治系统

9. 边界网关协议BGP网关之间交换路由信息时直接采用的协议是（ ）。 【南京大学2016年】

A. TCP B. UDP C. IP D. ICMP

10. OSPF规定，每两个相邻路由器每隔10秒钟要交换一次（ ）分组以便能够确知哪些邻站是可达的。

A. Hello B. 链路状态请求（LSR）

C. 链路状态更新（LSU） D. 链路状态确认（LSA）

11. 下列关于BGP4的说法中，错误的是（ ）。

A. BGP4 网关采用逐跳路由模式发布自己使用的路由信息

B. BGP4 封装在IP数据报中传送

C. BGP4 加入路由表中的路由不一定是最佳路由

D. BGP4 可以通过路由汇聚功能构成超网

● 综合应用题

1. 假设Internet的两个自治系统构成的网络如下图所示，自治系统AS1由路由器R1连接两个子网构成；自治系统AS2由路由器R2、R3互联并连接3个子网构成。各子网地址、R2的接口名、R1与R3的部分接口IP地址如下图所示。

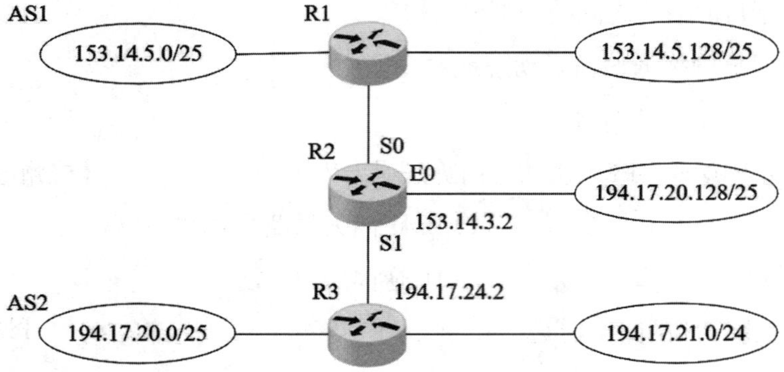

请回答下列问题：【全国联考2013年】

（1）假设路由表结构如下表所示。利用路由聚合技术，给出R2的路由表，要求包括到达图中所有子网的路由，且路由表中的路由项尽可能少。

目的网络	下一跳	接口

（2）若R2收到一个目的IP地址为194.17.20.200的IP分组，R2会通过哪个接口转发该IP分组？

（3）R1与R2之间利用哪个路由协议交换路由信息？该路由协议的报文被封装到哪个协议的分组中进行传输？

2. 某网络中的路由器运行OSPF路由协议，下表是路由器R1维护的主要链路状态信息（LSI），下图是根据该表及R1的接口名构造的网络拓扑。

Router ID		R1的LSI 10.1.1.1	R2的LSI 10.1.1.2	R3的LSI 10.1.1.5	R4的LSI 10.1.1.6	备注 标识路由器的IP地址
Link1	ID	10.1.1.2	10.1.1.1	10.1.1.6	10.1.1.5	所连路由器的Router ID
	IP	10.1.1.1	10.1.1.2	10.1.1.5	10.1.1.6	Link1的本地IP地址
	Metric	3	3	6	6	Link1的费用
Link2	ID	10.1.1.5	10.1.1.6	10.1.1.1	10.1.1.2	所连路由器的Router ID
	IP	10.1.1.9	10.1.1.13	10.1.1.10	10.1.1.14	Link2的本地IP地址
	Metric	2	4	2	4	Link2的费用
Net1	Prefix	192.1.1.0/24	192.1.6.0/24	192.1.5.0/24	192.1.7.0/24	直连网络Net1的网络前缀
	Metric	1	1	1	1	到达直连网络Net1的费用

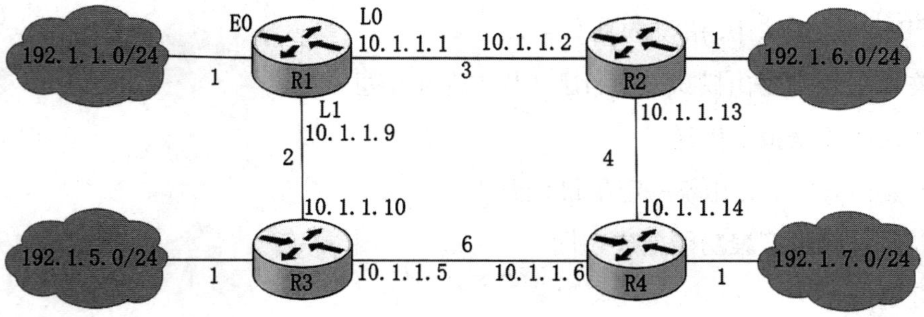

请回答下列问题：【2014年全国联考】

（1）设路由表结构如下表所示，给出图中R1的路由表，要求包括到达图中子网192.1.x.x的路由，且路由表中的路由项尽可能少。

目的网络	下一跳	接口

（2）当主机192.1.1.130向主机192.1.7.211发送一个TTL=64的IP分组时，R1通过哪个接口转发该IP分组？主机192.1.7.211收到的IP分组的TTL是多少？

（3）若R1增加一条Metric为10的链路连接Internet，则表中R1的LSI需要增加哪些信息？

3. 在某个使用RIP的网络中，路由器R1和R2相邻，R1的原路由表如下表1所列，表2为R2广播的距离向量报文<目的网络，距离>。试根据RIP更新R1的路由表，并说明理由。

表（1） R1的原路由表

目的网络	距离	下一跳
N1	0	直接交付
N2	7	R7
N4	8	R3
N6	4	R2
N8	10	R5

表（2） R2的广播报文

目的网络	距离
N2	5
N3	2
N5	8
N6	2
N8	15
N9	4

4. 假设某网络的拓扑结构如下图所示，与C连接的节点B、E、D的权值分别是6、5、3。

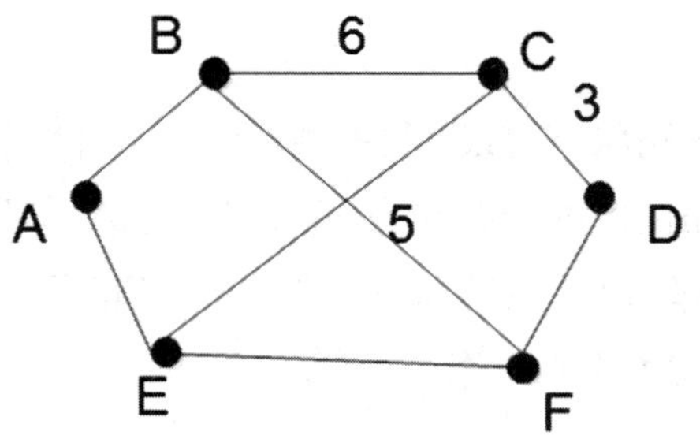

如果C收到三张矢量表分别为：

B	A	5
	B	0
	C	8
	D	12
	E	6
	F	2

D	A	16
	B	12
	C	6
	D	0
	E	9
	F	10

E	A	7
	B	6
	C	3
	D	9
	E	0
	F	4

试根据距离矢量路由算法给出C所构造的路由表，并给出计算过程，路由表结构如下表所列：

	目的	下一跳	权值
C	A		
	B		
	C		
	D		
	E		
	F		

4.6.7 答案精解

● 单项选择题

1.【答案】D

【精解】RIP允许一条路径上最多只能包含15个路由器，因此距离等于16时相当于不可达。所以跳数大于等于16的都为不可达。所以选项D为正确答案。

2.【答案】D

【精解】RIP是一种基于距离-向量的路由协议，它通过广播UDP报文交换路由信息；OSPF不用UDP而是直接用IP数据报传送（其IP数据报首部的协议字段值为89）。OSPF构成的数据报很短，这样做可减少路由信息的通信量。BGP是一个外部网关协议，由于网络环境复杂，所以采用TCP保证可靠传输。综上可知，选项D为正确答案。

3.【答案】A

【精解】OSPF最主要的特征就是使用分布式的链路状态协议，会根据链路的状态动态地改变路由，它和RIP一样都是内部网关协议。为了使OSPF能够用于规模很大的网络，OSPF将一个自治系统再划分为若干个更小的范围，叫做区域。当网络规模很大时，OSPF协议要比RIP好很多。综上可知，选项A是正确答案。

4.【答案】C

【精解】OSPF采用分布式的链路状态协议，利用洪泛法向本自治系统内所有路由器发送消息，发送的消息就是与本路由器相邻的所有路由器的链路状态，但这只是路由器所知道的部分信息。“链路状态”就是说明本路由器和哪些路由器相邻，以及该链路的“度量”。只有当链路状态发生变化时，路由器才向所有的路由器发送此消息。所以选项C为正确答案。

5.【答案】C

【精解】距离矢量路由协议（如典型的RIP协议），采用的是距离矢量路由算法。运行距离矢量路由协议的路由器仅和相邻路由器交换信息，根据邻居发来的信息更新自己的路由表。路由器交换的信息是当前本路由器所知道的全部信息，即自己现在的路由表。和链路状态路由算法需要维护整个网络的拓扑数据库不同，距离矢量路由算法不维护整个网络的拓扑结构。综上，选项C为正确答案。

6.【答案】B

【精解】距离矢量路由协议RIP周期性地和相邻路由器交换路由表信息，并且把这种信息通过逐步交换扩散到网络中所有的路由器，这种逐步交换会形成路由环路。利用水平分割法可以解决环路问题，它的思想是让路由器有选择地将路由表中的信息发送给邻居，而不是向邻居发送整个路由表，一条路由信息不会被发送给该信息的来源方向。所以选项B为正确答案。

7.【答案】C

【精解】OSPF不用UDP而是直接用IP数据报传送（其IP数据报首部的协议字段值为89）。OSPF构成的数据报很短。这样做可减少路由信息的通信量。所以选项C为正确答案。

8.【答案】D

【精解】边界网关协议BGP是在不同自治系统AS之间交换路由信息的协议。BGP基于距离-向量路由算法，是一种外部网关协议。所以选项D为正确答案。

9.【答案】A

【精解】BGP是一个外部网关协议，由于网络环境复杂，所以采用TCP保证可靠传输。所以选项A为正确答案。

10.【答案】A

【精解】类似题目需要记忆。OSPF共有五种分组类型，其中，问候（Hello）分组，用来发现和维持邻站的可达性。所以选项A为正确答案。

11.【答案】B

【精解】BGP发言人要交换路由信息，就要先建立TCP连接，然后在此连接上交换BGP报文以建立BGP会话，利用BGP会话交换路由信息。也就是说，BGP的实现使用TCP来传输信息，即BGP报文封装在TCP报文中传送，不能直接封装在IP数据报中传送。所以选项B是正确答案。

● 综合应用题

1.【答案精解】

（1）根据题意，利用路由聚合技术求R2的路由表，要包括到达图中的所有子网，且路由项尽可能少，则需要对每个路由接口的子网进行聚合。在AS1中，子网153.14.5.0/25和子网153.14.5.128/25可以聚合为子网153.14.5.0/24；在AS2中，子网194.17.20.0/25和子网194.17.21.0/24可聚合为子网194.17.20.0/23；子网194.17.20.128/25单独连接到R2的接口E0。

于是可以得到R2的路由表如下：

目的网络	下一跳	接口
153.14.5.0/24	153.14.3.2	S0
194.17.20.0/23	194.17.24.2	S1
194.17.20.128/25	—	E0

（2）R2收到的IP分组的目的IP地址194.17.20.200与路由表中194.17.20.0/23和194.17.20.128/25两个路由表项均匹配，根据最长匹配原则，R2将通过E0接口转发该IP分组。

（3）因为路由器R1和R2属于不同的自治系统，所以应该使用边界网关协议BGP4（或BGP）交换路由信息；BGP4是应用层协议，它的报文将被封装到TCP段中进行传输。

2.【答案精解】

（1）因为题目要求路由表中的路由项尽可能少，所以可以把子网192.1.6.0/24和192.1.7.0/24聚合为子网192.1.6.0/23，其他网络照常，可得到路由表如下：

目的网络	下一跳	接口
192.1.1.0/24	—	E0
192.1.6.0/23	10.1.1.2	L0
192.1.5.0/24	10.1.1.10	L1

（2）通过查路由表可知：R1通过L0接口转发该IP分组。因为该分组要经过3个路由器（R1、R2、R4），所以主机192.1.7.211收到的IP分组的TTL是64−3=61。

（3）R1的LSI需要增加一条特殊的直连网络，网络前缀Prefix为“0.0.0.0/0”，Metric为10。

3.【答案精解】

首先必须强调，R1和R2是相邻路由器。根据RIP算法，首先将R2收到的路由信息的下一跳改为R2，并且将每个距离都加1，如下表（1）所列。

表（1） 改变后R2的报文

目的网络	距离	下一跳
N2	6	R2
N3	3	R2
N5	9	R2
N6	3	R2
N8	16	R2
N9	5	R2

将题目中原路由表和上表进行比较，根据更新路由表项的规则更新路由表。规则如下：

① 若目的网络相同，且下一跳路由器相同，则直接更新。该规则可以简记为：相同的下一跳，更新。

② 若目的网络相同，且下一跳路由器不同，而且距离更短，则更新。该规则可以简记为：不同的下一跳，距离更短，更新。

③ 若是新的目的网络地址，则增加表项。该规则可以简记为：新的项目，添加进来。

④ 否则，无操作。

则R1更新后的路由表如表（2）。

表（2） R1更新后的路由表

目的网络	距离	下一跳	更新理由
N1	0	直接	规则④
N2	6	R2	规则②
N3	3	R2	规则③
N4	8	R3	规则④
N5	9	R2	规则③
N6	3	R2	规则①
N8	10	R5	规则④
N9	5	R2	规则③

4.【答案精解】

在距离向量算法中，每个路由节点都保存一张路由表，每张表有三个主要表项，即目的地址、距离（度量值）和下一跳。相邻节点定期交换路由信息（比如RIP规定是每隔30 s），并根据最新路由信息更新路由表。要交换的信息由一系列二元组（V,D）组成，其中V为目的地址，称为向量，D为到达该目的地的距离，更新时按照最小距离原则。

节点C构造路由表的过程如下：

对于到达A的路径：C通过B到达A距离为5+6=11；通过D到达A距离3+16=19；通过E到达A距离为5+7=12；C没有直接到达A的路径。因此，C选择B作为下一跳到A，权值为最小值11。

对于到达B的路径：C直接到达B距离为6；通过D到达B距离为3+12=15；通过E到达B距离为5+6=11。因此C选择直接到达B，权值为最小值6。

对于到达C的路径：C即终节点，因此距离为0，下一跳为空。

对于到达D的路径：C通过B到达距离为6+12=18；C和D相邻，距离为3；C通过E到达D距离为5+9=14；因此，C选择直接到达D，权值为最小值3。

对于到达E的路径：C通过B到达距离为6+6=12；C直接到达E距离为5；C通过D到达E距离为3+9=12；因此，C选择直接到到达E，权值为5。

对于到达F的路径：C通过B到达F距离为6+2=8；C通过D到达F距离为3+10=13；C通过E到达F距离为5+4=9。因此，C选择B作为下一跳到达F，权值为8。

综上，可的更新后C中的路由表如下：

	目的	下一跳	权值
C	A	B	11
	B	B	6
	C	–	0
	D	D	3
	E	E	5
	F	B	8

4.7 IP组播

4.7.1 组播的概念

IP组播，也称为IP多播，是一种在发送者和每一接收者之间实现的一对多的分组传送形式，它既不像单播那样指定明确的接收者，也不像广播那样将数据分发给网络上的所有主机。组播对将分组同时发送给多个接收者的应用来说非常重要，它仅应用于UDP而不用于TCP，这是因为TCP是一个面向连接的协议，分别运行于两台主机内的两个进程之间存在着一条连接，会一对一地发送数据。

使用组播的原因是，有的应用（如流媒体、视频会议和金融信息发布等）程序要把一个分组发送给多个目的主机，若采用单播同一分组需要发送多份导致网络资源耗费巨大，若采用广播则会增加非目的主机的负担同时也不能跨越多跳，也就是说这种情形下，单播和广播都无法代替组播，于是可以采取组播的方式让源主机把单个分组发送给一个组播地址，该组播地址标识一组主机，网络把这个分组的副本传递给该组中的每台主机。主机可以选择加入或者离开一个组，而且一台主机可以同时属于多个组。

与单播相比，在一对多的通信中，组播可大大节约网络资源。单播和多播的比较如图4-12所示。图4-12（a）视频服务器采用单播时同一个视频分组需要发送90个单播，而图4-12（b）组播只需发送一次，只有分组在传送路径上遇到组播路由器时才将分组复制后继续转发。组播时，多个用户并发使用，并不影响主干带宽。

在互联网范围内的组播需要路由器的支持才能实现，这些路由器必须增加一些能够识别组播数据报的软件。能够运行组播协议的路由器称为组播路由器。组播路由器当然也可以转发普通的单播IP数据报。

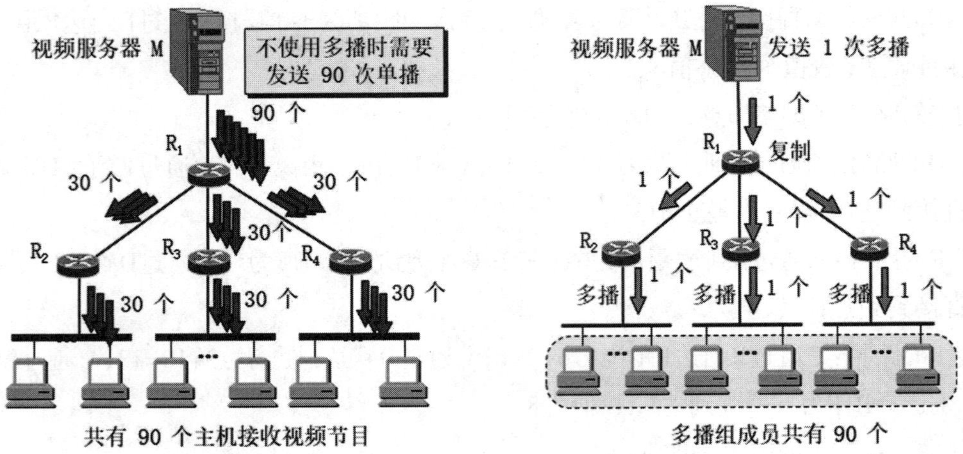

（a）单播　　（b）多播

图4–12　单播与组播的比较

4.7.2 IP组播地址

IP组播传送分组时需要使用组播IP地址。互联网数字分配机构IANA把D类地址空间分配给IP组播使用，D类地址的前四位是1110，范围从224.0.0.0到239.255.255.255，如图4–13所示。

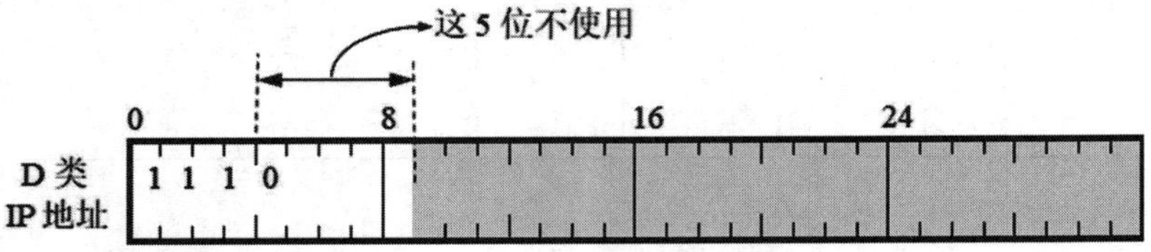

图4–13　32位IP组播地址

每个D类IP地址标识一组主机。IP组播地址划分如下：

1）224.0.0.0–224.0.0.255为预留的组播地址（永久组地址），224.0.0.0保留不做分配，其它地址供路由协议使用；

2）224.0.1.0–224.0.1.255 公用组播地址，可以用于互联网；

3）224.0.2.0–238.255.255.255 为用户可用的组播地址（临时组地址），全网范围内有效；

4）239.0.0.0–239.255.255.255为本地管理组播地址，仅在特定的本地范围内有效。

组播数据报和一般的IP数据报的区别就是它使用D类IP地址作为目的地址，并且首部中的协议字段值是2，表明使用网际组管理协议IGMP。关于组播，有以下几点需要注意。

1）组播应用于UDP，组播数据报“尽最大努力交付”，不提供可靠交付（即不保证一定能交付组播组内的所有成员）。

2）组播地址只能用于目的地址，而不能用于源地址。

3）对组播数据报不产生ICMP差错报文。若在PING命令后键入组播地址，将永远不会收到响应。

4）并非所有的D类地址都可以作为组播地址，因为有的地址已经被IANA指派为永久组地址了。

IP组播可以分为两种。一种是只在本局域网上进行硬件组播，另一种则是在互联网的范围进行组播。前一种虽然比较简单，但很重要，因为现在大部分主机都是通过局域网接入到互联网的。在互联网上进行组播的最后阶段，还是要把组播数据报在局域网上用硬件组播交付组播组的所有成员。

组播MAC地址的第一个字节的最低位为1。IANA将MAC地址范围01–00–5E–00–00–00到01–00–5E–7F–

FF-FF分配给组播使用。组播MAC地址结构如图4-14所示。

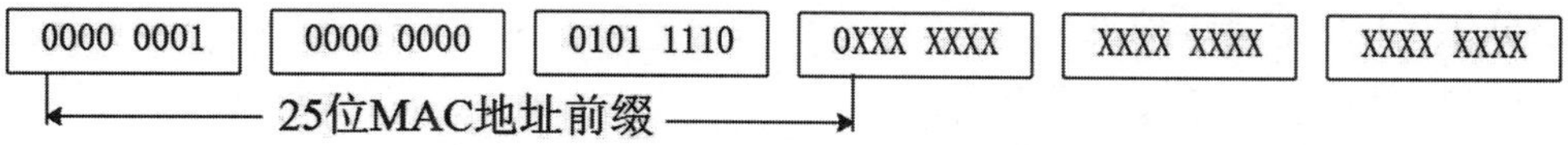

图4-14 48位组播MAC地址

IP组播地址有28位地址空间，而组播MAC地址只有23位地址空间，这样就需要将28位的IP组播地址空间映射到23位的组播MAC地址空间中。因此IP组播地址中有5位未映射，这样就会有32个IP组播地址映射到同1个MAC地址上。为了把IP组播地址映射到以太网的组播地址，只需把IP组播地址的低序23位放入特别的以太网组播地址01-00-5E-00-00-00（十六进制）的低序23位。例如，IP组播地址224.128.64.32（即E0-80-40-20）和另一个IP组播地址224.0.64.32（即E0-00-40-20）转换成以太网的硬件组播地址都是01-00-5E-00-40-20。

IP组播地址与组播MAC地址映射关系如图4-15所示。如果假设IP组播地址为224.215.145.230，那么它映射到组播MAC地址的过程如下。首先把IP地址换算成二进制224.215.145.230→11100000.11010111.10010001.11100110，只映射IP地址的后面23位，因为MAC地址使用十六进制表示的，所以只要把二进制的IP地址4位一组合就可以了，其中第24位取0。即01010111.10010001.11100110换成十六进制为57-91-E6，然后再在前面加上固定首部，即01-00-5E。所以最后映射的组播MAC地址为01-00-5E-57-91-E6。

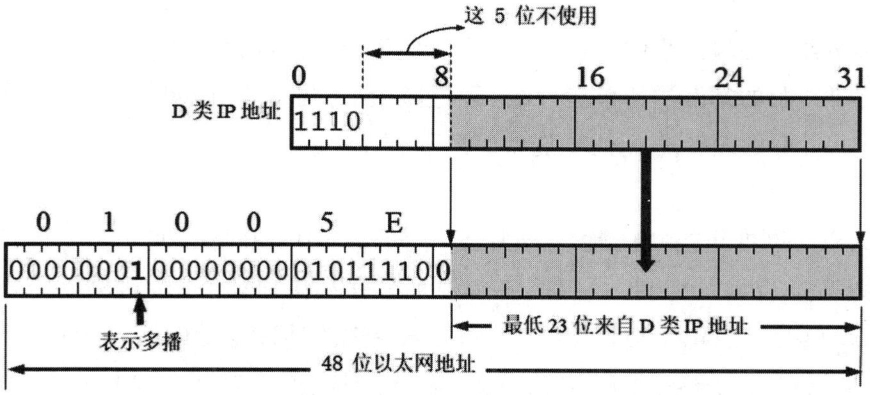

图4-15 D类IP组播地址与组播MAC地址映射关系

4.7.3 真题与习题精编

● 单项选择题

1. 下列关于组播概念的描述中，错误的是（ ）。

A. IP组播指多个接收者可以接收到从同一个或一组源节点发送的相同内容的分组

B. 在组播路由选择中，组播路由器可以从它的多个端口转发收到的分组

C. 用多个单播仿真一个组播时需要更多的带宽

D. 发送主机使用组播地址发送分组时需要了解接收者的位置信息和状态信息

2. 以下关于IP组播地址的说法中，错误的是（ ）。

A. D类IP地址可以用于组播地址

B. 组播地址不会产生ICMP差错报文

C. 组播地址可以用于目的地址和源地址

D. 并非所有的D类地址都可用于组播地址

3. 采用了隧道技术后，如果一个不运行组播路由器的网络遇到了一个组播分组，那么它将（　　）。

A. 丢弃该分组，不发送错误信息

B. 丢弃该分组，并且通知发送方错误信息

C. 选择一个地址，继续转发该分组

D. 对组播分组再次封装，使之变为单一目的站发送的单播分组，然后发送。

4. 以太网组播IP地址238.218.144.240映射到的组播MAC地址是（　　）。

A. 01-00-5E-5A-90-F0　　B. 01-00-5E-5B-90-F0

C. 01-00-5E-59-90-F0　　D. 01-00-5E-DA-90-F0

4.7.4 答案精解

● 单项选择题

1.【答案】D

【精解】发送主机使用组播地址发送分组，可以不知道接收方的任何信息，而只需要了解地址即可。所以选项D为正确答案。

2.【答案】C

【精解】组播地址只能用于目的地址，而不能用于源地址。所以选项C为正确答案。

3.【答案】D

【精解】组播分组在传输过程中，若遇到不运行组播路由器的网络，路由器将对组播分组进行再次封装，使之成为一个单一目的站发送的单播分组。通过隧道后，再由路由器剥去其首部，使其恢复为原来的组播分组，继续向多个目的站转发。所以，选项D为正确答案。

4.【答案】A

【精解】因为以太网的组播MAC地址开头是一定的，即01-00-5E，所以只要计算后面的映射地址即可。IP组播地址有28位地址空间，而组播MAC地址只有23位地址空间，这样就需要将28位的IP组播地址空间映射到23位的组播MAC地址空间中。因此只要把组播IP地址的后24位用二进制表示出来，注意映射过程中最高位（即第24位）取0，其余不变。因此，对应关系为 218.144.240→01011010 1001000 11110000，用十六进制表示为5A-90-F0，前面加上固定的01-00-5E，可得映射到组播的MAC地址为01-00-5E-5A-90-F0。所以选项A为正确答案。

4.8 移动IP

4.8.1 移动IP的概念

移动IP（Mobile IP）也称为移动IP协议，是由IETF开发的一种技术，这种技术允许计算机移动到外地时，仍然保留其原来的IP地址，实现跨越不同网段的漫游功能，并保证了基于网络IP的网络权限在移动过程中不发生变化。移动IP要解决的问题，就是要使用户的移动性对上层的网络应用是透明的。具体地说，就是若一个移动站在漫游时仍保持其IP地址不变，就要想办法使已建立的TCP连接与移动用户的漫游无关。此外，还要想办法让互联网中的其他主机能够找到这个移动站。

移动IP使用了下面的一些基本概念。

（1）移动节点（Mobile Node）：具有永久IP地址的节点，移动后仍能用原来的IP地址进行通信。

（2）通信对端（Correspondent Node）：与移动节点通信的计算机。

(3)本地网络(Home Network):移动节点的归属网络。

(4)本地地址(Home Address):分配给移动节点的永久IP地址,不随节点位置的变化而改变。

(5)本地链路(Home Link):移动节点本地网络的链路。

(6)本地代理(HomeAgent):也称归属代理,运行在移动节点本地链路上的路由器,它截获发送给移动节点的报文,将报文转发给移动节点。

(7)外地链路(Foreign Link):移动节点所在的外地网络的链路。

(8)外地代理(Foreign Agent):外地网络中使用的代理,它通常就是连接在被访网络上的路由器,它的任务就是为移动节点创建一个临时地址(也称为转交地址),并及时把这个转交地址通知移动节点的本地代理。

(9)隧道(Tunnel):一个数据包被封装在另一个数据报文的净荷中进行传送所经过的路径。

(10)转交地址(Care-of-Address):移动节点在外地链路上时为标识自己位置而使用的临时IP地址。

(11)外地代理转交地址(Foreign Agent Care-of-Address):是外地代理的某个IP地址,由外地代理分配,多个移动节点可以使用同一个外地代理转交地址,节省地址空间(推荐使用)。

需要强调的是,实现基于IPv4的移动IP需要三大功能实体,即移动节点、本地代理和外地代理。

需要注意的是,移动IP与移动自组织网络和动态IP并不相同。一方面,移动IP技术可以用多种方式连接互联网,其核心网络功能仍然是基于传统互联网中使用的各种路由协议(它们并非专为移动路由设计),而移动自组织网络主要是将移动性扩展到无线领域中的自治系统,使用特有的路由协议,而且可以不连接互联网。另一方面,动态IP指的是网络中的计算机通过DHCP服务器动态地获得IP地址,而不需要用户自己设置IP地址,和移动IP是两个完全不同的概念。

4.8.2 移动IP的通信过程

在移动IP中,每个移动节点都有一个唯一的且不变的本地地址,在本地链路上每个本地节点必须有一个本地代理维护它当前的信息,这就需要引入转交地址。当移动节点连接到外地网络链路上时,转交地址就用来标识移动节点现在所处的位置,以便进行路由选择。移动节点的本地地址与当前转交地址的联合称为移动绑定或简称绑定。当移动节点得到一个新的转交地址时,通过绑定向本地代理进行注册,以便让本地代理即时了解移动节点的当前位置。

移动IP的基本通信过程如下:

(1)本地代理和外部代理在它们所连接的链路上定期地组播或广播称作代理通告的移动IP报文。

(2)移动节点倾听这些代理通告,并检查它们的内容以确定当前是连接在本地链路还是外部链路上。当连接到本地链路时,移动节点的操作跟固定节点相同,不使用其他移动IP的功能。

下面的步骤假定移动节点发现自己是连接在外部链路上。

(3)连接到外部链路的移动节点得到一个转交地址。实际上,从外部代理的代理通告报文的某个域就可以读取外部代理转交地址。

(4)移动节点使用移动IP定义的一个报文交换过程向本地代理报告和登记转交地址。在这个登记过程中,移动节点需要请求外部代理提供服务。为了防止远程的拒绝服务类攻击,登记报文需要身份验证。

(5)本地代理或者在本地链路上的其它路由器通告移动节点的本地地址的网络前缀的可达性,从而可以引入发给移动节点的本地地址的那些IP分组。本地代理采用诸如代理ARP这样的机制截获这些IP分组,然后把它们隧道传送给移动节点的转交地址。

（6）外部代理从隧道中抽出原先的IP分组，然后投递给移动节点。

（7）在相反的方向上，由移动节点发送的分组直接路由到目的地址，不需要使用隧道。外部代理为移动节点产生的所有IP分组担当路由器的角色。

4.8.3 真题与习题精编

● 单项选择题

1. 当一台主机从一个网络移到另一个网络时，以下说法正确的是（　）。　【沈阳农业大学2017年】

A. 必须改变它的IP地址和MAC地址

B. 必须改变它的IP地址，但不需改动MAC地址

C. 必须改变它的MAC地址，但不需改动IP地址

D. MAC地址、IP地址都不需改动

2. 下列关于移动IP的基本术语和工作原理的描述中，不正确的是（　）。

A. 转交地址是指当移动节点接入一个外地网络时被分配的一个临时的IP地址

B. 归属代理通过隧道将发送给移动节点的IP分组转发到移动节点

C. 移动IP的基本工作过程可以分为代理搜索、注册、分组路由与注销4个阶段

D. 移动节点到达新的网络后，通过注册过程把自已新的可达信息通知外部代理

3. 主机A从LAN1移动到了LAN2，如果一个分组到达了LAN1，那么分组会被转发给（　）。

A. 移动IP的归属代理　　B. 移动IP的外地代理

C. 主机　　D. 丢弃

4. 如果一台主机的IP地址为160.80.40.20/16，那么当它被移动到了另一个不属于160.80/16子网的网络中时，它将（　）。

A. 可以直接接收和直接发送分组，没有任何影响

B. 既不可以直接接收分组，也不可以直接发送分组

C. 不可以直接发送分组，但是可以直接接收分组

D. 可以直接发送分组，但是不可以直接接收分组

4.8.4 答案精解

● 单项选择题

1.【答案】B

【精解】当一台主机从一个网络移动到另一个网络时，网络地址发生了改变，所以IP地址需要修改为转交地址。MAC地址是固化在网卡里面的，具有唯一性，无须修改。所以，选项B为正确答案。

2.【答案】D

【精解】本地地址是指本地网络为每个移动节点分配的一个长期有效的IP地址，转交地址是指当移动节点移动到外地网络时被分配的一个临时的IP地址；归属代理转发通信对端发送给移动节点的IP分组时需要通过隧道实现；移动IP基本工作过程可以分为4个阶段，即代理搜索（移动节点主动发起或被动接收）、注册（注册请求和应答）、分组路由（分组发送和接收）和注销；所以选项A、B、C描述正确。选项D错误，原因在于，移动节点到达新的网络后，通过注册过程把自已新的可达信息（转交地址）通知归属代理，然后，归属代理就可以把发送给移动节点的分组通过隧道转到转交地址（外部代理），再由外部代理交付给移动节点。综上，选项D为正确答案。

3.【答案】A

【精解】当一个分组到达主机A的本地局域网LAN1时，它将被转发给某一台与LAN1相连的路由器，该路由器寻找目的IP主机，此时本地代理响应该请求并接收该分组，然后将分组封装到一些新IP分组中，并将新分组发送给外部代理。外部代理将分组解封出来后，移交给移动后的主机A。所以，选项A为正确答案。

4.【答案】B

【精解】由于路由器是按子网来安排路由表的，所以所有发往主机160.80.40.20/16的分组都会被发到它所在的子网160.80/16中。当主机离开子网160.80/16时，就不能直接接收和发送分组了，而只能通过转交地址来间接接收和发送分组。所以，选项B为正确答案。

4.9 网络层设备

4.9.1 路由器的组成和功能

路由器是一种具有多个输入端口和多个输出端口的专用计算机，它工作在网络层，其任务是连接不同的网络转发分组。从路由器某个输入端口收到的分组，按照分组要去的目的地（即目的网络），把该分组从路由器的某个合适的输出端口转发给下一跳路由器。下一跳路由器也按照这种方法处理分组，直到该分组到达终点为止。路由器的转发分组正是网络层的主要工作。整个的路由器结构可划分为两大部分：路由选择部分和分组转发部分，如图4-15所示。

路由选择部分也叫做控制部分，其核心构件是路由选择处理机。路由选择处理机的任务是根据所选定的路由选择协议构造出路由表，同时经常或定期地和相邻路由器交换路由信息而不断地更新和维护路由表。

分组转发部分由三部分组成：交换结构、一组输入端口和一组输出端口（请注意：这里的端口就是硬件接口）。交换结构（switching fabric）又称为交换组织，它的作用就是根据转发表（forwarding table）对分组进行处理，将某个输入端口进入的分组从一个合适的输出端口转发出去。交换结构本身就是一种网络，但这种网络完全包含在路由器之中，因此交换结构可看成是"在路由器中的网络"。常用的交换方法有三种，即通过存储器进行交换、通过总线进行交换和通过互联网络进行交换。

图4-16给出了一种典型的路由器的构成框图，图中方框中的1、2和3分别代表物理层、数据链路层和网络层的处理模块。

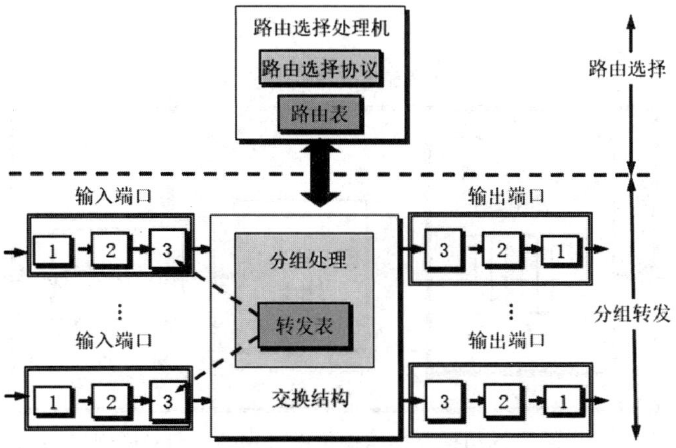

图4-16 路由器的结构

4.9.2 路由表与路由转发

首先需要注意，“转发”和“路由选择”、转发表和路由表是有区别的。在互联网中，“转发”就是路由器根据转发表把收到的IP数据报从路由器合适的端口转发出去。“转发”仅仅涉及一个路由器。但“路由选择”则涉及很多路由器，路由表则是许多路由器协同工作的结果。这些路由器按照复杂的路由算法，得出整个网络的拓扑变化情况，因而能够动态地改变所选择的路由，并由此构造出整个的路由表。路由表一般仅包含从目的网络到下一跳（用IP地址表示）的映射，而转发表是从路由表得出的。转发表必须包含完成转发功能所必需的信息。这就是说，在转发表的每一行必须包含从要到达的目的网络到输出端口和某些MAC地址信息（如下一跳的以太网地址）的映射。将转发表和路由表用不同的数据结构实现会带来一些好处，这是因为在转发分组时，转发表的结构应当使查找过程最优化，但路由表则需要对网络拓扑变化的计算最优化。路由表总是用软件实现的，但转发表可用特殊的硬件来实现。

路由转发的流程如下：

（1）首先路由器从线路（图4–16的输入端口）上接收分组，经过1（物理层的处理模块）时进行比特的接收，经过2（数据链路层处理模块）时剥去帧的首部和尾部，然后分组就被送入3（网络层的模块），如图4–17所示。若接收的分组是路由器之间交换路由信息的分组（如RIP和QSPF分组），则把这种分组送交路由器的路由选择部分中的路由选择处理机。若接收的是数据分组，则按照分组首部中的目的地址查找转发表，根据得到的结果，分组就经过交换结构到达合适的输出端口。当一个分组正在查找转发表时，后面又紧跟着从这个输入端口收到另一个分组，这个分组就必须在队列中排队，因而产生了一定的时延。

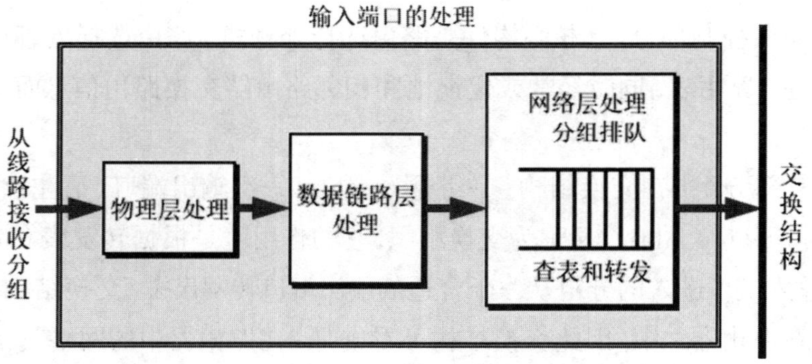

图 4–17　输入端口对线路上收到分组的处理

（2）输出端口从交换结构接收分组，处理后把它们发送到路由器外面的线路上。从交换结构传送过来的分组先进行缓存，数据链路层处理模块把分组加上数据链路层的首部和尾部，交给物理层后发送到外部线路，如图4–18所示。

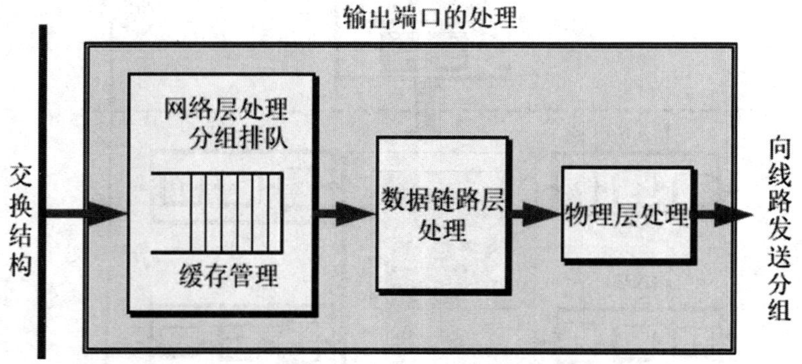

图 4–18　输出端口把交换结构传送过来的分组发送到线路上

由以上讨论可知，分组在路由器的输入端口和输出端口都可能会在队列中排队等候处理。若分组进入队列的速率大于分组处理的速率，则队列的存储空间最终必定减少到零，之后再进入队列的分组将被丢弃。

4.9.3 真题与习题精编

● 单项选择题

1. 下列网络设备中，能够抑制广播风暴的是（　）。【全国联考2010年】

Ⅰ. 中继器　　Ⅱ. 集线器　　Ⅲ. 网桥　　Ⅳ. 路由器

A. 仅Ⅰ和Ⅱ　　B. 仅Ⅲ　　C. 仅Ⅲ和Ⅳ　　D. 仅Ⅳ

2. 某网络拓扑如下图所示，路由器R1只有到达子网192.168.1.0/24的路由。为使R1可以将IP分组正确地路由到图中的所有子网，则在R1中需要增加的一条路由（目的网络，子网掩码，下一跳）是（　）。

【全国联考2011年】

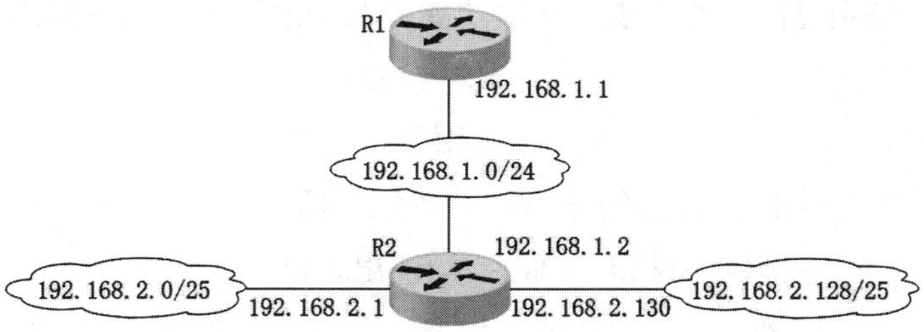

A. 192.168.2.0　　255.255.255.128　　192.168.1.1

B. 192.168.2.0　　255.255.255.0　　192.168.1.1

C. 192.168.2.0　　255.255.255.128　　192.168.1.2

D. 192.168.2.0　　255.255.255.0　　192.168.1.2

3. 下列关于IP路由器功能的描述中，正确的是（　）。【全国联考2012年】

Ⅰ. 运行路由协议，设置路由表

Ⅱ. 监测到拥塞时，合理丢弃IP分组

Ⅲ. 对收到的IP分组头进行差错校验，确保传输的IP分组不丢失

Ⅳ. 根据收到的IP分组的目的IP地址，将其转发到合适的输出线路上

A. 仅Ⅲ、Ⅳ　　B. 仅Ⅰ、Ⅱ、Ⅲ　　C. 仅Ⅰ、Ⅱ、Ⅳ　　D. Ⅰ、Ⅱ、Ⅲ、Ⅳ

4. 一般路由表的目的地址是（　）。【河南师范大学2014年】

A. 目的主机IP地址　　B. 目的网络的网络地址

C. MAC地址　　D. 路由器的接口地址

5. 下面哪种网络设备用来隔绝广播（　）。【沈阳农业大学2015年】

A. 集线器　　B. 交换机　　C. 路由器　　D. 网桥

6. 下面关于因特网中的主机和路由器的说法中，错误的是（　）。【沈阳工业大学2016年】

A. 主机通常需要实现TCP协议　　B. 主机通常需要实现IP协议

C. 路由器必须实现TCP协议　　D. 路由器必须实现IP协议

7. 关于路由器说法，正确的是（　）。【中国科学院大学2015年】

A. 路由器处理的信息量比交换机少，因而转发速度比交换机快

B. 对于同一目标，路由器只提供延迟最小的最佳路由

C. 通常的路由器可以支持多种网络层协议，并提供不同协议之间的分组转换

D. 路由器不但能够根据逻辑地址进行转发，而且可以根据物理地址进行转发

8. 下列网络设备中，能够抑制网络风暴的是（　）。

Ⅰ. 中继器　Ⅱ. 网桥　Ⅲ. 二层交换机　Ⅳ. 三层交换机　Ⅴ. 路由器

A. 仅Ⅰ、Ⅱ、Ⅲ　B. 仅Ⅰ、Ⅱ、Ⅳ　C. 仅Ⅳ、Ⅴ　D. 全部都是

9. 下列关于路由表的说法错误的是（　）。

Ⅰ. 路由表必须包含子网掩码

Ⅱ. 路由表包含目的网络和到达该目的网络的完整路径

Ⅲ. 包含目的网络和到达该目的网络的网络路径上的下一个路由器的MAC地址

Ⅳ. 包含目的网络和到达该目的网络路径上的下一个路由器的IP地址

A. Ⅰ、Ⅱ　B. Ⅱ、Ⅲ　C. Ⅱ、Ⅳ　D. Ⅰ、Ⅱ、Ⅲ

10. 作为网络层设备，路由器除了要实现网络层功能外，还要实现（　）的功能。

A. 物理层和和数据链路层　B. 数据链路层

C. 传输层　D. 应用层

11. 路由器的任务是转发分组，路由器的分组转发部分包括（　）。

Ⅰ. 交换结构　Ⅱ. 一组输入端口　Ⅲ. 一组输出端口

A. Ⅰ、Ⅱ　B. Ⅰ、Ⅲ　C. Ⅱ、Ⅲ　D. 以上全是

12. 路由器结构中负责构造路由表的是（　）。

A. 交换结构　B. 路由选择处理机　C. 输入端口　D. 输出端口

4.9.4 答案精解

● 单项选择题

1.【答案】D

【精解】广播是指一个数据帧或包被传输到本地网段（由广播域定义）上的每个节点；当广播数据充斥网络无法处理，并占用大量网络带宽，导致正常业务不能运行，甚至彻底瘫痪，这种现象就是广播风暴。广播风暴产生的原因很多，如蠕虫病毒、ARP攻击、交换机端口故障、网卡故障、链路冗余、没有启用生成树协议和受到干扰等。物理层设备中继器和集线器既不隔离冲突域也不隔离广播域；网桥可隔离冲突域，但不隔离广播域；网络层的路由器既隔离冲突域，也隔离广播域；VLAN 即虚拟局域网也可隔离广播域。对于不隔离广播域的设备，它们互连的不同网络都属于同一个广播域，因此扩大了广播域的范围，更容易产生网络风暴。所以选项D为正确答案。

2.【答案】D

【精解】要使R1能够正确将分组路由到所有子网，则R1中需要有到192.168.2.0/25和192.168.2.128/25的路由。观察发现网络192.168.2.0/25和192.168.2.128/25的网络号的前24位都相同，于是可以聚合成超网192.168.2.0/24（即子网掩码255.255.255.0）。从图中可以看出下一跳地址应该是192.168.1.2。所以选项D为正确答案。

3.【答案】C

【精解】Ⅰ、Ⅳ是IP路由器的路由和转发功能。当路由器监测到拥塞时，可合理丢弃IP分组，并向发出该IP分组的源主机发送一个源点抑制的ICMP报文，所以Ⅱ描述正确。对于Ⅲ，路由器对收到的IP分组首

部进行差错检验，丢弃有差错首部的报文，但不保证IP分组不丢失。所以选项C为正确答案。

4.【答案】B

【精解】在路由器的路由表中，对每一条路由最主要的是以下两项：（目的网络，下一跳地址），所以路由表的目的地址是目的网络的网络地址。因此，选项B是正确答案。

5.【答案】C

【精解】广播域是网络层的概念，网络层以下设备不能分割广播域。集线器是物理层设备，交换机和网桥是数据链路层设备，不能分割广播。而路由器是网络层设备，它能够隔绝广播。所以选项C是正确答案。

6.【答案】C

【精解】TCP是一个端到端的传输协议，所以主机通常需要实现TCP协议，而TCP使用IP在路由器之间传送信息，所以主机和路由器必须实现IP协议。因为，路由器是工作在网络层的设备，而TCP是传输层协议。所以，路由器无须实现TCP协议。因此，选项C是正确答案。

7.【答案】C

【精解】路由器和交换机不能根据处理信息量的多少作为转发速度快慢的依据，而且路由器转发的速度与信息量并无直接关联，选项A错误。在网络中，当某路由器出现故障时，其他相邻路由器自动重新选择路由，路由的选择与具体路由协议有关，不一定总是以延迟最小作为评价指标，选项B错误。路由器是工作在网络层的设备，不能根据物理地址进行转发，网络层只看到IP首部的IP地址。在数据链路层才能看到物理地址。所以选项D错误。通常路由器支持多种网络层协议，如ICMP协议、ARP协议等，并能提供不同协议之间的分组转换，因此，选项C是正确答案。综上，选项C是正确答案。

8.【答案】C

【精解】由于网络拓扑的设计和连接问题，或其他原因，导致广播在网段内大量复制，传播数据帧，导致网络性能下降，甚至网络瘫痪。这样的现象就是网络风暴。中继器工作在物理层，网桥和二层交换机工作在数据链路层，都不能抑制广播风暴。路由器和三层交换机（具有路由功能的交换机）工作在网络层，既能分割冲突域也能分割广播域，可以抑制广播风暴。所以选项C为正确答案。

9.【答案】D

【精解】路由表中不一定包含子网掩码，一般只在划分子网的网络中，路由器的路由表才使用子网掩码，如果不使用就根本不能得到网络号。而没有划分子网的网络，使用默认路由即可，不需要在路由表上显示，故Ⅰ错误。为了提高路由器的查询效率和减少路由表的内容，路由表只保留达到目的主机的下一个路由器的地址，而不是保留通向目的主机的传输路径上的所有路由信息，故Ⅱ错误。路由器是工作在网络层的设备，对数据链路层是透明的，故Ⅲ错误。路由器的路由表的表项通常包含目的网络和到达该目的网络的下一个路由器的IP地址，因为路由器是工作在网络层，网络层使用的是IP地址，故Ⅳ说法正确。综上可知，选项D是正确答案。

10.【答案】A

【精解】路由器是网络层设备，当然要实现网络层的功能，也必须要实现网络层以下的功能，也就是物理层与数据链路层的功能。传输层和应用层是在网络层之上的，它们使用网络层的接口，路由器不实现网络层之上层次的功能。所以选项A是正确答案。

11.【答案】D

【精解】路由器结构可划分为两大部分：路由选择部分和分组转发部分。路由选择部分包括三部分，即路由选择处理机、路由选择协议和路由表；分组转发部分也包括三部分，即交换结构、输入端口和输出端口。所以选项D为正确答案。

12.【答案】B

【精解】路由器结构中控制部分（即路由选择部分）的核心构件是路由选择处理机。路由选择处理机的任务是根据所选定的路由选择协议构造出路由表，同时经常或定期地和相邻路由器交换路由信息而不断地更新和维护路由表。所以选项B为正确答案。

4.10 重难点答疑

1. 当运行PING 127.0.0.1时，这个IP数据报将发送给谁？

【答疑】PING是基于ICMP协议的，它发送ICMP回送请求消息给目的主机，并等待接收回应数据包。ICMP协议规定：目的主机必须返回ICMP回送应答消息给源主机。如果源主机在一定时间内收到应答，则认为主机可达。因此，PING命令常用来测试网络连通性。127.0.0.1是环回地址。当运行PING 127.0.0.1时，主机将测试用的IP数据报发送给本主机的ICMP（而不是发送到因特网上）以便进行环回测试。利用PING 127.0.0.1可以查看本地的TCP/IP协议是否设置好。

2. 网络前缀是指网络号字段（net-id）中前面的几个类别位，还是指整个的网络号字段？

【答疑】网络前缀，简称前缀，是指整个的网络号字段，包括最前面的几个类别位在内，不能把前面的类别位除外。

3. IP地址中的前缀和后缀最大的不同是什么？它们和网络号字段和主机号字段有什么关系？

【答疑】IP地址中的前缀和后缀不同点有：① 管理部门不同。前缀是由因特网管理机构进行分配的，而后缀是由分配到前缀的单位自行分配的。② 寻址依据不同。IP数据报的寻址是根据前缀来找目的网络，找到目的网络后再根据后缀找到目的主机。

IP地址中的前缀就是网络号字段net-id，而后缀就是主机号字段host-id，如果网络划分了子网，那么前缀还应包括子网号字段。

4. 全1的IP地址是否是向整个因特网进行广播的一种地址？

【答疑】不是。在IP地址中的全1地址表示仅在本网络上（就是发送这个IP数据报的主机所连接的局域网）进行广播。这种广播叫做受限的广播（limited broadcast）。如果是向整个Internet进行广播的地址，那么一定会在Internet上产生极大的通信量而严重地影响其正常工作。

如果net-id是具体的网络号，而host-id是全1，就叫做定向广播（directed broadcast），因为这是对某一个具体的网络（即net-id指明的网络）上的所有主机进行广播的一种地址。

5. IP协议有分片的功能，但广域网中的分组则不必分片。这是为什么？

【答疑】IP数据报进行分片的原因是它可能要经过多个网络，而源主机事先并不知道数据报后面要经过的这些网络所能通过的分组的最大长度是多少。如果不分片，则可能出现等到IP数据报转发到某个网络时，才发现数据报太长的情况。

但是，对广域网而言，其中的所有主机都事先知道能够通过的分组的最大长度。源主机不可能发送网络不支持的过长分组。因此广域网就没有必要将已经发送出的分组再进行分片。

6. 链路层广播和IP广播有何区别？

【答疑】链路层广播是指用位于OSI参考模型第二层的数据链路层协议，在一个以太网上实现的对该局域网上的所有主机的MAC帧进行广播。

IP广播则是指用位于OSI参考模型第三层的IP协议，通过Internet实现的对一个目的网络上的所有主机的IP数据报进行广播。

7. 主机在接收一个广播帧或多播帧时，其CPU所要做的事情有何区别？

【答疑】在接收广播帧时，主机通过其适配器（即网卡NIC）接收每一个广播帧，然后将其传递给操作系统。CPU执行协议软件，并界定是否接收和处理该帧。

但是，在多播的情况下，是适配器NIC（而不是CPU）决定是否接收一个帧。因为在接收多播帧时，CPU要对适配器进行配置，而适配器根据特定的多播地址表来接收帧（凡与此多播地址表不匹配的帧都将被NIC丢弃）。

8. 一个主机要向另一个主机发送IP数据报。是否使用ARP就可以得到该目的主机的硬件地址，然后直接用这个硬件地址将IP数据报发送给目的主机？

【答疑】有时如此，但有时并非如此。ARP只能对连接在同一个网络上的主机或路由器进行地址解析。如下图所示。

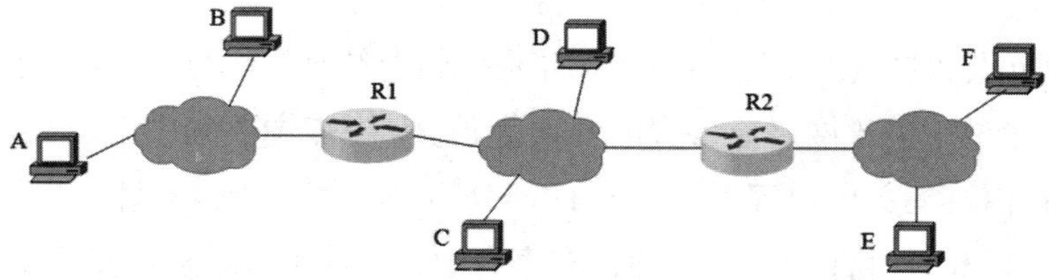

由于主机A和B连接在同一个网络上，因此主机A使用ARP协议就可以得到主机B的硬件地址，然后用主机B的硬件地址，将IP数据报组装成帧，发送给主机B。

但当目的主机是F时，情况就不同了。由于主机A和F处在不同的网络中，所以主机A无法得到主机F的硬件地址。主机A只能先将IP数据报发送给本网络上的一个路由器（即图示中路由器R1）。因此主机A发送IP数据报给主机F时，在地址解析时要经过以下三个步骤：

（1）主机A先通过ARP解析出路由器R1的硬件地址，将IP数据报发送到R1。

（2）R1再通过ARP解析出路由器R2的硬件地址，将IP数据报转发到R2。

（3）路由器R2再通过ARP解析出F的硬件地址，将IP数据报交付F。

因此，图示中主机A发送IP数据报给F要经过三次ARP地址解析。主机A只知道F的IP地址，但并不知道F的硬件地址。

9. IP数据报的最大长度是多少字节？IP数据报的首部的最大长度是多少个字节？典型的IP数据报首部是多长？IP数据报在传输的过程中，其首部长度是否会发生变化？

【答疑】IP数据报的最大长度是64KB（$1K=2^{10}$），这是因为其首部的总长度只有16位长，但实际上最多只能表示65535（$2^{16}-1$）字节。

IP数据报首部中有一个占4位长的首部长度字段，可表示的最大十进制数字是15（2^4-1）。因此首部长度的最大值是15个4字节长的字，即60字节。

典型的IP数据报不使用首部中的选项（即只有固定部分），因此典型的IP数据报首部长度是20字节。

IP数据报在传输的过程中，其首部长度不会发生变化。但首部中的某些字段（如标志、生存时间、首部检验和等字段）的数值一般都要发生变化。

10. IP数据报必须考虑最大传送单元MTU。这是指哪一层的最大传送单元？包括不包括首部或尾部等开销在内？

【答疑】IP数据报必须考虑的最大传送单元MTU是指IP层相邻下层的数据链路层的最大传送单元，亦即MAC帧的数据字段（不包括MAC帧的首部和尾部的各字段）。因为IP数据报是装入到MAC帧中的数据字段，因此数据链路层的MTU数值就是IP数据报所容许的最大长度（是总长度，即首部加上数据字段）。

11. 为什么分别用UDP、IP、TCP直接封装RIP、OSPF、BGP报文？

【答疑】RIP是应用层协议，处于UDP的上层，RIP所接收的路由信息都封装在UDP的数据报中；OSPF位于网络层，由于要交换的信息量大，故应使报文的长度尽量短，因此采用IP；BGP要在不同的自治系统之间交换路由信息，由于网络环境复杂，需要保证可靠地传输，所以选择TCP。

4.11 命题研究与模拟预测

4.11.1 命题研究

网络层是考试的重点和热点，从表4-1最近10年命题情况统计分析可以看出下面的一些规律和特点：① 从内容上看，历年考试中关于网络层考查的知识点很多。考点主要集中出现在子网划分、路由表与路由转发、路由聚合和路由器有关的内容上，另外，IPv4分组（分片）、IPv4地址、和路由协议（RIP、OSPF、BGP）也多次出现，还有，ICMP协议和DHCP协议在真题中也有涉及。② 从题型上看，既有单项选择题，也有综合应用题，相对于其他章节，本章综合应用题出现的频率要高得多（占比高达70%）。③ 从题量和分值上看，一般3道题左右，如果有综合选择题，则仅出现1~2道选择题；否则是3~4道选择题。占分在6~11分，年平均占9分。本章在历年真题中所占分值比例也比其他章节要高很多，因此，网络层是考试中的重中之重，复习时要特别注意。④ 从试题难度上看，相对于其他章节，本章整体上偏难。总的来说，历年真题考核的内容都在大纲要求的范围之内，密切反映了考试大纲中考查目标部分的“能够运用计算机网络的基本概念、基本原理和基本方法进行网络系统的分析、设计和应用”的要求。

从表4-1还可以看出，近10年真题中，对于大纲中列出的知识点，如IPv6、IP组播和移动IP则从来没有考查过。这是因为，在真题试卷（满分150分）中，计算机网络部分共占25分，共分6章考核的情况下，网络层的重点太多而命题最多不超过11分，这几个知识点不考查也无可厚非。但是对于全面的复习备考来说，这些知识点仍要了解和理解（可以安排较少量时间）以防止出现黑马题，当然，这些知识点的考查如果在真题中出现，大概率也是以单项选择题的形式命题，难度也应该不大，得分会相对容易。

需要注意的是，本章重要的考点会反复考查，间隔时间不等，但也有明显的规律，如子网划分会连续3~5年考查，路由转发也会连续2~3年考查，可见这些是考生务必要熟练掌握的重点，其他考点如典型的网络协议（ICMP协议、ARP协议、RIP协议、BGP协议、DHCP协议和OSPF协议）和IPv4地址有关的知识点则较均匀穿插在其中。本章作为历年考查的重中之重，结合数据链路层、传输层和应用层出综合应用题的概率很大，这也是导致真题难度增大的主要因素之一。从备考的角度看，考生应特别重视本章的重点和难点，投入足够的时间和精力，通过大量的习题训练牢固地掌握网络层有关的基本概念、基本原理和基本方法，熟练掌握网络层的典型协议和典型设备（路由器）的工作原理，注重联系实际，并能够进行网络的分析和灵活应用。2022年新考纲新增了SON的考点，而且在2022年的试题中考到了。

4.11.2 模拟预测

● 单项选择题

1. 如果某主机的IP地址是202.168.80.2，那么对该主机的ARP请求分组的目标地址是（　）。

A. 202.168.80.2　　B. 202.168.80.1

C. 发送设备的MAC地址　　D. FF-FF-FF-FF-FF-FF

2. 在不考虑NAT的情况下，IP分组在传输过程中，以下IP首部中保持不变的字段是（　）。

Ⅰ. 总长度　　Ⅱ. 校验和　　Ⅲ. 生存时间　　Ⅳ. 源地址

A. Ⅰ、Ⅱ　　B. Ⅱ、Ⅳ　　C. Ⅰ、Ⅲ、Ⅳ　　D. 只有Ⅳ

3. 若将108.208.32.0/22划分为5个子网，则可以划分出的最小子网的子网掩码是（　）。

A. 255.255.255.0　　B. 255.255.255.128

C. 255.255.255.192　　D. 255.255.255.224

4. 一个IPv6的地址为0123:00AB:0000:0000:0456:0000:0000:0CD7:E890，下面它的简化表示中错误的是（　）。

A. 123:AB::456:0000:0000:CD7:E890

B. 123:AB::456:0:0:CD7:E890

C. 123:AB::0456::0CD7:E89

D. 123:AB:0:0:456::CD7:E890

5. IPv6协议数据单元PDU由一个固定首部和若干个扩展首部以及上层协议提供的负载组成，其中用于提供数据完整性的扩展首部是（　）。

A. Hop-by-Hop选项首部　　B. 分段首部

C. 安全封装负荷首部　　D. 认证首部

6. 主机H1和H2分别处于一个令牌环网和一个以太网中，这两个网络通过路由器连接。令牌环网使用TCP/IP，速率为16 Mbps。从主机H1给H2传送一个文件用时3分钟，而同一个文件从主机H2传送给H1只用了2分钟，最大可能的原因是（　）。

A. 令牌环网比以太网慢　　B. 两种网络的帧类型不匹配

C. TCP的窗口大小不相同　　D. 令牌环网最大帧长大于1500 B

7. 某公司申请到一个B类IP地址，根据网络规划设计，需要将内网分成36个子网，将来要再增加18个子网，每个子网的主机数目接近800台，可行的掩码应设为（　）。

A. 255.255.0.0　　B. 255.255.255.0

C. 255.255.252.0　　D. 255.255.248.0

8. 某主机的IP地址为22.2.2.200，子网掩码为255.0.0.0。现在用户需要为该主机配置默认路由。与该主机直接相连的路由器具有如下4个IP地址和子网掩码：

Ⅰ. IP地址：22.2.2.1，子网掩码：255.0.0.0

Ⅱ. IP地址：22.2.3.1，子网掩码：255.0.0.0

Ⅲ. IP地址：23.2.2.2，子网掩码：255.0.0.0

Ⅳ. IP地址：24.2.3.1，子网掩码：255.0.0.0

请问IP地址和子网掩码可能是该主机的默认路由的是（　）。

A. Ⅰ和Ⅱ　　B. Ⅱ和Ⅲ　　C. Ⅱ、Ⅲ和Ⅳ　　D. Ⅲ和Ⅳ

9. 下列关于RIP和OSPF协议的描述中，错误的是（　）。

A. RIP中的路由器仅向相邻的路由器发送信息，OSPF协议中的路由器向本自治系统中的所有路由器发送信息

B. RIP的路由器不知道全网的拓扑结构，OSPF协议中的路由器都知道自己所在区域的拓扑结构

C. 在进行路由信息交换时，RIP中的路由器发送的信息只是路由表的一部分，OSPF协议中的路由器发送的信息是整个路由表

D. RIP是运行在UDP上的应用层协议，OSPF协议是网络层协议

10. 某网络的IP地址空间为198.80.10.0/27，子网掩码固定为255.255.255.224，则该网络最多可以分成的子网数和每个子网最多具有的有效的IP地址数分别是（　）。

A. 4，62　　B. 8，30　　C. 16，14　　D. 32，6

11. 某路由器所建立的路由表内容如下表所列。

目的网络地址	子网掩码	下一跳
128.96.39.0	255.255.255.128	接口0
128.96.39.128	255.255.255.128	接口1
128.96.40.0	255.255.255.128	R2
192.4.153.0	255.255.255.192	R3
*（默认）	0.0.0.0	R4

现收到两个分组，其目的IP地址分别是128.96.40.142和128.96.40.15；它们的下一跳分别是（　）。

A. 接口1和R2　　B. R2和R3　　C. R4和R3　　D. R4和R2

12. 某自治系统有5个局域网，如下图所示。LAN2至LAN5上的主机数分别为：73、155、8和20。如果该自治系统分配到的IP地址块为133.123.118/23，那么划分给LAN2的地址块是（　）。

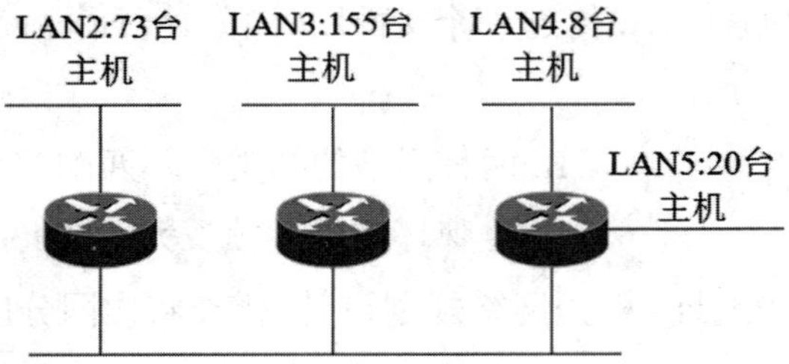

A. 133.123.118.0/24　　B. 133.123.119.0/25

C. 133.123.119.128/26　　D. 133.123.119.192/27

13. 主机H1正在向主机H2传输数据，如下图所示，此通信中主机H1的目的IP地址和目的MAC地址是（　）。

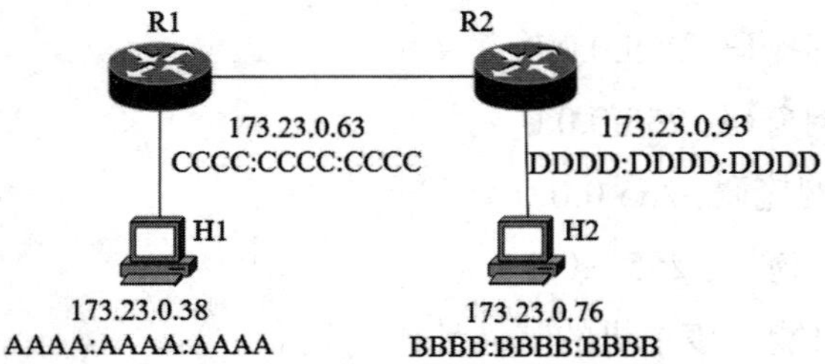

A. 目的MAC：BBBB:BBBB:BBBB 目的IP：173.23.0.63

B. 目的MAC：CCCC:CCCC:CCCC 目的IP：173.23.0.63

C. 目的MAC：BBBB:BBBB:BBBB 目的IP：173.23.0.76

D. 目的MAC：CCCC:CCCC:CCCC 目的IP：173.22.0.76

● 综合应用题

1. 现从链路上截获了一个数据包，其IP报头所含的数据如下（十六进制）：45 00 00 30 52 52 40 00 80 11 2C 23 D0 A8 02 05 D8 03 C2 14，IP分组头结构如下图所示。请回答如下问题：

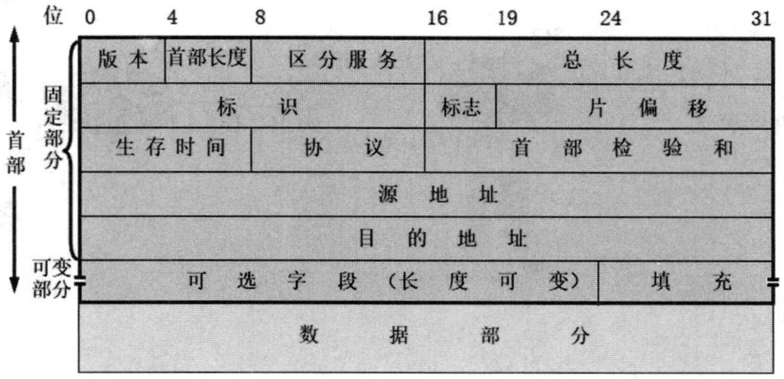

（1）该IP数据包的源地址和目的地址分别是什么？

（2）该IP数据包的总长度是多少？头部长度是多少？

（3）该IP分组有分片吗？如果有分片它的分片偏移量是多少？

（4） 该IP数据包是由什么协议发出的？

2. 下图是三个计算机局域网A、B和C，分别包含10台、8台和5台计算机，通过路由器互连，并通过该路由器接口d联入Internet。路由器各端口名分别为a、b、c和d（假设接口d接入IP地址为61.60.21.80的互联网地址）。LAN A和LAN B公用一个C类IP地址（网络地址为202.38.60.0），并将此IP地址中主机地址的高两位作为子网编号。A网的子网编号为01，B网的子网编号为10。主机号的低6位作为子网中的主机编号。C网的IP网络号为202.36.61.0。请回答如下问题：

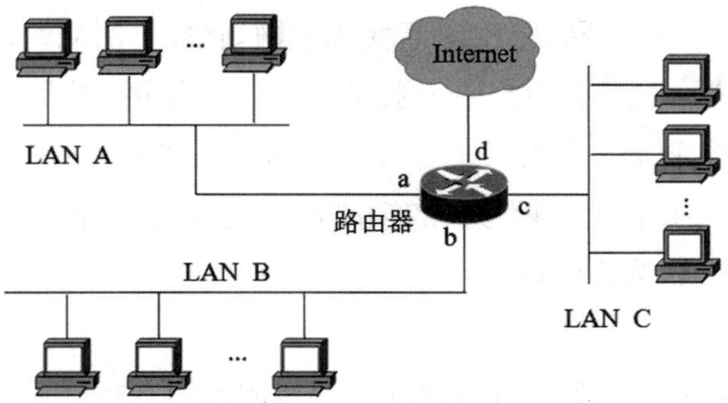

（1）为每个网络中的计算机和路由器的接口分配IP地址，并写出三个网段的子网掩码。

（2）列出路由器的路由表。

（3）LAN B上的一台主机要向B网段广播一个分组，请写出此分组的目的地址。

（4）LAN B上的一台主机要向C网段广播一个分组，请写出此分组的目的地址。

3. 某网络结构如下图所示。路由器R1通过接口f1、f2和f3分别连接LAN1、LAN2和LAN3，通过s0接口连接R2的s0接口；路由器R2通过f0连接DNS服务器，通过接口s1接入Internet。其中R1和R2的s0接口地址地址分别是192.168.3.1和192.168.3.2。R2的f0接口地址是192.168.4.1，DNS的地址是192.168.4.2。若路由表结构为：

目的网络	目的网络IP地址	掩码	下一跳IP地址	转发接口

（1）将IP地址空间192.168.1.0/24分配给LAN1、LAN2和LAN3，其中LAN1和LAN2各约50台主机，LAN3约100台主机，请给出地址段范围和有效地址数。

（2）请给出路由器R1的路由表，使其明确到LAN1、LAN2、LAN3、DNS和Internet的路由。

（3）请采用路由聚合技术，给出路由器R2到LAN1、LAN2和LAN3的路由表。

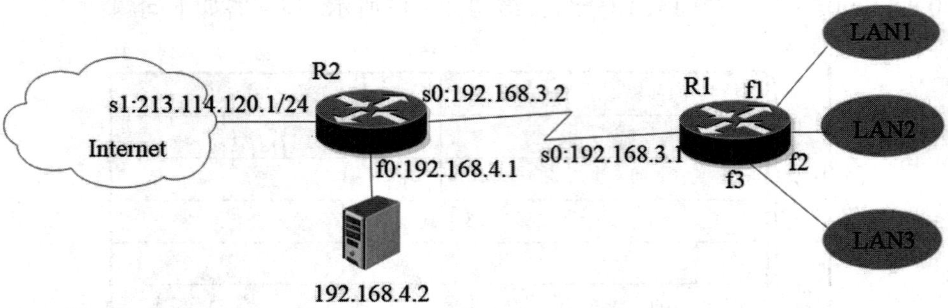

4.11.3 答案精解

● 单项选择题

1.【答案】D

【精解】因为发送方不知道目标主机的物理地址，所以发送一个广播分组，目标硬件地址段用全1表示。所以选项D为正确答案。

2.【答案】D

【精解】当IP分组的长度超过途径网络的最大分组传输单元的时候，需要进行分片，此时总长度将改变，所以Ⅰ错误；IP分组每经过一个跳段都会改变其首部校验和，所以Ⅱ错误；IP分组的生存时间是不断减少的，比如RIP协议，分组每经过一个路由器，生存时间TTL就减1，所以Ⅲ错误。在不考虑NAT时，IP分组的源地址是不变的。综上，选项D是正确答案。

3.【答案】C

【精解】考虑到题目中是变长子网划分，对于变长子网划分，子网掩码向后移动1位（划分成两个子网），子网是原来网络的1/2，题中需要划分5个子网，而且要计算划分出的最小子网的子网掩码，这就需要在划分子网的基础上进行二次划分（类似二分法），则子网掩码在原来的基础上需要向后移动4位，这也是题目中要求的可能的最小子网，此时子网号占22+4=26位，主机号占6位，因此可能的最小子网的子网掩码是255.255.255.192。所以选项C为正确答案。

4.【答案】C

【精解】IPv6地址使用冒号十六进制记法，把每个16位的值用十六进制表示，各值之间用冒号分割，允许把十六进制数字前面的0省略，可以允许零压缩（一连串连续的0可以用一对冒号取代），但规定在任一地址只能使用一次零压缩。选项C使用了两次双冒号“::”，而且最后一位的0也被省略，这是不允许的。所以选项C为正确答案。

5.【答案】D

【精解】IPv6的6种扩展首部中认证首部提供数据完整性和认证。所以选项D为正确答案。其他几个选项具体用途请参见4.5.1中IPv6主要特点有关内容。

6.【答案】D

【精解】以太网规定，帧最大长度是1500 B。令牌环网的最大帧长没有限制，典型的18000 B用于16 Mbps的令牌环网；4500 B用于4 Mbps的令牌环网。因此，从题意考虑，从令牌环网发往以太网的IP分组需要在路由器处分片，在目的主机上重组，这是题目给出的选项中导致主机H1发给H2文件时间长的最大可能原因。综上，选项D为正确答案。

7.【答案】C

【精解】对于B类地址，网络号和主机号各占16位，划分子网时，需要从主机位中（16位）拿出一部分作为子网号。题目中，由于36+18=54，$54<2^6$，所以可安排2^6=64个子网，子网号占6位，主机号为16-6=10位，每个子网有2^{10}=1024个地址，满足题中每个子网主机数目接近800台的要求，而且还为将来增加主机留有余地。因此，可行的子网掩码是255.255.252.0，其中252的二进制是11111100，6个1表示6位子网号。所以，选项C是正确答案。

8.【答案】A

【精解】题中主机地址是标准A类地址，将其与子网掩码进行“与”运算可得该主机的网络地址是22.0.0.0。同理对与该主机直接相连的路由器的4个地址和子网掩码分别进行与运算，可得Ⅰ和Ⅱ的网络地址为22.0.0.0，Ⅲ和Ⅳ的网络地址分别为23.0.0.0和24.0.0.0。所以，和该主机在同一个网络的是Ⅰ和Ⅱ，选项A为正确答案。

9.【答案】C

【精解】在进行路由信息交换时，RIP中的路由器发送的信息是整个路由表，OSPF协议中的路由器发送的信息只是路由表的一部分。所以选项C为正确答案。

10.【答案】B

【精解】根据题意可知，/27是引入CIDR后子网IP地址的表示方法，子网号占27位，主机号只占5位。对于定长子网划分，子网掩码为255.255.255.224，因为IP地址198.80.10.0是C类地址，网络号24位，最后一个字节中的子网号占3位，最多可分2^3=8个子网，主机号占5位共2^5=32个地址，除去全1和全0，有30个有效的IP地址。所以选项B为正确答案。

11.【答案】D

【精解】使用IP地址与子网掩码进行“与”运算，可求得目的网络地址，从而根据路由表找到下一跳。128.96.40.142∧255.255.255.128=128.96.40.128，路由表中没有该目的地址，故只能使用默认路由，下一跳为R4。128.96.40.15∧255.255.255.128=128.96.40.0，故一跳为R2。所以选项D为正确答案。

12.【答案】B

【精解】分配网络前缀时应先分配地址数较多的前缀。对于LAN3，主机数155，由于$(2^7-2)<155+1<(2^8-2)$（注意，加1是指与LAN3连接的路由器也要占用一个IP地址），所以主机位为8 bit，网络前缀为24，取第24位为0，分配地址块 133.123.118.0/24；对于LAN2，主机数73，$(2^6-2)<73+1<(2^7-2)$（加1是指与LAN2连接的路由器也要占用一个IP地址），所以主机位为7 bit，网络前缀为25，取第24、25位为10，分配地址块133.123.119.0/25。所以选项B为正确答案。

13.【答案】D

【精解】数据帧在传输过程中，源IP地址和目的IP地址不会产生变化；源MAC地址和目的MAC地址随网络都发生变化。图中主机A的目的IP地址是B的地址，即173.23.0.76；目的MAC地址是与其直接相连的路由器A的MAC地址，即CCCC:CCCC:CCCC。所以选项D为正确答案。

● 综合应用题

1.【答案精解】

(1)根据图中IP分组头结构分析可知，第13、14、15、16字节是源IP地址，第17、18、19、20字节是目的IP地址。因此从题中给出的IP数据包头中找出对应的值即可得源IP地址为D0 A8 02 05将这些十六进制数转化为十进制点分表示即为208.168.2.5；目的IP地址为D8 03 C2 14将这些十六进制数转化为十进制点分表示即为216.3.194.20。

(2)从图中可知IP包的总长度域是IP头部的第3、4字节，即00 30，转换为十进制得到该IP包的长度为48 B(该字段以字节为单位)。而第一字节的后4位表示头部长度，根据题目的数据值是5(该字段以32位为单位，即4 B)，所以头部长度为5×4B=20B。

(3)判断是否分片的标识是在IP包头的第7字节的第7位，根据题中给出的IP分组的第7字节为40，对应的第7位是“1”，即DF位置为“1”，表示没有分片。

(4)根据题图IP分组头结构中协议域是第10字节，值为11(对应十进制数17)，用于表示传输层协议，根据RFC标准，17表示的是传输层的UDP协议。

2.【答案精解】

(1)根据题意可知，LAN A和LAN B共用一个C类IP地址(网络地址为202.38.60.0)，且LAN A的子网编号为01，也就是202.38.60.01000000，即202.38.60.64，一般选择该网络的最小的地址分配给路由器的a接口，也就是202.38.60.01000001，即202.38.60.65，子网掩码为255.255.255.192。同理，LAN B的子网编号为10，即202.38.60.10000000，即202.38.60.128，b接口的地址为202.38.60.10000001，即202.38.60.129，子网掩码与LAN A相同，为255.255.255.192。已知C网的IP网络号为202.36.61.0，所以c接口的IP地址为202.38.61.1，子网掩码为255.255.255.0。接口d的地址已知为61.60.21.80，这是一个A类地址，子网掩码为255.0.0.0。

(2)根据图示和(1)可以写出路由器的路由表如下。

目的网络地址	子网掩码	下一跳地址	接口
202.38.60.64	255.255.255.192	直连	a
202.38.60.128	255.255.255.192	直连	b
202.38.61.0	255.255.255.0	直连	c
61.0. 0.0	255.0.0.0	直连	d

(3)LAN B的网络地址为202.38.60.128，如要广播，将主机号全置为1，即202.38.60.10<u>111111</u>(下划线部分为主机号)，因此广播地址为202.38.60.191。即为LAN B上的一台主机要向B网段广播一个分组的目的地址。

(4)已知C类IP地址(网络地址为202.38.60.0)，所以C网段的广播地址就是标准的202.38.61.255，即为LAN B上的一台主机要向C网段广播一个分组的目的地址。

3.【答案精解】

(1)已知LAN1和LAN2各约50台主机，LAN3约100主机，由于$2^5<50<2^6$，$2^6<100<2^7$，所以LAN1、LAN2和LAN3的主机位数可分别取6、6和7位，如下表所列。

	局域网	地址块	混合进制形式	地址段范围	地址数
LAN接口f	LAN	192.168.1.0/24	192.168.1.*	192.168.1.0–192.168.1.255	254
f3	LAN3	192.168.1.0	192.168.1.0*	192.168.1.0–192.168.1.127	126
f2	LAN2	192.168.1.128	192.168.1.10*	192.168.1.128–192.168.1.191	62
f1	LAN1	192.168.1.192	192.168.1.11*	192.168.1.192–192.168.1.255	62

（2）由于路由器R1的接口f1、f2和f3分别与LAN1、LAN2和LAN3直连，所以在R1的路由表中的下一跳地址都是直连的，根据掩码定义，由上（1）可知LAN1、LAN2和LAN3的掩码分别是：255.255.255.192、255.255.255.192和255.255.255.128；根据题意，R1为DNS设置了一个特定的路由表项，掩码是255.255.255.255，R1到Internet的路由只能是默认路由，即目的网络地址为0.0.0.0，掩码为0.0.0.0，转发接口都是s0。所以R1的路由表如下表所列。

目的网络	目的网络IP地址	掩码	下一跳IP地址	转发接口
LAN1	192.168.1.192	255.255.255.192	–	f1
LAN2	192.168.1.128	255.255.255.192	–	f2
LAN3	192.168.1.0	255.255.255.128	–	f3
DNS	192.168.4.2	255.255.255.255	192.168.3.2	s0
Internet	0.0.0.0	0.0.0.0	192.168.3.2	s0

（3）LAN1、LAN2和LAN3的IP地址可以聚合为192.168.1.0/24，而对R2而言，通往LAN1、LAN2和LAN3的转发接口都是s0，因此采用路由聚合后，R2到LAN1、LAN2和LAN3的路由表如下表所列。

目的网络	目的网络IP地址	掩码	下一跳IP地址	转发接口
LAN1~LAN3	192.168.1.0	255.255.255.0	192.168.3.1	s0

第 5 章

传输层

第5章　传输层

5.1 考点解读

传输层在网络体系结构中所处的位置非常关键，是计算机网络的重点内容之一。每年考试的考核中都占有一定的分值，多数情况下占2分，少数情况下占4分，极个别情况下占9分（如2016年）。除了单独考查本章考点的单项选择题占大多数情况外，综合应用题偶尔也会单独出现（如2016年真题）或作为综合应用题的一部分出现（如2012年真题）。本章考点如图5-1所示，涉及的内容虽然不多，但很重要。考试大纲没有明确指出对这些考点的具体考核要求，通过对最近10年全国联考与本章有关考点的统计与分析（表5-1），结合网络课程知识体系的结构特点来看，本章要求熟练掌握TCP的流量控制和拥塞控制机制（4种算法），深入理解并掌握TCP的连接（三次握手）和释放（四次挥手），理解UDP和TCP的报文格式，理解并记忆传输层的功能和它所提供的服务，理解传输层的工作方式和原理等。以上内容中，重点是TCP的连接和释放、TCP报文分析、流量控制，难点是流量控制和拥塞控制机制结合TCP连接和释放的综合应用（如2016年综合应用题），因此考生要在深刻理解传输层基本概念和基本原理基础上能够灵活运用有关知识解决实际问题。

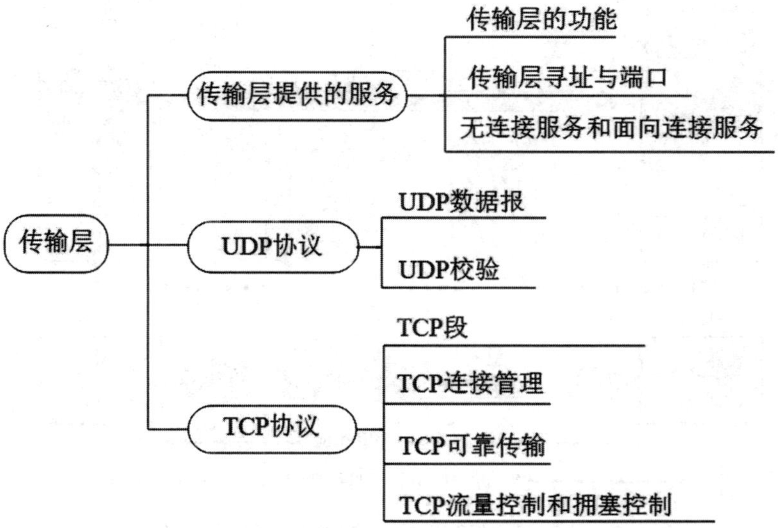

图5-1　传输层考点导图

表5-1　本章最近10年联考考点题型分值统计

年份（年）	题型（题）		分值（分）			联考考点
	单项选择题	综合应用题	单项选择题	综合应用题	合计	
2013	1	0	2	0	2	TCP可靠传输
2014	2	0	4	0	4	UDP协议 TCP拥塞控制

表5-1（续）

年份（年）	题型（题）		分值（分）			联考考点
	单项选择题	综合应用题	单项选择题	综合应用题	合计	
2015	1	0	2	0	2	TCP拥塞控制
2016	0	1	0	9	9	TCP连接管理 TCP拥塞控制
2017	1	0	2	0	2	TCP连接管理
2018	1	0	2	0	2	UDP数据报
2019	2	0	4	0	4	TCP连接管理 TCP拥塞控制
2020	2	0	4	0	4	TCP连接
2021	2	0	4	0	4	TCP连接
2022	2	0	4	0	4	TCP连接

5.2 传输层提供的服务

5.2.1 传输层的功能

传输层是整个网络体系结构中的关键层次之一，它位于网络层之上，向它上面的应用层提供通信服务。传输层是通信子网和资源子网的桥梁，从通信和信息处理的角度看，它属于面向通信部分的最高层，同时也是用户功能中的最底层。设置传输层的目的是在源主机和目的主机的进程之间提供可靠的端到端通信。如图5-2所示，主机A的应用进程AP1和主机B的应用进程AP3通过传输层进行可靠通信。

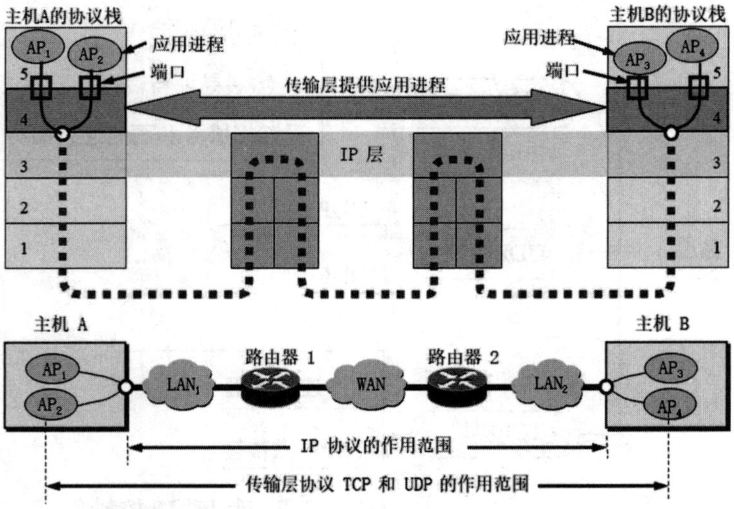

图5-2　传输层为相互通信的应用进程提供了逻辑通信

从图5-2可以看出，LAN1中的主机A和LAN2中的主机B通过网络核心部分（路由器）的功能进行通信时，路由器只能用到下三层的功能，而主机A和B的协议栈中有传输层和应用层，也就是说在通信子网中没有传输层。

传输层的主要功能如下：

（1）为应用进程之间提供端到端的逻辑通信：注意，网络层是为主机之间提供逻辑通信。“逻辑通信”的意思是：从应用层来看，只要把应用层报文交给下面的传输层，传输层就可以把这报文传送到对方的传输层，好像这种通信是沿水平方向直接传送数据（如图5-2所示）。但事实上这两个传输层之间并没有一条水平方向的物理连接。

（2）提供无连接或面向连接的服务：根据应用程序的不同，传输层需要有两种不同的传输协议，即面向连接的TCP和无连接的UDP。TCP提供的是可靠性较高的传输服务，而UDP提供的是高效的却不可靠的传输服务。

（3）对收到的报文（含首部和数据部分）进行差错检测：注意，在网络层IP数据报首部中的检验和字段，只检验首部是否出现差错而不检查数据部分。

（4）复用和分用：复用是指在发送方不同的应用进程都可以使用同一个传输层协议传送数据（需要加上适当的首部）。分用是指接收方的传输层在剥去报文的首部后能够把这些数据正确交付目的应用进程。注意，它们与网络层的复用和分用功能不同。网络层的复用指的是发送方对不同协议的数据都可以封装成IP分组发送出去；分用指的是接收方的网络层在剥去首部后把数据交付给相应的协议。

除了以上这些主要功能外，传输层的功能还包括报文的分割与重组、服务质量、段的封装与解封、寻址和连接管理、以及流量控制和拥塞控制等功能。其中有的是面向连接的服务具有的功能。

需要注意的是，传输层向上提供可靠的和不可靠的逻辑通信信道。传输层向高层用户屏蔽了下面网络核心的细节（如网络拓扑、所采用的路由选择协议等），它使应用进程看见的就是好像在两个传输层实体之间有一条端到端的逻辑通信信道，但这条逻辑信道对上层的表现却因传输层使用的不同协议而有很大的差别。当传输层采用面向连接的TCP协议时，尽管下面的网络是不可靠的（只提供尽最大努力服务），但这种逻辑信道就相当于一条全双工的可靠信道。但当传输层采用无连接的UDP协议时，这种逻辑通信信道仍然是一条不可靠信道。

5.2.2 传输层寻址与端口

（1）端口的概念和作用

端口是传输层的服务访问点（TSAP），它的作用是让应用层各种网络应用进程都能将其数据通过端口向下交付给传输层，以及让传输层知道应将其报文段中的数据向上通过端口交付给应用层相应进程。从这个意义上讲，端口是用来标志应用层的网络进程的，能够实现应用进程之间的互相通信。请注意，这种在协议栈层间的抽象的协议端口是软件端口，和路由器或交换机上的硬件端口是完全不同的概念。硬件端口是不同硬件设备进行交互的接口，而软件端口是应用层的各种协议进程与传输实体进行层间交互的一种地址。不同系统具体实现端口的方法取决于使用的操作系统。

（2）端口号

端口用一个16bit端口号进行标志。端口号只具有本地意义，即端口号只是为了标志本计算机应用层中的各进程在和传输层交互时的层间接口。在Internet不同计算机中，相同的端口号是没有关联的。根据Internet上的计算机通信方式（客户-服务器），可将传输层端口号分成两大类，即服务器使用的端口号和客户端使用的端口号。

1）服务器使用的端口号：分为熟知端口号和登记端口号（也称为注册端口号）两类。熟知端口号，也称为系统端口号或保留端口号，为各种公共服务保留，数值为0~1023，IANA把这些端口号指派给了TCP/IP最重要的一些应用程序，让所有的用户都知道。登记端口号的数值为1024~49151，它是为没有熟知端口号的应用程序使用的，使用这类端口号必须在IANA登记以防止重复。一些常用的熟知端口号如表5-2所列。注意，表中21、23、25、80和443端口使用TCP，69、161和67端口使用UDP，53端口既可用于TCP也可以用于

UDP。

表5-2 常用的熟知端口号

应用程序	FTP	TELNET	SMTP	DNS	TFTP	HTTP	SNMP	DHCP	HTTPS
熟知端口号	21	23	25	53	69	80	161	67	443

2）客户端使用的端口号：数值为49152~65535。由于这类端口号仅在客户进程运行时才动态选择，因此又叫短暂端口号或临时端口号。通信结束后，刚用过的端口号就不再存在，以供其他客户进程使用。

（3）套接字

TCP使用“连接”（而不仅仅是“端口”）作为最基本的抽象，同时将TCP连接的端点称为套接字（socket）。所谓套接字，实际上是一个通信端点，每个套接字都有一个套接字序号，包括主机的IP地址与一个16位的主机端口号，即形如，主机IP地址：端口号。每一个传输层连接唯一地被通信两端的两个端点（即两个套接字）所确定。

5.2.3 无连接服务与面向连接服务

关于无连接服务和面向连接服务的基本概念请参阅1.3.2。

TCP/IP传输层在网络层之上使用了两个传输协议，即无连接的用户数据报协议UDP和面向连接的传输控制协议TCP。采用UDP时，向上提供的是无连接服务，即提供一条不可靠的逻辑信道；采用TCP时，向上提供的是面向连接服务，即提供一条全双工的可靠逻辑信道。

两个对等实体在通信时传送的数据单位叫做传输协议数据单元TPDU。UDP传送的数据单位是UDP报文或用户数据报，TCP传送的数据单位是TCP报文段（segment）。

UDP在传送数据前无需建立连接，远程主机的传输层收到UDP报文后也不需要给出任何确认，另外，报文首部短，传输开销小，实时性好。使用UDP的应用主要包括小文件传输协议TFTP、实时传输协议RTP、域名解析DNS和简单网络管理协议SNMP等。

TCP提供面向连接的可靠交付，不提供广播或多播服务。另外，TCP报文段首部长，传输开销大。使用TCP的主要是对可靠性要求较高的应用，如文件传输协议FTP、超文本传输协议HTTP和远程登录TELNET等。

5.2.4 真题与习题精编

● 单项选择题

1. 小于等于（　）的TCP/UDP端口号已保留与现有服务一一对应，而此数字以上的端口号可自由分配。【沈阳工业大学2017年】

A. 2046　　B. 100　　C. 1023　　D. 1024

2. 如果在网络的入口处通过访问控制列表ACL封锁了TCP和UDP端口21、23和25，则能够访问该网络的应用是（　）。【沈阳工业大学2017年】

A. FTP　　B. DNS　　C. TELNET　　D. SMTP

3. OSI参考模型的第4层（自顶向下）完成的主要功能是（　）。

A. 数据表示　　B. 路由选择

C. 会话管理　　D. 端到端的透明数据传输

4. 传输层提供端到端的逻辑通信是发生在（　）之间。

A. 主机　　B. 路由器　　C. 进程　　D. OS

5. 下面关于传输层的面向连接服务的描述中，错误的是（　）。

A. 面向连接的服务可以保证数据到达的顺序是正确的

B. 面向连接的服务提供了一个可靠的数据流

C. 面向连接的服务需要经历连接建立、数据传输和连接释放三个阶段

D. 面向连接的服务比无连接服务有很高的效率

6. TCP协议规定FTP端口号为21的进程是（　）。

A. 客户　　B. 分布　　C. 服务器　　D. 主机

7. 在TCP/IP参考模型中，传输层的主要作用是在互联网络的源主机和目的主机对等实体之间建立用于会话的（　）。

A. 端到端连接　　B. 点到点连接　　C. 操作连接　　D. 控制连接

8. TCP是可靠的传输协议，这里的"可靠"是指（　）。

A. 使用面向连接的会话　　B. 使用尽力而为的传输

C. 使用滑动窗口来维持可靠性　　D. 使用确认机制来确保传输的数据不丢失

9. 假设某应用程序每秒产生一个60 B的数据块，每个数据块被封装在一个TCP报文中，然后再封装在一个IP数据报中，那么最后每个数据报所含有的应用数据所占的百分比是（　）（注意，TCP报文和IP数据报文的首部没有附加字段）。

A. 20%　　B. 40%　　C. 60%　　D. 80%

10. 下列关于无连接和面向连接的数据传输的速度的说法中，正确的是（　）。

A. 无连接的数据传输的快　　B. 面向连接的网络数据传输的快

C. 二者速度一样快　　D. 不好判断它们的速度到底谁快

11. 下列关于TCP和UDP端口的说法，正确的是（　）。

A. TCP和UDP分别拥有自己的端口号，可以共存于一台主机

B. TCP和UDP分别拥有自己的端口号，但不能共存于一台主机

C. TCP和UDP的端口没有本质区别，但不能共存于一台主机

D. TCP和UDP共用端口号，可以共存于同一台主机

5.2.5 答案精解

● 单项选择题

1.【答案】C

【精解】传输层端口用一个16 bit端口号进行标志，可分为服务器端口和客户端口两类。而服务器端口又分为熟知端口号（0~1023）和登记端口号（1024~49151），其中熟知端口号已保留并与现有服务一一对应。依据题意，选项C为正确答案。

2.【答案】B

【精解】FTP的端口号是21，TELNET的端口号是23，SMTP的端口号是25，DNS的端口号是53。依据题意可知，选项B是正确答案。

3.【答案】D

【精解】在OSI参考模型中，自顶向下第4层是传输层。传输层可以为应用进程之间提供端到端的逻辑通信，实现数据的透明传输，也可以提供差错控制和流量控制，以及无连接服务和面向连接服务。所以，选项D是正确选项。注意，选项A是表示层的功能，选项B是网络层的功能，选项C是会话层的功能。

4.【答案】C

【精解】传输层提供的是端到端服务，端到端即是进程到进程（用端口号标识），也就是说传输层为应用进程之间提供端到端的逻辑通信。所以，选项C为正确答案。

5.【答案】D

【精解】传输层提供无连接的服务和面向连接的服务。面向连接的服务是指通信双方在进行通信之前需要建立连接，在通信过程中，整个连接一直可以被实时地监控和管理，通信完毕后释放连接。面向连接的服务可以保证数据的可靠和顺序交付。以上这些导致了它比无连接的服务开销大，且速度和效率也比无连接的服务差一些。综上，选项D是正确答案。

6.【答案】C

【精解】FTP协议的工作模式是典型的客户/服务器（C/S）模式，该模式中，客户是服务的请求方，服务器是服务的提供方。FTP服务器的21端口是FTP服务器主进程侦听客户请求的端口。所以选项C是正确答案。

7.【答案】A

【精解】在TCP/IP模型中，网络层及其以下各层构成通信子网，负责主机到主机或点到点的通信。传输层的主要作用是实现分布式的进程通信，也就是在源主机进程和目的主机进程之间提供端到端的数据传输。一般地，端到端协议建立在点到点协议之上（端到端信道是由多个不同段的点到点信道构成），提供应用进程之间的通信手段。所以选项A为正确答案。

8.【答案】D

【精解】判断一个协议是否可靠，可以通过判断该协议是否使用确认机制对传输的数据进行确认，如果有确认，那么就可以认为它是一个可靠的协议（如TCP）。如果一个协议采用“尽力而为”的传输方式，那么它是不可靠的（如UDP）。所以选项D是正确答案。

9.【答案】C

【精解】注意到，TCP报文和IP数据报文都没有附加字段。一般地，在实际计算中，按照TCP报文和IP数据报首部都是以20 B计算即可。题目中一个TCP报文的首部长度是20 B，一个IP数据报首部长度也是20 B，再加上60 B的数据，一个IP数据报的总长度是100 B，可知数据占60 B/100 B，即60%。所以选项C为正确答案。

10.【答案】D

【精解】面向连接和无连接的数据传输过程的区别在于是否需要连接的建立与释放，数据传输的顺序和可靠性，流量控制等功能的提供，并不能判断数据传输速度上的区别（没有可比较参数）。所以选项D为正确答案。

11.【答案】A

【精解】端口号仅具有本地意义，即端口号只是为了标识本计算机应用层中的不同进程，且同一台计算机中TCP和UDP分别拥有自己的端口号，它们互不干扰。所以选项A为正确答案。

5.3 UDP协议

5.3.1 UDP数据报

（1）UDP的基本概念

UDP与TCP二者的最大区别是UDP是无连接的而TCP是面向连接的。事实上，UDP只在IP的数据报服务之上增加了复用和分用机制以及差错检测的功能。

传输层的复用（multiplexing）是指应用层所有的应用进程都可以通过传输层再传送到IP层。复用可以理解为发送方不同的应用进程都可以使用同一个传输层协议传送数据，即把所有socket中的数据集中并加首部信息封装，然后发送到IP层。分用（demultiplexing）是指从IP层收到数据后必须交付指明的应用进程。分用可以理解为接收方的传输层在剥去报文的首部后能够把这些数据通过socket正确交付到目的应用进程。

利用复用和分用机制（主要是端口的功能），发送方和接收方可以区分一台计算机上的多个接收进程，并且实现进程之间的通信。每个UDP报文除了包含某用户进程发送数据外，还有报文目的端口的编号和报文源端口的编号，UDP对IP的这种扩充，使得在两个用户进程之间的递送数据报成为可能。当传输层从IP层收到UDP数据报时，就根据首部中的目的端口，把UDP数据报通过相应端口上交给应用进程。如果接收方UDP发现收到的报文中的目的端口不正确（即不存在对应于端口号的应用进程），就丢弃该报文，并由ICMP发送“端口不可达”差错报文，因而达到了测试的目的。

UDP依靠IP协议来传送报文，因而它的服务和IP一样是不可靠的。这种服务不用确认、不对报文排序、也不进行流量控制，UDP报文可能会出现丢失、重复、失序等现象。

UDP的主要特点如下：

1）UDP是无连接的，减少了开销和发送数据之前的时延。

2）UDP使用尽最大努力交付，不保证可靠传输，因此主机不需要维持复杂的连接状态表。

3）UDP是面向报文的。发送方的UDP对应用层的应用程序交下来的报文，既不合并也不拆分（只保留这些报文的边界），在添加首部后就向下交付IP层。

4）UDP没有拥塞控制，因此网络出现的拥塞不会使源主机的发送速率降低。

5）UDP支持一对一、一对多、多对一和多对多的交互通信。

6）UDP的首部开销小，只有8个字节，比TCP的20个字节的首部要短。

（2）UDP的首部格式

UDP有两个字段：数据字段和首部字段。首部字段只有8 B，由4个字段组成，每个字段长度都是2B，如图5-3所示。

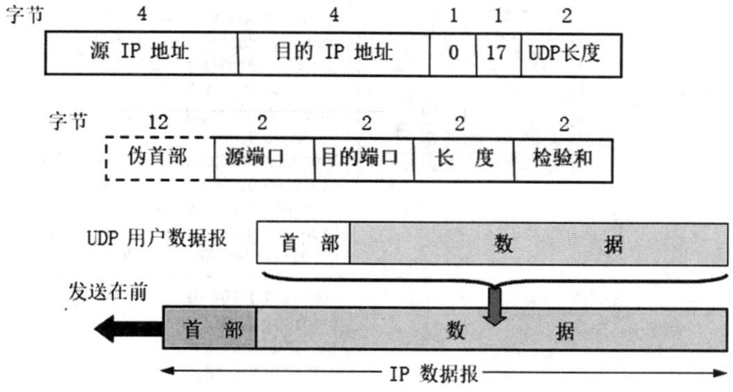

图5-3 UDP用户数据报的首部和伪首部

1）源端口：源端口号。在需要对方回信时选用，不需要时可用全0。

2）目的端口：目的端口号。这在终点交付时必须使用到。

3）长度：UDP数据报的长度（首部加数据，以字节为单位），其最小值是8（仅有首部）。

4）检验和：检测UDP数据报在传输中是否有错（既检验首部也检验数据部分），有错就丢弃。该字段为可选字段，当源主机不想计算检验和时，则直接令该字段全为0，其目的是让目的主机知道没有计算校验和。检验范围为：伪首部、UDP数据报的首部和数据，其中在计算检验和时临时生成的伪首部不属于UDP数据报的内容。

5.3.2 UDP校验

UDP检验主要提供差错检测。这就是说，通过校验和可以确定当UDP报文段从源到达目的地移动时，其中的比特是否发生了改变（例如，由于链路中的噪声干扰或者存储在路由器中时引入问题）。在计算校验和时，要在UDP用户数据报之前增加12个字节的伪首部（图5-3）。所谓“伪首部”是因为这种伪首部并不是UDP用户数据报的真正的首部。只是在计算检验和时，临时添加在UDP用户数据报前面，得到一个临时的UDP用户数据报。伪首部只用于计算和验证校验和，既不向下传送也不向上递交。

从图5-3可以看到，伪首部包括源IP地址字段、目的IP地址字段、全0字段、协议字段（UDP固定为17）和UDP长度字段。

UDP计算检验和的方法也是采用二进制反码运算求和再取反，和IP数据报首部检验和的计算类似。不同之处在于，IP数据报的检验和只检验IP数据报的首部，而UDP的检验和是把首部和数据部分一起检验。通过伪首部，不仅可以检查源端口号、目的端口号和UDP用户数据报的数据部分，还可以检查IP数据报的源IP地址和目的地址。

在发送方，首先是先把全零放入检验和字段。再把伪首部以及UDP用户数据报看成是由许多16位的字串接起来的。若UDP用户数据报的数据部分不是偶数个字节，则要填入一个全零字节（但此字节不发送）。然后按二进制反码计算出这些16位字的和。将此和的二进制反码写入检验和字段后，就发送这样的UDP用户数据报。

在接收方，把收到的UDP用户数据报连同伪首部（以及可能的填充全零字节）一起，按二进制反码求这些16位字的和。当无差错时，其结果应为全1。否则就表明有差错出现，接收方就应丢弃这个UDP用户数据报（也可以上交给应用层，但附上出现了差错的警告）。图5-4给出了一个计算UDP检验和的例子。这里假定用户数据报的长度是15字节，因此要添加一个全0的字节。不难看出，这种简单的差错检验方法的检错能力并不强，但它的好处是简单，处理起来较快。

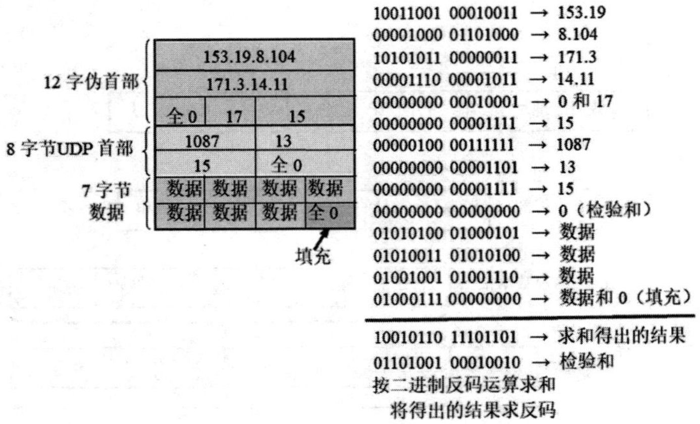

图5-4　计算UDP检验和的例子

关于上例二进制反码求和运算需要说明的是：① 从低位到高位按位相加，有溢出则向高位进1（和一般二进制法则一样），但是，若最高位有进位，则把进位返回加到最低位上（即回卷加1）。② 先取反后相加与先相加后取反，得到的结果应该是一样的。③ 上例若直接从右边第一列做竖式相加得到的结果往往是错误的，因为把回卷加1忽略了。正确做法应该是让第一行和第二行做二进制反码运算，将其结果与第三行做二进制反码计算，依此类推可得出最后运算结果，再将其取反即得到校验和。

5.3.3 真题与习题精编

● 单项选择题

1. 下列关于UDP协议的叙述中，正确的是（　）。【全国联考2014年】

Ⅰ. 提供无连接服务　Ⅱ. 提供复用/分用服务　Ⅲ. 通过差错校验，保障可靠数据传输

A. 仅Ⅰ　B. 仅Ⅰ、Ⅱ　C. 仅Ⅱ、Ⅲ　D. Ⅰ、Ⅱ、Ⅲ

2. UDP协议实现分用（demultiplexing）时所依据的头部字段是（　）【全国联考2018年】

A. 源端口号　B. 目的端口号　C. 长度　D. 校验和

3. 关于UDP伪首部的描述正确的是（　）。【重庆大学2013年】

A. 伪首部不是报文首部而是数据

B. 伪首部字段的内容放在UDP首部后面

C. 伪首部是逻辑上的字段，不会占用UDP额外的报文空间

D. 伪首部的作用是表示UDP报文的目的和源地址

4. 如果用户应用程序使用UDP协议进行数据传输，那么下面哪一部分程序必须承担可靠性方面的全部工作？（　）。【桂林电子科技大学2015年】

A. 数据链路层程序　B. 互联网层程序

C. 运输层程序　D. 用户应用程序

5. 如果用户程序使用UDP协议进行数据传输，那么（　）协议必须承担可靠性方面的全部工作。【沈阳工业大学2016年】

A. 数据链路层　B. 网络层　C. 运输层　D. 应用层

6. UDP数据报比IP数据报多提供了（　）服务。【华中科技大学2018年】

A. 流量控制　B. 拥塞控制　C. 端口功能　D. 路由转发

7. UDP端口号分为三类，除了熟知端口号和注册端口号外，另一类是（　）。

A. 临时端口号　B. 确认端口号　C. 永久端口号　D. 客户端口号

8. UDP报文中，伪首部的作用是（　）。

A. 数据对齐　B. 数据加密　C. 计算校验和　D. 数据填充

9. 下列关于UDP的描述中，错误的是（　）。

A. UDP首部开销小，只有8 B　B. UDP使用尽最大努力交付

C. UDP是面向报文的　D. UDP需要拥塞控制

10. UDP数据报头部不包含（　）。

A. 源UDP端口　B. 目的UDP端口　C. 目的地址　D. 报文长度

11. 当接收端在某时刻检测到收到的UDP数据报有差错，其动作是（　）。

A. 将其丢弃　B. 忽略差错　C. 差错纠正　D. 请求重传

12. 下列关于UDP校验和的说法中，正确的是（　　）。

A. UDP的校验和功能是必须使用的

B. 在计算校验和的过程中，源主机需要把临时生成的伪首部发送给目的主机

C. 如果UDP校验和计算结果为0，那么在校验和字段填充0

D. UDP检验和字段的计算包括一个伪首部、UDP首部和携带的用户数据

● 综合应用题

一个UDP用户数据报的首部的十六进制表示为05 21 00 50 00 2C E8 27。请回答下列问题。

（1）源端口、目的端口，用户数据报总长度、数据部分长度各是多少？

（2）该用户数据报是从客户发送给服务器还是服务器发送给客户？使用该UDP的这个服务器程序是什么？

5.3.4 答案精解

● 单项选择题

1.【答案】B

【精解】UDP是无连接的，即发送数据之前不需要建立连接，因此减少了开销和发送数据之前的时延，所以I叙述正确。UDP通过端口提供复用/分用服务，注意，源点的传输层执行的是复用，终点的传输层执行的是分用，所以II叙述正确；UDP使用尽最大努力交付，即不保证可靠交付。UDP检验和提供了差错检测功能，也就是说，检验和用于确定当UDP报文段从源到达目的地移动时，其中的比特是否发生了改变（如，由于链路中的噪声干扰或存储在路由器中时引入问题），但这种差错校验机制，只是检查数据是否出错，若出错，则将出错数据直接丢弃，并没有重传等机制，不能保证可靠传输，所以III错误。综上，选项B为正确答案。

2.【答案】B

【精解】传输层的复用/分用是通过端口来实现的。传输层的分用是指从IP层收到数据后必须交付指明的应用进程。在接收方，传输层在去掉UDP首部后能够将这些数据正确交付到目的应用进程（一对多）。传输层使用端口号区分各种不同的应用程序。当传输层从IP层收到UDP数据报时，就根据首部中的目的端口，把UDP数据报通过相应端口，上交应用进程。在UDP首部格式中，源端口字段，在需要对方回信时选用，不需要时可用全0。目的端口号，在终点交付报文时必须要使用到。长度字段表示UDP用户数据报的长度，而检验和字段是用来检测UDP用户数据报在传输中是否有错（有错就丢弃）的。综上，选项B为正确答案。

3.【答案】C

【精解】UDP伪首部的作用仅是为了计算校验和，这里“伪”即“假”，不仅是“假”首部（并不是UDP用户数据报的真正首部），而且“假”到连地址空间都没有，也就是说伪首部是不占地址空间的，在实际传输中不存在这样的字段。只是在需要时用一下。即只是在计算检验和时，临时添加在UDP用户数据报前面，得到一个临时的UDP用户数据报。伪首部只用于计算和验证校验和，既不向下传送也不向上递交。所以伪首部是逻辑上的字段，不会占用UDP额外的报文空间。选项C为正确答案。

4.【答案】D

【精解】传输层UDP提供的是无连接的不可靠的服务，所以用户应用程序使用UDP传输数据时可靠性无法保证，它还要承担可靠性方面的全部工作。因此，选项D为正确答案。

5.【答案】D

【精解】传输层UDP协议采取的是尽力而为的交付，不保证可靠性，这种情况下数据的可靠性应该由其上层应用层协议来保证。所以选项D是正确答案。

6.【答案】C

【精解】UDP和IP虽然都是数据报协议，但二者还是有差别的。其中最大的差别就是IP数据报只能找到目的主机而无法找到目的进程，UDP通过端口的复用和分用功能，可以将数据报递交给对应的进程。所以，选项C为正确答案。

7.【答案】A

【精解】UDP端口号可以分为三类，即熟知端口号、注册端口号（也称为登记端口号）和临时端口号（也称为短暂端口号）。所以选项A为正确选项。注意，这一类知识点是需要熟记的知识点。

8.【答案】C

【精解】UDP伪首部（12字节）的功能是计算校验和。所谓“伪首部”是因为这种伪首部并不是UDP用户数据报的真正的首部。只是在计算检验和时，临时添加在UDP用户数据报前面，得到一个临时的UDP用户数据报。伪首部只用于计算和验证校验和，既不向下传送也不向上递交。所以，选项C是正确答案。

9.【答案】D

【精解】UDP的一些主要特点要熟记。UDP是无连接的（减少了开销和发送数据之前的时延）；UDP的首部开销小，只有8个字节，比TCP的20个字节的首部要短。UDP使用尽最大努力交付（不保证可靠传输，因此主机不需要维持复杂的连接状态表）；UDP是面向报文的（发送方的UDP对应用层的应用程序交下来的报文，既不合并也不拆分，只保留这些报文的边界）；UDP没有拥塞控制，因此网络出现的拥塞不会使源主机的发送速率降低。综上，选项D是正确答案。

10.【答案】C

【精解】UDP的首部只有8B，包括UDP的源端口号、UDP的目的端口号，UDP报文长度和校验和等4个字段。不包含目的地址，目的地址是在伪首部（用于计算校验和）里面的。所以，选项C是正确答案。注意，由于UDP数据报首部长度是固定的8B，所以没必要再设置首部长度字段（用UDP报文长度减去8B，即为数据部分长度），也就是说UDP报文长度字段记录了UDP数据报的长度（包括首部和数据部分）。

11.【答案】A

【精解】由于UDP采用的是无连接的尽力而为的交付方式，接收端通过校验发现收到的数据有差错时，一律丢弃不管。

12.【答案】D

【精解】UDP的校验和不是必需的，如果不使用，那么将校验和字段设置为0即可，所以选项A说法错误。在计算校验和过程中，临时生成的伪首部仅在计算期间建立，伪首部只用于计算和验证校验和，既不向下传送也不向上递交，所以选项B错误。如果UDP校验和计算结果为0，应将校验和置为全1（按二进制反码计算），所以选项C错误。UDP检验和字段的计算包括伪首部、UDP首部和携带的用户数据。综上可知，选项D为正确答案。

● 综合应用题

【答案精解】

UDP的数据报首部共4个字段，依次为源端口字段、目的端口字段、UDP长度字段和UDP校验和字段，每个字段各占2B，共8B。

（1）第1、2字节表示源端口，对应十六进制为05 21，转换为十进制为1313；第3、4字节为目的端口，十六进制为0050，转换为十进制为80。第5、6字节为UDP长度（包含首部和数据部分）即002C，转换为十进制数为44，数据报总长度为44B，减去首部8 B固定长度可得数据部分长度为36B。

（2）由（1）可知，发现该UDP数据报是发送到80端口，是熟知的HTTP服务器端口，所以该数据报是客户（客户源端口为1313）发送给服务器的。使用这个服务的程序是HTTP。

5.4 TCP协议

5.4.1 TCP协议的特点

传输控制协议TCP（Transmission Control Protocol）是TCP/IP体系中非常复杂的一个协议，提供的是一种可靠的数据流服务，它在IP协议的基础上，提供端到端的面向连接的可靠传输。TCP有下面一些特点。

（1）TCP是面向连接的传输层协议。这就是说，应用程序在使用TCP协议之前，必须先建立TCP连接。在传送数据完毕后，必须释放已经建立的连接。

（2）每一条TCP连接只能有两个端点，每一条TCP连接只能是点对点的（一对一）。

（3）TCP提供可靠交付的服务。通过TCP连接传送的数据，无差错、不丢失、不重复并且按序到达。

（4）TCP提供全双工通信。TCP允许通信双方的应用进程在任何时候都能发送数据。

（5）面向字节流。虽然应用程序和TCP的交互是一次一个数据块（大小不等），但TCP把应用程序交下来的数据看成仅仅是一连串的无结构的字节流。TCP并不知道所传送的字节流的含义。

5.4.2 TCP段

TCP虽然是面向字节流的，但TCP传送的数据单元却是报文段。一个TCP报文段分为首部和数据两部分，首部各字段的作用体现了TCP的全部功能。TCP报文段的首部格式如图5–5所示。

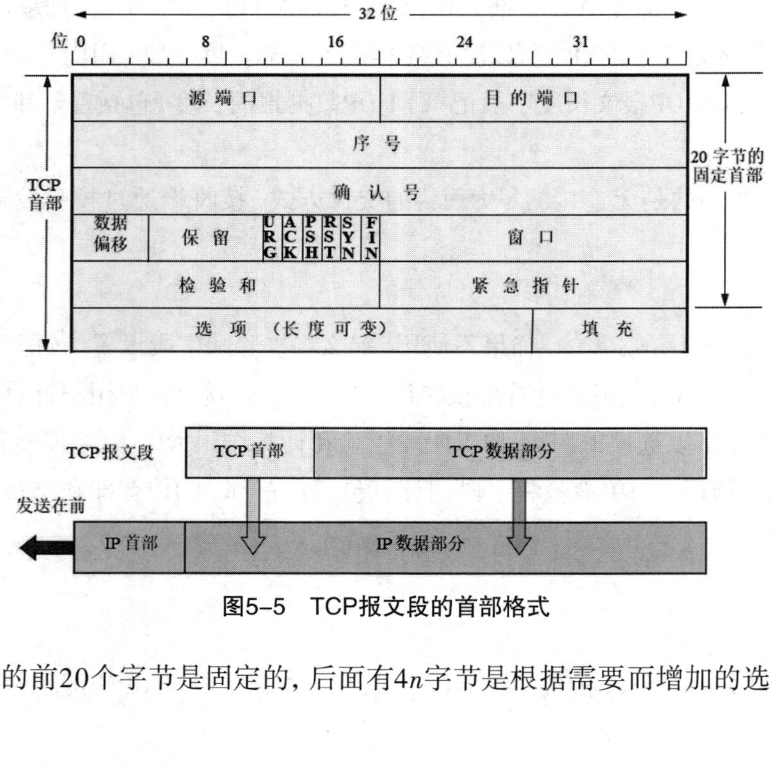

图5–5 TCP报文段的首部格式

TCP报文段首部的前20个字节是固定的，后面有4n字节是根据需要而增加的选项，其长度通常是4 B的整数倍。

TCP报文段首部固定部分各字段的意义如下：

(1)源端口和目的端口：各占2B，分别写入源端口号和目的端口号。端口是传输层和应用层的服务接口。TCP的复用和分用功能也是通过端口实现的。

(2)序号：占4B，范围是[0, $2^{32}-1$]。TCP是面向字节流的，在一个TCP连接中传送的字节流中的每一个字节都按顺序编号。整个要传送的字节流的起始序号必须在连接建立时设置。首部中的序号字段值指的是本报文段所发送的数据的第一个字节的序号。

(3)确认号：占4B，是期望收到对方下一个报文段的第一个数据字节的序号。注意，若确认号=N，则表明，到序号$N-1$为止的所有数据报都已正确收到。例如，若主机A向主机B连续发送了两个序号分别为70和100的TCP报文段，那么可知，第一个报文段的数据序号是70到99，共30字节的数据；主机B收到第一个报文段后发回的确认中的确认号为99+1=100，表明到序号99为止的所有数据报都已正确收到，期望收到A发送的下一个报文段的第一个数据字节的序号是100。

(4)数据偏移：占4 bit，它指出TCP报文段的数据起始处距离TCP报文段的起始处有多远。数据偏移字段实际上指出TCP首部长度，它的单位不是字节而是32位字（即以4B为计算单位）。当此字段的值为最大值15时，达到TCP首部的最大长度60B（即选项长度不能超过40 B）。

(5)保留：占6 bit，保留为今后使用，但目前应置为0。

注意，下面的(6)~(11)是6个控制位，说明本报文的性质。

(6)紧急URG：当URG=1时，表明紧急指针字段有效。它告诉系统报文段中有紧急数据，应尽快传送（相当于高优先级的数据）。于是发送方TCP就把紧急数据插入到本报文段数据的最前面，这时，需要和紧急指针字段配合使用。

(7)确认ACK（ACKnowledgment）：仅当ACK=1时确认号字段才有效。当ACK=0时，确认号无效。TCP规定，在连接建立后所有传送的报文段都必须把ACK置1。

(8)推送PSH（PuSH）：接收方TCP收到PSH=1的报文段，就尽快地交付接收应用进程，而不再等到整个缓存都填满后再向上交付。

(9)复位RST（ReSeT）：当RST=1时，表明TCP连接中出现严重差错（如由于主机崩溃或其他原因），必须释放连接，然后再重新建立传输连接。

(10)同步SYN（SYNchronization）：在连接建立时用来同步序号。当SYN=1而ACK=0时，表明这是一个连接请求报文段。对方若同意建立连接，则应在响应的报文段中使SYN=1和ACK=1。因此，SYN置为1就表示这是一个连接请求或连接接受报文。

(11)终止FIN：用来释放一个连接。当FIN=1时，表明此报文段的发送方的数据已发送完毕，并要求释放运输连接。

(12)窗口：占2B，窗口值是[0, $2^{16}-1$]之间的整数。窗口指的是发送本报文段的一方的接收窗口（而不是自己的发送窗口）。窗口值告诉对方：从本报文段首部中的确认号算起，接收方目前允许对方发送的数据量（以字节为单位）。之所以要有这个限制，是因为接收方的数据缓存空间是有限的。总之，窗口值作为接收方让发送方设置其发送窗口的依据。窗口字段明确指出了现在允许对方发送的数据量。窗口值经常在动态变化着。

(13)检验和：占2B。检验和字段检验的范围包括首部和数据这两部分。和UDP一样，在计算检验和时，要在TCP报文段的前面加上12字节的伪首部。但应把伪首部第4个字段中的17改为6（TCP的协议号是

6)，把第5字段中的UDP长度改为TCP长度。接收方收到此报文段后，仍要加上这个伪首部来计算检验和。若使用IPv6，则相应的伪首部也要改变。

（14）紧急指针：占2B，仅在URG=1时才有意义，它指出本报文段中的紧急数据的字节数（紧急数据结束后就是普通数据）。因此，紧急指针指出了紧急数据的末尾在报文段中的位置。当所有紧急数据都处理完时，TCP就告诉应用程序恢复到正常操作。值得注意的是，即使窗口为零时也可发送紧急数据。

（15）选项：选项长度可变，最长可达40字节。当没有使用"选项"时，TCP的首部长度是20字节。TCP最初只规定了一种选项，即最大报文段长度MSS（Maximum Segment Size）。MSS是每一个TCP报文段中的数据字段的最大长度，即"TCP报文段长度减去TCP首部长度"。

一个TCP报文段中的数据部分最多为65495字节，这是由整个TCP报文段必须适配的IP分组载荷段的65535字节，减去TCP首部固定部分最少的20字节和IP首部固定部分最少的20字节而得到的。这样做的目的主要是避免TCP报文段传到IP层后要进行IP分片。

5.4.3 TCP连接管理

TCP把连接作为最基本的抽象。每一条TCP连接有两个端点，这里的端点既不是主机也不是主机的IP地址，既不是应用进程也不是传输层的协议端口。TCP连接的端点叫做套接字（Socket）①或插口，由端口号拼接到IP地址构成，即：

套接字socket=（IP地址:端口号）

每一条TCP连接唯一地被通信两端的两个端点（即两个套接字）所确定。即：

TCP连接::={socket 1,socket 2}={（IP1:port 1），（IP2:port 2）}

TCP的传输连接是用来传送TCP报文的。TCP传输连接的建立和释放是每一次面向连接的通信中必不可少的过程。TCP传输连接有三个阶段，即：连接建立、数据传送和连接释放。TCP连接管理使得传输连接的建立和释放都能正常地进行。

在TCP连接建立的过程中要解决以下三个问题：

① 要使每一方能够确知对方的存在。

② 要允许双方协商一些参数（如最大窗口值、是否使用窗口扩大选项和时间戳选项以及服务质量等）。

③ 能够对运输实体资源（如缓存大小、连接表中的项目等）进行分配。

TCP连接的建立采用客户/服务器方式。主动发起连接建立的应用进程叫做客户（client），而被动等待连接建立的应用进程叫做服务器（server）。

（1）TCP的连接建立

TCP建立连接的过程叫做握手，握手需要在客户和服务器之间交换三个TCP报文。习惯上把TCP的连接建立过程叫做三次握手。所谓"三次握手"即对每次发送的数据量是怎样跟踪进行协商使数据段的发送和接收同步，根据所接收到的数据量而确定的数据确认数及数据发送、接收完毕后何时撤销联系，并建立虚连接，如图5-6所示。

① 应用程序定义的Socket通常也包括IP地址和端口号两部分。

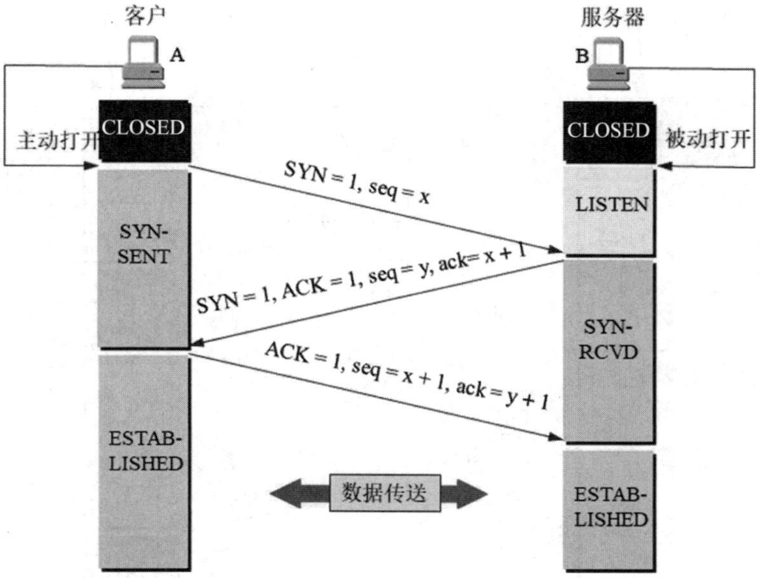

图5-6 用三次握手建立TCP连接

在图5-6中，主机A运行的是TCP客户程序，主机B运行的是TCP服务器程序，最初两端的TCP进程都处于CLOSED（关闭）状态。注意，A主动打开连接，B被动打开连接。一开始，B的TCP服务器进程先创建传输控制块（TCB），准备接收客户进程的连接请求。然后服务器进程就处于LISTEN（收听）状态，等待客户的连接请求。如有，即做出响应。接下来，TCP连接的建立经历了以下三个步骤。

步骤1：A的TCP客户进程向B发出连接请求报文段，其首部中的同步位被置为1，即SYN=1，同时选择一个初始序号seq=x（表明传送数据时的第一个数据字节的序号是x）。TCP规定，SYN报文段（即SYN=1的报文段）不能携带数据，但要消耗一个序号。这时，TCP客户进程进入SYN-SENT（同步已发送）状态。

步骤2：B收到连接请求报文段后，如同意建立连接，则向A发送确认。在确认报文段中，SYN和ACK位都置1，确认号是ack=x+1,同时也为自己随机选择一个初始序号seq=y。注意，这个报文段也不能携带数据，但同样要消耗掉一个序号。这时TCP服务器进程进入SYN-RCVD（同步收到）状态。

步骤3：A收到B的确认后，还要向B给出确认。确认报文段的ACK置1（ACK=1），确认号ack=y+1，而自己的序号seq=x+1（即第一步中序号加1）。这时，A的TCP客户进程通知上层应用进程，连接已经建立，A进入ESTABLISHED状态。当B的TCP实体收到A的确认后，也通知其上层应用进程，连接已经建立。

经过上面步骤后，A和B就建立了TCP连接，进入数据传送阶段。

三次握手算法的工作原理可以简述如下：① 发送方（客户）向接收方（服务器）发送建立连接的请求报文；② 接收方向发送方回应一个对建立连接的请求报文的确认报文；③ 发送方再向接收方发送一个对确认报文的确认报文。需要强调的是，TCP提供的是全双工通信，通信双方的应用进程随时都可以向对方发送数据。另外，值得注意的是，客户端的资源是在完成第三次握手时分配的，而服务器端的资源是在完成第二次握手时分配的，如果客户端不对服务器端返回的确认进行再确认，那么这个TCP连接就处于半连接状态，服务器收不到再确认时，还会重复发送ACK给客户端，从而浪费服务器的资源，这就使得对服务器发起SYN洪泛攻击成为可能。

（2）TCP的连接释放

数据传输结束后，通信双方都可释放连接。TCP连接释放过程比建立过程复杂一些，需要经过四个步骤，因此称TCP连接释放的过程为四次握手，也有人形象地称为四次挥手，具体过程如图5-7所示。

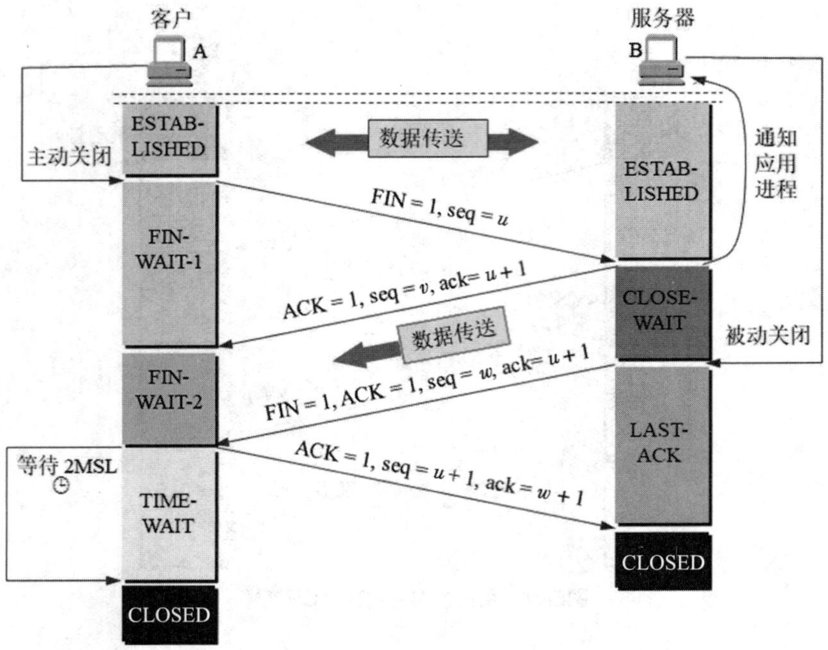

图5-7　TCP连接释放的过程

步骤1：初始时，客户A和服务器B都处于ESTABLISHED状态。A的应用进程先向其TCP发出连接释放报文段，并停止再发送数据，主动关闭TCP连接。A把连接释放报文段首部的FIN置1，其序号seq=u（u的值等于前面已经传送过的数据的最后一个字节的序号加1）。这时A进入FIN-WAIT-1（终止等待1）状态，等待B的确认。这里需要注意两点，一是TCP规定，FIN报文段即使不携带数据，它也消耗掉一个序号；二是TCP是全双工的，当A发送FIN报文时，它就不能再发送数据。也就是说，从A到B的连接就释放了，连接处于半关闭状态。但是对方（B）还是可以发送数据的。相当于A向B说："我已经没有数据要发送了，但你如果还发送数据，我仍然接收。"

步骤2：B收到连接释放报文段后即发出确认，确认号是ack=u+1，而这个报文段自己的序号seq=v（v的值等于B前面已传送过的数据的最后一个字节的序号加1）。然后B就进入CLOSE-WAIT（关闭等待）状态。这时，TCP服务器进程应通知高层应用进程，因而从A到B这个方向的连接就释放了，这时的TCP连接处于半关闭状态，即A已经没有数据要发送了，但B若发送数据，A仍然要接收。也就是说，从B到A这个方向的连接并未关闭，这个状态可能会持续一些时间。A收到来自B的确认后，就进入FIN-WAIT-2（终止等待2）状态，等待B发出的连接释放报文段。

步骤3：若B已经没有要向A发送的数据，其应用进程就通知TCP释放连接。这时B发出的连接释放报文段必须使FIN=1。注意图5-7中，seq=w（这是一个假定数字，因为在半关闭状态B可能又发送了一些数据）。B还必须重复上次已发送过的确认号ack=u+1。这时B进入LAST-ACK（最后确认）状态，等待A的确认。

步骤4：A在收到B的连接释放报文段后，必须对此发出确认。在确认报文段中，ACK=1，确认号ack=w+1，而自己的序号是seq=u+1。然后进入到TIME-WAIT（时间等待）状态。注意，现在TCP连接还没有释放。必须经过时间等待计数器设置的时间2MSL后，A才进入到连接关闭CLOSED状态。时间MSL叫做最长报文段寿命（Maximum Segment Lifetime），RFC 793建议设为2分钟。

为便于对比，将TCP的连接建立和连接释放过程中的SYN标志位、ACK 标志位、序号字段和确认号字段的值的变化作如下总结。

1）连接建立

① SYN=1，seq=x；

② SYN=1，ACK=1，seq=y，ack=x+1；

③ ACK=1，seq=x+1；ack=y+1。

2）连接释放

① FIN=1，seq=u；

② ACK=1，seq=v，ack=u+1；

③ FIN=1，ACK=1，seq=w，ack=u+1；

④ ACK=1，seq=u+1，ack=w+1。

注意，以上两个阶段中，SYN，FIN，ACK都等于1。

5.4.4 TCP可靠传输

TCP通过对报文段进行编号后采用“带重传的肯定确认”技术来实现传输的可靠性。简单地说，“带重传的肯定确认”是指与发送方通信的接收方，当接收到TCP报文段数据后，会送回一个确认报文（经常是含在所发送的TCP报文段中的一个“捎带”确认），发送方对每个发出去的报文在发送缓冲区都留有记录，只有等到收到确认后才将该报文所占的发送缓冲区释放。发送者每发出一个TCP报文段时，会启动一个定时器，若定时器计数完毕，确认还未到达，则发送者会重新发送该TCP报文段。

“带重传的肯定确认”技术涉及第三章中的滑动窗口机制和超时重传时间时间的选择问题。需要强调的有两点，一点是TCP要求接收方必须有累计确认的功能，这样可以减小传输开销。接收方可以在合适的时候发送确认，也可以在自己有数据要发送时把确认信息顺便捎带上；另一点是TCP采用了一种自适应算法来计算超时计时器的重传时间。这种自适应算法记录一个报文段发出的时间以及受到相应的确认时间。这两个时间之差就是报文段的往返时延RTT。TCP保留了RTT的一个加权平均往返时间RTTs。每当第一次测量到RTT样本时，RTTs值就为所测量到的RTT样本值，但以后每测量到的一个新的RTT样本，就按下式重新计算一次RTTs：

新的RTTs=（1−α）×（旧的RTTs）+α×（新的RTT样本）

上式中，$0 \leq \alpha < 1$。若α很接近于零，表示新的RTTs值和旧的RTTs值相比变化不大，而对新的RTT样本影响不大（RTT值更新较慢）。若选择α接近于1，则表示新的RTTs值受新的RTT样本的影响较大（RTT值更新较快）。RFC 2988推荐的α值为0.125。

显然，超时计时器设置的超时重传时间RTO（Retransmission Time-Out）应略大于上面得出的RTTs。RFC 2988建议使用下式计算RTO：

RTO=RTTs+4×RTT_D

上式中，RTT_D是RTT的偏差的加权平均值，它与RTTs和新的RTT样本之差有关。当第一次测量时，RTT_D值取为测量到的RTT样本值的一半，在以后的测量中，则使用下式计算：

新RTT_D=（1−β）×（旧的RTT_D）+|β×RTTs−新的RTT样本|

上式中，β是个小于1的系数，推荐值是0.25。

上面讨论的往返时间的测量，实现起来相当复杂。如何判定确认报文段是对原来的报文段的确认，还是对重传的报文段的确认？Karn提出了一个算法：在计算加权平均往返时延RTTs时，只要报文段重传了，就不采用其往返时延样本。这样得出的加权平均RTTs和RTO就较准确。

Karn算法存在超时重传时间有时无法更新的问题，因此要对其进行修正。方法是：报文段每重传一次，就把超时重传时间RTO增大一些。新的TRO用下式计算：

新的RTO=$\gamma\times$（旧的RTO）

系数γ的典型值是2。当不再发生报文段的重传时，才根据报文段的往返时延更新平均往返时延RTT和重传时间RTO的数值。实践证明，这种策略较为合理。

5.4.5 TCP流量控制

流量控制就是让发送方的发送速率不要太快，要让接收方来得及接收。流量控制往往指点对点通信量的控制，是个端到端的问题（接收端控制发送端）。为实现流量控制，TCP采用了滑动窗口机制，滑动窗口以字节为单位。

TCP通过让发送方维护一个称为接收窗口rwnd的变量来提供流量控制。通俗地说，rwnd用于给发送方一个指示——该接收方还有多少可用的缓存空间。因为TCP是全双工通信，在连接两端的发送方都各自维护一个rwnd。

假设A向B发送数据。在连接建立时的窗口协商过程中，A得知B的rwnd=400。因此，发送方A的发送窗口不能超过接收方B给出的接收窗口的数值400。请注意，TCP的窗口单位是字节，不是报文段。再假设每一个报文段长度为100字节，数据报文段的初始序号设为1，则B利用可变窗口进行流量控制的过程如图5-8所示。

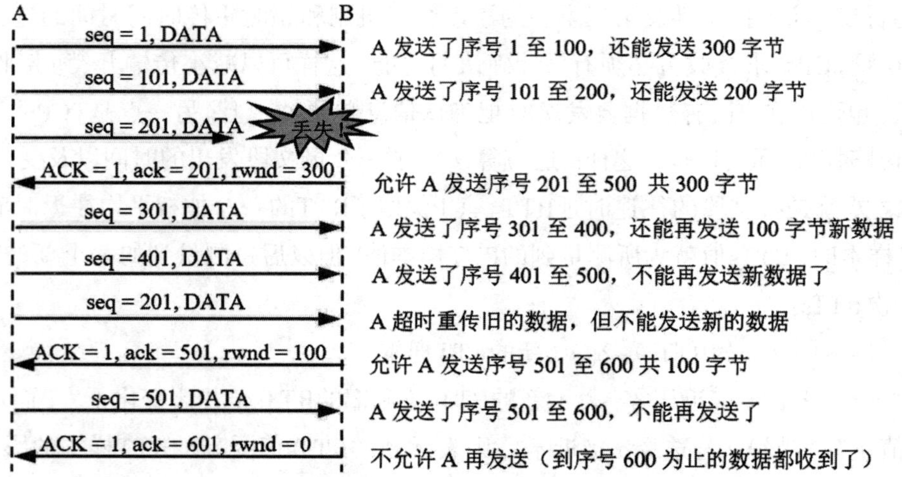

图5-8　利用可变窗口进行流量控制举例

注意，图5-8中大写ACK表示首部中的确认位ACK，B向A发送的三个报文段都设置了ACK=1，只有在ACK=1时确认号字段才有意义，小写ack表示确认字段的值。还应注意，接收方B进行了三次流量控制，rwnd的值从第一次的300减小到第二次的100，最后减到0。当B向A发送了零窗口报文段后不久，B的接收缓存又有了一些存储空间。于是B向A发送了rwnd=400的报文段。然而这个报文段在传送过程中丢失了。A一直等待收到B发送的非零窗口的通知，而B也一直等待A发送的数据。如果没有其他措施，这种相互等待的死锁局面将一直延续下去。

TCP为每一个连接设有一个持续计时器。只要TCP连接的一方收到对方的零窗口通知，就启动持续计时器。若持续计时器设置的时间到期，就发送一个零窗口的探测报文段（仅携带1 B的数据），而对方就在确认这个探测报文段时给出现在的窗口值。若窗口仍然为零，那么收到这个报文段的一方就重新设置持续计时器。如果窗口不是零，那么死锁的僵局就可以打破了。

5.4.6 TCP拥塞控制

在某段时间内，若对网络中某一资源的需求超过了该资源所能提供的可用部分，网络的性能就要变坏。这种情况就叫做拥塞。出现网络拥塞的条件是：

对资源需求的总和>可用资源

若网络中有许多资源同时出现供应不足，网络的性能就要明显变坏，整个网络的吞吐量将随输入负荷的增大而下降。

所谓拥塞控制，就是防止过多的数据注入到网络中，这样可以使网络中的路由器或链路不致过载。拥塞控制所要做的都有一个前提，就是网络所能承受现有的网络负荷。拥塞控制的任务是确保子网能够承载所达到的流量，它是一个全局性的过程，涉及到所有的主机和路由器，以及与降低网络传输性能有关的各种可能会削弱子网承载容量的因素。拥塞控制是很难设计的，因为它是一个动态的问题，在许多情况下，正是拥塞控制本身成为引起网络性能恶化甚至发生死锁的原因。拥塞控制的这些特点和流量控制是有明显区别的。

拥塞控制又分为开环控制和闭环控制，具体可参见第四章有关内容。

发送方控制发送流量必须同时考虑接收端的存储容量和网络的传输能力。因此，解决拥塞问题时TCP要求发送端维护以下两个窗口。

（1）接收端窗口rwnd（receive window）是接收端根据其目前的接收缓存大小所许诺的最新的窗口值，是来自接收端的流量控制。接收端将此窗口值放在TCP报文的首部中的窗口字段，传送给发送端。

（2）拥塞窗口cwnd（congestion window）是发送端根据自己估计的网络拥塞程度而设置的窗口值，是来自发送端的流量控制。

在一个实际网络中，发送流量应该取接收端和通信子网所能允许的流量值中的较小值。因此，取两者的最小值为发送窗口的上限值，即：发送窗口的上限值=Min[rwnd,cwnd]。

从上式可以看出：① 当rwnd<cwnd时，是接收方的接收能力限制发送窗口的最大值。② 当cwnd<rwnd时，则是网络的拥塞限制发送窗口的最大值。也就是说，rwnd和cwnd中较小的一个控制发送方发送数据的速率。

TCP进行拥塞控制有四种算法[①]，即慢开始、拥塞避免、快重传和快恢复。为便于讨论拥塞控制算法的原理，假定：① 数据是单方向传送，而另一个方向只传送确认；② 接收方总是有足够大的缓存空间，因而发送窗口的大小由网络的拥塞程度来决定。

1）慢开始和拥塞避免

① 慢开始算法

慢开始算法的原理是，在主机刚刚开始发送报文段时可先将拥塞窗口cwnd设置为一个最大报文段MSS的数值。在每收到一个对新的报文段的确认后，将拥塞窗口增加至多一个MSS的数值。用这样的方法逐步增大发送端的拥塞窗口cwnd，可以使分组注入到网络的速率更加合理。

例如，在图5-9中（为讨论方便，用报文段的个数作为窗口大小的单位，实际上TCP是用字节作为窗口的单位），在一开始发送方先设置cwnd=1，发送第一个报文段M_1，接收方收到后确认M_1。发送方收到对M_1的确认后，把cwnd从1增大到2，于是发送方接着发送M_2和M_3两个报文段。接收方收到后发回对M_2和M_3的

① TCP拥塞控制算法根据网络状态动态地调节拥塞窗口。四种拥塞控制算法详见2009年9月公布的草案标准RFC 5681。

确认。发送方每收到一个对新报文的确认（重传的不算）就使发送方的拥塞窗口加1。因此发送方在收到两个确认后，cwnd就从2增大到4，并可发送M_4~M_7共4个报文。因此使用慢开始算法后，每经过一个传输轮次，拥塞窗口就加倍。这里一个传输轮次所经历的时间其实就是往返时间RTT。

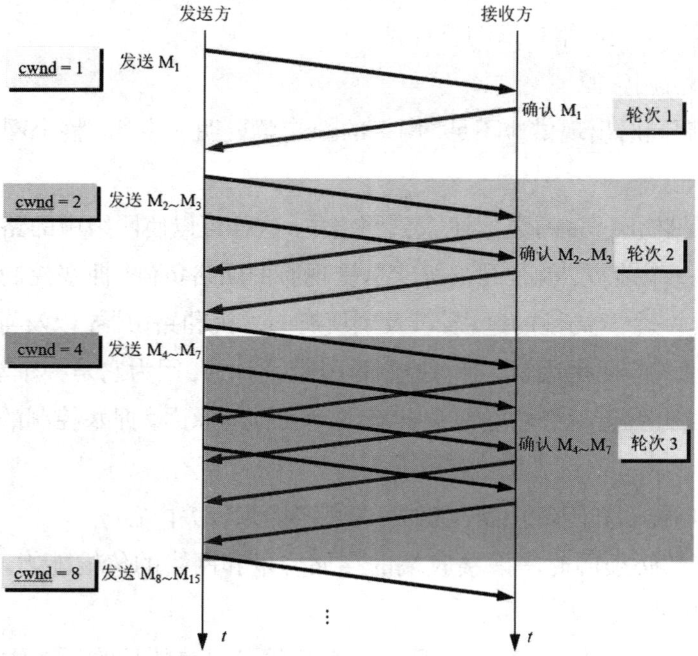

图5-9　发送方每收到一个确认就把窗口cwnd加1

为了防止拥塞窗口cwnd增长过大引起网络拥塞，还需要设置一个慢开始门限ssthresh状态变量。慢开始门限ssthresh的用法如下：

当cwnd<ssthresh时，使用上述的慢开始算法。

当cwnd>ssthresh时，停止使用慢开始算法而改用拥塞避免算法。

当cwnd=ssthresh时，既可使用慢开始算法，也可使用拥塞避免算法。

② 拥塞避免算法

拥塞避免算法的思路是让拥塞窗口cwnd缓慢地增大，即每经过一个往返时间RTT就把发送方的拥塞窗口cwnd加1，而不是像慢开始阶段那样加倍增长。因此在拥塞避免阶段就有“加法增大”AI（Additive Increase）的特点。这表明在拥塞避免阶段，拥塞窗口cwnd按线性规律缓慢增长，比慢开始算法的拥塞窗口增长速率缓慢得多。

当网络出现拥塞时，无论在慢开始阶段还是在拥塞避免阶段，只要发送方判断网络出现拥塞（其根据就是没有按时收到确认或者收到了重复的确认报文）①，就要把慢开始门限ssthresh设置为出现拥塞时的发送方窗口值的一半（但不能小于2）。然后把拥塞窗口cwnd重新设置为1，执行慢开始算法。这样做的目的就是要迅速减少主机发送到网络中的分组数，使得发生拥塞的路由器有足够时间把队列中积压的分组处理完毕。

图5-10用具体数值说明了上述拥塞控制过程。

（a）当TCP连接进行初始化时，将拥塞窗口置为1。图中的窗口单位不使用字节而使用报文段。慢开始门限的初始值设置为16个报文段，即ssthresh=16。慢开始阶段，cwnd的初始值为1，以后发送方每收到一个确认，cwnd值加1，经过每个传输轮次，cwnd呈指数规律增长。

① 从某种角度讲，可以认为网络拥塞是指发送端没有按时收到确认报文或者收到了重复的确认报文。

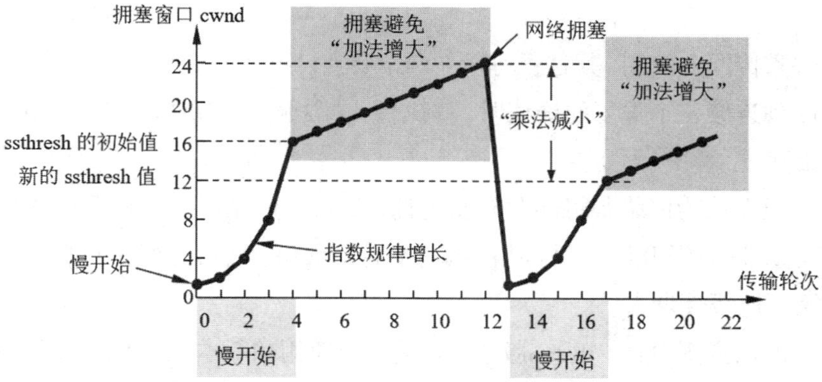

图5-10　TCP拥塞窗口cwnd在拥塞控制时的变化情况

（b）拥塞窗口cwnd增长到慢开始门限ssthresh时（即ssthresh=16）时，就改用拥塞避免算法，cwnd按线性规律增长。

（c）假定cwnd=24时，网络发送拥塞，更新ssthresh的值为12（即变为超时时cwnd=24的一半），cwnd重置1，并执行慢开始算法。当cwnd=12时改为执行拥塞避免算法，拥塞窗口按线性规律增长，每经过一个往返时延就增加一个MSS的大小。

需要注意的是，在图5-10中，"乘法减小"是指不论在慢开始阶段还是拥塞避免阶段，只要出现一次超时（即出现一次网络拥塞），就把慢开始门限值ssthresh设置为当前的拥塞窗口值乘以0.5。当网络频繁出现拥塞时，ssthresh值就下降得很快，以大大减少注入到网络中的分组数。"加法增大"是指执行拥塞避免算法后，在收到对所有报文段的确认后（即经过一个往返时间），就把拥塞窗口cwnd增加一个MSS大小，使拥塞窗口缓慢增大，以防止网络过早出现拥塞。

必须强调指出，"拥塞避免"并非指完全能够避免拥塞。利用以上的措施要完全避免网络拥塞还是不可能的。"拥塞避免"是说在拥塞避免阶段把拥塞窗口控制为按线性规律增长，使网络比较不容易出现拥塞。

2）快重传和快恢复

① 快重传算法

快重传算法首先要求接收方每收到一个失序的报文段后就立即发出重复确认。这样做可以让发送方及早知道有报文段没有到达接收方。发送方只要一连收到三个重复确认就应当立即重传对方尚未收到的报文段，如图5-11所示。不难看出，快重传并非取消重传计时器，而是在某些情况下可更早地重传丢失的报文段。

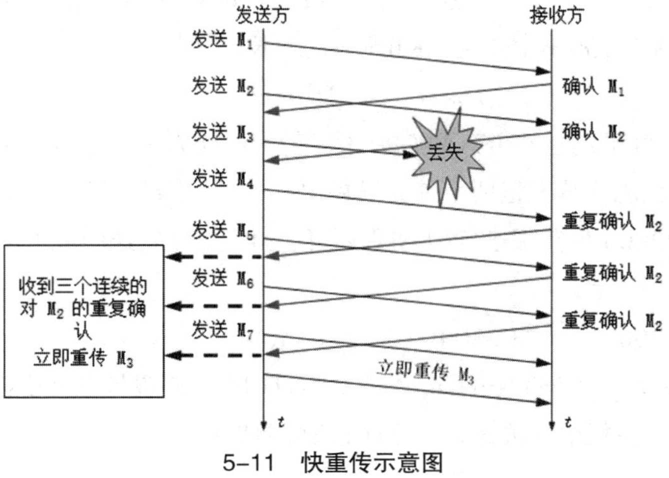

5-11　快重传示意图

② 快恢复算法

快恢复算法与快重传配合使用，其过程有以下两个要点：

（a）当发送端收到连续三个重复的确认时，就执行“乘法减小”算法，把慢开始门限ssthresh减半。但接下去不执行慢开始算法。

（b）由于发送方现在认为网络很可能没有发生拥塞，因此现在不执行慢开始算法，即拥塞窗口cwnd现在不设置为1，而是设置为慢开始门限ssthresh减半后的数值，然后开始执行拥塞避免算法（“加法增大”），使拥塞窗口缓慢地线性增大。

在图5-12快恢复的示意图中TCP Reno版本是目前广泛使用的版本，TCP Tahoe版本已经废弃不用。二者区别在于新的TCP Reno版本在快重传之后采用快恢复算法而不是采用慢开始算法。

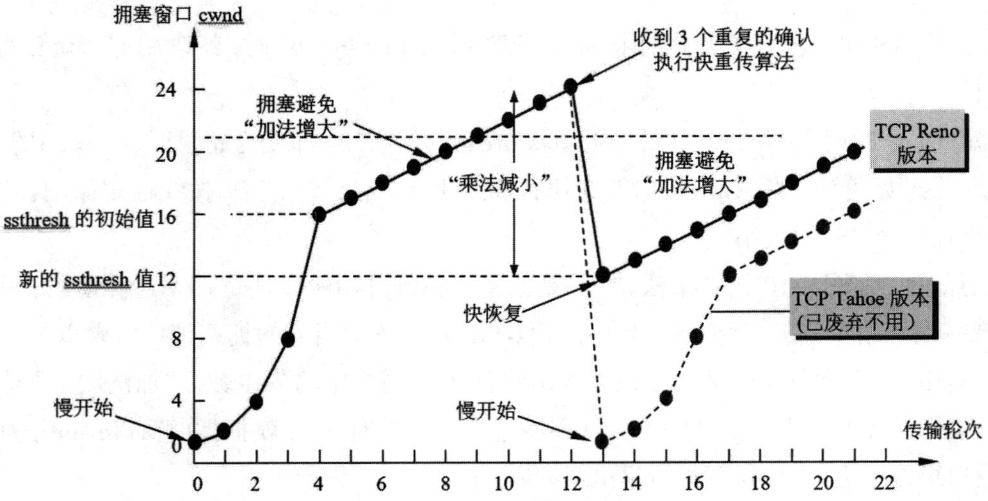

5-12　快恢复示意图

5.4.7 真题与习题精编

● 单项选择题

1. 主机甲与主机乙之间已建立一个TCP连接，主机甲向主机乙发送了两个连续的TCP段，分别包含300字节和500字节的有效载荷，第一个段的序列号为200，主机乙正确接收到这两个数据段后，发送给主机甲的确认序列号是（　）。【全国联考2009年】

A. 500　　B. 700　　C. 800　　D. 1000

2. 若主机甲与主机乙已建立一条TCP连接，最大段长（MSS）为1KB，往返时间（RTT）为2ms，则在不出现拥塞的前提下，拥塞窗口从8KB增长到32KB所需的最长时间是（ ）。【全国联考2020年】

A. 4ms　　B. 8ms　　C. 24ms　　D. 48ms

3. 主机甲和主机乙之间已建立一个TCP连接，TCP最大段长为1000字节。若主机甲的当前拥塞窗口为4000字节，在主机甲向主机乙连续发送两个最大段后，成功收到主机乙发送的第一个段的确认段，确认段中通告的接收窗口大小为2000字节，则此时主机甲还可以向主机乙发送的最大字节数是（　）。

【全国联考2010年】

A. 1000　　B. 2000　　C. 3000　　D. 4000

4. 主机甲向主机乙发送一个（SYN=1,seq=11220）的TCP段，期望与主机乙建立TCP连接，若主机乙接受该连接请求，则主机乙向主机甲发送的正确的TCP段可能是（　）。【全国联考2011年】

A.（SYN=0, ACK=0, seq=11221, ack=11221）

B.（SYN=1, ACK=1, seq=11220, ack=11220）

C.（SYN=1, ACK=1, seq=11221, ack=11221）

D.（SYN=0, ACK=0, seq=11220, ack=11220）

5. 若主机甲与主机乙建立TCP连接时，发送的SYN段中的序号为1000，在断开连接时，甲发送给乙的FIN段中的序号为5001，则在无任何重传的情况下，甲向乙已经发送的应用层数据的字节数为（　）。

【全国联考2020年】

A. 4002　　B. 4001　　C. 4000　　D. 3999

6. 主机甲与主机乙之间已建立一个TCP连接，双方持续有数据传输，且数据无差错与丢失。若甲收到一个来自乙的TCP段，该段的序号为1913、确认序号为2046、有效载荷为100字节，则甲立即发送给乙的TCP段的序号和确认序号分别是（　）。【2013年全国联考】

A. 2046、2012　　B. 2046、2013　　C. 2047、2012　　D. 2047、2013

7. 主机甲和乙建立了TCP连接，甲始终以MSS=1 KB大小的段发送数据，并一直有数据发送；乙每收到一个数据段都会发出一个接收窗口为10 KB的确认段。若甲在t时刻发生超时的时候拥塞窗口为8 KB，则从t时刻起，不再发生超时的情况下，经过10个RTT后，甲的发送窗口是（　）。【全国联考2014年】

A. 10 KB　　B. 12 KB　　C. 14 KB　　D. 15 KB

8. 主机甲和主机乙新建一个TCP连接，甲的拥塞控制初始阈值为32 KB，甲向乙始终以MSS=l KB大小的段发送数据，并一直有数据发送；乙为该连接分配16 KB接收缓存，并对每个数据段进行确认，忽略段传输延迟。若乙收到的数据全部存入缓存，不被取走，则甲从连接建立成功时刻起，未出现发送超时的情况下，经过4个RTT后，甲的发送窗口是（　）。【全国联考2015年】

A. 1 KB　　B. 8 KB　　C. 16 KB　　D. 32 KB

9. 若甲向乙发起一个TCP连接，最大段长MSS=l KB，RTT=5 ms，乙开辟的接收缓存为64 KB，则甲从连接建立成功至发送窗口达到32 KB，需经过的时间至少是（　）。【全国联考2017年】

A. 25 ms　　B. 30 ms　　C. 160 ms　　D. 165 ms

10. 某客户通过一个TCP连接向服务器发送数据的部分过程如下图所示。客户在t_0时刻第一次收到确认序号ack_seq=100的段，并发送序列号seq=100的段，但发生丢失。若TCP支持快速重传，则客户重新发送seq=100段的时刻是（　）。【全国联考2019年】

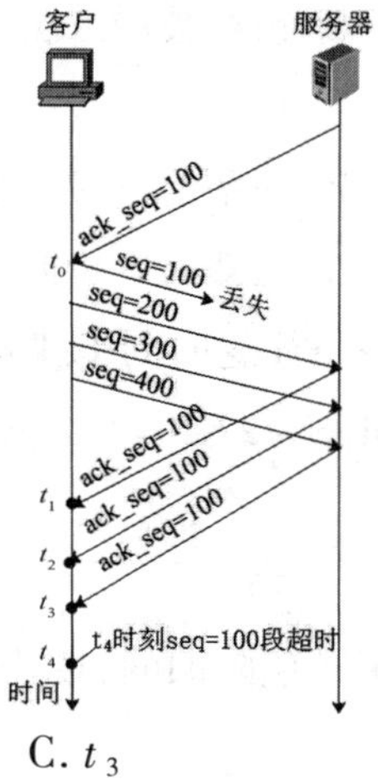

A. t_1　　B. t_2　　C. t_3　　D. t_4

11. 若主机甲主动发起一个与主机乙的TCP连接，甲、乙选择的初始序列号分别为2018和2046，则第

三次握手TCP段的确认序列号是（　）。【全国联考2019年】

A. 2018　　B. 2019　　C. 2046　　D. 2047

12. 在主机甲与主机乙之间已建立一条TCP连接，最大段长为（MSS）1KB，往返时间为2ms，在不出现拥塞的情况下，拥塞窗口从8KB增长到20KB所需要的最长时间是（　）。【全国联考2020年】

A. 4ms　　B. 8ms　　C. 24ms　　D. 48ms

13. 甲乙主机，通过TCP连接，最大段长1KB，甲向乙发送数据，甲拥塞的阈值为16KB，当超时时，甲增长到16kb最短时间是（　）RTT。【全国联考2022年】

A. 5　　B. 11　　C. 12　　D. 6

14. 主机H使用TCP协议向服务器S发送大量数据，TCP连接的MSS为1 K字节。H的拥塞窗口和接收窗口均为8 K字节时，出现发送定时器超时，则H的发送窗口为（　）。【北京邮电大学2017年】

A. 0　　B. 1 K　　C. 4 K　　D. 8 K

15. 下列关于TCP的叙述中，正确的是（　）。【沈阳工业大学2016年】

Ⅰ. TCP是一个点到点的通信协议

Ⅱ. TCP提供了无连接的可靠数据传输

Ⅲ. TCP将来自上层的字节流组织成IP数据报，然后交给IP

Ⅳ. TCP将收到的报文段组成字节流交给上层

A. Ⅰ、Ⅱ、Ⅳ　　B. Ⅰ、Ⅳ　　C. 仅Ⅳ　　D. Ⅲ、Ⅳ

16. 以下哪个事件发生在运输层三次握手期间（　）。【沈阳工业大学2017年】

A. 两个应用程序交换数据　　B. TCP初始化连接会话的序列号

C. UDP确认要发送的最大字节数　　D. 服务器确认从客户端接收到的数据字节数

17. 一个TCP连接的数据传输阶段，如果发送端的发送窗口值由2000变为3000，意味着发送端可以（　）。【沈阳农业大学2016年】

A. 在接收端一个确认之前可以发送3000个TCP报文段

B. 在收到一个确认之前可以发送1000 B

C. 在收到一个确认之前可以发送3000 B

D. 在收到一个确认之前可以发送1000个TCP报文段

18. TCP采用（　）来实现流量控制和拥塞控制。【浙江工商大学2015年】

A. 许可证法　　B. 丢弃分组法　　C. 预约缓冲区法　　D. 滑动窗口技术

19. TCP协议中发送窗口的大小应该是（　）。【华中科技大学2018年】

A. 通知窗口的大小　　B. 拥塞窗口的大小

C. 通知窗口和拥塞窗口中较小的一个　　D. 通知窗口和拥塞窗口中较大的一个

20. 假设在没有发生拥塞的情况下，在一条往返时间RTT为10 ms的线路上采用慢启动拥塞控制策略。如果接收窗口的大小为24 KB，最大报文段MSS为2 KB，那么需要（　）ms才能发送第一个完全窗口。【黑龙江大学2013年】

A. 30　　B. 40　　C. 50　　D. 60

21. TCP协议在连接关闭的过程中，为了避免陈旧的TCP报文段对后续连接产生错误干扰而使用的状态是（　）。【南京大学2017年】

A. TIME_WAIT　　B. FIN WAIT_1　　C. FIN WAIT_2　　D. CLOSED

22. 下面包含在TCP首部中而不包含在UDP首部中的信息是（　　）。

A. 源端口字段　　B. 目的端口字段　　C. 序号字段　　D. 校验和字段

23. 主机A向主机B连续发送了两个TCP报文段，其序号分别为70和100，如果主机B收到第二个报文段后发回的确认中的确认号是180，主机A发送的第二个报文段中的数据大小是（　　）B。

A. 70　　B. 30　　C. 80　　D. 100

24. 甲乙两台主机通过TCP进行通信，甲发送了一个带有FIN标志的数据段，所表示的含义是（　　）。

A. 将断开通信双方的TCP连接

B. 单方面释放连接，表示本方向已经无数据发送，但是可以接收对方的数据

C. 终止数据发送，双方都不能发送数据

D. 连接被重新建立

25. 一个TCP段的数据部分最多为（　　）字节。

A. 65495　　B. 65515　　C. 65535　　D. 65555

26. TCP使用的流量控制协议是（　　）。

A. 固定大小的滑动窗口协议　　B. 可变大小的滑动窗口协议

C. 后退N帧ARQ协议　　D. 选择重传协议

27. 在TCP协议中，发送方窗口大小与下列哪些因素有关（　　）。

A. 仅接收方允许的窗口

B. 接收方允许的窗口和拥塞窗口

C. 接收方允许的窗口和发送方允许的窗口

D. 发送方允许的窗口和拥塞窗口

28. TCP使用“三次握手”协议来建立连接，握手的第二个报文段中被置为1的标志位是（　　）。

A. SYN　　B. ACK　　C. SYN和ACK　　D. ACK和URG

29. 假设A和B采用“三次握手”协议建立了TCP连接，A向B发送了一个报文段，其中seq=400，ACK=201，且数据部分包含了8个字节，那么在B对该报文的确认报文段中（　　）。

A. seq=201，ACK=408　　B. seq=201，ACK=400

C. seq=202，ACK=407　　D. seq=202，ACK=408

30. 假设TCP的拥塞窗口的慢启动门限值初始为8（单位为报文段），当拥塞窗口上升到12时，网络发生超时，TCP开启慢启动和拥塞避免，那么当第14次传输时拥塞窗口大小为（　　）。

A. 4　　B. 6　　C. 7　　D. 8

31. 假定一个TCP连接中，最大报文段长度MSS为1 KB，当TCP的拥塞窗口值为18 KB时网络发生了拥塞。如果紧接着的4次突发传输都是成功的，那么此时拥塞窗口的大小为（　　）KB。

A. 4　　B. 6　　C. 8　　D. 9

32. 在一个TCP连接中，最大报文段长度MSS为1 KB，当拥塞窗口为34 KB时发生了超时事件。如果在接下来的4个RTT内报文段传输都是成功的，那么当这些报文段均得到确认后，拥塞窗口的大小是（　　）KB。

A. 16　　B. 17　　C. 8　　D. 9

33. 如果某网络允许的最大报文段的长度为256 B，序号用8位表示，报文段在网络中的寿命为30 s，则每条TCP连接所能达到的最高数据率是（　　）。

A. 13.056 kb/s　　B. 4.352 kb/s　　C. 8.704 kb/s　　D. 17.408 kb/s

● 综合应用题

1. 主机H通过快速以太网连接Internet，IP地址为192.168.0.8，服务器S的IP地址为211.68.71.80。H与S使用TCP通信时，在H上捕获的其中5个IP分组如表1所示。

表1

编号	IP分组的前40字节内容（十六进制）				
1	45 00 00 30	01 9b 40 00	80 06 1d e8	c0 a8 00 08	d3 44 47 50
	0b d9 13 88	84 6b 41 c5	00 00 00 00	70 02 43 80	5d b0 00 00
2	43 00 00 30	00 00 40 00	31 06 6e 83	d3 44 47 50	c0 a8 00 08
	13 88 0b d9	e0 59 9f ef	84 6b 41 c6	70 12 16 d0	37 e1 00 00
3	45 00 00 28	01 9c 40 00	80 06 1d ef	c0 a8 00 08	d3 44 47 50
	0b d9 13 88	84 6b 41 c6	e0 59 9f f0	50 f0 43 80	2b 32 00 00
4	45 00 00 38	01 9d 40 00	80 06 1d de	c0 a8 00 08	d3 44 47 50
	0b d9 13 88	84 6b 41 c6	e0 59 9f f0	50 18 43 80	e6 55 00 00
5	45 00 00 28	68 11 40 00	31 06 06 7a	d3 44 47 50	c0 a8 00 08
	13 88 0b d9	e0 59 9f f0	84 6b 41 d6	50 10 16 d0	57 d2 00 00

回答下列问题。 【全国联考2012年】

（1）表1中的IP分组中，哪几个是由H发送的？哪几个完成了TCP连接建立过程？哪几个在通过快速以太网传输时进行了填充？

（2）根据表1中的IP分组，分析S已经收到的应用层数据字节数是多少？

（3）若表1中的某个IP分组在S发出时的前40字节如表2所示，则该IP分组到达H时经过了多少个路由器？

表2

来自S的分组	45 00 00 28	68 11 40 00	40 06 ec ad	d3 44 47 50	ca 76 01 06
	13 88 al 08	e0 59 9f f 0	84 6b 41 d6	50 10 16 d0	b7 d6 00 00

注：IP分组头和TCP段头结构分别如图1、图2所示。

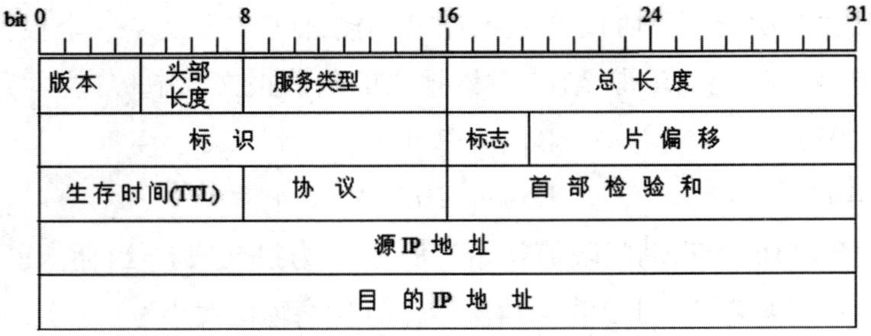

图1 IP分组头结构

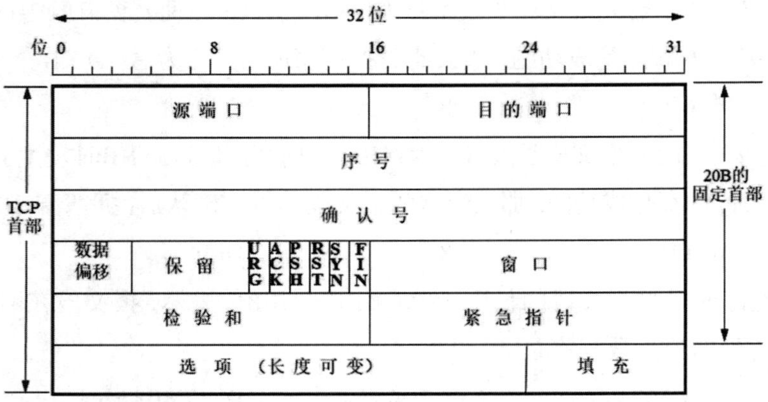

图2 TCP段头结构

2. 假设题下图中的H3访问Web服务器S时，S为新建的TCP连接分配了20 KB（K=1024）的接收缓存，最大段长MSS=1 KB，平均往返时间RTT=200 ms。H3建立连接时的初始序号为100，且持续以MSS大小的段向S发送数据，拥塞窗口初始阈值为32 KB；S对收到的每个段进行确认，并通告新的接收窗口。假定TCP连接建立完成后，S端的TCP接收缓存仅有数据存入而无数据取出。

请回答下列问题。 【全国联考2016年】

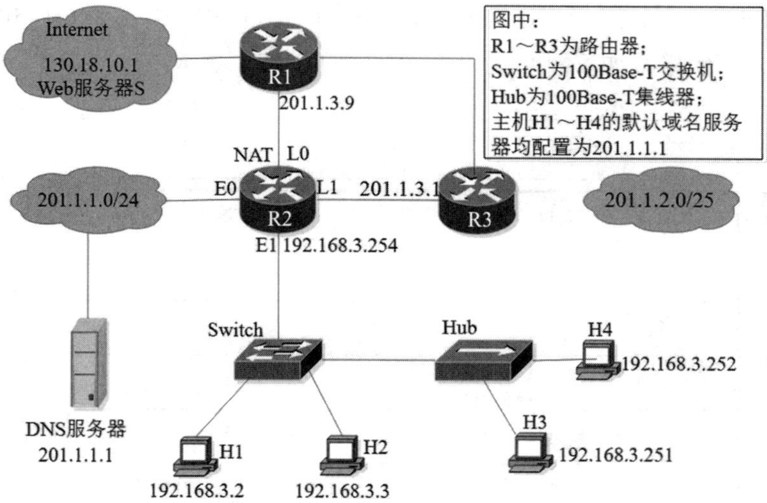

（1）在TCP连接建立过程中，H3收到的S发送过来的第二次握手TCP段的SYN和ACK标志位的值分别是多少？确认序号是多少？

（2）H3收到的第8个确认段所通告的接收窗口是多少？此时H3的拥塞窗口变为多少？H3的发送窗口变为多少？

（3）当H3的发送窗口等于0时，下一个待发送的数据段序号是多少？H3从发送第1个数据段到发送窗口等于0时刻为止，平均数据传输速率是多少（忽略段的传输延时）？

（4）若H3与S之间通信已经结束，在t时刻H3请求断开该连接，则从t时刻起，S释放该连接的最短时间是多少？

3. 如果在一个信道带宽为1 Gb/s的TCP连接上，发送窗口为65535 B，端到端时延为10 ms，那么该TCP连接最大的吞吐率和线路利用率分别是多少（发送时延和确认帧长度忽略不计，TCP及其以下层协议首部长度忽略不计）？

4. 假设某主机正在通过一条10 Gb/s的信道发送65535 B的满窗口数据，信道的往返时延为1 ms，不考虑数据处理时间和发送时延。TCP连接可达到的最大数据吞吐率是多少？

5. 证明：当用n个bit进行编号时，若接收窗口大小为1，则发送窗口的数值受下式约束：$W_T \leq 2^n-1$。

【山东师范大学2013年】

6. 如果某TCP连接下面使用256 kb/s的链路，其端到端时延为128 ms。经测试，发现吞吐率只有128 kb/s，那么发送窗口W大小是多少？

7. 如果TCP往返时延RTT的当前值是40 ms，连续收到3个按序到达的确认报文段，顺序分别是在数据发送后28 ms、30 ms和24 ms到达发送方。设加权因子α=0.3。那么三个确认报文段到达后新的RTT估计值分别是多少。

8. 在TCP拥塞控制中，什么是慢开始、拥塞避免、快重传和快恢复算法？这里每一种算法各起到什么作用？“乘法减小”和“加法增大”各用在什么情况下？ 【山东师范大学2012年】

9. 主机A向主机B连续发送了3个TCP报文段，其序号依次为70、100和180。请回答下列问题。

（1）第1、2个报文段中有多少字节的数据？

（2）主机B收到第2个报文段后发回的确认中的确认号应当是多少？

（3）如果第2个报文段丢失而其他两个报文段到达主机B，在主机B发往主机A的确认报文段中，确认号应为多少？

10. 一个TCP首部的数据信息（十六进制表示）为0x0D 26 00 19 50 5F A9 04 00 00 00 00 07 02 40 00 C0 29 00 00。TCP首部的格式如下图所示。请回答下列问题。

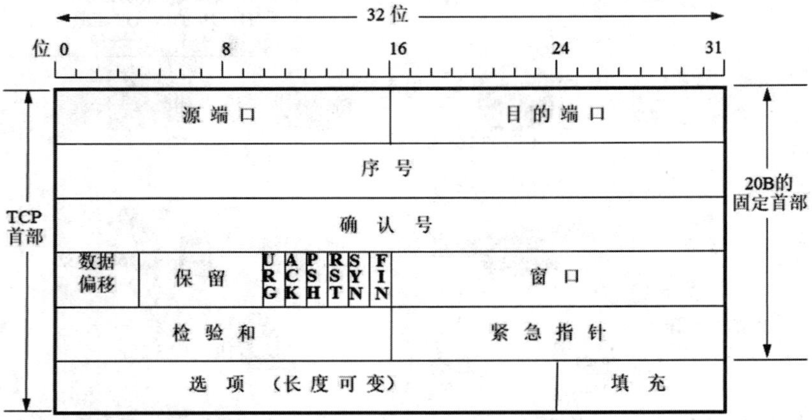

（1）源端口号是多少？目的端口号是多少？

（2）发送的序列号是多少？确认号是多少？

（3）TCP首部的长度是多少？

（4）这是一个使用什么协议的TCP连接？该TCP连接的状态是什么？

5.4.8 答案精解

● 单项选择题

1.【答案】D

【精解】主机甲和乙之间的TCP连接已经建立，并选择了第一个段的初始序号为200，所以连续发送300B的序号范围为200~499、发送500B的序号为500~999。主机乙共收到了200~999字节。确认号是期望收到对方下一个报文段的第一个数据字节的序号。注意，若确认号=N，则表明，到序号N-1为止（这里是999）的所有数据报都已正确收到。显然这里N应该为1000。综上，选项D为正确答案。

2.【答案】D

【精解】在不出现拥塞的前提下，拥塞窗口从8KB增长到32KB所需的最长时间（由于慢开始门限可以根据需求设置所以这里面为了求最长时间可以假定在慢开始门限小于等于8KB，这样由8KB-32KB的过程中都是加法增大），考虑拥塞窗口达到8KB时，以后的每个轮次拥塞窗口逐次加1，需24×2=48ms后达到32KB大小。

3.【答案】A

【精解】TCP要求发送端维护两个窗口，即接收窗口rwnd和拥塞窗口cwnd。发送端的发送窗口不能超过cwnd和rwnd中的最小值。即，发送窗口的上限值=min[rwnd,cwnd]。根据题意，当前cwnd=4000 B，rwnd=2000 B，于是此时发送窗口=Min[4000 B,2000 B]=2000 B。而主机甲向乙连续发送两个最大段后，只收到第一个段的确认，所以此时主机还可以向主机乙发送的最大字节数是2000 B-1000 B=1000 B。所以选项A为正确答案。

4.【答案】C

【精解】TCP连接管理中，不论是连接还是释放，不论是请求还是确认，其中的同步位SYN、确认位ACK和终止位FIN的值一定是1。本题中，主机乙向主机甲发送的确认报文段中SYN和ACK一定是1，所以排除A和D选项。题中主机乙返回的确认号是对发送方主机甲发送的TCP段的确认，所以返回的确认号是主机甲发送的初始序号加1，即11220+1=11221。(此时已经可判断选项C为正确答案)。同时，主机乙也要消耗一个序号seq，seq的值和甲的seq没有任何关系，是由乙的TCP进程任意给出的。综上，选项C为正确答案。

5.【答案】

【精解】主机甲与主机乙建立TCP连接时发送的SYN段中的序号为1000，则在数据数据传输阶段所用序号起始为1001，在断开连接时，甲发送给乙的FIN段中的序号为5001，在无任何重传的情况下，甲向乙已经发送的应用层数据的字节数为5001–1001=4000。

6.【答案】B

【精解】本题考查TCP协议的可靠传输。TCP首部中，序号字段和确认字段，分别指TCP段中数据部分的第一个字节的序号和期望收到对方下一个报文段的第一个字节的序号。依据题意，已知主机甲收到了来自主机乙的seq=1913，ack=2046有效载荷100B则说明序号1913+100–1=2012（注意，1913~2012是100 B，1913~2013是101 B）为止的所有数据主机甲都已收到，而乙期望收到的下一个报文段的序号从2046开始。所以，主机甲立即发送给主机乙的TCP段中的确认号是期望收到的下一个报文段的第一个字节的序号，即ack=2013；seq=2046。故，选项B为正确答案。

7.【答案】A

【精解】本题考查慢开始算法和拥塞避免。根据题意，主机乙每收到一个数据段都会发出一个接收窗口为10 KB的确认段，而主机甲维护两个窗口（即主机乙的接收窗口和拥塞窗口），且取两者的最小值作为发送窗口，所以从四个选项中可以直接选出答案A（因为其他的都大于10 KB）。此题正规的解法如下。

因为t时刻发生超时，所以把慢开始门限值ssthresh设为出现拥塞时发送窗口值的一半，即8 KB的一半4 KB，且拥塞窗口设为1 KB，开始执行慢开始算法。当拥塞窗口大小小于慢开始门限时，采用2的指数增长方式，所以经过1个RTT后，拥塞窗口大小变为2 KB，经过2个RTT之后，拥塞窗口变为2^2=4 KB。此时，拥塞窗口大小等于门限值，开始执行拥塞避免算法，采用线性增长方式（加法增大每次加1），在经过第3、4、5、6、7、8、9、10个RTT时，拥塞窗口依次变为5 KB、6 KB、7 KB、8 KB、9 KB、10 KB、11 KB、12 KB。而主机甲的发送窗口取当时的拥塞窗口和接收窗口的最小值，即发送窗口大小=min[接收窗口,拥塞窗口]。依据题意，接收窗口大小为10 KB，在经过10个RTT后，主机甲的发送窗口大小为min[10 KB、12 KB]=10 KB。所以选项A为正确答案。

8.【答案】A

【精解】根据题意，经过4个RTT后，主机乙收到的数据全部存入缓存，不被取走，每个RTT主机乙收到的数据分别是1 KB、2 KB、4 KB、8 KB（初始拥塞窗口为1 KB，每经过一个RTT，拥塞窗口翻倍），题中主机乙分配的16 KB接收缓存，所以此时接收窗口只剩下1 KB（16–1–2–4–8）。此时，主机甲的发送窗口为接收窗口和拥塞窗口的最小值，显然是1 KB。故，选项A为正确答案。

9.【答案】A

【精解】按照慢开始算法，TCP要求发送端维护两个窗口，即接收窗口rwnd和拥塞窗口cwnd。发送窗口的上限值=min[rwnd,cwnd]。根据题意，初始拥塞窗口为最大报文段长度1 KB，每经过一个RTT

（RTT=5 ms），拥塞窗口翻倍，因此需要至少5个RTT（5×5 ms=25 ms），发送窗口才能达到32 KB。所以选项A为正确答案。

10.【答案】C

【精解】快重传算法首先要求接收方每收到一个失序的报文段后就立即发出重复确认，这样可以让发送方及早知道有报文段没有到达接收方。发送方只要一连收到3个重复确认就应当立即重传接收方尚未收到的报文段。题图中在t_3时刻，发送方连续收到3个重复确认ack_seq=100，所以此刻应立即重新发送seq=100段。因此选项C是正确答案。

11.【答案】D

【精解】用三次握手建立TCP连接的过程中，首先，主机甲选择初始序列号为2018，表明在后面传送数据时的第一个数据字节的序号是2018+1=2019，第二次握手时主机乙同意建立连接，则发回确认，确认号是2018+1=2019，同时选择自己的一个确认号2046。第三次握手时，主机甲收到B的确认后，要向主机乙给出确认，确认号为2046+1=2047，而自己的序号为2019。题目问第三次握手TCP段的确认序列号，应为2047。所以选项D为正确答案。

12.【答案】C

【精解】本题考查TCP连接。TCP拥塞控制慢开始，加法增大，快重传，快恢复。

由于慢开始门限ssthresh可以根据需求设置，为了得到最长时间，可以把门限设置成小于8KB，这样只要不出现拥塞，一开始到后面都是加法增大（每经历一个传输轮次（RTT），拥塞窗口逐次加1）。因此（32-8）×2ms=48ms。故本题选D。

13.【答案】B

【精解】该题考查慢开始和拥塞避免的知识，该题问增长至16KB的最短时间，即先进行慢开始再进行拥塞避免，当超时时，ssthresh门限值变为拥塞窗口16KB的一半，即8KB，拥塞窗口cwnd=1KB，从cwnd=1KB进行慢开始经过3个RTT达到新的门限值8KB，之后再经过8个RTT达到16KB，所以增长至16KB最短需要11个RTT。故本题选B。

14.【答案】B

【精解】按照慢开始算法，TCP要求发送端维护两个窗口，即接收窗口rwnd和拥塞窗口cwnd。发送窗口的上限值=min[rwnd,cwnd]。根据题意，当出现发送定时器超时时，rwnd=8 KB，而拥塞窗口cwnd重新置为1 KB，取二者的最小值，即为1 KB。所以选项B为正确答案。

15.【答案】C

【精解】TCP在网络层的基础上，向应用层提供面向连接的可靠的全双工的端到端的数据流传输服务，所以TCP是一个端到端的通信协议（而IP是点到点的通信协议），故Ⅰ、Ⅱ错误。IP数据报由网络层数据加上IP数据报的首部构成，不是由上层字节流组成的，Ⅲ错误。TCP通过可靠传输连接将收到的报文段组成字节流，然后交给上层的应用进程，这就为应用进程提供了有序、无差错、不重复和不丢失的流传输服务，Ⅳ正确。综上，选项C为正确答案。

16.【答案】B

【精解】TCP的三次握手，目的是为了防止报文段在传输建立过程中出现差错。通过三次报文段的交互（包括初始化连接会话的序列号）后，通信双方的进程之间就建立了一条传输连接，然后可以用全双工方式正常传输数据。所以，选项A错误，B正确。UDP没有三次握手，选项C说法错误。选项D发生在数据传输完成之后。综上，选项B是正确答案。

17.【答案】C

【精解】TCP提供的是面向连接的可靠传输服务，使用滑动窗口机制进行流量控制和拥塞控制。TCP的滑动窗口机制是面向字节的，因此窗口大小的单位是字节。发送窗口是在没有收到确认之前一共可以发送的字节数，即假设发送窗口大小为N，这意味着发送端可以在没有收到确认的情况下连续发送N个字节。所以选项C为正确答案。

18.【答案】D

【精解】流量控制是解决通信两端速率不匹配问题，TCP采用滑动窗口机制来实现流量控制。所以选项D为正确答案。

19.【答案】C

【精解】TCP要求发送端维护两个窗口，即接收窗口rwnd和拥塞窗口cwnd。发送窗口的上限值=min[rwnd,cwnd]，这里的接收窗口和题中的通知窗口作用相同，都是接收端告诉发送端它可以接收多少字节数据。所以选项C为正确答案。

20.【答案】B

【精解】TCP慢启动策略发送窗口的初始值为报文段的最大长度2 KB（即拥塞窗口的初始值），然后经过1 RTT、2 RTT、3 RTT后，按指数增大依次到4 KB、8 KB、16 KB，接下来是接收窗口的大小24 KB（注意不是32 KB，此时用的是拥塞窗口和接收窗口的较小值24 KB），即达到第一个完全窗口，因此到达第一个完全窗口所需的时间为4倍的RTT，即40 ms。所以选项B为正确答案。

21.【答案】A

【精解】在TCP连接释放阶段，主动发起释放连接的一方（如客户A）在TIME_WAIT状态必须等待2 MSL的时间，才能真正进入到CLOSED状态，其中的一个主要原因就是防止"已失效的连接请求报文段"出现在本连接中。客户A在发送完最后一个ACK报文段后，再经过2 MSL就可以使本连接持续的时间内所产生的所有报文段都从网络中消失。这样就可以使下一个新的连接中不会出现这种旧的连接请求报文段而产生错误干扰。所以选项A是正确答案。

22.【答案】C

【精解】TCP数据报和UDP数据报都包含目的端口字段、源端口字段和校验和字段。但是由于UDP提供无连接不可靠的数据传输服务，所以数据报不需要编号，故没有序号这个字段。而TCP提供面向连接的可靠数据传输服务，故需要设置序号这一字段。所以选项C为正确答案。

23.【答案】C

【精解】TCP中的确认字段中的确认号若为N，则表明到序号N–1为止的所有数据都已经正确收到。题中确认号是180，说明已经收到了第179号字节，也即是说明第二个报文段的序号是从100到179，故第二个报文段中的数据有80个字节。所以选项C是正确答案。

24.【答案】B

【精解】在TCP首部中FIN标志位在TCP连接管理中有特殊的作用。TCP采用对称释放法释放连接。通信双方的任何一方想要释放连接时，发送一个FIN=1的TCP段，当这个段被确认后，这个方向连接就释放了。当双方都发送了FIN=1的TCP段并得到了确认时，这条TCP连接就释放了。如果仅是一方释放连接，另一方有数据还可以继续发送。所以选项B为正确答案。

25.【答案】A

【精解】TCP段的数据部分加上TCP段的首部（固定部分20字节）后再加上IP数据报首部（最小20字节）即为IP数据报的最大长度（2^{16}–1=65535字节）。由上可知一个TCP段的数据部分最多为65535–20–20=65495字节，所以选项A为正确答案。

26.【答案】B

【精解】TCP采用滑动窗口机制进行流量控制，通过接收端来控制发送端的窗口大小，因此这是一种可变大小的滑动窗口协议。所以选项B是正确答案。

27.【答案】B

【精解】TCP为了避免网络拥塞和接收方缓冲区溢出，让每个发送方仅发送合适数量的数据，保持网络资源被利用但不会被过载，发送窗口大小取决于接收方允许的窗口（即接收窗口）和拥塞窗口二者的最小值。所以，选项B是正确答案案。

28.【答案】C

【精解】TCP三次握手中，用到的TCP的6个标志位中的SYN和ACK两个标志位，并且这两个标志位都被置为1。同步位SYN=1时，表示这是一个连接请求和连接接收报文，所以只在第一次握手和第二次握手中出现。而对于确认位ACK，仅当ACK=1时，确认号字段才有效。当ACK=0是，确认号无效。因此TCP规定，在连接建立后所有传送的报文段都必须把ACK置1。在TCP三次握手中，在第二次和第三次握手中，ACK都置1。综上，选项C为正确答案。

29.【答案】A

【精解】在TCP三次握手建立过程中，不能携带数据。题目中已经建立了TCP连接，携带了8个字节的数据，这个要考虑到。题目中要求解B发送给A的确认报文段中的seq和ACK的值。首先，在B发向A的报文中，seq表示B发送的报文段中数据部分的第一个字节在B的发送缓冲区中的编号；而ACK表示B期望收到的下一个报文段的数据部分的第一个字节在A的发送缓冲区中的编号。所以，在同一个报文段中的seq和ACK的值二者之间是没有关联的。在TCP的捎带确认中，B发给A的报文中，seq的值应该和A发向B的报文中的ACK的值（题目中为201）相同，所以seq=201；ACK值表示B期望下次收到A发送的报文段中的第一个字节的编号，此时要考虑数据部分，应该是400+8=408。因此，选项A为正确答案。

30.【答案】D

【精解】在慢启动和拥塞避免算法中，拥塞窗口的初始值为1，此时窗口大小开始按指数增长，当拥塞窗口大于慢启动门限后，停止使用慢启动算法，改用拥塞避免算法。当出现超时时，重新设置门限值为当下拥塞窗口的一半，然后拥塞窗口再设置为1。所以，拥塞窗口的变化序列为，1、2、4、8、9、10、11、12、1、2、4、6、7、8、9、10、…。第14次传输时拥塞窗口大小为8。注意，第12次传输时拥塞窗口大小为6，不能直接从4跳到8，一定要注意这个误区。所以选项D为正确答案。

31.【答案】D

【精解】依据题意，由于在拥塞窗口值为18 KB时发生拥塞，慢开始门限被设定为18 KB的一半，即9 KB，并且把拥塞窗口重置为一个最大报文长度字段1 KB，然后重新进入慢开始阶段。在慢开始阶段，拥塞窗口值在一次传输成功后就加倍，直至达到慢开始门限值。因此，超时后第1、2、3、4次，传输的报文长度依次为1 KB、2 KB、4 KB、8 KB。所以在4次突发传输成功后，拥塞窗口的大小将变为9 KB（第4次没有成功前，应该是8 KB）。所以选项D是正确答案。

32.【答案】A

【精解】在拥塞窗口为34 KB时发生了超时，那么慢开始门限值就被设定为34 KB的一半，即17 KB，并且在接下来的一个RTT中拥塞窗口（cwnd）置为1 KB。按照慢开始算法，拥塞窗口值在一次传输成功后就加倍，直至达到慢开始门限值。第一个RTT中cwnd=1 KB，第二个RTT中cwnd=2 KB，第三个RTT中cwnd=4 KB，第四个RTT中cwnd=8 KB。当第四个RTT中发出去的8个报文段的确认报文收到之后，cwnd=16 KB（此时还未超过慢开始门限值17 KB）。所以选项A是正确答案。

33.【答案】D

【精解】具有相同编号的TCP报文段不应该同时在网络中传输，必须保证，当序列号循环回来重复使用时，具有相同序列号的TCP报文段已经从网络中消失。现在报文段在网络中的寿命是30 s，那么在30 s内发送的TCP报文段的数目不能多于255个（题中序号用8位表示，类似于GBN原理$2^8-1=255$），则有：255×256×8/30=17408（b/s），即17.408 kb/s。所以选项D为正确答案。

● 综合应用题

1.【答案精解】

（1）由于表1中1、3、4号分组的源IP地址（第13~16字节）均为192.168.0.8（c0a8 0008H），因此可以判定1、3、4号分组是由H发送的。

在表1中1号分组封装的TCP段的FLAG为02 H（即SYN=1，ACK=0），seq=846 b 41c5H，2号分组封装的TCP段的FLAG为12 H（即SYN=1，ACK=1），seq=e059 9fefH，ack=846 b 41c6H，3号分组封装的TCP段的FLAG为10H（即ACK=1），seq=846 b 41c6H，ack=e059 9ff0 H，所以1、2、3号分组完成了TCP连接建立过程。

由于快速以太网数据帧有效载荷的最小长度为46字节，表1中3、5号分组的总长度为40（28H）字节，小于46字节，其余分组总长度均大于46字节。所以3、5号分组通过快速以太网传输时进行了填充。

（2）由3号分组封装的TCP段可知，发送应用层数据初始序号为seq=846b 41c6H，由5号分组封装的TCP段可知，ack为seq=846b 41d6H，所以5号分组已经收到的应用层数据的字节数为846 b 41d6H−846 b 41c6H=10H=16。

（3）由于S发出的IP 分组的标识=6811 H，所以该分组所对应的是表1中的5号分组。S发出的IP分组的TTL=40 H=64，5号分组的TTL=31 H=49，64−49=15，所以，可以推断该IP分组到达H时经过了15个路由器。

2.【答案精解】

（1）TCP三次握手建立连接的过程中，首先，H3向Web服务器S发送连接请求报文段（题中已初始序号为100），此时TCP段首部中，SYN=1，seq=100。注意，TCP规定，SYN=1的报文段不能携带数据，但要消耗一个序号；接下来开始第二次握手，Web服务器S收到连接请求报文段后为自己选择一个初始序号y，向H3发送确认报文段，这个报文段SYN=1，ACK=1，seq=y，确认号ack=100+1=101（表示期望收到H3下一个报文段的第一个数据字节的序号是101）；最后是第三次握手阶段，H3收到S的确认报文段后向S返回确认，该确认报文段ACK=1，自己的序号seq=101，ack=y+1。由上可知，H3收到的S发送过来的第二次握手TCP段的SYN=1，ACK=1，确认序号是101。

（2）题中规定S对收到的每个段（大小为MSS）进行确认，并通告新的接收窗口，而且S端的TCP接收缓存仅有数据存入而无数据取出，那么在每一轮次中，发送窗口swnd，拥塞窗口cwnd，接收窗口rwnd和拥塞窗口阈值ssthresh的变化情况如下表所示。注意，每一个轮次中swnd=min[cwnd,rwnd]，第5个轮次结束时，S的缓冲区已满（共存入20KB数据，即20个TCP段）。

轮次	swnd	cwnd	rwnd	ssthresh
1	1	1	20	32
2	2	2	19	32
3	4	4	17	32
4	8	8	13	32
5	5	16	5	32
6	0	?	0	32

从表可知，H3收到第8个确认段（前面已经收到7个TCP段），此时所通告的接收窗口是13−1=12

（KB）；拥塞窗口cwnd=cwnd+1=8+1=9（KB）；发送窗口swnd=min[cwnd,rwnd]=min[9,12]=9（KB）。因此，H3收到的第8个确认段所通告的接收窗口是12 KB；此时H3的拥塞窗口变为9 KB；H3的发送窗口变为9 KB。

（3）当H3的发送窗口等于0时，此时接收缓存已满（已发送20 KB数据），下一个待发送段的序号是20 K+101=20×1024+101=20581。

H3从发送第1个段到发送窗口等于0时刻为止，平均数据传输速率等于发送数据量除以发送时间，由（2）中表可知，H3从发送第一个段到发送窗口等于0 KB为止，共经过5个传输轮次，发送的数据量是20 KB。因此平均数据传输速率是：

20 KB/（5×200 ms）=20 KB/s=20.48 kbps。

（4）TCP连接释放通常需要经过四次握手，但因为题中S收到H3的连接释放报文段后，马上发送确认报文段，但此时S已经没有数据要传输，于是它也马上发出连接释放报文段。H3在收到S的连接释放报文段后，发出确认报文段，S在收到该确认后就释放TCP连接。因此，四次握手中中间两次握手变成了一次，也就是说共经历1.5个RTT的时间，即最短时间。综上可知，从t时刻起，S释放该连接的最短时间是：1.5×200 ms=300 ms。

3.【答案精解】

从TCP发送窗口、往返时延和信道带宽可以计算一个TCP连接可以达到的最大吞吐量和信道利用率。有几个关键点需要注意。首先是，往返时延时端到端时延的2倍，其次是，最大吞吐率=一个RTT传输的有效数据/一个RTT的时间；最后是，信道利用率=最大吞吐量/信道带宽。根据题意，往返时延为2×10 ms=20×10^{-3} s，最大吞吐率=（65535×8）/（20×10−3）=26.214（Mb/s）；信道利用率=26.214/1000≈2.62%。

4.【答案精解】

TCP协议分组中携带的数据量最大为65535 B−20 B−20 B=65495 B，其中减去的两个20 B分别是IP和TCP的首部最小值。所以，要发送65535 B的数据需要2个TCP报文。将65535 B的数据发送完，需要加上两个IP首部和两个TCP首部，共（20 B+20 B）×2=80 B，一共发送的比特数为n=（65535+80）×8 b，发送两个分组需要两个响应，所以发送时间为数据的实际 t=（65535+80）×8 b/10 Gb/s+1 ms×2，则这条TCP连接的最大吞吐率为n/t=2 Mb/s。

5.【答案精解】

证明：发送窗口W_T和接收窗口应满足$W_{T}+W_{R}\leqslant 2^n$，其中n为帧序号的比特数。若接收窗口为1，则不等式$W_T+1\leqslant 2^n$，故$W_T\leqslant 2^n-1$。

6.【答案精解】

本题没有明确确认的发出情况，所以需根据确认的两种情况进行不同的求解。即：

情况①接收端在接收完数据的最后一位才发出确认；

情况②接收端每收到一个很小的报文段后就发出确认。

依据题意，可知往返时延（即一个RTT时间）=128 ms×2=256 ms。假设窗口大小为X字节，发送端连续发送完窗口内的数据需要的时间为T。

对于情况①，发送端需要经过256+T的时间，才能发送下一个窗口的数据，则有X/（256 ms+T）=128 kb/s,T=X/256 kb/s,经单位换算后可解得 X=256×256/8=8192（B）

对于情况②，发送方经过比256 ms稍多一点的时间就可以发送下一个窗口的数据，可以近似地认为经过256 ms的时间就可以发送下一个窗口的数据。则有，X/256 ms=128 kb/s，单位换算后可解得X=4096（B）

7.【答案精解】

TCP采用一种自适应的算法将各个报文段的往返时延样本加权平均，得到报文段的平均往返时延RTT，计算公式为：

新的RTT=（1−α）×（旧的RTT）+α×（新的RTT样本）。

依据题意可得：

① 第一个确认到达后，旧的RTT=40 ms，新的往返时延样本=28 ms，代入公式可得：

新的RTT=（1−0.3）×40 ms+0.3×28 ms=36.4 ms。

② 第二个确认到达后，旧的RTT=36.4 ms，新的往返时延样本=30 ms，代入公式可得：

新的RTT=（1−0.3）×36.4 ms+0.3×30 ms=34.48 ms。

③ 第三个确认到达后，旧的RTT=34.48 ms，新的往返时延样本=24 ms，代入公式可得：

新的RTT=（1−0.3）×34.48 ms+0.3×24 ms=31.336 ms。

所以，新的RTT估计值分别是36.4 ms、34.48 ms和31.336 ms。

8.【答案精解】

慢开始：在刚开始在不知道网络情况的前提下，发送报文段时不发送大量的数据，而是先发送一个报文段进行试探，可先将拥塞窗口cwnd设置为一个最大报文段MSS的数值，在每收到一个对新的报文段的确认后，将拥塞窗口增加至多一个MSS的数值。用这样的方法逐步增大发送端的拥塞窗口cwnd，可以使分组注入到网络的速率更加合理。这里的慢开始不是指拥塞窗口的增长速度慢，而是指拥塞窗口的初始值是1，和一开始不进行慢开始算法直接向网络中发送大量的报文相比，在慢开始算法中，拥塞窗口是指数级别增长的。

拥塞避免：当拥塞窗口的拥塞窗口值达到慢开始门限值之后，停止使用慢开始算法而改用拥塞避免算法，拥塞窗口的增长不再是指数增长，而是线性增长。即拥塞避免算法使发送端的拥塞窗口每经过一个往返时延RTT就增加一个MSS的大小。

快重传算法是有时个别报文在网络中丢失，但这个丢失报文的原因很可能不是因为网络拥塞。如果此时在检测到丢失的报文就开始使用慢开始算法就会降低传输效率。快重传算法是让发送方尽快知道个别报文丢失，立即发送确认，发送方只要收到了3个重复的ACK，就可断定有报文丢失，接收方没有收到这个报文，发送方就应立即重传丢失的报文而不必继续等待为该报文段设置的重传计时器的超时。

快恢复算法是当丢失个别报文的时候，不是将拥塞窗口的大小调整为1，而是将拥塞窗口的大小设置为发生拥塞时拥塞窗口的一半。

“加法增大”是指执行拥塞避免算法后，当收到对所有报文段的确认就将拥塞窗口cwnd增加一个MSS大小，使拥塞窗口按照线性增长，这样拥塞窗口增长缓慢，可以防止网络过早出现拥塞。当拥塞窗口的大小等于慢开始门限的时候，拥塞窗口在增长的时候就是加法增大。

“乘法减小”是指不论在慢开始阶段还是拥塞避免阶段，只要出现一次超时（即出现一次网络拥塞）或发送方收到连续三个重复的确认，就把慢开始门限值设置为当前拥塞窗口值的一半。当网络频繁出现拥塞时，慢开始门限值就下降的很快，可以大大减少注入网络中的分组数。

9.【答案精解】

（1）TCP传送的数据流中每个字节都有一个编号，TCP报文段的序号为其数据部分第1个字节的编号。第2个报文的开始序号是100，说明第1个报文段的序号是70~99，所以第1个报文段携带了30 B的数据。第3个报文的开始序号是180，说明第2个报文段的序号是100~179，所以第2个报文段携带了80 B的数据。

（2）由于主机B已经收到前2个报文段，最后一个字节的序号是179，因此下一次应当期望收到第180号字节，故确认中的确认号是180。

（3）确认的含义是前面的序号全部收到了，即若确认号为N，则前面的$N-1$号全部收到了。只要有一个没有收到，就不能发送更高字节的确认。由于TCP采用累积确认策略，因此当第二个报文段丢失后，B期望收到的下一个报文段就是序号为第二个报文段的开始序号，即100。所以确认号是100。

10.【答案精解】

（1）通过分析TCP首部格式可知，第1、2字节为源端口，对应值为0D 26（十六进制），转换为十进制是3366。目的端口为第3、4字节，对应值为00 19（十六进制），转换为十进制为25。

（2）发送的序列号是第5~8字节，值为50 5F A9 04，转换为十进制为6269188。确认号是第9~12个字节，即00 00 00 00，即十进制数0。

（3）注意图中的数据偏移字段实际上是TCP首部长度，它以4 B为计算单位，第13个字节的前4位即为TCP首部的长度，这里的值为7（以4 B为单位），所以乘以4后得到TCP首部的长度为28 B，说明该TCP首部还有8 B的选项数据。

（4）根据目的端口号是25可知这是一条SMTP连接。而TCP的状态则需要分析第14字节，第14字节的值是02，即SYN置为1，而且ACK=0表示该数据段没有捎带的确认，这说明是第一次握手时发送的TCP连接。

5.5 重难点答疑

1. 为什么说TCP/IP传输层的两个主要协议中UDP是面向报文的，而TCP是面向字节流的？

【答疑】发送方的UDP对应用程序交下来的报文，既不合并也不拆分，而是保留这些报文的边界，在添加首部后就向下交付IP层。也就是说，应用层交给UDP多长的报文，UDP就照样发送，即一次发送一个报文。在接收方UDP对IP层交上来的UDP用户数据报，在去除首部后就原封不动地交付上层的应用进程。也就是说，一次交付一个完整的报文，所以说UDP是面向报文的。而发送方TCP对应用程序交下来的报文（大小不等的数据块）看成仅仅是一连串的无结构的字节流（无边界约束），但维持各字节，所以说TCP是面向字节流的。

2. 一个TCP报文段的数据部分最多为多少个字节？为什么？如果用户要传送的数据的字节长度超过TCP报文段中的序号字段可能编出的最大序号，问还能否用TCP来传送？

【答疑】一个TCP报文段的数据部分最多为65495 B。这可以通过IP数据报的最大长度$2^{16}-1=65535$（B），减去IP头部的固定部分20 B和TCP首部固定的20 B，即65535−20−20（B）得到。如果IP首部包含了选项字段，则IP首部长度将超过20 B，此时，TCP报文段的数据部分长度将小于65495 B。

如果用户要传送的字节长度超过TCP报文段中序号字段可能编出的最大序号，也仍可以用TCP来传送。由于TCP序号字段有32位长，可以循环使用序列号。这样就可以保证当序号重复使用时，旧序号的数据早已经通过网络到达终点了。

3. 为什么在TCP报文段的首部中有一个表示首部长度的数据偏移字段（4 B），而UDP用户数据报的首部中就没有这个字段？

【答疑】TCP首部中除了固定长度的20 B外，还有选项字段，因此TCP首部长度是可变的，在其首部需要有一个偏移段来说明首部的总长度。而UDP首部长度是固定的（只有8 B），在其首部中就没必要设立这个字段。

4. 在使用传输层TCP协议传送数据的过程中：（1）收发双方是如何保证数据的可靠性的？（2）某个确

认报文段的丢失一定会引起与该确认报文段对应的数据重传吗?

【答疑】(1)① 为了保证数据的可靠传递，发送方必须把已发送的分组保留在缓冲区内，并为每个已发送的分组[①]启动一个超时定时器；② 如在定时器超时之前收到了对方发来的应答信息(可能是对本分组的应答，也可以是对本分组后续分组的应答)，则释放该分组占用的缓冲区；否则，重传该分组，直到收到应答或重传次数超过规定的最大次数为止(即超时重传)。③ 接收方收到分组后，先进行CRC校验，如果正确则把数据交给上层协议，然后给发送方发送一个累计应答包(即累积确认)，表明该数据已收到，如果接收方正好也有数据要发给发送方，应答包也可放在数据中捎带过去(捎带确认)。

(2)不一定。这是因为发送方可能在还未重传就收到了对更高序号的确认。如，主机甲连续发送两个报文段(seq=88，data共8 B)和(seq=96，data共14 B)，都正确到达主机乙。乙连续发送两个确认(ACK=96)和(ACK=110)。但前者在传送时丢失了。假如主机甲在第一个报文超时之前收到了对第二个报文的确认(ACK=110)，此时主机甲知道，109号和109号之前的所有字节(包括第一个报文段中的所有字节)均已被主机乙正确接收，因此主机甲不会再重传第一个报文段。

5. 是否TCP和UDP都需要计算往返时间RTT?

【答疑】只有TCP才需要计算RTT，而UDP不需要计算RTT。因为往返时间RTT只对TCP才很重要，因为TCP要根据平均往返时间RTT的值来设置超时计时器的超时时间。UDP没有确认和重传机制，因此RTT对UDP没有意义。所以，不能笼统地说“往返时间RTT对传输层来说很重要”。

6. 在传送数据文件时使用UDP有什么影响? 在传送语音数据时使用TCP有什么影响?

【答疑】UDP不保证可靠交付，没有重传机制，但它比TCP的开销小很多，实时性好，因此只要应用程序接受这样的服务质量就可以使用UDP。也就是说，传送数据文件时要考虑对服务质量的影响。对于语音数据，如果不是一边播放一边接收的实时播放就可以使用TCP，因为TCP有重传机制，比UDP可靠。接收端用TCP将语音数据接收完毕后，可以在以后的任何时间进行播放。但如果是实时传输，不适合重传，则必须使用UDP。也就是说，传送语音数据时，要重点考虑实时性的影响。

7. TCP在连接时采用三次握手的目的是什么? 如果把三次握手改为二次握手将会出现什么情况?

【答疑】TCP在连接时采用三次握手主要完成两个重要功能：① 既要收发双方做好发送数据的准备工作(双方都知道彼此已经准备好)；② 也要允许双方就初始序列号进行协商，这个序列号在握手过程中被发送和确认。如果把三次握手改成二次握手，很可能形成死锁。比如，考虑主机A和B之间的通信，假定B给A发送了一个连接请求分组，A收到了这个分组，并发送了确认应答分组。按照两次握手的协定，A认为连接已经成功建立了，可以开始发送数据分组。可是，在A的应答分组在传输中被丢失的情况下，B将不知道A是否已准备好，不知道A建议什么样的序列号用于A到B的交互，也不知道A是否同意B所建议的用于B到A交互的初始序列号，B甚至怀疑A是否收到自己的连接请求分组。在这种情况下，B认为连接还未建立成功，将忽略A发来的任何数据分组，只等待接收连接确认应答分组。而A在发出的分组超时后，重复发送同样的分组。这样就形成形了死锁。

5.6 命题研究与模拟预测

5.6.1 命题研究

传输层是整个网络体系结构的关键层，也是计算机网络知识体系的重点内容，属于每年必考的内容之一。从表5-1最近10年联考考点题型分值统计分析可以看到：① 在内容上看，历年考试中对于本章考

① 在一般讨论问题时，可以把网络层和传输层的协议数据单元，即IP数据报和报文段，简称为分组。

查的具体知识点较多，但都与UDP协议和TCP协议有关，没有超纲内容出现。也就是说，传输层重点考查UDP协议和TCP协议。② 从题型上看，单项选择题和综合应用题都有出现，但绝大多数情况都是选择题，只有2016年出了一道9分的综合应用题，另外，在2012年真题中的一个综合应用题中也涉及一个考点（占3分）。③ 从题量和分值上看，最近10年平均分值是3.4分，有5年是占2分（1道选择题），有3年是4分（2道选择题），2016年占9分（一道综合题），2012年占3分（一道综合应用题中涉及一个知识点）。④ 从试题难度上看，除了2016年综合应用题偏难外（主要是第2和第4个小问题），其他难易程度适中。总的来说，历年考核的内容符合考试大纲中考查目标的要求。

从表5-1还可以看出，在最近10年真题中，本章考点集中出现在TCP的连接管理、TCP的拥塞控制、TCP的可靠传输以及UDP协议等内容上。从表5-1也可以发现传输层知识点的命题规律，重要的知识点会重复出现，通常是相隔一年到两年间隔重复考查，也就是说，同一知识点的考查连续出现的概率很小。本章没有考查过的知识点有传输层的功能、传输层寻址与端口、无连接服务与面向连接服务、UDP校验、TCP协议的特点、TCP段和TCP流量控制等。这些没有考查过的知识点也很重要，但相对于经常考核的内容其重要性相对低一些，而且从知识掌握角度讲难度也小一些。从命题角度来说，根据这些没考核过知识点的具体内容和历年命题特点来看，这些知识点大概率会以单项选择题的形式出现，相对于常考的知识点来说，难度应该是降低的。

总的来说，联考近10年真题对传输层有关知识点的考查都在大纲范围之内，试题难度适中（个别年份偏难），考生如果复习得当，熟练掌握重要考点的命题规律和解题技巧，得满相应分数并不难。

5.6.2 模拟预测

● 单项选择题

1. 如果一个UDP用户数据报的首部十六进制表示是：05 13 00 35 02 2A E2 17，那么源端口号、目的端口号、数据部分长度的数值各是（　）。

A. 1299、53、554　　B. 1299、53、546　　C. 1303、53、554　　D. 1303、53、546

2. 一个TCP连接要发送5400 B的数据，第一个字节的编号是10000。如果前5个报文各携带1000 B的数据，那么第四个报文段的序号范围是（　）。

A. 11000~11999　　B. 12000~12999　　C. 13000~13999　　D. 14000~14999

3. 假设在没有发生拥塞的情况下，在一条往返时间RTT为5 ms的线路上采用慢启动拥塞控制策略。如果接收窗口的大小为34 KB，最大报文段MSS为2 KB，那么需要（　）ms才能发送第一个完全窗口。

A. 10　　B. 20　　C. 25　　D. 30

4. 客户A和服务器B在如下图所示的TCP连接建立过程中，SYN中的X、Y、Z的值应该是（　）。

A. a+1、a+1、b+1　　B. a、a+1、b+1　　C. a+1、a+1、b　　D. a+1、a、b

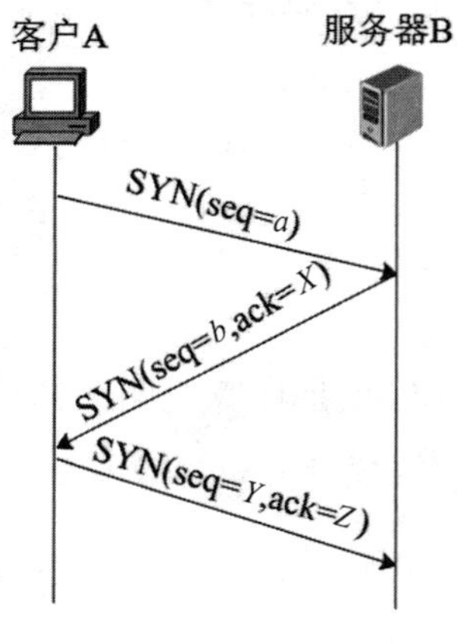

5. 下列与UDP协议有关的说法中，正确的是（　）。

Ⅰ. UDP数据报首部包含目的地址

Ⅱ. UDP是面向报文的，使用尽最大努力交付，不保证可靠传输

Ⅲ. UDP不提供流量控制和拥塞控制

Ⅳ. UDP的校验和功能是必须使用的

A. 仅Ⅱ　　B. 仅Ⅰ、Ⅱ　　C. 仅Ⅱ、Ⅲ　　D. Ⅰ、Ⅱ、Ⅲ

6. 如果使用以太网传送一个数据字段为7192 B的UDP数据报，假定IP数据报首部无可选字段，那么该数据报应分成（　）个IP数据报片。

A. 4　　B. 5　　C. 6　　D. 7

7. 在一个TCP连接中，MSS为1 KB，当拥塞窗口为34 KB时收到了3个冗余ACK报文。如果在接下来的4个RTT内报文段传输都是成功的，那么当这些报文段均得到确认后，拥塞窗口的大小是（　）KB。

A. 20　　B. 21　　C. 8　　D. 16

8. 设TCP的ssthresh初始值为16（单位为报文段）。如果当拥塞窗口上升到24时网络发生了超时，接下来TCP使用慢开始和拥塞避免，那么第21轮传输的拥塞窗口的大小是（　）。

A. 12　　B. 13　　C. 14　　D. 15

5.6.3 答案精解

● 单项选择题

1.【答案】B

【精解】考查UDP数据报的首部格式。用户数据报UDP有两个字段：首部字段和数据字段。首部字段很简单，只有8个字节，由4个字段组成，每个字段长度都是两个字节。依次分别是16位源端口号、16位目的端口号、16位UDP长度和16位UDP检验和。注意，长度字段表示UDP数据报的长度（首部加数据，以字节为单位），其最小值是8（仅有首部）。对照数据报首部十六进制05 13是源端口号，转换为十进制是1299；00 35是目的端口号，转换为十进制是53；02 2A是数据报长度，转换为十进制是554，则数据部分长度应该是数据报长度减去8 B，即554−8 =546（B）。所以选项B为正确答案。

2.【答案】C

【精解】在一个TCP连接中传送的字节流中的每一个字节都按顺序编号。整个要传送的字节流的起始序号必须在连接建立时设置。题中第一个字节的编号是10000，携带1000 B的数据。这就表明：本报文段的数据的第一个字节的序号是10000，最后一个字节的序号是10999。显然，第二个报文段的数据序号应从11000开始，携带1000 B数据，最后一个字节序号是11999；同理第三个报文段的数据序号从12000开始，最后一个字节序号是12999（携带1000 B数据）；第四个报文段的数据序号从13000开始，最后一个字节序号是13999（携带1000 B数据），也就是说，第四个报文段的序号范围是13000~13999。所以选项C为正确答案。

3.【答案】C

【精解】TCP慢启动策略发送窗口的初始值为报文段的最大长度2 KB（即拥塞窗口的初始值），然后经过1 RTT、2 RTT、3 RTT、4 RTT后，按指数增大依次到4 KB、8 KB、16 KB、32 KB，接下来是接收窗口的大小64 KB，即达到第一个完全窗口，因此到达第一个完全窗口所需的时间为5倍的RTT，即25 ms。所以选项C为正确答案。

4.【答案】A

【精解】TCP的三次握手中，确认ack总是在序列号seq的基础上加1，表示到该序列号（包含该序列号）为止的数据都正确收到了，所以X=a+1，Z=b+1。第三次握手时，seq是第一次握手选择的初始序号加1，即Y=a+1。所以，选项A为正确答案。

5.【答案】C

【精解】UDP的首部只有8B，包括UDP的源端口号、UDP的目的端口号，UDP报文长度和校验和等4个字段。目的地址是在伪首部（用于计算校验和）里面的。所以I错误。选项Ⅱ正确，是UDP的特点（详见5.3.1）。由于UDP采用的是无连接的尽力而为的交付方式，不提供流量控制和拥塞控制，网络出现的拥塞不会使源主机的发送速率降低，接收端通过校验发现收到的数据有差错时，直接丢弃，所以选项Ⅲ正确。UDP的校验和不是必需的，如果不使用，那么将校验和字段设置为0即可，所以选项Ⅳ说法错误。综上，选项C为正确答案。

6.【答案】B

【精解】UDP用户数据报的首部是8 B，加上数据字段7192 B，共总长度为7200 B。因为以太网帧的最大长度是1500 B，IP数据报无选项首部长度为20 B，所以每个分片的数据字段为1500 B-20 B=1480 B，所以应该划分为⌈7200/1480⌉=5个IP数据报片。故答案B为正确答案。

7.【答案】B

【精解】在拥塞窗口为34 KB时收到了3个冗余报文，这说明此时应该执行快恢复算法。首先，慢开始门限值就被设定为34 KB的一半，即17 KB，并且在接下来开始执行拥塞避免算法（“加法增大”），即，第一个RTT中拥塞窗口（cwnd）也被置为17 KB，第二个RTT中cwnd=18 KB；第三个RTT中cwnd=19 KB；第四个RTT中cwnd=20 KB；第四个RTT中发送的报文得到确认后，cwnd再增加1 KB，即20 KB+1 KB=21 KB，所以选项B是正确答案。注意cwnd的增加都发生在收到确认报文后。

8.【答案】D

【精解】慢开始开始时按指数规律增长，直到达到拥塞窗口门限值。所以第一轮开始到第5轮，依次为1、2、4、8、16，然后执行拥塞避免“加法增大”，直到24超时。即17、18、19、20、21、22、23、24对应第6轮到第13轮，然后发生超时，使用慢开始和拥塞避免，先把门限值设为原来的一半，即12，拥塞窗口设为1，从第14轮开始，先按慢开始，拥塞窗口依次为1、2、4、8、12，对应第14到第18轮，然后执行拥塞避免算法，按“加法增大”，对应第19到21轮，拥塞窗口为13、14、15。所以，从第1轮到第21轮传输的各拥塞窗口大小依次为：1、2、4、8、16、17、18、19、20、21、22、23、24、1、2、4、8、12、13、14、15，理由同上。由此可知，第21轮传输的拥塞窗口大小为15。所以选项D是正确答案。

第 6 章

应用层

第6章 应用层

6.1 考点解读

应用层是网络体系结构的最高层，在考研中属于非重点部分，主要是一些以概念性和应用性为主的内容，历年真题难度不大，重点要把握应用层的有关概念、协议及其服务过程和原理。本章的知识点如图6-1所示，考试大纲没有明确指出对这些知识点的具体考核要求。通过对最近10年的全国联考与本章有关考点的统计与分析（表6-1），结合网络课程体系的结构特点来看，关于本章考生应了解网络应用模型C/S和P2P，理解C/S和P2P这两种不同模式的特点和运行机制；理解DNS（域名系统），注意区分递归和迭代两种不同的域名解析过程；了解FTP协议的工作原理以及控制连接和数据连接的异同（注意二者端口号的不同）；了解电子邮件系统的组成结构，注意区分MIME、SMTP和POP3在电子邮件系统中的不同作用；了解WWW的概念与组成结构，注意一次访问网页HTTP协议工作的过程。对于理解和了解的内容，从考研题型的角度，大概率都是以单项选择题形式出现的，本章近10年全国联考统计表（表6-1）也可以印证这一点。通过对表6-1统计分析可知，本章内容主要以选择题的形式考查考生对有关知识点的理解，小概率情况会结合其他章节的内容出综合题，所以复习时应主要从选择题命题考查角度（概念分析和原理应用）着手以节约复习时间，提高复习效率，关键是要深入理解本章的几个典型应用协议的原理。

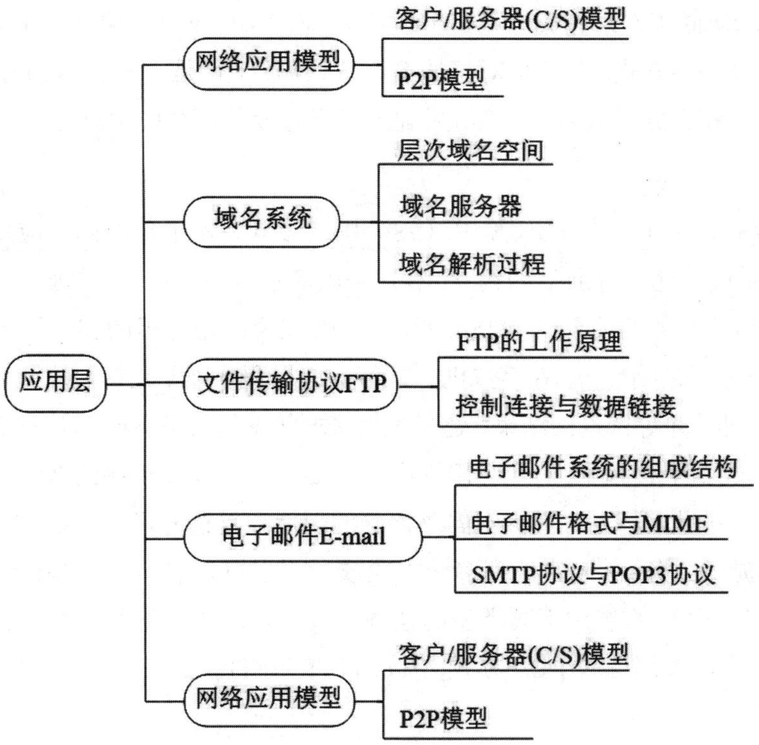

图6-1 应用层考点导图

表6-1　本章最近10年联考考点题型分值统计

年份（年）	题型（题）		分值（分）			联考考点
	单项选择题	综合应用题	单项选择题	综合应用题	合计	
2013	1	0	2	0	2	SMTP协议
2014	1	0	2	0	2	SMTP协议
2015	2	0	4	0	4	POP3协议 HTTP协议
2016	1	0	2	0	2	域名解析过程
2017	1	0	2	0	2	FTP协议
2018	2	0	4	0	4	DNS协议 SMTP协议
2019	1	0	2	0	2	网络应用模型
2020	1	0	2	0	2	DNS递归查询
2021	0	1（1个考点）	0	3	3	DNS封装
2022	1	0	2	0	2	HTTP协议

6.2 网络应用模型

计算机网络存在的主要目的在于网络应用。传输层为应用进程提供了端到端的通信服务，但不同网络应用的应用进程之间还需要有不同的通信规则，因此在传输层协议之上还需要有应用层协议。这是因为每个应用层协议都是为了解决某一类应用问题而存在。而问题的解决，又必须通过位于不同主机的多个应用进程之间的通信和协同工作来完成。需要明确的是，应用层协议只是网络应用的一部分，应用层的许多协议都是基于客户/服务器方式，即使是对等通信方式，实质上也是一种特殊的客户/服务器方式。需要强调的是，客户（Client）和服务器（Server）都是指通信中所涉及的两个应用进程。

6.2.1 C/S模型

在客户/服务器C/S（Client/Server）模型中，C/S分别指参与一次通信的两个应用进程实体，客户主动发起通信请求，服务器被动地等待通信的建立，客户是服务请求方，服务器是服务提供方。C/S方式所描述的是进程之间服务和被服务的关系，如图6-2所示。需要注意的是这里的客户既不是硬件也不是软件，只是服务的请求方，服务器是响应方。在客户机上运行的应用程序通常是被用户调用后运行，在准备通信时主动向服务器发出请求，并等待返回结果。处于接收请求状态的服务器收到请求后，分析处理后把得到的结果发送给客户机。在这个过程中，客户应用程序必须要知道服务器程序的地址，而服务器程序不需要知道客户程序的地址。一般情况下，客户机不需要特殊的硬件和复杂的操作系统，而服务器需要同时运行多个专用应用程序来提供服务，并同时处理多个本地或远程客户请求，需要更强大的硬件和高级操作系统的支持。C/S模型结构简单，系统中不同类型的任务分别由客户和服务器承担，有利于发挥不同机器平台的优势。应用层的许多协议都是基于C/S方式，例如HTTP和FTP。

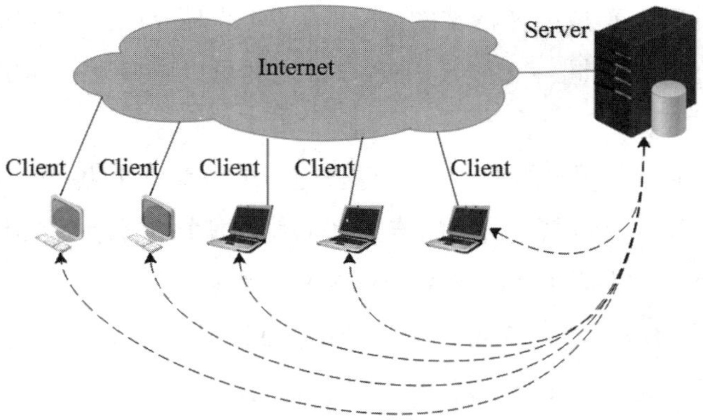

图6-2 客户/服务器模型

C/S模型还有下面的一些主要特点：

（1）网络中各计算机的地位不平等。服务器集中管理资源，有利于权限控制和系统安全。服务器可以通过对用户权限的限制来实现对客户机的管理，使它们不能对数据进行随意的存储或删除操作，也不能进行其他受限的网络活动。整个网络的管理工作由少数服务器承担，网络管理十分集中和方便，这也有利于维护系统安全。

（2）客户相互之间不直接通信。如，FTP应用中，两个客户进程之间不能直接通信。

（3）可扩展性不佳。由于受服务器硬件和网络带宽的限制，服务器能够支持的客户机数有限，随着用户的剧增，服务器可能会出现负载过高而造成网络瘫痪。

6.2.2 P2P模型

在一个C/S应用中，常常会出现一台单独的服务器跟不上大量客户并发请求的情况，此时中心服务器成了系统的瓶颈。对等连接P2P（Peer-to-Peer）是指两个主机在通信时不区分哪一个是服务请求方还是服务提供方。只要两个主机都运行了P2P软件，它们就可以进行平等的、对等连接通信。P2P模型改变了C/S模型中以服务器为中心的情况，让网络上的主机回归对等的地位，如图6-3所示。借助P2P模型，可以解决专用服务器的性能瓶颈问题。实际上，P2P方式本质上是通信双方的主机既是服务请求方也是服务提供方。在P2P模型中，没有固定的客户和服务器的划分，任何一台主机都可以成为服务器提供服务，也可以作为客户机请求服务，各用户计算机共享资源，从而能提供比单个用户更多的共享资源，这里任意一对计算机称为对等方。

P2P模型的本质思想是整个网络中的传输内容不再被保存在中心服务器中，每个节点都同时具有下载、上传和信息追踪这三方面的功能。在P2P模型中，每个资源都具有唯一编码，可以同时从多个节点获得某资源的不同部分，当然这至少需要知道一个存放某资源的节点地址，才可以找到其他存放该资源的节点。

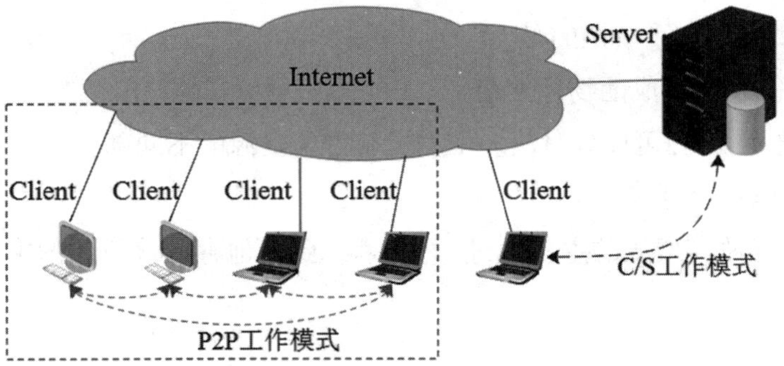

图6-3 P2P模型

实际上，P2P模型从本质上看是一种特殊的C/S方式，只是对等连接中的每一个主机既是客户又是服务器。需要注意的是，与C/S方式不同，P2P方式中客户机之间可以直接互相通信。

P2P模型的主要特点如下：

（1）自组织：P2P网络通常是以自组织的方式建立起来的，允许节点自由地加入和离开。在部分节点失效时能够自动调整网络拓扑，保持其他节点的连通性。利用每个对等节点空闲的计算能力和存储空间，聚合实现强大的服务，从而大大提高了系统效率和资源利用率。

（2）可扩展性好：传统服务器有连接带宽和响应的限制，只能接受一定数量的客户请求，而在P2P网络中随着用户的增加，网络中的资源和服务能力也在同步增长。

（3）网络健壮性强：不存在中心节点失效的问题。单个节点失效后，其余节点仍然能以自组织的方式动态调整网络拓扑保持网络的连通。

（4）负载均衡：由于资源分布在多个节点，更好地实现了整个网络中数据流量和处理能力的负载均衡。

当然，P2P模型也存在缺乏管理机制和安全性差等缺点。

6.2.3 真题与习题精编

● 单项选择题

1. 下列关于网络应用模型的叙述中，错误的是（ ）。【全国联考2019年】

A. 在P2P模型中，节点之间具有对等关系

B. 在客户/服务器（C/S）模型中，客户与客户之间可以直接通信

C. 在C/S模型中，主动发起通信的是客户，被动通信的是服务器

D. 在向多用户分发一个文件时，P2P模型通常比C/S模型所需时间短

2. 下列关于C/S模型和P2P模型的说法中，正确的是（ ）。

A. P2P方式中的对等节点之间和C/S方式中的客户之间都可以直接通信

B. P2P网络是由对等节点组成的物理网络，而C/S网络是一种逻辑网络

C. C/S和P2P模式均要求网络的拓扑结构必须为总线型结构

D. 传统互联网C/S和P2P两者的差别就在应用层

3. 下列关于客户/服务器模型的描述，错误的是（ ）。

A. 客户端必须知道服务器的地址，而服务器则不需要知道客户端的地址

B. 客户端主要实现如何显示信息与收集用户输入，而服务器主要实现数据的处理

C. 客户是服务请求方，即使连接建立后，服务器也不能主动发送数据

D. 客户是面向用户的，服务器是面向任务的

4. 下列关于P2P模型的描述，错误的是（ ）。

A. P2P网络是由对等节点组成的物理网络

B. 每个资源具有唯一编码，可以同时从多个主机获得某资源的不同部分

C. 对等节点之间可以直接通信

D. 至少要知道一个存放某资源的主机地址，才可以找到其他存放该资源的主机

6.2.4 答案精解

● 单项选择题

1.【答案】B

【精解】在客户/服务器（C/S）模型中，客户与客户之间不能直接通信，若客户之间需要通信，需要通过服务器实现。所以选项B为正确答案。

2.【答案】D

【精解】考点为网络应用模型，要求了解C/S模型和P2P模型的架构和区别。在P2P方式中两个主机在通信时不严格区分服务请求方和被服务方，P2P模型从本质上看是一种特殊的C/S方式，只是对等连接中的每一个主机既是客户又是服务器，P2P方式中的对等节点之间可以直接通信（如P2P文件共享），C/S方式中客户从属于服务器，客户之间不能直接通信。所以选项A错误；P2P网络是由网络中对等节点组成的一种覆盖网络，是一种动态的逻辑网络，不是物理网络，所以选项B错误；从拓扑结构的角度看，C/S模式通常采取星形结构，P2P模式既可以为集中式的星形结构也可以是全分布式结构化的环状结构或树形结构。所以选项C错误。传统互联网C/S和P2P两者在传输层及以下各层的协议结构是相同的，差别在于应用层，所以选项D正确。综上，选项D为正确答案。

3.【答案】C

【精解】选项A、B描述显然正确。选项C描述错误，因为一旦连接建立，服务器就能响应客户请求的内容。对于一些特殊情况，服务器也能主动发送数据给客户，如一些错误的通知或断开连接通知等。对于选项D，客户的作用是根据用户需求向服务器发送请求，并将服务器返回的结果显示给用户，因此客户是面向用户的，而服务器是面向任务的。综上，选项C是正确答案。

4.【答案】A

【精解】P2P网络是指网络中由对等节点组成的一种覆盖网络，是一种动态的逻辑网络。注意，对等节点之间具有直接通信的能力是P2P的显著特点；对等节点之间不需要采用点对点链路连接在一起。所以选项A为正确答案。

6.3 域名系统DNS

域名系统DNS（Domain Name System）是Internet使用的命名系统，用于把便于人们使用的主机名转换为IP地址。DNS被设计成为一个域名和IP地址映射的联机分布式数据库系统，它采用C/S方式，能够使用户更方便地访问互联网，而不用去记住能够被机器直接读取的IP地址。DNS协议运行在UDP之上，使用的端口号是53。

从概念上可将DNS分为3部分：层次域名空间、域名服务器和解析器

6.3.1 层次域名空间

早期的互联网使用了非等级的名字空间，随着用户数的急剧增加，互联网后来采用了层次树状结构的命名方法。采用这种命名方法，任何一个连接在互联网上的主机或路由器，都有一个唯一的层次结构的名字，即域名（Domain Name）。域是名字空间中一个可被管理的划分。域还可以划分为子域，而子域还可继续划分为子域的子域，这样就形成了顶级域、二级域、三级域，等等。每一个域名都是由标号序列组成，各标号之间用点号隔开，格式可以表示为如下形式：

….三级域名.二级域名.顶级域名

DNS规定，域名中的标号都由英文字母和数字组成，每一个标号不超过63个字符，也不区分大小写字母；标号中除连字符（-）外不能使用其他的标点符号；由多个标号组成的完整域名总共不超过255个字符。另外，级别最低的域名写在最左边，而级别最高的域名写在最右边。

一个典型的例子如研芝士www.yanzhishi.cn，该域名由三个标号组成，其中最右边标号.cn是顶级域名，标号yanzhishi是二级域名，最左边的标号www是三级域名。由于域名中的标号不区分大小写字母，所以WWW.YANZHISHI.CN和www.yanzhishi.cn一样都可以访问网站。

顶级域名TLD（Top Level Domain）主要分为下面三大类：

（1）国家级顶级域名nTLD国家和某些地区的域名，如cn表示中国，us表示美国，hk表示中国香港特别行政区，等等。

（2）通用顶级域名gTLD最先确定的通用顶级域名有7个，即：com（公司企业），net（网络服务机构），org（非营利性组织），edu（美国专用的教育机构），gov（美国的政府部门），mil（美国的军事部门），int（国际组织）。以后又陆续增加了13个通用顶级域名。

（3）基础结构域名（Infrastructure Domain）这种域名结构只有一个，即arpa，用于反向域名解析，因此又称为反向域名。

用域名树来表示因特网的域名系统是最清楚的①，图6-4展示了互联网的域名空间结构，它实际上是一个倒过来的树，最上面的树根，但没有对应的名字。

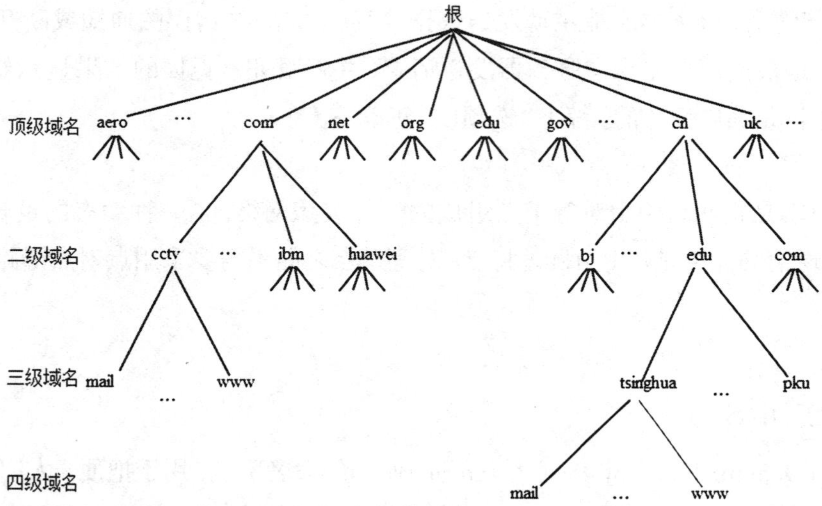

图6-4　互联网的域名空间

6.3.2 域名服务器

DNS是一个采用了分布式的设计方案。事实上，DNS是一个互联网上实现分布式数据库的精彩范例。为了处理扩展性问题，DNS使用了大量的DNS服务器。DNS服务器是运行域名解析服务程序的专设节点，通常是运行BIND（Berkeley Internet Name Domain）软件的UNIX机器。域名到IP地址的解析是由运行在域名服务器上的程序完成的。换句话说，DNS服务器的作用是将域名转换成IP地址。

一个服务器所负责管辖的（或有权限的）范围称为区（Zone）。各单位根据具体情况来划分自己管辖范围的区。但在一个区域中的所有节点必须是能够连通的。每一个区设置相应的权限域名服务器

① Internet的名字空间是按照机构的组织划分的，独立于物理网络，与IP地址中的“子网”也没有关系。

(Authoritative Name Server),用来保存该区域中的所有主机的域名到IP地址的映射。总之,DNS服务器的管辖范围不是以“域”为单位,而是以“区”为单位。区是DNS服务器实际管辖的范围,它是“域”的子集,一定等于或小于域。如图6-5所示,其中(a)图中区等于域,(b)图中区小于域。

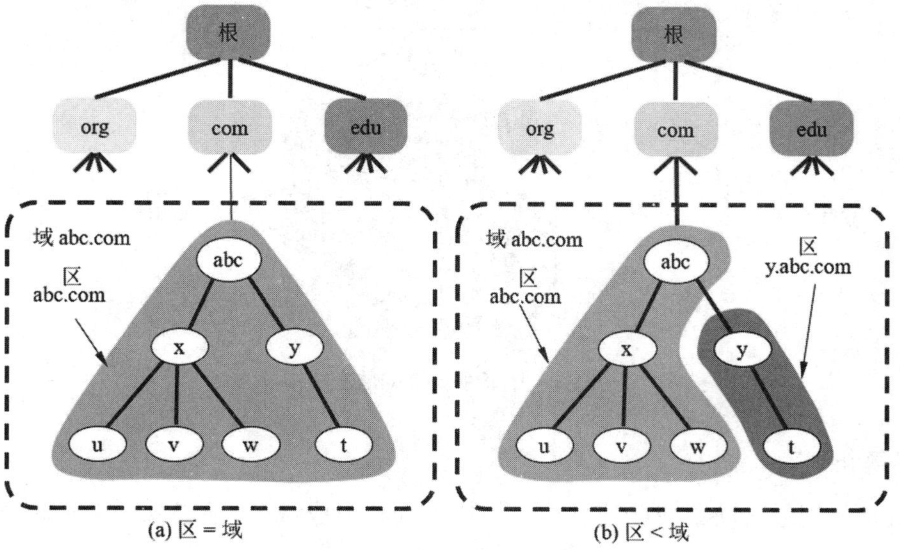

图6-5　DNS划分区的举例

Internet上的域名服务器系统是按照域名的层次安排的。根据域名服务器所起作用可以分为4种不同的类型。

(1)根域名服务器

根域名服务器是最高层次的域名服务器。所有的根域名服务器都知道所有的顶级域名服务器的域名和IP地址。根域名服务器也是最重要的域名服务器,不管是哪一个本地域名服务器,若要对互联网上任何一个域名进行解析,只要自己无法解析,就首先要求助于根域名服务器。需要注意的是,根域名服务器用来管辖顶级域,通常它并不直接把待查询的域名直接转换成IP地址,而是告诉本地域名服务器下一步应当找哪个顶级域名服务器进行查询。

(2)顶级域名服务器

这些域名服务器负责管理在该顶级域名服务器注册的所有二级域名。当收到DNS查询请求时,就给出相应的回答(可能是最后的结果,也可能是下一步应当找的域名服务器的IP地址)。

(3)权限域名服务器(授权域名服务器)

网络上每台主机都必须在授权域名服务器处登记,权限域名服务器负责一个区的域名服务。当一个权限域名服务器还不能给出最后的查询回答时,就会告诉发出查询请求的DNS客户,下一步应当找哪一个权限域名服务器。权限域名服务器总能将其管辖的主机名转化为该主机的IP地址。

(4)本地域名服务器

本地域名服务器对域名系统非常重要。当一个主机发出DNS查询请求时,这个查询请求报文就会首先发送给默认的(本地)域名服务器。当所要解析的域名属于同一个本地子域时,本地域名服务器就能马上解析到IP地址,并返回给发出请求的主机;否则就需要以客户端的身份向其他域名服务器发出域名解析请求。

DNS的层次结构如图6-6所示。

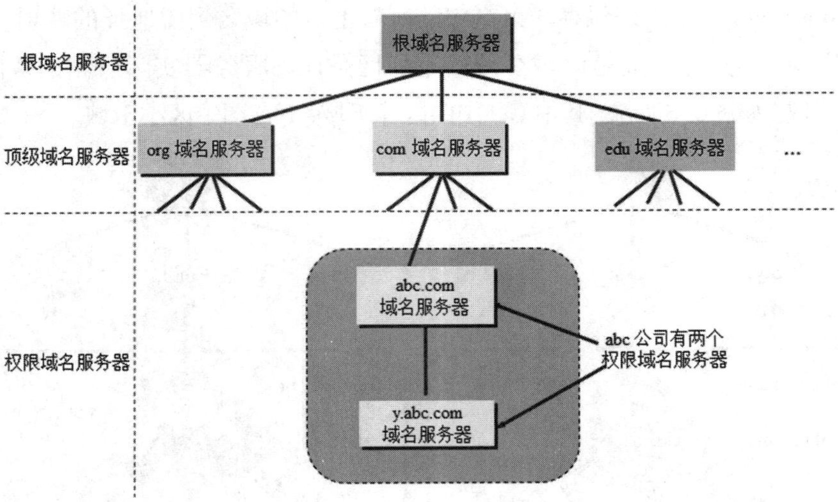

图6-6 DNS服务器的层次结构

6.3.3 域名解析过程

域名解析就是指把域名映射成IP地址或者把IP地址映射成域名，前者称为正向解析，后者称为反向解析。域名解析有递归查询和迭代查询两种方式。

（1）迭代查询

迭代查询是指当根域名服务器收到本地域名服务器发出的迭代查询请求报文时，要么给出所要查询的IP地址，要么告诉本地域名服务器："你下一步应当向哪一个域名服务器进行查询"，然后让本地域名服务器进行后续的查询。在图6-7（a）中，根域名服务器将它知道的顶级域名服务器的IP地址告诉本地域名服务器（图6-7中步骤③）。然后，本地域名服务器再向顶级域名服务器查询（图6-7中步骤④）。顶级域名服务器在收到本地域名服务器的查询请求后，要么给出所要查询的IP地址，要么告诉本地域名服务器下一步应当向哪一个权限域名服务器进行查询，本地域名服务器就这样进行迭代查询。最后，获知了所要解析的域名的IP地址并把这个结果返回给发起查询的主机。本地域名服务器向根域名服务器的查询通常是采用迭代查询。

（2）递归查询

递归查询是指如果主机所询问的本地域名服务器不知道被查询域名的IP地址，那么本地域名服务器就以DNS客户的身份，向根域名服务器发出一次且仅一次查询请求报文（即替该主机继续查询），而不是让该主机自己进行下一步的查询。后面的查询都是递归地在其他几个域名服务器之间进行，如图6-7（b）中步骤③~⑥所示。因此，递归查询的结果或者是所要查询的IP地址，或者查询失败信息。在图6-7中的步骤⑦中，本地域名服务器从根域名服务器得到了所需的IP地址，最后在步骤⑧中把查询结果返回给主机m.xyz.com。注意，主机向本地域名服务器的查询一般都是采用递归查询。图6-7说明了这两种查询方式的区别。

假定一台主机（域名为m.xyz.com）想获知另一台主机（域名为y.abC. com）的IP地址，以图6-7（a）为例，域名解析过程如下：

① 主机m.xyz.com向其本地域名服务器发出DNS查询请求。

② 本地域名服务器收到请求后，查询本地缓存，若有该记录，返回IP地址给查询主机；若没有该记录，则以DNS客户身份向根域名服务器发出DNS解析请求，继续下面的步骤。

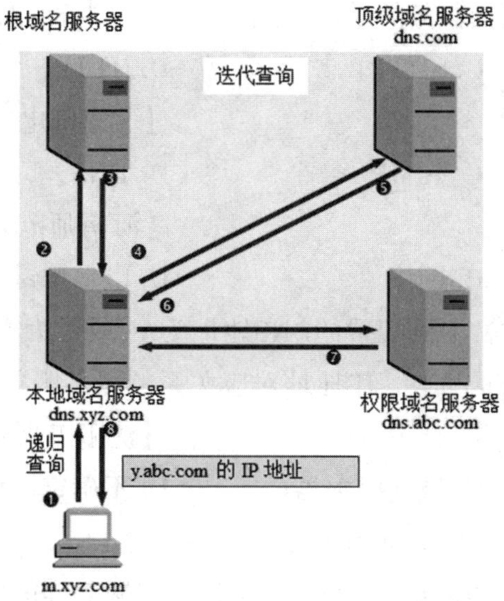

（a）本地域名服务器采用迭代查询

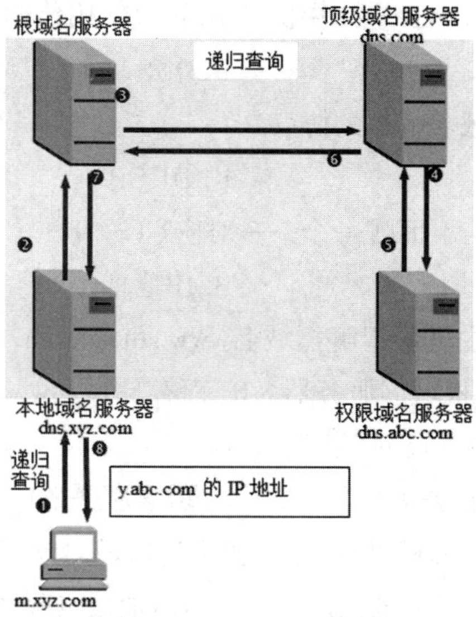

（b）本地域名服务器采用递归查询

图6-7 DNS迭代查询和递归查询举例

③ 根域名服务器收到请求后，将对应的顶级域名服务器dns.com的IP地址告诉本地域名服务器。

④ 本地域名服务器向顶级域名服务器dns.com发出解析请求。

⑤ 顶级域名服务器dns.com收到请求后，将对应的下一次应查询的权限域名服务器dns.abC. com的IP地址告诉本地域名服务器。

⑥ 本地域名服务器向权限域名服务器dns.abC. com发出解析请求。

⑦ 权限域名服务器dns.abC. com告诉本地域名服务器所查询的主机的IP地址。

⑧ 最后，本地域名服务器把结果返回给发起查询的主机m.xyz.com，并将查询结果保存到缓存。

注意，以上这8个步骤经过3次迭代查询，共使用了8个UDP报文。图6-7（b）所示的递归查询中，整个的查询也是使用8个UDP报文。

在域名服务器中广泛地使用了高速缓存，其作用是减轻根域名服务器的负荷，减少Internet上的DNS查询报文数量。这是因为高速缓存中存放的是最近查询过的域名以及从何处获得域名映射信息的记录，当有相同域名查询到达具有高速缓存的DNS服务器时，该服务器就可以直接提供所要求的IP地址。需要注意的是，DNS的高速缓存是动态更新的，也不是每个域名服务器都有高速缓存。

6.3.4 真题与习题精编

● 单项选择题

1. 如果本地域名服务器无缓存，当采用递归方法解析另一网络某主机域名时，用户主机、本地域名服务器发送的域名请求消息数分别为（ ）。 【全国联考2010年】

A. 一条、一条　　B. 一条、多条　　C. 多条、一条　　D. 多条、多条

2. 假设所有域名服务器均采用迭代查询方式进行域名解析。当一台主机访问规范域名为www.abC. xyz.com的网站时，本地域名服务器在完成该域名解析过程中，可能发出DNS查询的最少和最多次数分别是（ ）。 【全国联考2016年】

A. 0, 3　　B. 1, 3　　C. 0, 4　　D. 1, 4

3. 下列TCP/IP应用层协议中，可以使用传输层无连接服务的是（　）。【全国联考2018年】

A. FTP　B. DNS　C. SMTP　D. HTTP

4. 用于域名解析的协议是（　）。【北京邮电大学2016年】

A. ARP　B. DHCP　C. ICMP　D. DNS

5. 域名与下面哪一个一一对应？（　）。【河南师范大学2012年】

A. 物理地址　B. IP地址　C. 网络　D. 以上均错

6. 一台主机希望解析域名www.sut.edu.cn，如果这台主机配置的DNS地址为A（或称为本地域名服务器），Internet根域名服务器为B，而存储域名www.sut.edu.cn与其IP地址对应关系的域名服务器为C，那么这台主机通常先查询（　）。【沈阳工业大学2016年】

A. 域名服务器A　B. 域名服务器B　C. 域名服务器C　D. 不确定

7. 在域名解析过程中，主机上请求域名解析的软件不需要知道下面（　）信息？

I. 根域名服务器的IP　Ⅱ. 本地域名服务器父节点的IP　Ⅲ. 本地域名服务器的IP

A. I和Ⅱ　B. I和Ⅲ　C. Ⅱ和Ⅲ　D. I、Ⅱ和Ⅲ

8. DNS服务器在域名解析过程中正确的查询顺序是（　）。

A. 本地缓存记录→区域记录→转发域名服务器→根域名服务器

B. 区域记录→本地缓存记录→转发域名服务器→根域名服务器

C. 本地缓存记录→区域记录→根域名服务器→转发域名服务器

D. 区域记录→本地缓存记录→根域名服务器→转发域名服务器

9. 下列关于DNS的说法中，错误的是（　）。

A. DNS的主要功能是通过查询获得主机和网络的相关信息

B. 域名系统DNS的组成通常包括域名空间、分布式数据库和域名服务器

C. DNS是基于C/S模式的分布式系统

D. 本地域名服务器一定可以将其管辖的主机名转换为主机的IP地址

10. 选择域名服务器的结构的原则是（　）。

A. 域名系统中的域名服务器可以相互链接

B. 一个小型公司通常将它的所有域名信息放在一个域名服务器上

C. 大型机构使用单一的、集中的域名服务器往往不能满足需求

D. 以上都是

11. 当某主机需要域名解析服务时，它发出的DNS查询报文首先被发往（　）。

A. 本地域名服务器　B. 根域名服务器　C. 授权域名服务器　D. 代理服务器

12. 如果本地域名服务无缓存，当采用迭代方法解析另一网络某主机域名时，用户主机和本地域名服务器发送的域名请求条数分别为（　）。

A. 1条，1条　B. 1条，多条　C. 多条，1条　D. 多条，多条

13. 中国某高校的一个主机域名为http://www.ql.edu.cn，其中（　）表示主机名。

A. www　B. ql　C. edu　D. cn

14. 从协议分析的角度看，用户使用WWW浏览器访问网页时可用鼠标点击某个超链接，此时，浏览器需要进行（　）。

A. IP地址到MAC地址的解析　　B. 建立TCP连接

C. 建立会话连接，发出获取某个文件的命令　　D. 域名到IP地址的解析

● 综合应用题

1. 为什么要引入域名的概念？域名系统的主要功能是什么？域名服务器中的高速缓存的作用是什么？

2. 对每个DNS服务器必须做哪三种基本配置？

6.3.5 答案精解

● 单项选择题

1.【答案】A

【精解】域名解析是指把域名映射成IP地址的过程。域名解析有递归查询和迭代查询两种解析方式。题目中已知本地域名服务器无缓存，且采用递归方法解析域名。其实就是考查递归方式的域名解析过程。在递归查询中，若主机所询问的本地域名服务器不知道被查询域名的IP地址时，则本地域名服务器就以DNS客户身份向其他服务器继续发出查询请求，而不是让该主机自己进行下一步的查询（迭代是这样的），所以主机只需向本地域名服务器发送一条域名请求即可。所以排除选项C和D。另外，按递归方式，本地域名服务器以DNS客户身份向其他域名服务器发送查询请求时，也只需发送一条域名请求给根域名服务器即可，然后依次递归，最后再按原路返回结果。综上，选项A为正确答案。

2.【答案】C

【精解】根据域名解析过程中采取迭代查询的特点，在最坏情况下，本地域名服务器需要向根域名服务器、顶级域名服务器（.com）、权限域名服务器（xyz.com）、权限域名服务器（abC. xyz.com）发出DNS查询请求，所以这种情况最多需要发出4次DNS查询。如果本机DNS缓存中有该域名的DNS信息时，直接就可进行域名解析，不需要向任何域名服务器发出查询请求，即最少发出0次查询。综上，选项C为正确答案。

3.【答案】B

【精解】传输层的UDP的特点是无连接、尽最大努力交付，开销小，通常在传送实时性要求较高，传送数据量较小时选择用UDP，DNS使用这种方式提高查询速度快，效率高，因为，对于DNS服务器的访问，多次DNS请求返回的结果都相同，因此可以重复执行。对于FTP、SMTP和HTTP这类对可靠性要求较高的应用，需要用传输层的TCP，因为TCP提供面向连接的可靠服务。综上，选项B是正确答案。注意，DNS多数情况下使用UDP，但有时也使用TCP（如DNS在进行区域传输时）。

4.【答案】D

【精解】DNS是域名解析协议，能将域名解析为IP地址，完成域名到地址的映射。所以选项D为正确答案。

5.【答案】D

【精解】虽然DNS能够完成域名到IP地址的映射，但实际上IP地址和域名不存在一一对应关系。如果一台主机双线接入时通过两块网卡连接到两个网络上，则具有两个IP地址，但这两个IP地址可以映射到同一个域名上。这里应注意到，每块网卡都对应一个MAC地址，所以域名与MAC地址也并非一一对应。另外，一台主机可以映射到多个域名上（如虚拟主机），多台主机也可以映射到一个域名上（如负载均衡）。综上可知，域名和IP地址、MAC地址和主机名都不具有一一对应关系。所以选项D是正确答案。

6.【答案】A

【精解】在域名解析过程中，当一台主机发出DNS查询报文时，这个查询报文首先被送往该主机的本地域名服务器。当本地域名服务器不能回答该主机的查询时，该本地域名服务器就以DNS客户身份向某一台根域名服务器查询。若根域名服务器也没有该主机的信息（但此时根域名服务器一定知道该主机的授权域名服务器的IP地址），有递归查询和迭代查询两种做法。所以选项A是正确答案。

7.【答案】A

【精解】通常情况下，在域名解析过程中，主机通过域名解析软件发出DNS查询报文时，这个查询报文首先被送往该主机的本地域名服务器，接下来的动作都由本地域名服务器完成，并把最后查询结果返回给主机。所以主机只需知道本地域名服务器的IP即可。所以选项A是正确答案。

8.【答案】C

【精解】DNS采取C/S模式，域名解析的具体步骤如下：① 首先客户机（主机）提交域名解析请求给本地域名服务器；② 当本地域名服务器收到该请求后，先查询本地缓存。如果有要查询的DNS记录，则直接返回结果。如果没有，本地域名服务器就把请求发给根域名服务器；③ 根域名服务器再返回给本地域名服务器一个所查询域的顶级域名服务器的地址；④ 本地服务器再向返回的域名服务器发送请求；⑤ 接收该查询请求的域名服务器查询其缓存和记录，如果有相关信息则返回本地域名服务器查询结果，否则通知本地域名服务器下级的域名服务器的地址；⑥ 本地域名服务器将查询请求发送给下级的域名服务器的地址，直到获取解析结果；⑦ 本地域名服务器将返回的结果保存到缓存，并且将结果返回给客户机完成解析过程。综上可知，选项C是正确答案。注意，在DNS服务器中必须先建立区域，然后再根据需要在区域中建立子域以及在区域或子域中添加资源记录，才能完成其解析工作。

9.【答案】D

【精解】根据域名解析过程可知，本地域名服务器如果本地缓存中和区域记录中没有管辖主机的网络信息时，需要向根域名服务器发起查询请求。另外，网络上的每台主机都必须在授权域名服务处注册登记，授权域名服务器一定能够将其管辖的主机名转换为该主机的IP地址。所以选项D说法错误，是正确答案。

10.【答案】D

【精解】选择域名服务器结构的原则通常有以下几点：域名系统中的域名服务器是相互链接的，这样才能使用户通过这些链接找到正确的域名服务器；虽然DNS允许使用多个域名服务器，但一个域名体系不能被任意地分散到各域名服务中；一个小型公司通常将它的所有域名信息放在一个域名服务器上，对其而言使用一个服务器结构简单，同时可以减小开销；在一些大型的机构中，使用单一的集中的域名服务器往往不能满足需求，另外，大的机构往往发现管理一个集中式的数据库是很困难的。综上可知，选项D是正确答案。

11.【答案】A

【精解】主机发出的DNS查询请求，不论是以迭代方式还是递归方式，首先都要先发往本地域名服务器进行解析。所以选项A是正确答案。

12.【答案】B

【精解】进行迭代查询时，DNS允许本地DNS服务器根据自己的高速缓存提供最佳答案，如果不能答复，则向根域名服务器发出查询请求，当根域名服务器收到本地域名服务器发出的迭代查询请求报文时，要么给出所要查询的IP地址，要么告诉本地域名服务器“你下一步应当向哪一个域名服务器进行查询”。

然后让本地域名服务器进行后续的查询(而不是替本地域名服务器进行后续的查询),所以本地域名服务器需要发送的域名请求为多条。所以选项B为正确答案。

13.【答案】A

【精解】任何一个连接在Internet上的主机或路由器都有一个唯一的层次结构名字,即域名。根据DNS域名的命名规则,语法上每个域名都是由标号序列组成,各标号之间用点号隔开,级别最低的域名写在最左边,层次越高的域名应该安排在越靠右的位置。一个域名下可以有多个主机,域名全球唯一,"主机名+域名"肯定也是全球唯一。为了方便,分别使用约定俗成的主机名进行表示,如网站主机名为www,论坛主机名为bbs、博客主机名为blog等。因此,题中www为主机名。所以选项A是正确答案。

14.【答案】D

【精解】当用户用鼠标点击网页中的超链接时,WWW浏览器首先先把超链接中的统一资源定位符URL中包含的域名解析成IP地址,然后才能执行后面的通信。所以选项D为正确答案。

● 综合应用题

1.【答案精解】

引入域名的目的是为了解决IP地址难以记忆,便于人们识别。域名系统的主要功能是将域名解析为主机能识别的IP地址。大多数DNS服务器都有一个高速缓存,其中存储最近请求的地址。域名服务器中的这种高速缓存可以优化查询的开销,改善性能,减少DNS服务器查询其他DNS服务器的次数,从而减少域名查询花费的时间。

2.【答案精解】

配置DNS服务器时,需要做三种基本配置:①在一个域中的DNS服务器必须知道它的每个子域的DNS服务器;②每个DNS服务器被配置成至少知道一个根服务器的位置。事实上,大多数DNS服务器的实现都在它们的配置中提供所有的DNS根服务器的完全列表。③每个DNS服务器至少支持一个域或子域。换句话说,一个DNS服务器不可以配置成仅支持一个域或子域的一部分。当然,可以把一个DNS服务器配置成支持多个域或子域。

6.4 文件传输协议FTP

6.4.1 FTP的工作原理

文件传输协议FTP(File Transfer Protocol)用于Internet上的控制文件的双向传输。FTP的主要功能是减少或消除在不同操作系统下处理文件的不兼容性。FTP提供交互式的访问,允许客户指明文件的类型与格式,并允许文件具有存取权限(如访问文件必须经过授权和输入有效口令)。FTP屏蔽了计算机系统的各个细节,因而适合于在异构网络/主机间传输文件。

FTP只提供文件传送的一些基本的服务,它使用TCP可靠的传输服务[①]。FTP使用C/S方式。一个FTP服务器进程可同时为多个客户进程提供服务。FTP的服务器进程由两大部分组成:一个主进程,负责接受新的请求;另外有若干个从属进程,负责处理单个请求。

主进程的工作步骤如下:

(1)打开熟知端口(端口号为21),使客户进程能够连接上。

(2)等待客户进程发出连接请求。

① 在TCP/IP协议中还有一个轻量级文件传输协议TFTP(Trivial File Transfer Protocol),它与FTP同属文件共享协议,也使用客户/服务器方式,但它使用UDP数据报。TFTP只支持文件传输而不支持交互,支持ASCII码或二进制传送,可对文件进行读或写,数据报文从1开始按序编号,每次传送512字节的数据,最后一次可以不足512字节。TFTP服务器的熟知端口号为69。

(3)启动从属进程处理客户进程发来的请求。从属进程对客户进程的请求处理完毕后即终止，但从属进程在运行期间根据需要还可能创建其他一些子进程。

(4)回到等待状态，继续接受其他客户进程发来的请求。主进程与从属进程的处理是并发进行的。

6.4.2 控制连接与数据连接

FTP使用两个并行的TCP连接来传输文件，分别是"控制连接"和"数据连接"。控制连接用来在两个主机间传输控制信息，如用户标识、密码、连接请求、传送请求和控制命令等；控制信息都是以7位ASCII格式传送的。而数据连接则真正用来传送文件。控制连接（建立在FTP服务器21号端口上）在整个会话期间一直保持打开，在传输文件时还可以使用控制连接（如中止传输的命令）。FTP客户所发出的传送请求，通过控制连接发送给服务器端的控制进程。服务器端的控制进程在接收到FTP客户发送来的文件传输请求后就创建"数据传送进程"和"数据连接"（建立在FTP服务器20号端口上），用来连接客户端和服务器端的数据传送进程。数据传送进程实际完成文件的传送，在传送完毕后关闭"数据传送连接"并结束运行。由于FTP使用了一个分离的单独的控制连接，因此FTP的控制信息是带外（out of band）传送的。FTP的工作情况如图6-8所示。

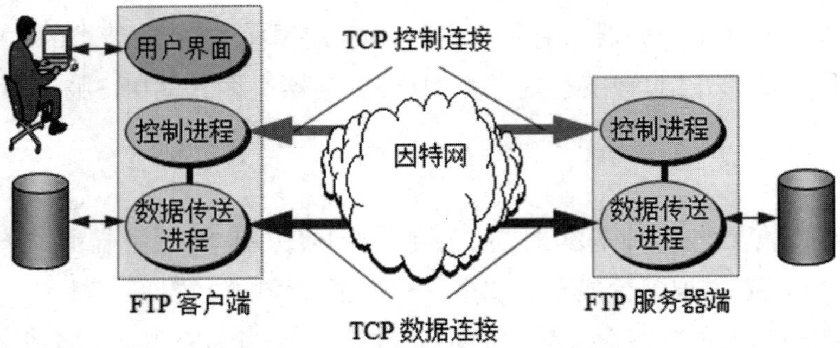

图6-8　FTP的控制连接和数据连接

6.4.3 真题与习题精编

● 单项选择题

1. FTP客户和服务器间传递FTP命令时，使用的连接是（　）。【全国联考2009年】

A. 建立在TCP之上的控制连接　　B. 建立在TCP之上的数据连接

C. 建立在UDP之上的控制连接　　D. 建立在UDP之上的数据连接

2. 下列关于FTP协议的叙述中，错误的是（　）。【全国联考2017年】

A. 数据连接在每次数据传输完毕后就关闭　　B. 控制连接在整个会话期间保持打开状态

C. 服务器与客户端的TCP20端口建立数据连接　　D. 客户端与服务器的TCP21端口建立控制连接

3. FTP客户机发起对FTP服务器的连接建立的第一阶段是建立（　）。【沈阳工业大学2016年】

A. 传输连接　　B. 会话连接　　C. 数据连接　　D. 控制连接

4. 下列关于FTP的叙述中，错误的是（　）。

A. 控制连接在整个会话期间一直保持

B. 控制连接先与数据连接建立，并晚于数据连接释放

C. 客户端默认使用端口20与服务器建立数据传输连接

D. FTP的一个主要特征是允许客户指明文件的类型和格式

5. FTP用户用put命令上传文件到服务器，该命令通过（　）端口来传送。

A. 20　　B. 21　　C. 22　　D. 23

6. FTP使用(　)端口来控制连接,使用(　)端口传送数据

A. 20、21　　B. 21、20　　C. 21、23　　D. 23、21

7. 控制信息是带外传送的协议是(　)。

A. DNS　　B. HTTP　　C. SMTP　　D. FTP

8. 下列关于FTP的叙述中,错误的是(　)。

A. FTP协议可以在不同类型的操作系统之间传送文件

B. FTP协议并不适合用在两个计算机之间共享读写文件

C. FTP既可以使用TCP,也可以使用UDP,因为FTP本身具备差错控制能力

D. FTP客户端的端口是动态分配的

9. FTP客户端登录到FTP服务器,并下载了一个文件,请问这个过程中需要建立TCP连接和断开TCP连接的次数分别是(　)。

A. 2、1　　B. 2、2　　C. 1、2　　D. 1、1

10. FTP使用客户/服务器方式。当FTP客户从FTP服务器下载文件时,在该FTP服务器上对数据进行封装的转换步骤是(　)。

A. 数据包,数据段,数据,比特,数据帧

B. 比特,数据帧,数据包,数据段,数据

C. 数据,数据段,数据包,数据帧,比特

D. 数据段,数据包,数据帧,比特,数据

11. 登录匿名FTP服务器时,使用一个特殊的用户名“anonymous”,同时需要(　)作为口令。

A. 用户的电子邮件的地址　　B. anonymous　　C. admin　　D. system

● 综合应用题

1. 简述FTP服务器进程中主进程和从属进程的作用,并说明主进程的工作过程。

2. 为什么FTP要使用控制连接和数据连接这两个独立连接?

6.4.4 答案精解

● 单项选择题

1.【答案】A

【考点】FTP协议采用C/S工作模式,工作在全双工状态下,它使用传输层TCP提供的面向连接的可靠服务。所以选项C和D可排除。另外,FTP传输命令时用控制连接(通过21端口),传输数据时用数据连接。所以选项A为正确答案。

2.【答案】C

【精解】FTP协议在进行文件传输时使用控制连接和数据连接,控制连接在整个FTP会话过程中一直存在,数据连接在每次文件传输时才建立,传输结束就关闭。所以选项A和B叙述正确。默认情况下,FTP使用TCP20端口进行数据连接,TCP21端口进行控制连接。但是,是否用TCP20端口建立数据连接与传输模式有关,即当FTP工作在主动模式/被动模式时,数据端口就有可能不是20了。主动模式(PORT模式)数据端口用TCP20端口。被动模式(PASV模式)下数据端口是由服务器和客户端协商决定的一个随机端口(端口号>1023),所以选项D正确,C错误。关于FTP端口和工作模式的内容,可参见本章答疑部分有关内容。综上,选项C为正确答案。

3.【答案】D

【精解】FTP客户机连接FTP服务器时，先建立控制连接，该连接建立后在整个会话期间一直保持，并晚于数据连接释放。所以，选项D为正确答案。

4.【答案】C

【精解】FTP的默认端口21和20都属于服务器端口，21是控制连接端口号，20是数据传输端口号。所以选项C为正确答案。

5.【答案】B

【精解】FTP协议在使用时需要建立两条连接：控制连接和数据连接，其中服务器端控制连接的端口号为21，数据传输的端口号为20。控制连接在整个会话期间一直打开，始终等待客户与服务器之间的通信。该连接命令从客户传给服务器，并传回服务器的应答。put命令属于控制连接，使用的端口号是21。所以选项B为正确答案。

6.【答案】B

【精解】端口20用于文件传送、端口21用于控制连接。FTP客户端首先与FTP服务器的TCP21端口建立连接，客户需要接收数据时在这个通道上发送PORT命令。PORT命令包含了客户端在什么端口接收数据，在传送数据时，服务器端通过自己的20端口发送数据。所以选项B为正确答案。

7.【答案】D

【精解】FTP传输控制信息使用的数据连接外的控制连接，即FTP的控制信息是带外传送的。所以选项D为正确答案。

8.【答案】C

【精解】 FTP只提供文件传送的一些基本服务，它使用传输层TCP可靠的传输服务，FTP本身不具备差错控制能力，它使用TCP的可靠传输来保证数据的正确性。所以选项C为正确答案。

9.【答案】B

【精解】FTP协议的工作原理如下，首先服务器打开熟知端口（端口号为21），使客户进程能够连接上，并等待客户进程发出连接请求。客户端首先建立控制连接，控制连接在整个会话期间一直保持打开，FTP客户发出的传送请求通过控制连接发送给服务器端的控制进程，但控制连接不用来传送文件。然后下载数据的时候建立数据连接，这里实际用于传输文件的是“数据连接”。服务器端的控制进程在接收到FTP客户发送来的文件传输请求后就创建“数据传送进程”和“数据连接”，用来连接客户端和服务器端的数据传送进程。数据传送进程实际完成文件的传送，在传送完毕后关闭“数据传送连接”并结束运行。可见，本题中客户端建立TCP连接和断开TCP连接的次数都是2次。所以选项B是正确答案。

10.【答案】C

【精解】FTP服务器的数据要经过应用层、传输层、网络层、数据链路层之后才达到物理层，各层对应的封装是数据、数据段、数据包、数据帧，最后是比特。所以选项C是正确答案。

11.【答案】A

【精解】一般说来，Internet上有匿名FTP服务器（Anonymous FTP Server）和非匿名FTP服务器两大类FTP文件服务器。匿名FTP服务器的目的是向公众提供文件资源服务，不要求用户事先在该服务器注册。使用匿名FTP时，键入anonymous作为用户名，键入用户的电子邮件地址作为密码（口令）。非匿名FTP服务器通常提供内部使用或提供咨询服务，使用这类服务前，用户必须先向服务器管理员申请用户名和密码。所以选项A为正确答案。

● 综合应用题

1.【答案精解】

FTP使用C/S方式，一个FTP服务器进程可以同时为多个客户进程提供服务。FTP的服务器进程由两大部分组成：即一个主进程和若干个从属进程，主进程负责接收新的请求，从属进程负责处理单个请求。

主进程的工作步骤如下：

（1）打开熟知端口（端口号为21），使客户进程能够连接上。

（2）等待客户进程发出连接请求。

（3）启动从属进程来处理客户进程发来的请求。从属进程对客户进程的请求处理完毕后即终止，但从属进程在运行期间根据需要还可能创建其他一些子进程。

（4）回到等待状态，继续接收其他客户进程发来的请求。主进程和从属进程的处理是并发进行的。

2.【答案精解】

在设计与实现FTP时，客户和服务器之间使用两个TCP连接，即控制连接和数据连接。控制连接在整个会话期间一直保持打开，用于传输各种FTP命令，但控制连接不用来传送文件，实际用来传送文件的是数据连接。这样设计的目的是因为使用两条独立的连接可以使得FTP变得更加简单有效，也更容易实现；同时，在文件传输过程中，还可以利用控制连接对传输过程进行控制（如客户可以请求暂停或终止传输）。

6.5 电子邮件

6.5.1 电子邮件系统的组成与结构

电子邮件（E-mail）是互联网上最重要和最实用的应用程序之一。一个电子邮件系统有三个主要组成部分（图6-9）：用户代理UA（User Agent））、邮件服务器和电子邮件使用的协议，如简单邮件传送协议SMTP（Simple Mail Transfer Protocol）和邮件读取协议如POP（Post Office Protocol）或IMAP（Internet Message Access Protocol）。

（1）用户代理UA：用户与电子邮件系统的接口，在大多数情况下它就是运行在用户电脑中的一个客户端程序，如Outlook、Foxmail和Thunderbird等。用户代理至少应当具有以下4个功能，即撰写、显示、处理和通信，这也是电子邮件的基本功能。

（2）邮件服务器：功能是发送和接收邮件，同时还要向发件人报告邮件传送的结果（已交付、被拒绝、丢失等）。邮件服务器按照C/S方式工作，并且它还必须能够同时充当客户和服务器。

（3）电子邮件使用的协议：主要是发送邮件协议和读取邮件协议，如常用的SMTP协议和邮局协议POP3（即邮局协议POP的版本3）或IMAP。

图6-9给出了电子邮件收发过程中的几个重要步骤。

① 发件人调用UA撰写和编辑要发送的邮件；用户代理把邮件用SMTP协议发给发送方邮件服务器。用户代理充当SMTP客户，而发送方邮件服务器充当SMTP服务器。

② 发送方SMTP服务器收到用户代理发来的邮件后，就把邮件临时存放在邮件缓存队列中，等待发送到接收方的邮件服务器。

③ 发送方邮件服务器的SMTP客户进程发现缓存中有待发邮件时，就发起与接收方邮件服务器的SMTP服务器建立TCP连接。TCP连接建立后，就把邮件缓存队列中的邮件依次发送出去。

④ 运行在接收方邮件服务器中的SMTP服务器进程收到邮件后，把邮件放入收件人的用户邮箱中，等

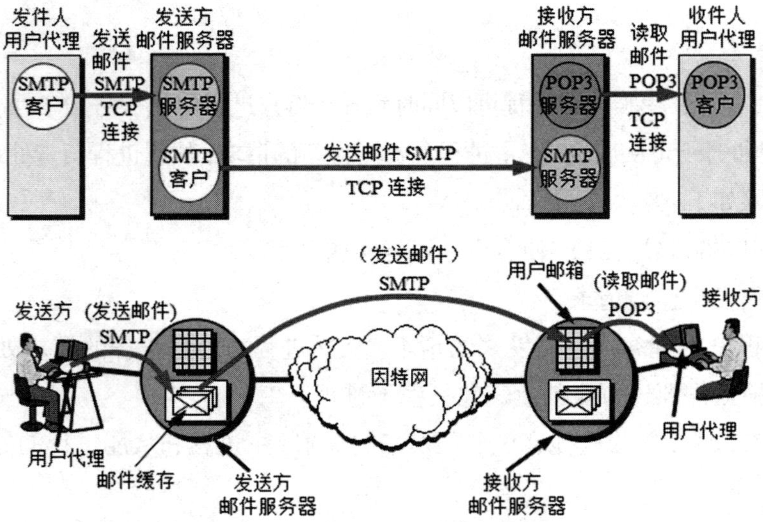

图6-9　电子邮件的发送和接收过程

待收件人进行读取。

⑤ 收件人在打算收信时，调用UA，使用POP3（或IMAP）协议读取发送给自己的邮件。

注意，在图6-9中，POP3服务器和POP3客户之间的箭头表示的是邮件传送的方向。但它们之间的通信是由POP3客户发起的。

6.5.2 电子邮件格式与MIME

（1）电子邮件格式

电子邮件由信封（envelope）和内容（content）两部分组成（邮件消息即由这两部分组成）。在邮件的信封上，最重要的就是收件人的地址。TCP/IP体系的电子邮件系统规定电子邮件地址（e-mail address）的格式如下：

用户名@邮件服务器的域名

符号"@"读作"at"，表示"在"的意思。例如，在电子邮件地址qiliqa@qilizhuanyeke.com。

邮件内容由首部和主体两部分组成。RFC822规定了邮件的首部格式，邮件的主体部分由用户自由撰写。邮件首部包含一些可选项（如"Subject:"，邮件的主题）和必选项（如"From:"，发信人的邮件地址；"To:"，收信人的邮件地址）。用户写好首部后，邮件系统自动将信封所需的信息提取出来并写在信封上，用户不需要自己填写。

（2）MIME

通用因特网邮件扩充MIME（Multipurpose Internet Mail Extensions）是为了解决SMTP的缺点（如，不能传送可执行文件或其他的二进制对象、限于传送7位ASCII码、SMTP服务器会拒绝超过一定长度的邮件等）而提出的。MIME并非改变或取代SMTP，它的意图是继续使用原来的邮件格式，但增加了邮件主体的结构，并定义了传送非ASCII码（如多媒体）的编码规则。也就是说，MIME邮件可在现有的电子邮件程序和协议下传送。图6-10表示MIME和SMTP的关系。

MIME主要包括以下三部分内容：

1）5个新的邮件首部字段，它们可包含在原来的邮件首部中。这些字段提供了有关邮件主体的信息。MIME增加这5个首部字段的目的是为了适应任意数据类型和表示。

2）定义了许多邮件内容的格式，对多媒体电子邮件的表示方法进行了标准化。

3）定义了传送编码[①]，可对任何内容格式进行转换，而不会被邮件系统改变。

为适应于任意数据类型和表示，每个MIME报文包含告知收件人数据类型和使用编码的信息。MIME把增加的信息加入到原来的邮件首部中。

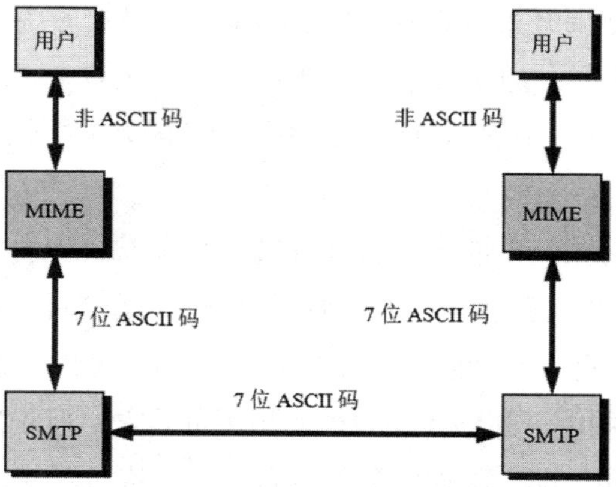

图6-10 MIME和SMTP的关系

6.5.3 SMTP协议与POP3协议

SMTP和POP3都是使用TCP连接来传送邮件的，使用TCP的目的是为了可靠地传送邮件。SMTP和POP3采用了两种不同的通信方式。一种是“推”（push）：SMTP客户把邮件“推”给SMTP服务器。另一种是“拉”（pull）：POP3客户把邮件从POP3服务器“拉”过来。

（1）SMTP

简单邮件传送协议SMTP使用客户/服务器方式，运行在TCP之上，使用的端口号是25，它能够实现用户代理向邮件服务器发送邮件或者在邮件服务器之间发送邮件，并规定了在两个相互通信的SMTP进程之间应如何交换信息。由于SMTP使用客户/服务器方式，因此负责发送邮件的SMTP进程就是SMTP客户，而负责接收邮件的SMTP进程就是SMTP服务器。

SMTP通信有如下三个阶段。

1）连接建立

连接是在发送方的SMTP客户和接收方的SMTP服务器之间建立的。发件人先将要发送的邮件送到邮件缓存区。SMTP客户就每隔一定时间对邮件缓存扫描一次。如果发现有邮件，就使用SMTP的熟知默认端口（25号）与接收方的SMTP服务器建立TCP连接。在连接建立后，接收方SMTP服务器要发出“220 Service ready”（服务就绪）。然后SMTP客户向SMTP服务器发送HELO命令，附上发送方的主机名。

SMTP不使用中间的邮件服务器。无论发送方和接收方的邮件服务器相隔有多远，无论在邮件传送过程中要经过多少个路由器，TCP连接总是在发送方和接收方这两个邮件服务器之间直接建立。当接收方邮件服务器出故障而不能工作时，发送方邮件服务器只能等待一段时间后再尝试和该邮件服务器建立TCP连接，而不能先找一个中间的邮件服务器建立TCP连接。

2）邮件传送

邮件的传送从MAIL命令开始。MAIL命令后面有发件人的地址。如：MAIL FROM:<qiliqa@

① 关于MIME内容传送编码，主要有三种，即最简单的7位ASCII编码、适用于传送的数据中只有少量非ASCII码（如汉字）情形的quoted-printabe编码和对于任意二进制文件可用的base64编码。由于具体字符编码方法命题的概率很小，了解即可。有兴趣深入理解的考生可参阅本章重难点答疑中有关内容。

qilizhuanyeke.com>。若SMTP服务器已准备好接收邮件，则回答“250 OK”。否则，返回一个代码，指出原因。然后跟着一个或多个RCPT[①]（收件人recipient的缩写）命令，其格式为RCPT TO:<收件人地址>。每发送一个RCPT命令，都应当有相应的信息从SMTP服务器返回，如：“250 OK”或“550 No such user here”，即不存在此邮箱。

接下来就是DATA命令，表示要开始传送邮件的内容了。SMTP服务器返回的信息是：“354 Start mail input; end with <CRLF>.<CRLF>”。<CRLF>表示“回车换行”。接着 SMTP客户就发送邮件的内容。发送完毕后，再发送<CRLF>.<CRLF>（两个回车换行中间用一个点隔开）表示邮件内容结束。

3）连接释放

邮件发送完毕后，SMTP应释放TCP连接，这时SMTP客户应发送QUIT命令。SMTP服务器返回的信息是“221（服务关闭）”，表示SMTP同意释放TCP连接。邮件传送的全部过程即结束。注意，由于电子邮件的用户代理屏蔽了这些复杂的过程，因此使用电子邮件的用户看不见以上这些过程。

需要注意的是，基于WWW的电子邮件使用户能利用浏览器方便地收发邮件，用户浏览器和邮件服务器之间的邮件传送使用HTTP协议，而在邮件服务器之间的邮件传送则使用SMTP协议。

（2）POP3

POP是一个非常简单、但功能有限的邮件读取协议，POP3是它的第三个版本，它已成为互联网的正式标准，用于用户代理从邮件服务器读取邮件。POP3使用C/S的工作方式和TCP连接（端口号为110）。在接收邮件的用户计算机中的用户代理必须运行POP3客户程序，而在收件人所连接的邮件服务器中则运行POP3服务器程序。

POP3协议的一个特点就是只要用户从POP3服务器读取了邮件，POP3服务器就把该邮件删除。

6.5.4 真题与习题精编

● 单项选择题

1. 若用户1与用户2之间发送和接收电子邮件的过程如下图所示，则图中①、②、③阶段分别使用的应用层协议可以是（　）。【全国联考2012年】

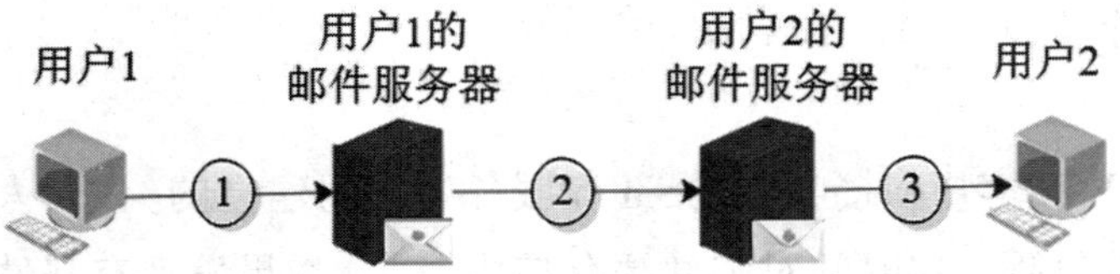

A. SMTP、SMTP、SMTP　　B. POP3、SMTP、POP3

C. POP3、SMTP、SMTP　　D. SMTP、SMTP、POP3

2. 下列关于SMTP协议的叙述中，正确的是（　）。【全国联考2013年】

Ⅰ. 只支持传输7比特ASCII码内容

Ⅱ. 支持在邮件服务器之间发送邮件

Ⅲ. 支持从用户代理向邮件服务器发送邮件

Ⅳ. 支持从邮件服务器向用户代理发送邮件

A. 仅Ⅰ、Ⅱ和Ⅲ　　B. 仅Ⅰ、Ⅱ和Ⅳ　　C. 仅Ⅰ、Ⅲ和Ⅳ　　D. 仅Ⅱ、Ⅲ和Ⅳ

3. 通过POP3协议接收邮件时，使用的传输层服务类型是（　）。【全国联考2015年】

① RCPT是收件人recipient的缩写。RCPT命令的作用是：先弄清接收方系统是否已做好接收邮件的准备，然后再发送邮件。这样做是为了避免浪费通信资源，不致在发送邮件很长时间后才知道地址错误而白白浪费了许多通信资源。

A. 无连接不可靠的数据传输服务　　B. 无连接可靠的数据传输服务
C. 有连接不可靠的数据传输服务　　D. 有连接可靠的数据传输服务

4. 无需转换即可由SMTP协议直接传的内容是（　）　【全国联考2018年】

A. JPEG图像　　B. MPEG视频　　C. EXE文件　　D. ASCII文本

5. MIME在电子邮件功能中的作用是（　）。　【重庆大学2015年】

A. 发送电子邮件　　B. 接收电子邮件
C. 支持多种字符集和各种附件　　D. 电子邮件邮箱管理

6.（　）将邮件存储在远程的服务器上，并允许用户查看邮件的首部，然后决定是否下载该邮件。同时，用户可以根据需要对自己的邮箱进行分类管理，还可以按各种条件对邮件进行查询。

A. IMAP　　B. SMTP　　C. MIME　　D. NTP

7. SMTP和POP3分别是基于传输层的（　）和（　）协议。

A. TCP、UDP　　B. TCP、TCP　　C. UDP、TCP　　D. UDP、UDP

8. 下面关于SMTP协议的说法中，错误的是（　）。

A. 客户端不需要登录即可向服务器发送邮件
B. 是一个基于ASCII码的协议
C. 协议除了可以传送ASCII码数据，还可以传送二进制数据
D. 支持在邮件服务器之间发送邮件

9. 电子邮件经过MIME扩展后，可以将非ASCII码内容表示成ASCII内容，下列关于MIME的说法中，错误的是（　）。

A. MIME定义了传送编码，可对任何内容格式进行转换，而不会被邮件系统改变
B. MIME定义了许多邮件内容的格式，对多媒体邮件的表示方法进行了标准化
C. MIME邮件可在现有的电子邮件程序和协议下传送
D. MIME对由ASCII码构成的邮件主体格式也进行转换

10. MIME定义的内容传送编码中，quoted-printable编码方式适用于（　）。

A. 传送的数据大部分都是表示汉字的二进制代码
B. 传送的数据大部分都是表示图像的二进制代码
C. 传送的数据大部分都是非ASCII码，只有少量的ASCII码
D. 传送的数据中只有少量的非ASCII码

11. 采用base64编码之后，一个99B的邮件大小为（　）B。

A. 99　　B. 128　　C. 132　　D. 256

● 综合应用题

1. MIME和SMTP的作用是什么，二者的关系是怎样的？

2. 简述POP3的工作过程。IMAP和POP3有何区别？

6.5.5 答案精解

● 单项选择题

1.【答案】D

【精解】SMTP用于用户代理向邮件服务器发送邮件或者在邮件服务器之间发送邮件，采用“推”的

通信方式。POP3采用“拉”的通信方式，即当用户读取邮件时，用户代理向邮件服务器发送请求“拉”取用户邮箱中的邮件。所以，对照题中给出的图示可知，选项D为正确答案。

2.【答案】A

【精解】SMTP只支持传输7比特ASCII码内容，用于用户代理向邮件服务器发送邮件或者在邮件服务器之间发送邮件，所以Ⅰ、Ⅱ、Ⅲ叙述正确。从邮件服务器向用户代理发送邮件需要使用POP3，所以Ⅳ错误。综上，选项A为正确答案。

3.【答案】D

【精解】因为POP3使用的是TCP连接（端口号25），而TCP提供的是面向连接的可靠服务。所以选项D为正确答案。

4.【答案】D

【精解】电子邮件是最早的最实用的网络应用程序之一，受当时数据传输能力和应用需求的限制，早期的SMTP限制了邮件报文的主体部分只能采用7位ASCII码来表示。如今，如果传输非文本文件，需要重新编码。根据题意，无需转换即可由SMTP直接传输的是ASCII文本。所以选项D为正确答案。

5.【答案】C

【精解】MIME的意图是继续使用原来的邮件格式，但增加了邮件主体结构，并定义了传送非ASCII码的编码规则（如多媒体），能够支持多种字符集和各种附件。所以选项C是正确答案。

6.【答案】A

【精解】IMAP是一个通过邮件客户端访问邮件服务器上的邮件的应用层协议，它与POP3的区别是它只下载邮件的主题，并不是把所有邮件的内容都下载下来，用户可以通过浏览信件头来决定是否收取、删除和检索邮件的特定部分，它还可以在服务器上创建或更改文件夹或邮箱。所以，选项A为正确答案。

7.【答案】B

【精解】SMTP和POP3都是基于TCP的协议，提供可靠的邮件通信。所以选项B是正确答案。

8.【答案】C

【精解】SMTP可以传送ASCII码数据，非ASCII码数据需要利用MIME转换成ASCII码数据才能传送。所以选项C是正确答案。

9.【答案】D

【精解】MIME对于由最简单的7位ASCII码构成的邮件主体不进行任何转换，而非ASCII码数据需要利用MIME转换成ASCII码数据才能传送。所以选项D是正确答案。

10.【答案】D

【精解】quoted-printable编码方法适用于所传送的数据中只有少量非ASCII码（例如汉字）的情况。也就是说，当需要传送的数据大部分都是ASCII码时，采用quoted-printable编码方法比较合适。这种编码的要点是对于所有的可打印的ASCII码，除特殊字符等号“=”外，都不改变。所以选项D是正确答案。

11.【答案】C

【精解】base64编码方式是不管是否是ASCII码字符，每3个字符用另外4个ASCII码字符表示，开销为25%。99 B的邮件，按照每3个字符一组，可分为33组，每一组数据用4个字符表示，共$33\times4=132$ B，所以选项C是正确答案。

● 综合应用题

1.【答案精解】

MIME为在电子邮件中编码非文本数据提供指定编码机制的能力。MIME规范并非为二进制数据只定义一种技术，它允许发送方和接收方选择双方都理解且易于提供的一种编码格式。

SMTP在应用层处理邮件传送的连接建立、信息传送和连接释放，用于用户代理向邮件服务器发送邮件或者在邮件服务器之间发送邮件，采用“推”（Push）的通信方式。

由于SMTP存在着一些缺点（比如不能传送可执行文件或其他的二进制对象、只支持传送7位ASCII码），通过MIME可以进行扩充SMTP，这并非改变或取代SMTP。MIME继续使用RFC822格式，但增加了邮件主体的结构，并定义了传送非ASCII码的编码规则。也就是说，MIME邮件可在已有的电子邮件和协议下传送。

2.【答案精解】

POP3使用客户/服务器的工作方式，在传输层使用TCP，端口号是110，采用“拉”（pull）的通信方式，当用户读取邮件时，用户代理向邮件服务器发出请求，“拉”取用户邮箱中的邮件，所有对邮件的处理都在用户的客户机上进行。

IMAP是类似POP3的协议，也是收取邮件的服务协议，但比POP3复杂，用户可以操作ISP的邮件服务器的邮箱。IMAP也以客户/服务器方式工作，建立在TCP之上，端口号为143。IMAP和POP3协议有较大差别，表现如下：① POP3是一个脱机协议，其工作方式是典型的离线方式；而IMAP是一个联机协议，但也提供了方便的邮件下载服务，让用户能进行离线阅读；② 当邮件代理（如用户的邮件客户端）打开IMAP服务器的邮箱时，用户可以看到邮件首部，浏览摘要后用户可以做出是否下载的决定。当用户打开某个邮件时，该邮件才传到用户的邮件客户端，这点和POP3协议不同；③ 用户可以在IMAP服务器上对自己的邮箱进行创建文件夹、移动邮件、删除邮件等操作，在用户删除自己的邮件之前，这些邮件一直在IMAP服务器中保存着。④ POP3是单向的，在客户端的操作（比如移动邮件、标记已读等），不会反馈到服务器上；IMAP与电子邮件客户端是双向通信，客户端的操作都会反馈到服务器上。

6.6 万维网WWW

6.6.1 WWW的概念与组成结构

万维网WWW（World Wide Web），英文简称Web，是一个大规模的、联机式的信息储藏所，并非是某种特殊的计算机网。万维网是一个由超文本（hypertext）系统扩充而来的分布式的超媒体（hypermedia）系统。万维网使用超文本标记语言HTML（HyperText Markup Language）可以很方便地让用户能从网页中的某处链接到Internet上的任何一个万维网页面，从而主动按序获取丰富的资源。超文本传送协议HTTP（HyperText Transfer Protocol）是一个应用层协议，它使用TCP连接进行可靠的传输。统一资源定位符URL（Uniform Resource Locator）是对Internet中资源的位置和访问方式的简洁表示。万维网使用URL来标志其上的各种文档，并使每一个文档在整个互联网的范围内具有唯一的标识符URL。

URL的一般形式如下：

<协议>://<主机>:<端口>/<路径>

其中，<协议>指出使用什么协议来获取该万维网文档，常用的是HTTP和FTP；<主机>是指主机域名或主机IP地址；<端口>指服务器监听的端口号；<路径>指该万维网文档的路径。端口和路径有时可省略。

注意，<协议>后的 “://” 不能省略，URL里面的字母不分大小写。

万维网以客户/服务器方式工作。浏览器是在用户主机上的万维网客户程序。Web服务器是指计算机和运行在它上面的服务器软件的总和。万维网文档驻留在Web服务器上。Web用户访问Web服务器上文档的完整工作流程如下：

（1）Web用户使用浏览器（指定URL）与Web服务器建立连接，并发送浏览请求。

（2）Web服务器把URL转换为文件路径，并返回信息给Web浏览器。

（3）通信完成，关闭连接。

6.6.2 HTTP协议

（1）HTTP的操作过程

HTTP协议是面向事务的应用层协议，也是万维网的核心，它定义了浏览器（即万维网客户进程）怎样向万维网服务器请求万维网文档，以及服务器怎样把文档传送给浏览器。HTTP是万维网上能够可靠地交换文件（包括文本、声音、图像等各种多媒体文件）的重要基础。万维网的大致工作过程如图6-11所示。

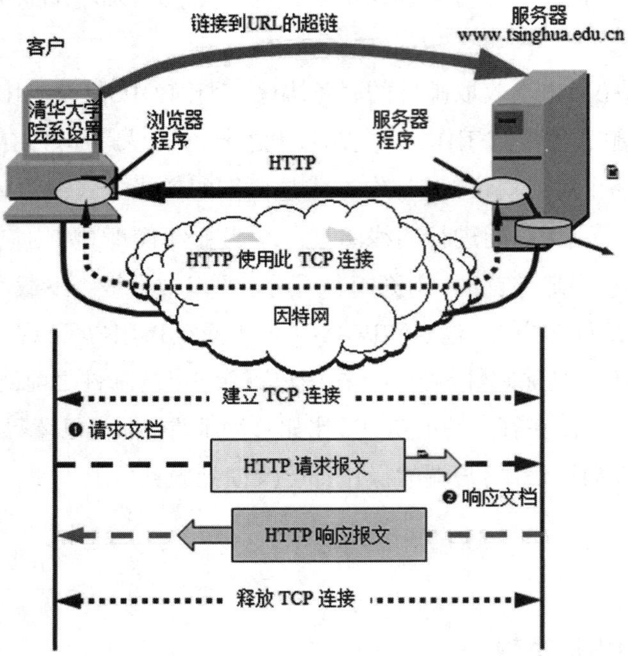

图6-11　万维网的工作过程

每个WWW站点都有一个服务器进程，它不断地监听TCP的端口80（默认），以便发现是否有客户进程向它发出连接建立请求。一旦监听到连接建立请求并建立了TCP连接之后，浏览器（即WWW客户）就向万维网服务器发出浏览某个页面的请求，服务器接着就返回所请求的页面作为响应。最后，TCP连接释放。

（2）HTTP的特点

HTTP协议是无状态的（stateless）。也就是说，同一个客户第二次访问同一个服务器上的页面时，服务器的响应与第一次被访问时的相同（假定现在服务器还没有把该页面更新），因为服务器并不记得曾经访问过的这个客户，也不记得为该客户曾经服务过多少次。HTTP的无状态特性简化了服务器的设计，使服务器更容易支持大量并发的HTTP请求。

HTTP使用了面向连接的TCP作为传输层协议，保证了数据的可靠传输。但是，HTTP协议本身是无连接的。这就是说，虽然HTTP使用了TCP连接，但通信的双方在交换HTTP报文之前不需要先建立HTTP连接。

HTTP可以使用非持续连接，也可以使用持续连接（HTTP/1.1支持），所谓持续连接就是万维网服务器在发送响应后仍然在一段时间内保持这条连接，使同一个客户（浏览器）和该服务器可以继续在这条连接上传送后续的HTTP请求报文和响应报文。

HTTP/1.1协议的持续连接有两种工作方式，即非流水线方式（without pipelining）和流水线方式（with pipelining）。非流水线方式的特点，是客户在收到前一个响应后才能发出下一个请求。流水线方式的特点，是客户在收到HTTP的响应报文之前就能够接着发送新的请求报文。于是一个接一个的请求报文到达服务器后，服务器就可连续发回响应报文。因此，使用流水线方式时，客户访问所有的对象只需花费一个RTT时间。流水线工作方式使TCP连接中的空闲时间减少，提高了下载文档效率。HTTP/1.1的默认方式就是使用流水线的持续连接。

（3）HTTP的报文结构

HTTP定义了在浏览器和Web服务器之间的请求和响应交互时，必须遵循的报文格式和交换报文的规则。HTTP有两类报文：

1）请求报文—从客户向服务器发送请求报文，如图6-12（a）所示。

2）响应报文—从服务器到客户的回答，如图6-12（b）所示。

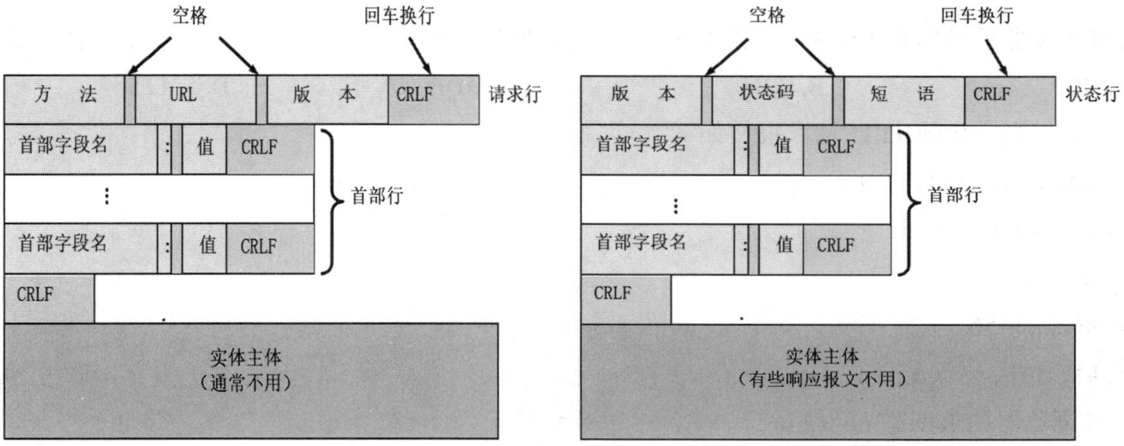

（a）请求报文　　（b）响应报文

图6-12 HTTP的报文结构

由于HTTP是面向文本的（text-oriented），因此在报文中的每一个字段都是一些ASCII码串，因而各个字段的长度都是不确定的。

HTTP请求报文和响应报文都是由三个部分组成的。这两种报文格式的区别就是开始行不同。

1）开始行，用于区分是请求报文还是响应报文。在请求报文中的开始行叫做请求行（Request-Line），而在响应报文中的开始行叫做状态行（Status-Line）。在开始行的三个字段之间都以空格分隔开，最后的“CR”和“LF”分别代表“回车”和“换行”。

2）首部行，用来说明浏览器、服务器或报文主体的一些信息。首部可以有多行，但也可以不使用。在每一个首部行中都有首部字段名和它的值，每一行在结束的地方都要有“回车”和“换行”。整个首部行结束时，还有一空行将首部行和后面的实体主体分开。

3）实体主体（entity body），在请求报文中一般都不用这个字段，而在响应报文中也可能没有这个字段。

表6-2给出了请求报文中常用的几种方法。

表6-2　HTTP请求报文中常用的几个方法

方法（操作）	意义
OPTION	请求一些选项的信息
GET	请求读取由URL所标志的信息
HEAD	请求读取由URL所标志的信息的首部
POST	给服务器添加信息（例如，注释）
PUT	在指明的URL下存储一个文档
DELETE	删除指明的URL所标志的资源
TRACE	用来进行环回测的请求报文
CONNECT	用于代理服务器

6.6.3 真题与习题精编

● 单项选择题

1. 使用浏览器访问某大学Web网站主页时，不可能使用到的协议是（　）。【全国联考2014年】

A. PPP　B. ARP　C. UDP　D. SMTP

2. 某浏览器发出的HTTP请求报文如下：

GET/index.html HTTP/1.1

Host:www.test.edu.cn

Connection:Close

Cookie:123456

下列叙述中，错误的是（　）。【全国联考2015年】

A. 该浏览器请求浏览index.html

B. Index.html存放在www.test.edu.cn上

C. 该浏览器请求使用持续连接

D. 该浏览器曾经浏览过www.test.edu.cn

3. 超文本标语言HTML主要用于（　）。【桂林电子科技大学2016年】

A. 编写网络软件　B. 编写浏览器　C. 编写动画软件　D. 编写WWW网页文件

4. 手机开机后，通过校园网wifi访问http://www.bupt.edu.cn，下列报文中首先发出的是（　）。【北京邮电大学2018年】

A. DHCP报文　B. TCP连接请求　C. DNS域名查询请求　D. ARP地址解析请求

5. HTTP是无状态的，但在实际工作中，一些Web站点常常希望能够识别用户，这时候需要用到（　）。

A. Cookie　B. Web缓存　C. 条件GET　D. 持久连接

6. 在WWW服务中，（　）技术可以使用户查询信息时从一台Web服务器自动搜索到另一台Web服务器。

A. HTML　　B. hypermedia　　C. hypertext　　D. Hyperlink

7. 使用手机中的浏览器访问某大学的Web网站主页的过程中，手机中不会用到的协议为（　　）。

A. ARP　　B. TCP　　C. DNS　　D. SMTP

8. HTTP是一个应用层协议，TCP协议规定它的端口号为80的进程是（　　）。

A. 客户　　B. 服务器　　C. 分布　　D. 主机

9. WWW以客户/服务器方式工作，从协议分析的角度，WWW服务的第一步操作是作为客户的浏览器对服务器的（　　）。

A. 请求地址解析　　B. 请求域名解析　　C. 传输连接建立　　D. 会话连接建立

10. 当使用鼠标点取一个万维网文档时，若该文档除了有文本外，还有10幅gif图像，则在HTTP/1.0中需要建立（　　）。

A. 0次UDP连接，10次TCP连接　　B. 0次UDP连接，11次TCP连接

C. 4次UDP连接，11次TCP连接　　D. 4次UDP连接，10次TCP连接

● 综合应用题

1. 某主机的MAC地址为00-15-C5-C1-5E-28，IP地址为10.2.128.100（私有地址）。图1是网络拓扑，图2是该主机进行Web请求的1个以太网数据帧前80个字节的十六进制及ASCII码内容。

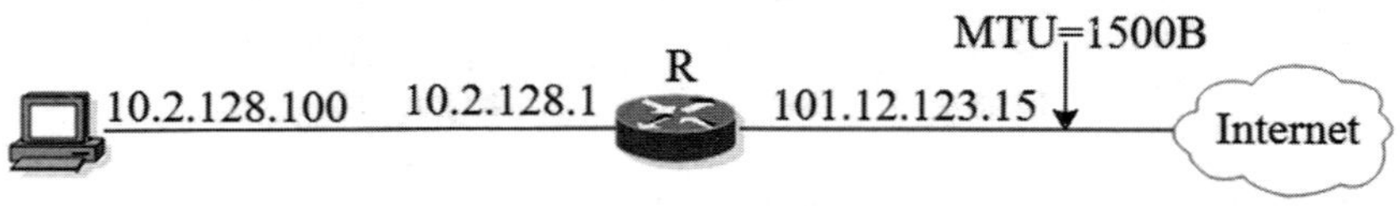

图1　网络拓扑

0000	00 21 27 21 51 ee 00 15	c5 c1 5e 28 08 00 45 00	.!|!Q... ..^(..E.
0010	01 ef 11 3b 40 00 80 06	ba 9d 0a 02 80 64 40 aa	...:@... .....d@.
0020	62 20 04 ff 00 50 e0 e2	00 fa 7b f9 f8 05 50 18	b ...P.. ..{...P.
0030	fa f0 1a c4 00 00 47 45	54 20 2f 72 66 63 2e 68	......GE T /rfc.h
0040	74 6d 6c 20 48 54 54 50	2f 31 2e 31 0d 0a 41 63	tml HTTP /1.1..Ac

图2　以太网数据帧（前80B）

请参考图中的数据回答以下问题。【全国联考2011年】

（1）Web服务器的IP地址是什么？该主机的默认网关的MAC地址是什么？

（2）该主机在构造图2的数据帧时，使用什么协议确定目的MAC地址？封装该协议请求报文的以太网帧的目的MAC地址是什么？

（3）假设HTTP/1.1协议以持续的非流水线方式工作，一次请求-响应时间为RTT，rfC. html页面引用了5个JPEG小图像，则从发出图2中的Web请求开始到浏览器收到全部内容为止，需要多少个RTT？

（4）该帧所封装的IP分组经过路由器R转发时，需修改IP分组头中的哪些字段？注：以太网数据帧结构和IP分组头结构分别如图3、图4所示。

6B	6B	2B	46-1500B	4B
目的MAC地址	源MAC地址	类型	数据	CRC

图3　以太网帧结构

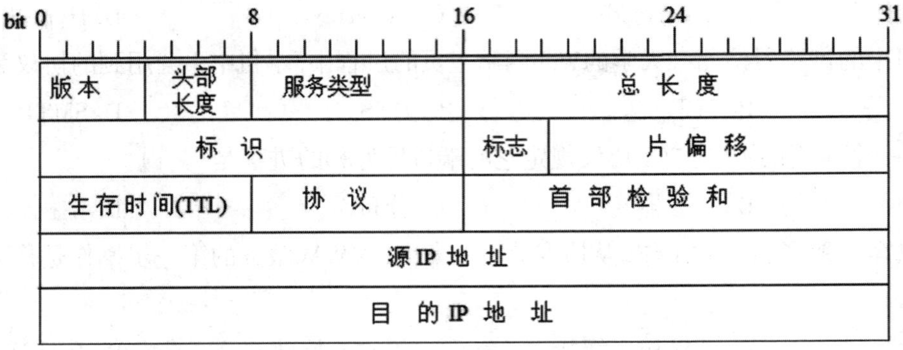

图4 IP分组头结构

2. 两台主机A和B，主机B上运行WWW服务器。它们所在的网络A和网络B通过一个路由器直接相连，如下图所示，主机A通过IE访问主机B的WWW服务器http://www.btest.com，请根据主机A访问过程的数据传递过程，描述主机A、路由器R和主机B依次启动的TCP/IP协议簇中的协议及其完成的基本功能。

【解放军信息工程大学2016年】

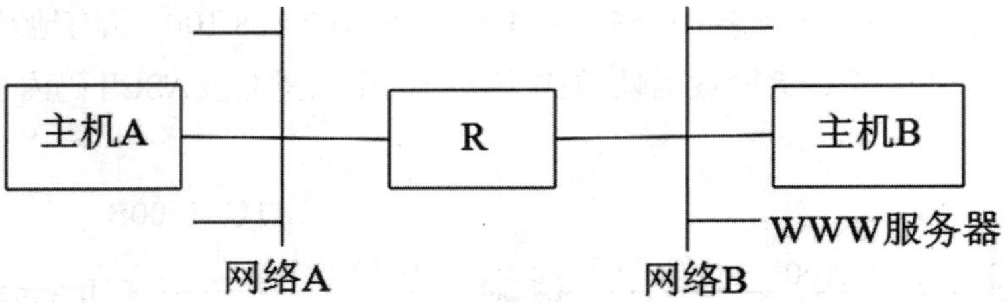

3. 学生A希望访问网站www.taobao.com，A在其浏览器中输入http://www.taobao.com 并按回车，直到淘宝网站首页显示在其浏览器中。请问：在此过程中，按照TCP/IP参考模型，从应用层到网络层都用到了哪些协议？ 【浙江工商大学2015年】

4. 假定你在浏览器上点击一个URL，但这个URL的IP地址以前并没有缓存在本地主机上。因此需要用DNS自动查找和解析。假定要解析到所要找的URL的IP地址共经过n个DNS服务器，所经过的时间分别是RTT_1，RTT_2，…，RTTn。假定从要找的网页上只需要读取一个很小的图片（即忽略这个小图片的传输时间）。从本地主机到这个网页的往返时间是RTTw。试问从点击这个URL开始，一直到本地主机上的屏幕上出现所读取的小图片，一共需要经过多少时间？ 【山东师范大学2015年】

5. 一个Web页面中有8个gif图像，经测试，一个gif对象的平均发送时延为30 ms，一个RTT平均值为125 ms。假设Web页面的基本HTML文件、HTTP请求报文和TCP握手报文大小忽略不计。如果HTTP使用非流水线方式，并且TCP三次握手的第三步中捎带一个HTTP请求，那么请问使用非持续方式和持续方式请求该Web页面所需要的时间各是多少？

6.6.4 答案精解

● 单项选择题

1.【答案】D

【精解】题目让确定访问web主页时不可能用到的协议，既可以用排除法也可以直接确定。选项D的SMTP只有在使用邮件客户代理发送邮件，或者邮件服务器之间发送邮件时才会用到，单纯访问web网页不可能用到。所以选项D为正确答案。选项A 的PPP协议在接入网络时可能会用到；选项B的ARP协议访问Web主页是在用IP地址查询相应的MAC地址时会用到；选项UDP协议当访问Web主页时需要DNS解析域名时可能会用到。

2.【答案】C

【精解】HTTP既可以使用非持久连接，也可以使用持久连接（HTTP/1.1支持），题中HTTP请求报文中Connection指明连接方式为Close，即指明为非持续连接方式，所以，选项C叙述错误，为正确答案。注意，Connection:keep-alive表示持续连接方式。Cookie值是由服务器产生的，HTTP请求报文中有Cookie报头就表明曾经访问过www.test.edu.cn服务器。

3.【答案】D

【精解】HTML超文本标记语言是一种制作WWW页面的标准语言，它消除了不同计算机之间信息交流的障碍。但请注意，HTML并不是应用层的协议，它只是WWW浏览器使用的一种语言。所以选项D为正确答案。

4.【答案】A

【精解】DHCP是动态主机配置协议，它提供了一种机制，称为即插即用连网。DHCP使用客户/服务器方式，DHCP客户使用的UDP端口是68，而DHCP服务器使用的端口是67。依据题意，手机开机后通过WiFi访问网络前需要先获得IP地址，所以要先发送DHCP报文。所以选项A为正确答案。注意，其他选项不符合题目的前提，因为DHCP使用的是UDP，所以选项B的TCP连接请求错误，DNS是域名解析将域名转换为IP地址，ARP是地址解析协议将IP地址解析为MAC地址。

5.【答案】A

【精解】Cookie允许站点跟踪用户，Cookie技术有4个组成部分：在HTTP响应报文中有一个首部行；在HTTP请求报文中有一个Cookie首部行；在用户端系统中保留有一个Cookie文件，由用户的浏览器管理；在Web站点有一个后端数据库。所以选项A为正确答案。

6.【答案】D

【精解】Hyperlink即超链接，通过事先定义好的关键字或图形，允许用户只要点击该关键字或图形，就可以自动跳转到对应的其他文件。通过这种技术，可以实现题目中的自动跳转。所以选项D是正确答案。其他几个选项中，hypertext是超文本，指具有超链接功能的文件。Hypermedia是超媒体，对超文本所连接的信息类型做了扩展，它是一种包含文字、图片、动画和声音等内容的信息文件。HTML是超文本标记语言，是一种用于控制Web浏览器显示方式的标记语言。

7.【答案】D

【精解】访问网络会用到HTTP协议，该协议使用TCP；DNS用来把域名解析为IP地址，DNS用到UDP；访问大学Web网站时，如果不知道MAC地址可以用ARP协议根据IP地址解析出MAC地址。SMTP是简单邮件传输协议，访问主页时不会用到。综上可知，选项D是正确答案。

8.【答案】B

【精解】HTTP协议是WWW所应用的协议，以客户/服务器方式工作。客户向服务器发出请求，服务器响应，并回送请求的WWW文档给客户，而80端口是服务器侦听客户请求的端口号。因此选项B是正确答案。

9.【答案】B

【精解】连接的建立需要依据服务器的IP地址和端口号（HTTP使用的80端口是熟知端口），所以浏览器只有获得服务器的IP地址后，才能与服务器建立连接，开始后续的交互。访问站点时用户先在WWW浏览器的地址栏输入想要访问站点的域名，所以浏览器必须先向DNS请求域名解析，获得服务器的IP地址后，才能建立TCP连接。因此从协议分析的角度，浏览器访问WWW服务器的第一步是域名解析。所以选项B为正确答案。

10.【答案】B

【精解】HTTP使用传输层的TCP，所以不需要建立UDP连接；HTTP1.0只支持非持久连接，所以对每个网页元素对象的传输都需要单独建立一个TCP连接。本题中包含一个基本HTML对象和10个gif对象，所以一共需要建立11次TCP连接。所以选项B是正确答案。注意，若本题中使用HTTP 1.1默认的持续流水线方式，则不管传输多少数据，只需建立一次TCP连接。

● 综合应用题

1.【答案精解】

首先需要注意，图中以太网帧前80 B内容中每行前面的0000、0010、0020、0030、0040等是抓包软件中数据帧的字节计数，都不属于以太网帧的内容。

（1）Web服务器的IP地址是64.170.98.32；该主机默认网关的MAC地址是00–21–27–21–51–ee。

根据图3可知，以太网帧的数据部分是IP分组，IP分组放在帧头部以后的6+6+2=14字节；由图4可知IP数据报首部目的IP地址字段前有4×4=16字节，从以太网数据帧第一字节开始数14+16=30字节，即可得到目的IP地址 40 aa 62 20（十六进制），转换为十进制得64.170.98.32。由图2可知，目的MAC地址是以太网帧的前6字节00–21–27–21–51–ee，本题中即为主机的默认网关10.2.128.1端口的MAC地址。

（2）主机在构造图2的数据帧时，使用ARP协议确定目的MAC地址。封装该协议请求报文的以太网帧的目的MAC地址是以太网广播地址，即FF–FF–FF–FF–FF–FF。

ARP协议位于网络层，解决IP地址到MAC地址的映射问题。主机的ARP进程在本以太网以广播的形式发送ARP请求分组，在以太网上广播时，以太网帧的目的地址为全1，即FF–FF–FF–FF–FF–FF（即广播帧）。

（3）共需6个RTT。

HTTP/1.1采用的是持续的非流水线方式工作，这里的持续指的是服务器在发送响应后仍然在一段时间内保持这段连接，但是客户机在收到前一个响应后才能发送下一个请求。第一个RTT用于请求web页面，客户机收到第一个请求的响应后，即可获得rfC. html页面的内容，该网页链接了5个JPEG小图像，需要发出5次请求，每次请求一个对象。每访问一次对象就用去一个RTT，请求5个对象需要5个RTT。因此，请求rfC. html页面和页面链接的5个对象，共需要1+5=6个RTT后浏览器才能收到全部内容。

（4）首先，题目中已经说明IP地址10.2.128.100是私有地址，私有地址和Internet上的主机通信时，须由NAT路由器进行网络地址转换，把IP分组的源IP地址转换为NAT路由器的一个全球IP地址（一个NAT路由器可能不止一个全球IP地址，随机选一个即可，本题只有一个为101.12.123.15）。因此，源IP地址字段0a 02 80 64变为65 0c 7b 0f（即101.12.123.15对应的十六进制）。

其次，IP分组每经过一个路由器，生存时间TTL值就减1（由图中2和4可以得到初始生存时间为80，经过路由器R减一之后变为7f）。因此，生存时间每经过一个路由器之后都会发生变化，还需要重新计算首部校验和。

最后，若IP分组的长度超过该链路的MTU，则IP分组就要分片，此时IP分组的总长度字段、标志字段、片偏移字段也要发生变化。

2.【答案精解】

主机A首先使用DNS协议将域名解析成IP地址；主机A使用TCP连接和服务器B建立连接；主机A利用网络层ARP协议将网关的IP地址解析成目的MAC地址；路由器R使用ARP协议；主机B使用HTTP协议，将访问的网页传输给A，显示在A的IE浏览器上。

3.【答案精解】

访问网站时，先用应用层协议DNS将域名转换成IP地址，访问网页用到应用层HTTP协议。传输层要用到TCP协议，用于客户端和服务器之间建立连接。网络层用到ARP协议，将IP地址映射成MAC地址。如果网络出现问题，还会用到网络层ICMP协议。进行路由选择时，需要用到网络层路由选择协议。

4.【答案精解】

显然，解析IP地址需要的时间是$RTT_1+RTT_2+\cdots+RTT_n$。访问网页需要使用传输层的TCP连接，建立连接和请求WWW文档需要$2RTT_w$，所以总共需要的时间是二者之和，即$RTT_1+RTT_2+\cdots+RTT_n+2RTT_w$。

5.【答案精解】

首先需要明确，因为题中忽略不计Web页面的基本HTML文件、HTTP请求报文和TCP握手报文的大小，所以不需要计算其发送时延。进行TCP三次握手时，前两次握手消耗一个RTT=125 ms，接着第三次握手的报文段捎带一个HTTP请求，消耗RRT/2，传送HTML文件消耗RTT/2，即请求和接收基本HTML文件耗时一个RTT=125 ms。因此第一次建立TCP连接并传送HTML文件所需的时间为2倍的RTT，即125 ms+125 ms=250 ms。

然后，计算在非持续连接方式下和持续连接方式下请求该页面所需的时间。

(1)非持续连接方式

第一次建立TCP连接并传送HTML文件的时间同上，即250 ms。

而后面传送8个gif图片时，需要再建立8次TCP连接，传送一个gif图像所需要的时间是(125+125+30)ms=280 ms，所以传送8个gif图片，所需的时间为8×280 ms=2240 ms。故所需的总时间为250 ms+2240 ms=2490 ms。

(2)持续连接方式

在持续连接方式下，不论传输多少数据，只需要建立一次TCP连接。所以需要的总时间，包括第一次建立TCP连接并传送HTML文件所需的时间和传送8个图片所需时间之和，即为250 ms+(125 ms+30 ms)×8=1490 ms。

6.7 重难点答疑

1. DNS在应用层协议中比较另类，既使用UDP也使用TCP，具体情况是什么?

【答疑】DNS协议是应用层协议，通常是由其他应用层协议所使用的，包括HTTP、SMTP和FTP等，将用户提供的主机名解析为IP地址。这些应用层协议都是用传输层的TCP或UDP提供的服务。注意观察下图TCP/IP协议族中的应用层协议，DNS和其他应用层协议不同，它既可以使用TCP也可以使用UDP(二者都是用熟知端口号53)。DNS使用UDP和TCP的具体情况是：在域名解析时使用UDP协议，在区域传送时使用TCP。原因如下：

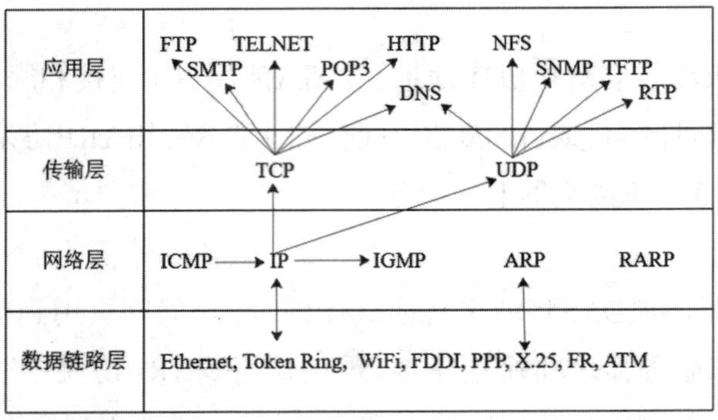

DNS规范两种类型的DNS服务器，即主DNS服务器和辅助DNS服务器。在一个区中，主DNS服务器从自己本机的数据文件中读取该区的DNS数据信息，而辅助DNS服务器则从区的主DNS服务器中读取该区的DNS数据信息。当一个辅助DNS服务器启动时，它需要与主DNS服务器通信并加载数据信息，这就是区传送（zone transfer）。区传送时使用TCP（TCP允许报文长度超过512字节，而UDP报文的最大长度为512字节），一个原因是TCP是一种可靠的连接，能够保证数据的可靠性，另一个原因是辅助域名服务器和主域名服务器进行数据同步时传送的数据量通常会比一个请求和应答的数据要多很多。

域名解析时使用UDP的原因是，DNS客户端向服务器查询域名时，一般返回的内容不超过512字节，用UDP传输时不用经过TCP三次握手，开销很小，响应速度更快，而且DNS服务器负载也更低。虽然理论上客户端也可以指定向DNS服务器查询的时候使用TCP，但是，事实上很多DNS服务器在配置时仅支持UDP查询。

2. 试述FTP的端口与工作模式的关系。

【答疑】FTP是基于TCP的，不支持UDP（注意，TFTP基于UDP）。和通常的应用层协议不同，FTP使用2个端口，即一个数据端口和一个命令端口（也称控制端口）。通常情况下，命令端口使用的是熟知端口21，数据端口使用熟知端口20。但是，由于FTP有两种不同的工作方式，数据端口并不一定总是20。

FTP建立传输数据的TCP连接的模式可以分为两种，即主动模式和被动模式。主动模式也称为PORT模式，是指建立数据连接时FTP服务器通过源端口20主动向FTP客户端发送连接请求。PORT模式的主要工作过程是：客户端从一个任意的非特权端口N（$N\geqslant1024$）连接到FTP服务器的命令端口（21端口）。然后客户端开始监听端口$N+1$，并提交FTP命令“port $N+1$”到FTP服务器。服务器返回确认后，会从它自己的数据端口（20）发起到客户端指定的数据端口（N+1）的连接请求。最后客户端确认该连接请求后，就建立起了源端口$N+1$，目标端口20的数据连接。

被动模式也称PASV模式，是指FTP服务器被动的等待FTP客户端来连接自己。FTP服务器打开指定范围内的某个端口（也叫自由端口，1024–65535之间），被动地等待客户端进行连接，此时FTP的数据端口就不是20端口了。注意，在被动方式FTP中，命令连接和数据连接都由客户端发起。PASV模式的主要工作过程如下。当开启一个FTP连接时，客户端打开两个任意的非特权本地端口（$N\geqslant1024$和$N+1$）。第一个端口连接服务器的21端口，并发送PASV命令给服务器（指明采用被动模式），服务器开启任意一个非特权端口（$P>1024$）并返回PORT P命令告知客户端服务器用该端口侦听数据连接，然后客户端发起从本地端口$N+1$到服务器的端口P的连接请求用来传送数据，最后，服务器给客户端返回确认，数据连接建立完成。

总之，主动模式传送数据是服务器主动连接到客户端的端口；被动模式传送数据是客户端连接到服务器的端口（服务器被动等待连接）。两者的共同点是都使用21端口传输FTP命令，差别在于传送数据的方式不同，PORT模式的FTP服务器数据端口固定在20，而PASV模式数据端口则是在1025–65535之间随机选择。

3. 为什么在服务器端除了使用熟知端口外，还要使用临时端口？

【答疑】在客户/服务器模型中，为了使不同的客户找到这个服务器，由于TCP/IP只能有一个熟知端口，但建立多条连接又必须有多个端口。因此，在按照并发方式工作的服务器中，主服务器进程在熟知端口等待客户发来的请求。主服务器进程一旦收到客户的进程，就立即创建一个从属服务器进程，并指明从属服务器进程使用一个临时端口和该客户建立TCP连接，然后主服务器进程继续在原来的熟知端口等待以便向其他客户提供服务。

4. MIME和SMTP有什么关系？什么是quoted-printable编码和base64编码，并举例说明。

【答疑】通用因特网邮件扩充MIME是为了解决SMTP的缺点而提出的。MIME并非改变或取代SMTP，它继续使用RFC 822格式，但增加了邮件主体的结构，并定义了传送非ASCII码的编码规则。也就是说，MIME邮件可在已有的电子邮件程序和协议下传送。

quoted-printable编码方法适用于所传送的数据中只有少量的非ASCII码（例如汉字）的情况。这种编码方法的要点是对于所有可打印的ASCII码，除特殊字符等号“=”外，都不改变。等号“=”和不可打印的ASCII码以及非ASCII码的数据编码方式是：先将每个字节的二进制代码用两个十六进制数字表示，然后在前面加上一个等号“=”。等号“=”的二进制代码是8位的00111101，即十六机制的3D，因此等号“=”的quoted-printable编码为“=3D”。例如，将数据01001100 00111001 100111101进行quoted-printable编码，前两个数据01001100和00111001是可打印ASCII编码（“L”和“9”），不改变。将最后一个数据10011101用两个十六进制数字表示成9 D，在前面加上等号得到“=9 D”。字符串“=9 D”的ASCII编码是00111101 00111001 01000100。因此最后传送的ASCII数据是01001100 00111001 00111101 00111001 01000100。对于字节10011101做quoted-printable编码（由8位变成了24位）的开销是：(24-8)/24≈66.7%。

base64编码方法适用于对任意二进制文件进行编码。这种编码方法是先将二进制代码划分为一个24位长的单元，然后将每一个24位单元划分为4个6位组。每一个6位组按以下方法转换成ASCII码。6位的二进制代码共有64种不同的值，从0到63。用A表示0，用B表示1，等等。26个大写字母排列完毕后，接下去再排26个小写字母，再后面是10个数字（0~9），最后用“+”表示62，用“/”表示63。再用两个连在一起的等号“==”和一个等号“=”分别表示最后一组的代码只有8位或16位。例如，假设一串二进制文件为：01001001 00110001 01111001，如对该二进制文件进行base64编码，先将其划分为4个6位组，即010010 010011 000101 111001。对应的base64编码为：STF5。而S，T，F，5对应的ASCII码分别是01010011，01010100，01000110，00110101。最后将STF5用ASCII编码发送，即01010011 01010100 01000110 00110101。可以看出，24位的二进制代码采用base64编码后变成了32位，开销为(32-24)/32=25%。显然，这个例子比quoted-printable编码中的例子开销小，但是，当需要传送的数据大部分都是ASCII码时，最好还是采用quoted-printable编码。

6.8 命题研究与模拟预测

6.8.1 命题研究

应用层是网络分层结构中的最高层，包含许多高层应用协议，是联考必考的内容之一，属于非重点，难度也不大。从表6-1最近10年联考考点题型分值统计表可以发现如下特点：

（1）从内容上看，历年真题中应用层涉及的知识点较多，不像传输层那样集中，相对较多的考点有

SMTP协议和POP3协议、DNS协议和域名解析过程；相对较少的是HTTP协议、FTP协议和网络应用模型。这些内容都是大纲范围内的考点。由此可见，应用层的重点在电子邮件和DNS系统。

（2）从题型上看，除了2011年在综合应用题中涉及一个考点外，其余年份都是单项选择题。

（3）从分值上看，最近10年平均分值是2.4分，其中有7年占2分（1道选择题），有2年占4分（各2道选择题），2011年占2分（一道综合应用题的一个考点）。

（4）从试题难度上看，应用层的知识点考查难度较小，比较容易得分。总的来说，历年真题考核的内容都在考试大纲范围之内，符合考试大纲中考查目标的要求。

从表6-1还可以看出，在最近10年真题中，应用层知识点的命题规律并不明显，重要的知识点会重复考查，也会连续或相隔2~4年重复考查。本章没有考查过的知识点有域名服务器、电子邮件格式与MIME、WWW的概念与组成结构等。这些没有考查过的知识点重要性相对较次，也是其他知识点的基础，以后命题考查的概率也很小。如果在命题中出现，也必然是以单项选择题形式出现，难度也会相对较低，得分应该比较容易。

总的来说，联考近10年真题对应用层有关知识点的考查都在大纲范围之内，试题难度一般，得分比较容易，在复习安排上，应该分配较少的时间和精力，提高复习效率，牢固掌握几个典型应用协议，注意密切联系实际，以取得好的效果。

6.8.2 模拟预测

● 单项选择题

1. 当客户端请求域名解析时，先向本地DNS服务器进行查询，如果本地DNS服务器不能完成解析，就返回另一个DNS服务器的地址给客户端，然后客户端发送请求给返回的服务器解析，整个过程中，用到的解析方式一定有（　）。

Ⅰ. 迭代解析　　Ⅱ. 递归解析　　Ⅲ. 高速缓存解析

A. 仅Ⅰ　　B. 仅Ⅱ　　C. Ⅰ、Ⅱ　　D. Ⅰ、Ⅱ、Ⅲ

2. 下列协议中一定采用面向连接方式进行工作的是（　）。

Ⅰ. DNS　　Ⅱ. FTP　　Ⅲ. POP3　　Ⅳ. HTTP

A. Ⅰ、Ⅱ、Ⅲ　　B. Ⅰ、Ⅱ、Ⅳ　　C. Ⅱ、Ⅲ、Ⅳ　　D. 全都是

3. 某用户在WWW浏览器的URL栏输入http://www.qilikaoyan.com:80/index.html，对于它的描述正确的是（　）。

Ⅰ. http表示使用的是超文本传送协议；80是端口号，可以省略

Ⅱ. www.qilikaoyan.com 标识了要访问的主机名

Ⅲ. 该URL里面的字母输入可以不区分大小写

A. Ⅰ、Ⅱ　　B. Ⅰ、Ⅲ　　C. Ⅱ、Ⅲ　　D. 全都是

4. 通过手机访问北京起立考研主页http://www.qilikaoyan.com的过程中，手机中不会用到的协议为（　）。

A. IP　　B. DNS　　C. TCP　　D. OSPF

5. 下列关于通用因特网邮件扩充MIME的说法中，错误的是（　）。

A. MIME定义的传送编码中，quoted-printable编码方式适用于传送的数据中只有少量的非ASCII码

B. 对于任意的二进制文件，可用base64编码

C. MIME对由ASCII码构成的邮件主体格式也进行转换，可在现有的电子邮件程序和协议下传送

D. MIME定义了许多邮件内容的格式，对多媒体邮件的表示方法进行了标准化

6. 假定一个用户正在通过HTTP从服务器下载一个网页，长度为28个分组大小，该网页没有任何内嵌对象。TCP协议的慢启动窗口阈值ssthresh为32个分组大小。用户主机到服务器之间往返时延RTT为1秒。不考虑其他开销（域名解释，分组丢失及报文段处理等），那么用户下载该网页需要的时间是（　）秒。

A. 5　　B. 6　　C. 7　　D. 8

6.8.3 答案精解

● 单项选择题

1.【答案】C

【精解】客户端向本地域名服务器的查询采用的是递归查询。本地域名服务器向根域名服务器的查询采用的是迭代查询：即当根域名服务器收到本地域名服务器发出的迭代查询请求报文时，要么给出所要查询的IP地址，要么告诉本地域名服务器下一步应当向哪一个域名服务器进行查询。域名服务器中广泛使用高速缓存来提高DNS查询效率，并减轻根域名服务器的负荷和减少Internet上的DNS查询报文。但是，并不一定DNS服务器都有高速缓存。依据题意，选项C为正确答案。

2.【答案】C

【精解】FTP只提供文件传送的一些基本的服务，主要功能是减少或消除在不同操作系统下处理文件的不兼容性，它使用TCP可靠的传输服务。DNS在域名解析时使用UDP协议，在区域传送时使用TCP（详见本章答疑部分有关内容）。POP3是面向连接的，使用TCP，端口号110。HTTP是面向事务的应用层协议，使用传输层TCP提供的服务，它的默认端口号是80。综上，选项C是正确答案。

3.【答案】D

【精解】统一资源定位符URL是用来表示从Internet上得到资源位置和访问这些资源的方法。URL相当于一个文件名在网络范围内的扩展，它的一般形式如下：

<协议>://<主机>:<端口>/<路径>，题中http协议是最常用的超文本传送协议。在<协议>后面是规定必须写上的格式“://”，不能省略。<主机>指出这个万维网文档在哪一个主机上，题中的www.qilikaoyan.com指该主机在Internet上的域名，也是该主机名。后面的<端口>和<路径>，有时可以省略。另外，URL里面的字母不区分大小写，虽然有的网页故意用一些大写字母，只是为看起来方便而已。综上，选项D为正确答案。

4.【答案】D

【精解】手机上网过程中需要浏览器向DNS请求解析域名的IP地址，浏览器和服务器建立TCP连接，连接建立成功后，浏览器发出取主页文件命令，服务器响应后，把主页文件发给浏览器。OSPF是开放最短路径优先的路由协议，为内部网关协议，手机上网中不会用到。所以，选项D为正确答案。

5.【答案】C

【精解】MIME定义的数据传送编码中，最简单的就是7位ASCII码，而每行不能超过1000个字符。MIME对这种由ASCII码构成的邮件主体不进行任何转换，选项C前半部分错误，后半部分叙述（即MIME可在现有的电子邮件程序和协议下传送）正确，有一定的干扰性。选项A、B、D是的说法是正确的，具体参见本章答疑部分有关内容。综上，选项C为正确答案。

6.【答案】B

【精解】用户下载该网页的过程如下:

第1秒 TCP连接建立;

第2秒 拥塞窗口为1,用户发送HTTP请求,并且收到第1个分组;

第3秒 拥塞窗口为2,收到2个分组;

第4秒 拥塞窗口为4,收到4个分组;

第5秒 拥塞窗口为8,收到8个分组;

第6秒 拥塞窗口为16,收到最后13个分组。此时28个分组全部收到。

因此,用户下载该网页需要时间为6秒。所以,选项B为正确答案。

参考文献

[1] 教育部考试中心. 2020年全国硕士研究生招生考试计算机科学与技术学科联考计算机学科专业基础综合考试大纲[M]. 北京：高等教育出版社，2020.

[2] 谢希仁. 计算机网络（第5版）[M]. 北京：电子工业出版社，2008.

[3] 谢希仁. 计算机网络（第7版）[M]. 北京：电子工业出版社，2017.

[4] 谢希仁. 计算机网络释疑与习题解答[M]. 北京：电子工业出版社，2011.

[5] Andrew S. Tanenbaum, David J. Wetherall. 计算机网络（第5版）[M]. 北京：清华大学出版社，2012.

[6] James F. Kurose, Keith W. Ross. 计算机网络：自顶向下方法[M]. 北京：机械工业出版社，2014.

[7] 黄传河. 计算机网络考研指导[M]. 北京：机械工业出版社，2009.